W. I. LICHTMAN / P. A. REHBINDER / G. W. KARPENKO

Der Einfluß grenzflächenaktiver Stoffe auf die Deformation von Metallen

W. I. LICHTMAN · P. A. REHBINDER · G. W. KARPENKO

DER EINFLUSS GRENZFLÄCHENAKTIVER STOFFE AUF DIF DEFORMATION VON METALLEN

Autorisierte überarbeitete Ausgabe

In deutscher Sprache herausgegeben

von

Dr. HANS SONNTAG

Mit 153 Abbildungen und 38 Tabellen

AKADEMIE-VERLAG · BERLIN

1964

В. И. Лихтман, П. А. Ребиндер, Г. В. Карпенко

Влияние поверхностно
активной среды на процессы деформации металлов

Erschienen bei dem Verlag der Akademie der Wissenschaften der UdSSR Moskau

Übersetzung aus dem Russischen:
Dr. GERHARD HEINIKE
Dr. HANS SONNTAG

Erschienen im Akademie-Verlag GmbH, Berlin W 8, Leipziger Straße 3–4

Lizenznummer: 202 · 100/502/64
Gesamtherstellung: VEB Druckerei „Thomas Müntzer“ Bad Langensalza
Bestellnummer: 5512 · ES 20 C 6

GELEITWORT ZUR DEUTSCHEN AUSGABE

P. A. REHBINDER entdeckte die Verminderung des Arbeitsaufwandes bei der plastischen Verformung fester Körper durch die Adsorption grenzflächenaktiver Stoffe auf Oberflächen. Diese Erscheinung ist als „Rehbinder-Effekt“ bekannt geworden. Die Erforschung der Grundvorgänge, der Mechanismen und der Reichweite wurde anfangs von einer großen Zahl sowjetischer Forscher, vorwiegend aus REHBINDERS Schule, durchgeführt. Inzwischen haben die Gedankengänge REHBINDERS überall in der wissenschaftlichen Welt und in der Technik Interesse und verdiente Beachtung gefunden. Die Bedeutung des „Rehbinder-Effektes“ für Fragen der mechanischen Bearbeitung fester Körper, ihrer Zerkleinerung, für Probleme der Reibung, der Schmierung, des mechanischen Verschleißes ist überall anerkannt.

Die vorliegende Monographie von P. A. REHBINDER „Der Einfluß grenzflächenaktiver Stoffe auf die Deformation von Metallen“ ist mehr als eine einfache Darstellung der Verformungsprozesse von Metallen unter dem Einfluß grenzflächenaktiver Stoffe. Sie stellt dieses Problem vielmehr in den größeren Zusammenhang der physikalisch-chemischen Mechanik. Der Wert für Forschung und Praxis der Bearbeitungsvorgänge von Festkörpern, des Maschinenbaus, der Zerkleinerungstechnik muß als sehr hoch anerkannt werden.

P. A. THIESSEN

VORWORT ZUR DEUTSCHEN AUFLAGE

Seit etwa 25 Jahren beschäftigen sich P. A. REHBINDER und Mitarbeiter mit dem Gebiet der Bearbeitung und Verformung von Metallen in grenzflächenaktiven Medien. Aus dem umfangreichen Versuchsmaterial wurden zahlreiche neue Erkenntnisse gewonnen, die Gegenstand der vorliegenden Monographie sind.

Da nach dem Erscheinen der ersten Auflage in der SU bereits 7 Jahre vergangen sind, erschien es notwendig, die Untersuchungen der letzten Jahre in Form eines Anhanges in das Buch einzufügen. Eine vollständige Neubearbeitung war aus zeitlichen Gründen nicht vertretbar.

Gewisse Schwierigkeiten ergaben sich bei der deutschen Übersetzung mit der Terminologie, weil das Werk die Wissenschaftler und Techniker der verschiedensten Arbeitsrichtungen (wie z. B. Werkstoffkunde, Metallbearbeitung, Physik und Chemie der Phasengrenze) anspricht, so daß eine Kompromißlösung gefunden werden mußte.

H. SONNTAG

VORWORT

Die vorliegende Monographie enthält die Ergebnisse der grundlegendsten Untersuchungen über die Beeinflussung der Verformungsprozesse von Metallen durch grenzflächenaktive Stoffe, die im wesentlichen von der Abteilung für disperse Systeme im Institut für physikalische Chemie der Akademie der Wissenschaften der UdSSR durchgeführt wurden.

Bei diesen Untersuchungen gelang es, eine Reihe neuer Erscheinungen festzustellen, die durch Wechselwirkung auf Grund von Adsorptionskräften zwischen einem verformten Metall und dem umgebenden Medium, das grenzflächenaktive Stoffe enthält, hervorgerufen wurden. Zu diesen Erscheinungen gehören: die Herabsetzung der Fließgrenze von metallischen Einkristallen, die eigentümlichen Strukturveränderungen des verformten Metalles, die Erhöhung der Fließgeschwindigkeit von Metallen, die Herabsetzung der Dauerfestigkeit und die Erleichterung der Verformung von Metallen durch Elektrokapillarwirkung.

Das Kapitel, das dem Problem des Einflusses grenzflächenaktiver Stoffe auf die Ermüdungsfestigkeit von Metallen gewidmet ist, wurde nach Arbeiten von Karpenko und Mitarbeitern zusammengestellt, die im engen Kontakt mit dem Institut für physikalische Chemie der Akademie der Wissenschaften der UdSSR in den Instituten der Ukrainischen Akademie der Wissenschaften, dem Institut für Baumechanik in Kiew und ferner dem Institut für Maschinenkunde und Automatisation in Lwow durchgeführt worden sind.

Die enge Zusammenarbeit der Institute der Akademie der UdSSR und der Ukrainischen Akademie erwies sich als sehr fruchtbringend und führte zu wertvollen Resultaten, die nicht nur neue Wege für die rein wissenschaftliche Entwicklung dieses Gebietes, sondern auch die Möglichkeit für eine Reihe neuer Anwendungen in den verschiedensten Zweigen unserer Industrie zeigten.

Im Zusammenhang mit der Entwicklung dieses neuen Gebietes der Physikalischen Chemie, das in unserem Land entstand, wuchs in den vergangenen Jahren auch im Ausland das Interesse an diesen Problemen. Es erschien eine Reihe von Arbeiten, die der Untersuchung dieses Adsorptionseffektes zur Erleichterung der Verformung von Metallen und der Aufklärung der Natur dieser Erscheinungen gewidmet waren.[1]) Andrade und Mitarbeiter (Cambridge) bestätigten durch ihre Versuche, daß beim Vorhandensein bedeutender Adsorptionseffekte die Fließ-

---

[1]) Dieser Effekt wird als „Rehbinder-Effekt" bezeichnet. — Anm. d. Red.

geschwindigkeit erhöht wird. Sie deuteten diese Erscheinungen allerdings durch die Einwirkung der grenzflächenaktiven Stoffe auf die Oxidfilme, die unter normalen Bedingungen die Oberfläche eines Metalles bedecken. Es konnte jedoch durch unsere Arbeiten gezeigt werden, daß dieser Standpunkt unrichtig ist. Wir stellten fest, daß die Adsorption aus dem umgebenden Medium an der Oberfläche des verformten Metalles die unmittelbare Ursache ist. Ferner wurden in den Jahren 1951 bis 1953 von Masing, dem bekannten deutschen Metallphysiker, und Mitarbeitern (Göttingen) umfassende experimentelle Untersuchungen veröffentlicht, die sorgfältig und methodisch richtig durchgeführt zu Schlußfolgerungen führten, die sich völlig mit unseren Ergebnissen deckten und die Auffassungen Andrades widerlegten.

Das neue Gebiet, das sich mit dem Einfluß eines äußeren Mediums auf die Verformungsprozesse fester Körper und ihren Bruch befaßt und auch ihre Strukturveränderungen einschließt, gewinnt immer mehr an Bedeutung und führt zum besseren Verständnis der Mikrostruktur und der wichtigsten Eigenschaften der Metalle und Legierungen. Die praktische Bedeutung des Problems der Wechselwirkung eines Metalles mit dem umgebenden Medium ist bei der Metallbearbeitung und in der Maschinenkunde beträchtlich. Hieraus ergibt sich die Notwendigkeit einer weiteren Entwicklung dieses Wissenschaftszweiges — der physikalisch-chemischen Mechanik der Metalle —, der an der Grenze zwischen der Physik fester Körper, der Metallkunde und der Physikalischen Chemie der Oberflächenerscheinungen in enger Verbindung zwischen Theorie und Praxis entstand, wie es für die Entwicklung der Wissenschaft in der UdSSR charakteristisch ist.

INHALTSVERZEICHNIS

Einführung

Der Einfluß des umgebenden Mediums auf die mechanischen Eigenschaften fester Körper, insbesondere der Metalle, wurde bis jetzt gewöhnlich nur vom Standpunkt der chemischen Einwirkung, d. h. Korrosion, betrachtet. Es wurde angenommen, daß das umgebende Medium nur dann befähigt ist, die mechanischen Eigenschaften der Metalle zu verändern, wenn Vorgänge wie elektrochemische Korrosion oder Auflösung stattfinden.

Sowjetische Physiko-Chemiker [1] stellten jedoch fest, daß der Einfluß des umgebenden Mediums nicht nur bei einer chemischen Einwirkung auf Metalle beobachtet wird. Die Adsorption (sogar reversibel) von typisch grenzflächenaktiven Stoffen aus dem umgebenden Medium erleichtert die Verformung und den Bruch eines festen Körpers oft in bedeutend höherem Maße, als das bei einer gewöhnlichen chemischen Reaktion der Fall ist.

Die Tatsache, daß die Verformung erleichtert und die Festigkeit durch Adsorption herabgesetzt wird, wird im wesentlichen durch die Erniedrigung der Oberflächenenergie der Metalle in Gegenwart grenzflächenaktiver Stoffe hervorgerufen. Dadurch wird das Entstehen von plastischen Verschiebungen und die Entwicklung von mannigfaltigen Defekten bei niedrigeren Spannungen begünstigt. Darin besteht die ursächliche Wirkung der Adsorption [1].

Die Adsorptionswechselwirkung führt zur Ausbildung von Defekten an der Oberfläche – schwache Stellen (A. SMEKAL), die immer in jedem beliebigen festen Körper, sogar in besonders gut ausgebildeten Kristallen vorhanden sind. Diese ultramikroskopischen Defekte entstehen in einem festen Körper bereits bei seiner Bildung; sie sind genau wie die Regelmäßigkeit der Kristallgitter eine notwendige Begleiterscheinung. Bei elastischen und plastischen Verformungen wachsen diese Strukturdefekte eines Metalles ununterbrochen weiter, und außerdem entstehen viele neue Defekte, die mit den plastischen Verschiebungen an Gleitflächen verknüpft sind. Der reale feste Körper verhält sich beim Verformungsprozeß wie ein disperses heterogenes Material, das aus zwei völlig ideal aufgebauten Phasen ohne jegliche Defekte, jedoch mit verschiedenen plastisch-elastischen Eigenschaften besteht. Das Wesen dieser Defekte, ihre Topographie und ihre Verteilung im Innern und an der Oberfläche des festen Körpers sind bei weitem noch nicht genügend untersucht worden. Schematisch kann man diese Defekte als mikroskopische bzw. ultramikroskopische Spalten oder Risse von keilförmiger Form betrachten, deren Oberfläche an der „Mündung" völlig ausgebildet ist, und deshalb dort die spezifische freie Grenzflächenenergie (σ) dem normalen Wert entspricht. Dagegen hängt die freie Grenzflächenenergie in den keilförmigen Mikrorissen von deren Dicke h (Abstand der beiden Oberflächen des Risses) ab:

$$\sigma_h = f(h) .$$

Sie ändert sich vom Wert Null in dem engsten Teil des Keiles (an der tiefsten Stelle des Risses, wo dieser allmählich verschwindet) bei Vergrößerung der Spaltdicke bis zur breitesten Öffnung unmittelbar am Spaltausgang auf den größten, den normalen Wert σ. Die Anwesenheit derartiger Strukturdefekte bestimmt in hohem Maße die mechanischen Eigenschaften der festen Körper. Der Einfluß von Strukturdefekten, die bei Verformung fester Körper entstehen, zeigt sich vor allem in einer starken Herabsetzung ihrer Festigkeit gegenüber der theoretisch größten Festigkeit, die man z. B. aus der Kristallgittertheorie für einen idealen Kristall ableiten kann. So führt die genaue Berechnung der Zerreißfestigkeit von Steinsalzkristallen zu Werten von ≈ 400 kg/mm^2, während die praktisch gemessene Festigkeit eines Natriumchloridkristalles einen Wert von 0,5 kg/mm^2 nicht überschreitet. Analoge Verhältnisse liegen bei den Metallen vor, deren Festigkeit nach theoretischen Schätzungen in der Größenordnung von 10^3 bis 10^4 kg/mm^2 liegt, während die praktisch gemessene Festigkeit den Wert von 100 kg/mm^2 gewöhnlich nicht übersteigt. Die Unterschiede zwischen den experimentell bestimmten und den theoretisch berechneten Festigkeitswerten läßt sich durch die Annahme erklären, daß die ursprünglich über das ganze Volum gleichmäßig verteilte Verformungsenergie im Augenblick des Bruches an der defekten Stelle, dem sog. Mikroriß, lokalisiert wird. Die Spannungskonzentration, die an der engsten Stelle des Mikrorisses unter Wirkung äußerer Kräfte auftritt, kann um ein vielfaches den Wert der im gesamten Querschnitt wirkenden mittleren Spannung übertreffen und annähernd den theoretisch geforderten Wert erreichen.

Die bekannten Zerreißversuche von Joffé an Kochsalzproben in Wasser illustrieren anschaulich das oben Gesagte, da das Wasser die Oberflächenschicht und damit die sich in ihr befindenden Mikrorisse ablöst. Bei diesen Versuchen erreichte die Festigkeit beim Zerreißen von Steinsalz in einzelnen Fällen einen Wert von 160 kg/mm^2, der der theoretischen errechneten Festigkeit schon viel näher kommt.

Die Rolle der Strukturdefekte zeigt sich auch bei dem sogenannten „Maßstabeffekt", der die Festigkeit gegebener Materialproben in Abhängigkeit von ihren Ausmaßen beschreibt. So besitzt z. B. ein Glasfaden von 10 μ Dicke eine Festigkeit von 107 kg/mm^2, ein Faden von 8 μ Dicke eine Festigkeit von 207 kg/mm^2 und schließlich ein Faden von 2,5 μ Dicke eine Festigkeit von 560 kg/mm^2 [3]. Auf diese Art und Weise setzen die Strukturdefekte, und zwar sowohl die anfangs im festen Körper schon vorhandenen als auch die im Laufe des Verformungsprozesses entstehenden Mikrorisse die Festigkeit des Körpers herab und erleichtern dadurch seine Verformung und seinen Bruch. Außerdem spielen diese Defekte bei der Wechselwirkung des verformten festen Körpers mit dem umgebenden Medium eine wichtige Rolle, da sie Öffnungen darstellen, durch die die

Molekeln des umgebenden Mediums und der in ihm enthaltenen grenzflächenaktiven Stoffe in das Innere des Körpers eindringen und auf diese Weise auf die Kinetik und Dynamik seiner Verformung einwirken können. Bei der allmählichen Bildung der Mikrorisse an der Oberfläche dringen aktive Moleküle aus dem umgebenden Medium in das Innere des Risses infolge Oberflächendiffusion, d. h. Bewegung der adsorbierten Moleküle, durch die Molekeln der Unterlage, mit denen sie durch Adsorptionskräfte verbunden sind. Dazu kommt noch das Bestreben der grenzflächenaktiven Moleküle, die gesamte bei der Deformierung des Körpers entstehende innere Oberfläche mit einer Gleichgewichtsadsorptionsschicht zu bedecken.

Die Kraft, die die Adsorptionsschichten in die Mikrospalten hineinzieht, erniedrigt die Oberflächenenergie bzw. den Flächendruck:

$$\sigma_h(0) - \sigma(\Gamma) = P_s .$$

Sie entspricht der Kraft, die an der Grenzlinie der adsorbierenden Schicht pro Längeneinheit angreift, und wird in dyn/cm oder erg/cm² angegeben. In der Beziehung für P_s bedeuten $\sigma_h(0)$ und $\sigma_h(\Gamma)$ die freie Oberflächenenergie der inneren Oberfläche und charakterisieren einen bestimmten Oberflächenzustand, wobei $\sigma_h(0)$ die spezifisch freie Oberflächenenergie des Metalles im Vakuum bzw. im reinen Lösungsmittel ist, während $\sigma_h(\Gamma)$ sich auf eine Oberfläche bezieht, die mit einer Gleichgewichtsadsorptionsschicht der Oberflächenkonzentration Γ (Mol/cm²) bedeckt ist. An allen Stellen des Risses, die für die adsorbierenden Molekeln des äußeren Mediums zugänglich sind, nähert sich σ_h dem Grenzwert σ. Nach der thermodynamischen Beziehung von GIBBS gilt für verdünnte Lösungen

$$\Gamma = \frac{dP_s}{dC} \cdot \frac{C}{R\,T} .$$

In der Gleichung ist C die Gleichgewichtskonzentration des adsorbierenden Stoffes in der Lösung, die hier als äußeres Medium auftritt. Bei niedrigen Oberflächenkonzentrationen liegt die Adsorptionsschicht in einem gasanalogen Zustand vor, es gilt dann

$$P_s = R\,T\,\Gamma .$$

Diese Beziehung für den Flächendruck entspricht der idealen Gasgleichung

$$P = R\,T\,C .$$

Gelangt die Flüssigkeit an die Randzone eines keilförmigen Risses, so wandern die in ihr enthaltenen grenzflächenaktiven Molekeln bzw. Ionen, die besonders stark von den festen Oberflächen adsorbiert werden, an den beiden Oberflächen des Spaltes bis zu den engsten Stellen, an denen ein weiteres Vordringen infolge der durch die Moleküldimensionen bedingten sterischen Hinderung nicht mehr möglich ist. Und gerade an diesen Stellen entsteht im Innern des Spaltes eine Grenzlinie (lineare Barriere), an der an jeder Längeneinheit der Flächendruck der Adsorptionsschicht angreift:

$$P_s = \sigma(0) - \sigma(\Gamma) .$$

Dieser ist so gerichtet, daß er die Spalte in Richtung des Phaseninneren des festen Körpers vergrößert analog zur Wirkung des Spreitungsdruckes an der Grenzlinie einer monomolekularen Schicht grenzflächenaktiver Stoffe an reinen Wasseroberflächen. Die Rolle der Barriere spielt die „sterische Hinderung", das ist die kritische Breite des Zwischenraumes des Spaltes, die etwa dem einfachen bis doppelten Durchmesser der adsorbierten Moleküle entspricht. Der Spreitungsdruck der Adsorptionsschicht begünstigt zusammen mit anderen Faktoren — wie vor allem der Erniedrigung der freien Oberflächenenergie durch die Adsorption — eine leichtere Verformung und einen rascheren Bruch des festen Körpers. Der Mechanismus, nach dem die Adsorptionsschichten aus dem äußeren Medium in die entstehenden Mikrorisse eindringen, besteht offensichtlich nicht in einem Hineinziehen der Flüssigkeit bestimmter Zähigkeit in das enge Poren- oder Kapillarsystem nach den Gesetzen der Hydrodynamik, sondern in der Wanderung der einzelnen grenzflächenaktiven Moleküle entlang der beiden Oberflächen des Risses unter dem Einfluß des Flächendruckes. Das wird durch die Tatsache erhärtet, daß die Geschwindigkeit des Auffüllens der Mikrospalte unabhängig von der Zähigkeit des flüssigen Mediums ist und daß die Größe der Mikrospalte keine Rolle spielt, vorausgesetzt, daß die Größe der Risse ein Eindringen ermöglicht bzw. daß der Durchmesser der adsorbierenden Moleküle kleiner als die Spaltbreite ist. Weiterhin hängt dieser Prozeß nicht von der Benetzbarkeit der Oberfläche des festen Körpers ab.

Der einsaugende Kapillardruck ist bei vollständiger Benetzung umgekehrt proportional der Spaltbreite und kann deshalb bei besonders dünnen Mikrorissen sehr hohe Werte von hundert bis tausend Atmosphären erreichen. Allerdings ist die Eindringgeschwindigkeit infolge des hohen Reibungswiderstandes so klein, daß die Flüssigkeit in die engen Spalten der Mikrorisse praktisch nicht hineinwandern kann.

Während des Verformungsprozesses reicht für die Flüssigkeitsschichten die Zeit nicht aus, tiefer in die Mikrorisse vorzudringen, so daß nur die Spaltöffnungen von der Flüssigkeit benetzt werden. Der Einfluß der in den Mikroriß eingedrungenen Flüssigkeitsschichten wird jedoch erheblich, wenn die Kraft, die den Körper deformiert, beseitigt wird. Nach der Entlastung ziehen sich die Mikrospalten auf Grund der molekularen Attraktionskräfte spontan zusammen, allerdings kann der völlige Zusammenschluß durch die Adsorptionsschichten, die sich partiell an den Spaltflächen bilden, verhindert werden, wenn die Kohäsionskräfte nicht ausreichen, den adsorbierten Film zu verdrängen.

Diese Tatsache ist von besonderer Bedeutung bei allen elastisch- bzw. plastischkinetischen Erscheinungen, die die Verformung fester Körper begleiten, und vor allem bei den Erscheinungen der elastischen Nachwirkung und Hysteresis. Eine besonders wichtige Rolle spielt der Einfluß der Adsorptionsschichten auf Dauerschwingversuche, z. B. bei allen Vorgängen, bei denen Ermüdungserscheinungen auftreten.

In der physikalischen Mechanik, der Molekularphysik und ganz besonders auf den verschiedenen Gebieten der mechanischen Technologie wurden die mechanischen Eigenschaften der festen Körper und deren Verhalten bei Verformungs- und Bruchprozessen ohne die notwendige Berücksichtigung der physikalischen und chemischen Faktoren untersucht, die mit der Einwirkung des äußeren Stoffes zusammenhängen. Alle Versuche führten bis jetzt zu dem Ergebnis, daß für die festen Körper gewöhnlicher Größe die mechanischen Eigenschaften bei bestimmter Temperatur und gegebenem Spannungszustand nur von der inneren Struktur des betrachteten Körpers bestimmt werden.

In den folgenden Kapiteln wird gezeigt, daß die systematische Erforschung des Einflusses des äußeren Mediums auf die Verformungsprozesse fester Körper nicht nur zur Erfassung neuer wichtiger Erscheinungen und Gesetzmäßigkeiten, sondern auch zum tieferen Verständnis des Mechanismus der Deformierungsprozesse führte.

KAPITEL I

Methoden zur Züchtung metallischer Einkristalle und ihre mechanischen Eigenschaften

1. Methoden zur Züchtung von Einkristallen

Gewöhnlich werden die Methoden zur Züchtung von metallischen Einkristallen entsprechend dem Ausgangsaggregatzustand der Metalle in drei Gruppen eingeteilt. Zur ersten Gruppe rechnen die sogenannten Rekristallisationsmethoden, bei denen die Einkristalle durch bestimmte mechanische und thermische Behandlung aus polykristallinem Material ohne Schmelzvorgang (im festen Zustand) gezüchtet werden.

Die mechanische Bearbeitung eines polykristallinen Metalles erzeugt in ihm gespannte Volumenbezirke, und zwar vor allem an den Korngrenzen, aber auch im Innern des Korngefüges in der Nähe von Gleitebenen, und versetzt das Metall in einen metastabilen, ,,verfestigten" Zustand. Ein auf kaltem Wege bearbeitetes Metall ist thermodynamisch weniger beständig als eine unbearbeitete Vergleichsprobe. Deshalb laufen bei einem verfestigten Metall spontan Prozesse ab, die mit der Zeit zu einer Abnahme der inneren Spannungen und damit zu einer Abnahme der von ihnen hervorgerufenen Verfestigung führen. Bei verhältnismäßig niedrigen Temperaturen laufen diese Prozesse ohne merkliche Änderungen der Mikrostruktur ab. Sie werden als Erholungsprozesse bezeichnet. Bei höheren Temperaturen wird der Erholungsprozeß durch andere sogenannte Rekristallisationsprozesse ersetzt. Der Übergang von einem Prozeß zum anderen erstreckt sich über einen größeren Temperaturbereich und hängt hauptsächlich von dem Verfestigungsgrad des Metalles ab. Je größer die Verfestigung ist, bei um so niedrigeren Temperaturen findet die Rekristallisation statt. Bei einer gegossenen Metallprobe, die frei von inneren Spannungen ist, findet die ,,Sammelrekristallisation" nur in der Nähe der Schmelztemperatur statt.

Bei der Rekristallisation eines verfestigten Metalles muß man zwei nacheinander ablaufende Teilprozesse unterscheiden. Bei dem ersten Teilprozeß der Rekristallisation handelt es sich um Entstehung und Wachstum von Keimen unverfestigter Kristallite, die infolge der Wärmebewegung an Stellen mit großen inneren Spannungen entstehen. Dieser Teilprozeß, der im allgemeinen als ,,Bearbeitungsrekristallisation" bezeichnet wird, führt in der Regel zur Entstehung einer Mikrostruktur, die einen höheren Dispersionsgrad hat als der Ausgangszustand, weil sich in jedem zu Beginn vorliegenden verfestigten Kristallit mehrere Kristallisationszentren bilden.

Der zweite Teilprozeß der Rekristallisation, die sogenannte ,,Sammelrekristallisation", führt zu einer Vereinigung der neu gebildeten und dicht nebeneinander gelagerten unverfestigten Kristallite und im Endergebnis zu einer Vergröberung der Kornstruktur. Diese Art der Rekristallisation führt häufig zur Bildung besonders grober Kristallite, und bei passend gewählten Versuchsbedingungen kann man durch thermische Behandlung die Vereinigung der einzelnen Kristallite so weit treiben, daß man schließlich nur einen einzigen großen Kristallit erhält, der das gesamte Volum der Probe ausfüllt. Man kann also auf diese Weise Einkristalle züchten. Die Rekristallisationsmethoden zur Züchtung von Metalleinkristallen werden hauptsächlich bei hochschmelzenden Metallen angewandt, da der Schmelzvorgang mit besonderen Schwierigkeiten verbunden ist.

Die meisten Methoden, die zur Züchtung von Metalleinkristallen angewandt werden, gehören zu der zweiten Gruppe, bei der die Einkristallzüchtung aus der Schmelze heraus erfolgt.

Bis in die jüngste Zeit wurde angenommen, daß sich der Mechanismus der Züchtung von Einkristallen nach der ersten Methode grundsätzlich von dem der zweiten unterscheidet. Entscheidend für die Bildung von Einkristallen aus festem polykristallinen Material sollte der Prozeß der Sammelrekristallisation sein, während man für die Bildung von Einkristallen aus einer erstarrenden Schmelze das Ergebnis eines „Konkurrenz"-Wachstums der einzelnen Kristallite annahm. Wie noch im folgenden gezeigt wird, hat sich dieser Standpunkt durch Versuche nicht bestätigen lassen. Die Untersuchungen führten dagegen zu dem Schluß, daß sowohl in der ersten als auch in der zweiten Gruppe der entscheidende Faktor bei der Bildung von Einkristallen die Sammelrekristallisation ist, so daß die Bildung nach einem gemeinsamen Mechanismus abläuft.

Die Kristallisation der metallischen Schmelze und die Bildung der festen Phase mit verschiedener Dispersität hängt in der Tat von der Zahl der Kristallisationszentren (d. h. der Anzahl der Keime) und von deren Wachstumsgeschwindigkeit ab. Man kann auch sicher annehmen, daß die flüssige Phase in der Nähe des Erstarrungspunktes bereits Keime der zukünftigen festen Phase in Form einzelner labiler Atomkomplexe enthält, in deren Innerem eine räumliche Ausrichtung der Atome in einem Kristallgitter vorliegt. Der Zerfall und die erneute Bildung dieser Komplexe geht schnell vor sich, indem sie wie „BROWNsche Partikeln" an der thermischen Bewegung in einer Flüssigkeit teilnehmen. Die röntgenographische Untersuchung der Flüssigkeit unmittelbar oberhalb ihrer Erstarrungstemperatur bewies eindeutig, daß zwar keine Fernordnung, jedoch eine begrenzte Atomgruppierung mit einer Nahordnung vorliegt, wobei die Fernordnung ein Charakteristikum des festen Körpers ist [6].

Beim Kristallisationsprozeß beginnen sogar bei sehr geringen Unterkühlungen die im Schmelzfluß gleichmäßig verteilten Keime mit großer Geschwindigkeit zu wachsen. Dieser Wachstumsprozeß der einzelnen Kristallite geht so lange vor sich, bis sich diese gegenseitig berühren und das ganze Volum der Schmelze ausfüllen. Dabei entsteht eine polykristalline Struktur mit einem mehr oder weniger hohen Dispersitätsgrad, der von der Mikrostruktur des erstarrenden Metalles unabhängig ist. Diesen Vorgang muß man als den ersten Teilprozeß ansehen, dem sich unmittelbar der zweite, die Sammelrekristallisation, anschließt, der zu einer Vergrößerung der Primärkristallite führt. Jener Prozeß ist völlig identisch mit der Rekristallisation eines deformierten Metalles: Anfänglich bildet sich eine neue Mikrostruktur aus, und zwar in der Regel mit hoher Dispersität, und während der Sammelrekristallisation findet dann eine Vereinigung der Kristallite statt, wodurch diese mehr oder weniger stark vergröbert werden.

Es sei bemerkt, daß in zahlreichen Forschungsarbeiten über Kristallisationsvorgänge in Schmelzen meistens nur der erste Teilprozeß, der das Entstehen und Wachsen der Keime in der festen Phase umfaßt, untersucht wurde, während dem zweiten Teilprozeß, der Sammelrekristallisation an der Grenzfläche festes Metall–Schmelze, nicht die notwendige Aufmerksamkeit geschenkt wurde. Eine solche einseitige Bevorzugung des ersten Teilprozesses ist gerechtfertigt, wenn es sich darum handelt, den Mechanismus der Bildung der festen Phase aufzuklären und die Faktoren zu finden, die fördernd oder hemmend auf diesen Prozeß einwirken. Es ist aber völlig falsch, von diesem Standpunkt aus auch die Entstehung der Mikrostruktur des erstarrenden Metalles zu betrachten. Wird hierbei der an der Grenzfläche Schmelze–fester Körper ablaufende Prozeß der Sammelrekristallisation außer acht gelassen, so gewinnt man ein falsches Bild von den Gesetzmäßigkeiten bei der Bildung der dispersen polykristallinen Struktur und gelangt zu falschen Vorstellungen von dem konkurrierenden Wachstumsprozeß der einzelnen Kristallite bei der Bildung eines Einkristalles, wie sie von Tamman entwickelt und von anderen Forschern unkritisch übernommen wurden.

Über den ersten Teilprozeß der Kristallisation, in dem die aus den Keimen entstandenen Primärkristallite zu einem dichten Gefüge zusammenwachsen, lassen sich noch keine Aussagen über die Mikrostruktur des abgekühlten Metalles machen. Diese bildet sich hauptsächlich erst in der zweiten Kristallisationsphase in einem Temperaturbereich dicht oberhalb der Schmelztemperatur, in dem die Sammelrekristallisation mit genügend großer Geschwindigkeit abläuft. Eine bedeutende Rolle spielt hierbei die Geschwindigkeit, mit der die Wärme aus der fest werdenden Schmelze abgeleitet wird. Erfolgt die Wärmeableitung schnell, so erhält man eine Mikrostruktur mit höherer Dispersität, als es bei langsamerer Ableitung der Wärme der Fall wäre. Steuert man die Wärmeableitung und legt damit den Endpunkt für den Prozeß der Sammelrekristallisation fest, so kann man innerhalb weiter Grenzen die Dispersität der Mikrostruktur des festen Körpers variieren und im Grenzfall Einkristalle erhalten, deren Bildung völlig unabhängig von der Gefäßform und der Methode der Wärmeableitung ist.

Die Richtigkeit dieser allgemeinen Behauptung können wir an Hand eigener Versuche belegen [7]. In Abb. 1 ist eine Apparatur dargestellt, die von B. M. Maslennikow für die Herstellung von Einkristalldrähten niedrigschmelzender Metalle konstruiert worden ist. Das Schema dieser Apparatur ist in Abb. 2 wiedergegeben. Der wichtigste Teil dieser Apparatur ist ein Rohrofen *1*, ein Porzellanzylinder mit der Länge von ungefähr 15 mm und einem inneren Durchmesser von 20 mm, in dessen Innerem eine Wendel aus Nickelchromdraht (Durchmesser 0,3 mm) spiralförmig aufgewickelt ist (Durchmesser etwa 6 mm). Der Ofen ist fest mit dem kleinen Wagen *2* verbunden, der auf der Schiene *3* in hori-

Abb. 1. Apparatur zur Züchtung von Metalleinkristallen und für Kristallisationsversuche

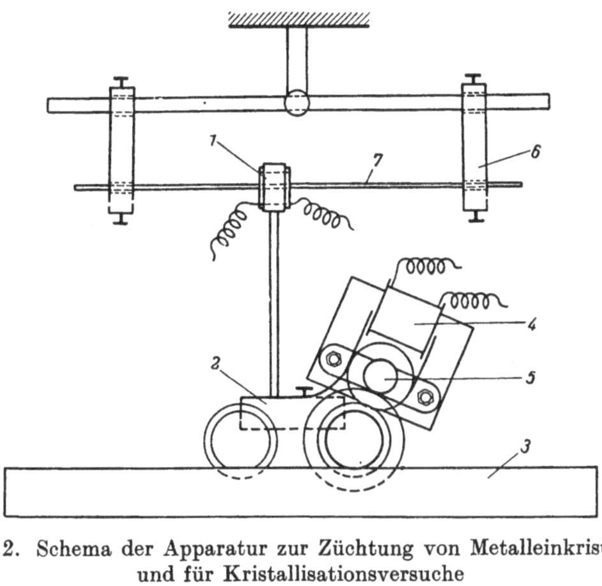

Abb. 2. Schema der Apparatur zur Züchtung von Metalleinkristallen und für Kristallisationsversuche

zontaler Richtung mit gleichförmiger Geschwindigkeit bewegt werden kann. Der Ofen wird mit 127 V Wechselspannung gespeist. Die Stromstärke kann mit Hilfe eines Potentiometers verändert werden. Der kleine Wagen wird von einem Motor angetrieben (2 U/min). Die Geschwindigkeit läßt sich über das Reibgetriebe *5* variieren. In dem an einem Stativ befestigten Spezialhalter *6* ist ein Quarzröhrchen *7* festgeklemmt. Der innere Durchmesser des Röhrchens beträgt 1 mm, die Wandstärke 0,1 bis 0,2 mm und die Länge etwa 250 mm. Ofen und Quarzröhrchen sind so einjustiert, daß die Achse des Quarzröhrchens bei der Bewegung des Ofens ständig mit der Achse des Ofens zusammenfällt. Zu Beginn der Versuche werden zunächst Temperaturverteilungskurven entlang der Achse des Quarzröhrchens aufgenommen. Die Stromstärke der Ofenheizung war so bemessen, daß bei der jeweils eingestellten Fortbewegungsgeschwindigkeit des Ofens eine bestimmte Temperatur im Innern des Quarzröhrchens aufrechterhalten wird. Bei einem Vorschub von 2 mm/min muß die Temperatur etwa 15 bis 20° über der Schmelztemperatur des betreffenden Metalles liegen. Wenn die Geschwindigkeit des Ofens gesteigert wird, muß auch die Temperatur im Innern des Quarzröhrchens an der von dem Ofen umgebenden Stelle höher sein.

In das Quarzröhrchen werden polykristalline Drähte von niedrig schmelzenden Metallen (Zinn, Blei, Zink, Kadmium, Aluminium) mit einem Durchmesser von 0,5 bis 0,7 mm und einer Länge von 180 bis 200 mm eingeführt. Der Ofen befindet sich an einem Ende der Röhrchen, und nach Einschaltung des Stromes wartet man so lange, bis der Ofen die gewünschte Temperatur erreicht hat. Dann wird der Motor in Betrieb genommen, und der kleine Wagen mit dem Ofen setzt sich in Bewegung. Sobald der Ofen bei seiner Bewegung entlang dem Quarzröhrchen das vordere Ende des Metalldrahtes erreicht hat, fängt dieser an zu schmelzen und erstarrt wieder, wenn der Ofen sich weiterbewegt hat. Auf diese Weise wandert die Grenzfläche festes Metall–Schmelze entsprechend der Bewegung des Ofens über den Draht hinweg, wobei zu jedem Zeitpunkt nur ein sehr kleines Stück des Metalldrahtes schmilzt. Dieses Stück ist zu beiden Seiten von der festen Phase des Metalles begrenzt. Daß in der Bewegungsrichtung des Ofens ebenfalls eine Grenzfläche feste Phase–Schmelze existiert, ist für die Versuchsergebnisse ohne Bedeutung. Diese Phase kann nämlich mit gleichem Erfolg nach einer Methode von I. W. Obreimov durch eine Schmelze ersetzt werden. Dieser züchtete Einkristalle, indem er polykristalline Drähte langsam durch einen Röhrenofen zog [8]. Es ist jedoch wichtig, daß die Geschwindigkeit des Ofens und folglich auch die Verschiebung der Schmelzfront einen genau definierten Wert besitzen. Der Vorzug dieser Apparatur vor anderen Methoden besteht in der Möglichkeit, den Mechanismus der Bildung der Mikrostruktur, insbesondere des Einkristalles genauer zu studieren. Da in jedem Zeitpunkt nur ein sehr kleines Volumen von geschmolzenem Metall vorliegt, kann man sehr genau dessen Lage bestimmen. Dadurch läßt sich während des Versuches in jedem beliebigen Zeitpunkt auch die Lage der Grenzschicht festes Metall–Schmelze angeben. Diese Grenzschicht ist selbst nach Beendigung des Versuches noch zu finden, wenn der durch den Ofen bewirkte Schmelzvorgang nicht am Ende sondern in der Mitte des Drahtes einsetzt.

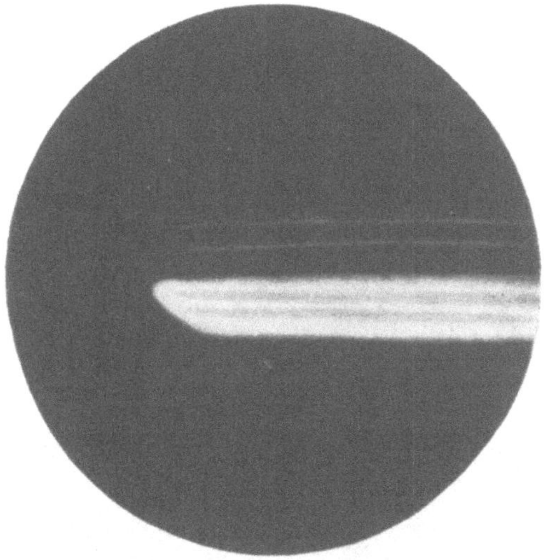

Abb. 3. Photographie vom Ende eines Zinneinkristalldrahtes. Die Probe zeigt keinerlei Gefügestruktur mehr. Vergrößerung 50fach

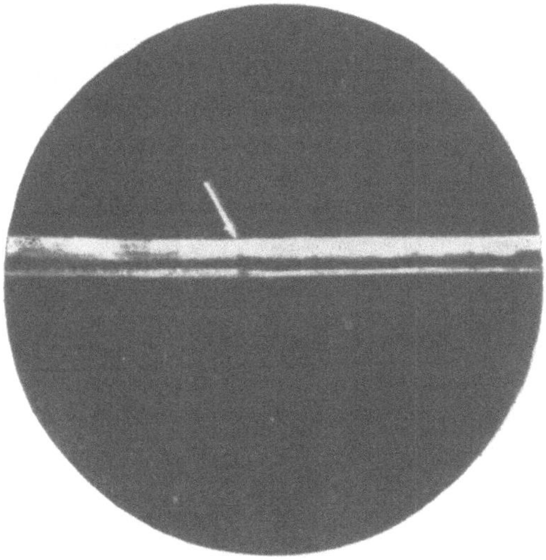

Abb. 4. Photographie eines Zinndrahtes, der von der Mitte aus aufgeschmolzen wurde. Der Pfeil weist auf die Schmelzgrenze. Rechts vom Pfeil im Gebiet der Schmelze bildete sich der Einkristall. Dieser wuchs auch in das links vom Pfeil liegende Gebiet hinein. Noch weiter links sind größere Kristallite erkennbar

Abb. 5. Photographie eines Zinneinkristalles, der mit kleiner und konstanter Geschwindigkeit um 200 bis 250% bei Zimmertemperatur gedehnt wurde

Bei allen nach obigem Schema durchgeführten Versuchen erhält man in jedem Fall Einkristalle. In Abb. 3 ist die Mikrophotographie von einem Zinneinkristall wiedergegeben, bei dem der Schmelzprozeß am Drahtende begonnen wurde. Trotz sehr sorgfältiger Untersuchungen unter dem Mikroskop (Vergrößerung 16- bis 1500fach) gelang es nicht, noch irgendwelche Kristallite in dem Metall nachzuweisen, aus denen als Ergebnis des „konkurrierenden" Wachstums der Einkristall entstanden ist. Ein noch überzeugenderes Resultat erhält man, wenn der Ofen zu Beginn des Versuches den mittleren Teil des polykristallinen Drahtes umschließt und von hieraus der Schmelzprozeß einsetzt. In Abb. 4 ist die Mikrophotographie von einem Zinndraht wiedergegeben, der in der beschriebenen Weise thermisch behandelt wurde. Auf dem Bild ist deutlich die Grenze zwischen dem geschmolzenen und dem nicht geschmolzenen Teil des Drahtes zu erkennen. Jener Teil des Drahtes, der im Ofen geschmolzen wurde, erweist sich in jedem Fall als monokristallin. Auch auf der anderen Seite der Grenzfläche ist der Draht von monokristalliner Struktur. Diese dehnt sich im Inneren des festen ungeschmolzenen Metalles mehr oder weniger weit aus und geht dann in eine grobkörnige Struktur und schließlich bei einem hinreichend großen Abstand von der Grenzfläche in eine normale feinkörnige Struktur über.

Die erhaltenen Resultate können nicht durch ein „konkurrierendes" Kornwachstum erklärt werden. Anderenfalls müßte man annehmen, daß die einzelnen Kristallite, die an der Grenzfläche: festes Metall–Schmelze vorliegen (die Ausgangsstellung des Ofens befindet sich am Mittelstück des Drahtes), in das Innere der Schmelze unter fortwährender Verdrängung der ungünstig gelagerten Kristallite hineinwachsen. Der Versuch zeigt jedoch, daß der Einkristall in das Innere des festen nicht geschmolzenen Drahtabschnittes hineinwächst. Diese Tatsache wird in einfacher Weise durch den Prozeß der Sammelrekristallisation erklärt, der an der Grenzfläche: fester Körper–Schmelze in der festen Phase abläuft und zur Bildung eines einzigen Kristallits in dem Metallstück führt, das sich unmittelbar an die Grenzfläche anschließt. So geht also die Darstellung von Einkristallen sowohl aus der Schmelze als auch aus der festen Phase ohne Schmelzvorgang nach dem gleichen Mechanismus der Sammelrekristallisation vor sich. Die praktische Voraussetzung für eine ausreichend große Geschwindigkeit bei den verschiedenen Methoden der Einkristallzüchtung aus der Schmelze wird bestimmt durch die hohe Temperatur an der Phasengrenze Metall — Schmelze und verhältnismäßig langsame Wärmeableitung.

Die Methoden zur Züchtung von Einkristallen aus der Lösung oder durch Kondensation aus der Gasphase gehören zu der dritten Gruppe der zu Beginn des Kapitels vorgenommenen Einteilung. Diese werden jedoch zur Darstellung von metallischen Einkristallen nur selten angewandt und werden infolgedessen von uns nicht weiter betrachtet.

2. Die mechanischen Eigenschaften von Metalleinkristallen

Bei der Verformung sind die kristallographischen Gleitelemente in Metalleinkristallen durch die Struktur des betreffenden Einkristalles, jedoch nicht durch die äußeren mechanischen Bedingungen bestimmt. Einen vollständigen zusammenfassenden Bericht über die Gleitelemente aller bisher untersuchten Metalle wie auch die Methoden zur Bestimmung dieser Gleitelemente kann man in den Monographien von KUSNEZOW [9] oder SCHMID und BOAS [10] finden. Hexagonale metallische Kristalle besitzen eine bevorzugte Gleitebene, und zwar in der Basisebene, die fast vollständig den Gleitprozeß bestimmt. In Blei- und Aluminiumeinkristallen mit kubischem Gitter und auch in Zinneinkristallen mit tetragonalem Gitter gibt es mehrere Systeme von Gleitebenen. In Abb. 5 ist die Mikrophotographie eines um 200 bis 250% gedehnten Zinneinkristalles wiedergegeben. Die Spuren der Gleitflächen sind deutlich an der Oberfläche des verformten Einkristalles sichtbar, wobei die einzelnen Gleitbezirke eine elliptische Form besitzen. Die Tatsache, daß die Scheitel dieser Ellipsen nicht in der Mitte der Probe liegen, zeigt deutlich, daß der in einer bestimmten kristallographischen Ebene erfolgende Gleitprozeß immer von einer Krümmung der Gleitbezirke um eine der kristallographischen Achsen begleitet wird. Beim Strecken erhält der zylindrische Stab einen elliptischen Querschnitt, wobei sich die Orientierung des Gitters zur Achse der Drahtprobe fortwährend ändert. Die am Gleitprozeß unmittelbar teilnehmenden Gleitflächen werden während der Dehnung mehr oder weniger stark zur Achse abgebogen, wobei der von Achse und Gleitfläche eingeschlossene Winkel ständig kleiner wird.

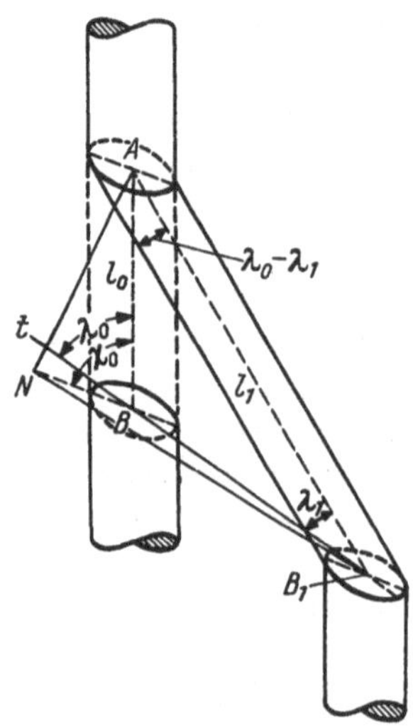

Abb. 6. Schema für die Dehnung von Metalleinkristallen

Die wichtigsten geometrischen Beziehungen für den Gleitprozeß am Einkristall kann man aus der Abb. 6 entnehmen. In dem Schema ist jener Teil des Kristalles der Dehnung unterworfen, der von den mit A und B bezeichneten Gleitebenen begrenzt wird. Aus dem Dreieck ABB' folgt

$$l_1/l_0 = 1 + \varepsilon = \sin \lambda_0 / \sin \lambda_1 ,$$

wobei $\varepsilon = (l_1 - l_0)/l_0$ der relative Verformungsgrad, d. h. die Dehnung, ist und λ_0 und λ_1 die Winkel zwischen der Dehnungsrichtung und der Richtung der Gleitebene vor und nach der Dehnung sind. Aus dem Dreieck ABN und dem Dreieck AB_1N (AN ist das Lot auf die Gleitebene) folgt

$$AN = l_0 \cdot \sin \chi_0 = l_1 \cdot \sin \chi_1$$

und

$$l_1/l_0 = 1 + \varepsilon = \sin \chi_0 / \sin \chi_1 .$$

Für die kristallographische Analyse der Dehnungskurven von Einkristallen benutzt man am zweckmäßigsten die sog. kristallographischen Koordinaten: die Schubspannung und die spezifische Verschiebung. Als spezifisch kristallographische Verschiebung bezeichnet man die gegenseitige Verschiebung zweier Gleitebenen, die in einem Abstand von 1 cm entfernt liegen. Folglich wird die spezifische Verschiebung durch den Quotienten BB_1/AN definiert (Abb. 6), in dem der Zähler den gesamten Verschiebungsweg und der Nenner die Dicke der Gleitbezirke angibt, die an der Deformation teilnehmen. Aus dem Dreieck ABB_1 folgt

$$BB_1 = l_1 \frac{\sin(\lambda_0 - \lambda_1)}{\sin \lambda_0},$$

und wegen $AN = l_0 \sin \chi_0$ ist

$$a = \frac{B\,B_1}{A\,N} = \frac{l_1 \sin(\lambda_0 - \lambda_1)}{\sin \lambda_0} \cdot \frac{1}{l_0 \sin \chi_0}.$$

Setzen wir zur Vereinfachung $\chi_0 = \lambda_0$ und $\chi_1 = \lambda_1$, so erhalten wir für die spezifische kristallographische Verschiebung folgenden endgültigen Ausdruck:

$$a = (1 + \varepsilon) \frac{\sin(\chi_0 - \lambda_1)}{\sin^2 \chi_0}.$$

Durch diese Gleichung ist in erster Annäherung eine Beziehung zwischen der spezifischen Verschiebung a und dem relativen Verformungsgrad ε hergestellt.

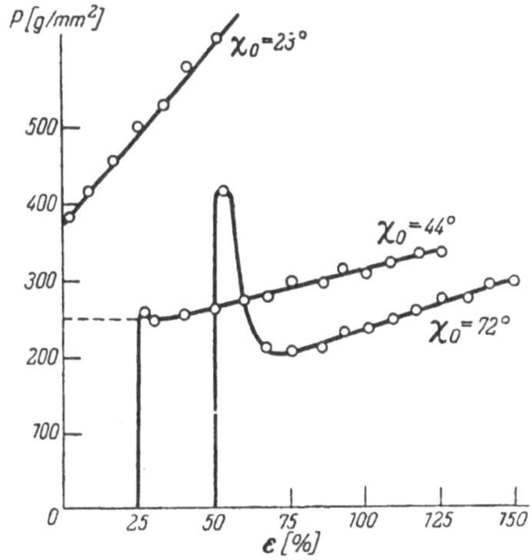

Abb. 7. Dehnungsdiagramme von einigen Zinneinkristallen, die durch Dehnung bei konstanter Verformungsgeschwindigkeit erhalten wurden

Liegen in Kristallen mehrere kristallographisch gleichwertige Gleitsysteme vor, wie z. B. in Kristallen mit kubischem Gitter, bei denen die Gleitebenen Oktaederflächen sind, so können die geometrischen Bedingungen beim Dehnen für zwei oder mehr am Gleitprozeß gemeinsam teilnehmende Gleitebenen sich als gleichgünstig erweisen. Hier sind mehrere unterschiedliche Fälle denkbar (das Gleiten einer Fläche in zwei Richtungen, in zwei Ebenen, die sich überschneiden, und in zwei Flächen mit verschiedenen Richtungen), doch in jedem einzelnen Fall ergibt sich eine resultierende Gitterkrümmung wie auch bei der einfachen Gleitung. Gewöhnlich beginnt ein zweifaches Gleiten in flächenzentrierten Gittern schon dann, wenn durch eine vorausgehende Dehnung das an der Gleitung teilnehmende oktaedrische System in eine ungünstige Lage hinsichtlich der wirkenden Kraft gebracht und auf diese Weise in seinen Gleiteigenschaften irgendeinem anderen symmetrisch angeordneten oktaedrischen System angeglichen wird.

In Abb. 7 sind für verschiedene Zinneinkristalle, die mit konstanter Geschwindigkeit gedehnt wurden, Dehnungs–Spannungskurven mit den Koordinaten ε und P dargestellt, wobei P die Spannung in Gramm pro mm² des Anfangsquerschnittes ist und ε die in Prozenten angegebene relative Dehnung. Augenfällig ist eine deutlich hervortretende Unterteilung der Kurven in zwei Dehnungsgebiete mit stetigem Übergang von dem einen in das andere Gebiet, obwohl der Übergang in vielen Fällen scharf ausgeprägt ist. Das erste Dehnungsgebiet reicht bis zu dem Spannungswert P_M. Es wird dadurch charakterisiert, daß bei einer relativ kleinen Dehnung des Einkristalls die Spannung sehr schnell anwächst. Im zweiten Gebiet treten bei einer weiteren nur unbedeutenden Vergrößerung der Spannung erhebliche plastische Verformungen auf, die bei einigen Einkristallen eine Dehnung des Einkristalles bis zu 1000% der ursprünglichen Länge bewirken können. Dem äußeren Anschein nach hält man das erste Gebiet für eine elastische Dehnung, in Wahrheit stimmt das aber nicht. Die elastische Dehnung, die der maximalen Schubspannung P_M entspricht, ist nämlich sehr klein und geht nicht über einen Wert von 10^{-5} hinaus, obgleich die allgemeine Verformung im Anfangsgebiet auch relativ klein ist und nur einige Bruchteile von Prozenten erreicht (etwa 10^{-3}). Infolgedessen stellen beide Dehnungsgebiete im Dehnungs-Spannungsdiagramm Bereiche plastischer Verformung, sog. Plastizitätsgebiete dar.

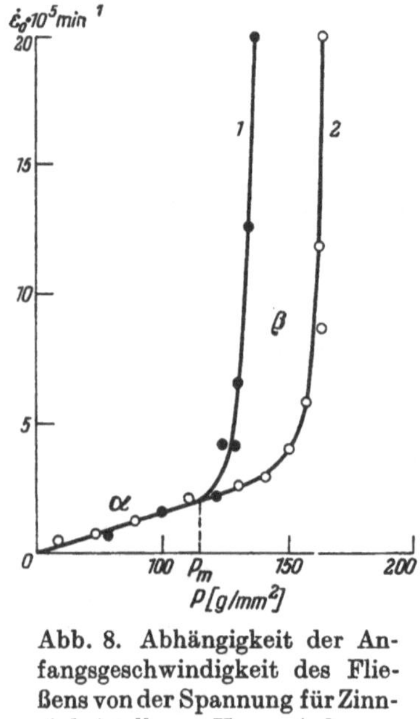

Abb. 8. Abhängigkeit der Anfangsgeschwindigkeit des Fließens von der Spannung für Zinneinkristalle. — Kurve *1*: besonders reines Zinn; Kurve *2*: Zinn mittlerer Reinheit. Das Gebiet α entspricht den Spannungen bis zur Fließgrenze, das Gebiet β den Spannungen oberhalb der Fließgrenze. P_M ist die Fließgrenze von Zinneinkristallen hohen Reinheitsgrades und ist dem Dehnungsdiagramm mit den Koordinaten $P - \varepsilon$ entnommen

Der Schwellenwert der Spannung P_M ist durchaus nicht durch die Fließgrenze gegeben, da das nicht dem Wesen der Erscheinung entsprechen würde. Man kann nämlich schon unterhalb von P_M ein plastisches Fließen beobachten, das sich in seinem Mechanismus in keiner Weise von dem Fließvorgang oberhalb von P_M unterscheidet. Dieser Umstand ist stets zu berücksichtigen, wenn es sich um die Fließgrenze von Metalleinkristallen handelt. Eine plastische Verschiebung in Metalleinkristallen erfolgt bereits bei einer beliebig kleinen Spannung, d. h., daß die wirkliche Elastizitätsgrenze (bzw. die Fließgrenze) für die genannten Einkristalle praktisch bei der Spannung Null liegt. Bei Zinneinkristallen wurden Untersuchungen des Fließvorganges unter Wirkung von sehr kleinen Dauerbelastungen vorgenommen. Diese Untersuchungen führten zu der Aufstellung einer Beziehung zwischen der Anfangsgeschwindigkeit des Fließens und der Spannung (Chalmers [11]), was man aus Abb. 8 entnehmen kann. Im Gebiet kleiner Spannungen zeigt sich eine direkte Proportionalität zwischen der Anfangsgeschwindigkeit des Fließens und der Spannung. Die Spannung entspricht der Fließgrenze des Einkristalles, wenn die Proportionalität zwischen den oben genannten Größen nicht mehr besteht und die in Abb. 8 dargestellten Kurven einen sehr scharfen

Knick (P_M) aufweisen. Die Fließgrenze für einen bestimmten Einkristall wird experimentell dadurch bestimmt, daß man den Kristall mit konstanter Geschwindigkeit dehnt. Allem Anschein nach kommt also der Schubspannung P_M eine bestimmte physikalische Bedeutung zu, die auf der Eigenart der plastischen Verformung von Metalleinkristallen beruhen muß. Eine analoge Erscheinung tritt in kolloid dispersen strukturierten Systemen auf [12, 13].

Durch experimentelle Untersuchungen fand man, daß die Fließgrenze eines Einkristalles wesentlich von der Orientierung des Kristallgitters zur Richtung der wirkenden Kraft abhängt. Diese Abhängigkeit tritt am deutlichsten bei hexagonalen Kristallen auf, da diese nur ein Gleitebenensystem in der Basisfläche besitzen. Bei kubischen Kristallen tritt diese Abhängigkeit weniger deutlich in Erscheinung, doch ist sie auch hier noch klar zu erkennen. In Abb. 9 ist der Wert P_M in Abhängigkeit von der Orientierung eines Zinneinkristalles zur Richtung der wirkenden Kraft dargestellt, und zwar ist die Änderung der Fließgrenze P_M in Abhängigkeit von den Winkeln χ_0 und λ_0 aufgetragen, wobei vorausgesetzt wird, daß die kritische Gleitspannung konstant ist. Die Gleitspannung wird durch Projektion der wirkenden Spannung auf die Verschiebungsrichtung bestimmt und kann, wie aus Abb. 6 folgt, nach der Beziehung $P_s = P_M \cdot \sin \chi_0 \cdot \sin \lambda_0$ berechnet werden. Setzt man einen konstanten Wert von P_s voraus, der unabhängig ist von der Orientierung des Gitters zur wirkenden Kraft, so kann man die Änderung von P_M in Abhängigkeit von der Ausgangsorientierung des Gitters berechnen. Das Ergebnis dieser Berechnungen zeigt die in Abb. 9 ausgezogene Kurve, aus der man deutlich entnehmen kann, daß die berechneten Werte mit den experimentellen Befunden gut übereinstimmen. Analoge Ergebnisse wurden auch an anderen Metallen erhalten.

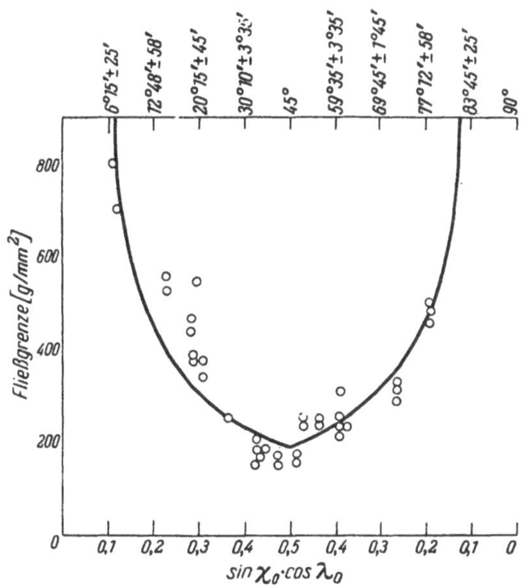

Abb. 9. Abhängigkeit der Fließgrenze P_M von der Orientierung der Gleitebene für Zinkeinkristalle. — Die ausgezogene Kurve gibt die Veränderung der Fließgrenze in Abhängigkeit von χ_0 und λ_0 wieder. Zu ihrer Berechnung wurde angenommen, daß die kritische Gleitspannung konstant ist

So erweist sich die Schubspannung, die der Fließgrenze entspricht und in der Gleitrichtung eines gegebenen Systems von Gleitflächen wirkt, als unabhängig von der ursprünglichen Orientierung des Kristallgitters. Für jeden Einkristall geht der von der Orientierung der Gleitelemente unabhängige Übergang von dem ersten Spannungs-Dehnungsgebiet in das zweite stets bei einer bestimmten Schubspannung vor sich, die gewöhnlich als die „kritische Schubspannung" bezeichnet wird. In Tabelle 1 sind für einige Metalle die Werte der kritischen Dehnungsspannung für die wichtigsten Gleitsysteme zusammengestellt.

Tabelle 1

Gleitelemente und kritische Schubspannung von Einkristallen verschiedener Metalle

Metall	Reinheitsgrad in %	Darstellungsmethode	Gleitelemente	kritische Schubspannung in g/mm²
Zink	99,96	aus der Schmelze Rekristallisation	(0001) [1120]	94
Kadmium	99,99	aus der Schmelze Rekristallisation	(0001) [1120]	58
Magnesium	99,95	aus der Schmelze Rekristallisation	(0001) [1120]	83
Zinn	99,90	aus der Schmelze	(100) [001]	133
Kupfer	99,90	aus der Schmelze	(111), [101]	100
Silber	99,99	aus der Schmelze	(111), [101]	60
Gold	99,99	aus der Schmelze	(111), [101]	92
Nickel	99,80	aus der Schmelze		580
Wismut	99,90	aus der Schmelze		221

Beachtenswert sind die ungewöhnlich niedrigen Werte der der Fließgrenze eines Metalleinkristalles entsprechenden kritischen Schubspannung. Die theoretische Abschätzung der Bruchfestigkeit von Metalleinkristallen führt bekanntlich zu Werten der Bruchspannung, die in der Größenordnung von 10^3 bis 10^4 kg/mm² liegen. Durch Versuche wurde aber festgestellt, daß die Bruchfestigkeit von Metalleinkristallen in ihrer Größenordnung die in der Tabelle angegebenen Werte der kritischen Schubspannung nicht übersteigt. Eine solche erhebliche Diskrepanz zwischen der theoretisch und praktisch bestimmten Zerreißfestigkeit von Metalleinkristallen, die auch bei nichtmetallischen Kristallen gefunden wurde, ist vor allem auf Strukturdefekte zurückzuführen, die zum Teil in den Kristallen bereits vorliegen und zum Teil erst während der plastischen Verformung entstehen, da die plastische Deformation stets mit Versetzungs-(Dislokations-) bewegungen verbunden ist.

Der Wert der kritischen Schubspannung hängt im hohen Maße vom Grad der Verunreinigungen ab, die in dem Grundmetall enthalten sind. Die stärkste Beeinflussung zeigen die unter Bildung von α-Phasen sich lösenden Verunreinigungen, während unlösliche Beimengungen ein Eutektikum liefern und nur verhältnismäßig geringfügig die kritische Schubspannung verändern. In Tabelle 2 ist für Zinkeinkristalle die Abhängigkeit der kritischen Spannung von Kadmium- bzw. Zinnbeimengungen dargestellt.

Kadmium löst sich im Bereich der angegebenen Konzentrationen im Zink unter Bildung einer festen Lösung, während Zinn nur bis zu 0,1% im Zink löslich ist und bei höherer Konzentration mit dem Grundmetall eine mehrphasige eutektische Mischung bildet.

Tabelle 2

Der Einfluß der Legierungsbestandteile Kadmium und Zinn auf die kritische Schubspannung von Zinkeinkristallen ($t \sim 20°C$)

Anteil Kadmium in Gewichtsprozenten	kritische Schubspannung in g/mm²	Anteil Zinn in Gewichtsprozenten	kritische Schubspannung in g/mm²
$2{,}0 \cdot 10^{-4}$	46	0	94
0,03	94	0,1	244
0,13	274	0,5	313
0,53	815	1,0	322
1,03	1186	1,5	353

Wird bei Verformung von metallischen Einkristallen die Fließgrenze überschritten, so bleibt die Schubspannung nicht mehr konstant, sondern wächst mit der Zunahme der Verformung. Die Ursache hierfür ist die Verfestigung der an dem Gleitprozeß teilnehmenden Systeme von Gleitebenen. Das ist mit die wichtigste Erscheinung, die die plastische Verformung von Metallen begleitet. In Abb. 10 sind Dehnungskurven von Einkristallen verschiedener Metalle mit den Koordinaten P_s (Dehnungsspannung) und a (spezifische Verschiebung) dargestellt. Diese Koordinaten bringen das kristallographisch gesetzmäßige Verhalten der Verschiebungsdeformation zum Ausdruck, und man erhält durch sie unmittelbar die Verfestigungskurve, die für einen gegebenen Einkristall charakteristisch ist und von der Anfangsorientierung des Gitters zur wirkenden Kraft unabhängig ist. Der Anstieg der Schubspannung pro Einheit der spezifischen Verschiebung $\lambda = dP_s/da$ wird als Verfestigungskoeffizient definiert. Für die Mehrzahl der hexagonalen Metalleinkristalle, fernerhin für Zinn und einige flächenzentrierte kubische Kristalle bleibt der Verfestigungskoeffizient λ während der Verformung konstant. Bei einigen Metallen (Zinn, Zink, Kadmium) dagegen werden bedeutende Unterschiede in der Größe des Verfestigungskoeffizienten für das erste und zweite Gebiet der plastischen Verformung beobachtet. So ergeben sich z. B. für Zinn, das im zweiten Plastizitätsgebiet verformt wird, λ-Werte von etwa 40 bis 50 g/mm², während im ersten Plastizitätsgebiet, d. h. bis zur Fließgrenze, λ-Werte von 50 kg/mm² gemessen werden.

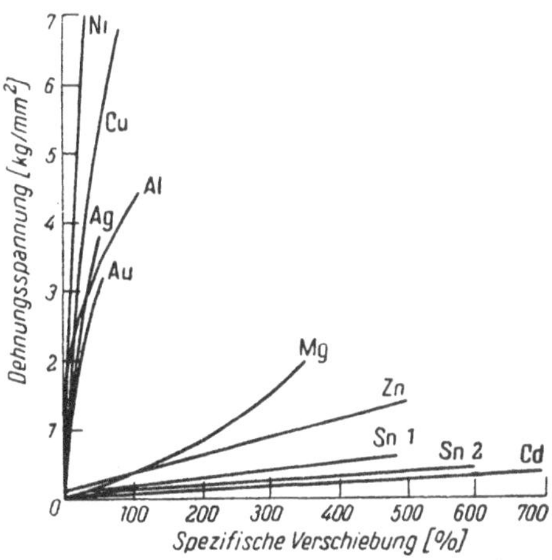

Abb. 10. Verfestigungskurven verschiedener Einkristalle

3. Die Abhängigkeit der mechanischen Eigenschaften der Einkristalle von der Temperatur und der Verformungsgeschwindigkeit

Die kritische Schubspannung aller bisher untersuchten Metalleinkristalle zeigt eine deutliche Abhängigkeit von der Temperatur des Kristalles. In Abb. 11 ist diese Abhängigkeit für Zink- und Kadmiumeinkristalle dargestellt. Die kritische Schubspannung dieser Einkristalle ändert sich innerhalb eines großen Temperaturgebietes, das von 20 °K bis nahe zum Schmelzpunkt reicht, relativ wenig, etwa 3 bis 4mal. Ähnliche Resultate wurden auch bei der Untersuchung anderer Metalle erhalten.

Einen geringen Einfluß auf die kritische Schubspannung zeigt auch die Verformungsgeschwindigkeit. So erhöht eine 200 bis 300fache Vergrößerung der Verformungsgeschwindigkeit die Schubspannung nur um 15 bis 20%.

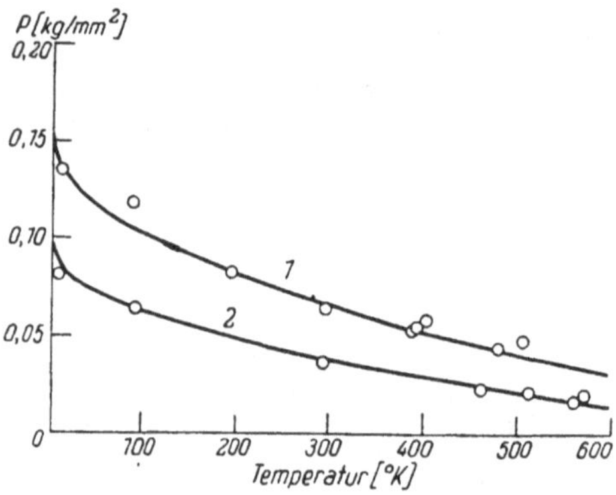

Abb. 11. Abhängigkeit der kritischen Gleitspannung von der Temperatur für Kadmium- und Zinkeinkristalle: *1* – Kadmium; *2* – Zink

Die Änderung des Verfestigungskoeffizienten mit der Temperatur ist bei vielen Metalleinkristallen untersucht worden. Diese Untersuchungen werden im folgenden Abschnitt zusammenfassend dargestellt.

Die ungewöhnlich hohe Plastizität der Mehrzahl von Metalleinkristallen, d. h. ihre Fähigkeit zu einer beträchtlichen Verformung unter Wirkung relativ kleiner Spannungen, bleibt selbst bis zu tiefen Temperaturen herab erhalten. Bei Temperaturabnahme steigt zunächst der Verfestigungskoeffizient ziemlich stark an, etwa um das 10- bis 100fache, jedoch bei Temperaturen von –180 °C und tiefer wird jener Koeffizient für alle untersuchten Einkristalle praktisch unabhängig von der Temperatur. Erhöht man andererseits die Temperatur, so nimmt dabei der Verfestigungskoeffizient ständig ab und wird bereits weit unterhalb der Schmelztemperatur Null. Der stärkste Einfluß der Temperatur auf den Verfestigungskoeffizienten wird im mittleren Temperaturbereich beobachtet. In diesem Gebiet ändert sich der Verfestigungskoeffizient, wie schon erwähnt, sehr stark mit der Geschwindigkeit der Verformung, bei sehr niedrigen als auch bei sehr hohen Temperaturen (abhängig vom Metall) wird er jedoch von der Verformungsgeschwindigkeit unabhängig.

Diese Ergebnisse werden durch zwei entgegengesetzt gerichtete Prozesse erklärt, die bei der plastischen Verformung von Metalleinkristallen nebeneinander ablaufen. Der eine Prozeß ist die Verfestigung, die verbunden ist mit der Bildung lokaler Defekte im Kristallgitter in der Nähe von Gleitflächen unter Bildung von inneren Oberflächen, der zweite dagegen ist der Erholungsprozeß, bei dem durch die Wärmebewegung der Atome des Gitters die bei der Verformung entstandenen

Defekte und die inneren Oberflächen von selbst wieder verschwinden. Während der Prozeß der Verfestigung ein athermischer Prozeß ist, der in jedem Falle eine Zunahme der freien Energie des verformten Metalles bewirkt, hängt der Erholungsprozeß in starkem Maße von der Temperatur und der Geschwindigkeit der Verformung ab und ist mit einer Abnahme der freien Oberflächenenergie des Systems verbunden. Während des Erholungsprozesses verschwindet mehr oder weniger vollkommen die Verfestigung des verformten Metalles, was zu einer Wiederherstellung der ursprünglichen mechanischen und sonstigen Eigenschaften führt. Dabei finden keinerlei Änderungen der Mikrostruktur im Metall statt, denn genaugenommen ist der Erholungsprozeß von dem der Rekristallisation nicht verschieden. Bei hinreichend niedrigen Temperaturen läuft der Erholungsprozeß so langsam ab, daß während der Verformung die Festigkeit nicht merklich herabgesetzt wird. Das erklärt auch, daß etwa von —180° ab eine weitere Erniedrigung der Temperatur keinen Einfluß mehr auf den Verfestigungskoeffizienten hat. Bei einer Erhöhung der Temperatur wächst die Geschwindigkeit der in verformten Metalleinkristallen ablaufenden Erholungsprozesse, und bei genügend hohen Temperaturen (die um so höher sein müssen, je höher der Schmelzpunkt eines Metalles ist) wird schon während der Verformung das gestörte Gitter völlig regeneriert, so daß der Temperaturkoeffizient auch bei hohen Temperaturen gegen Null geht. Von diesem Standpunkt läßt sich auch der Einfluß der Verformungsgeschwindigkeit auf den Verfestigungskoeffizienten verstehen. Je langsamer bei einer gegebenen Temperatur der Einkristall verformt wird, desto mehr wird sich der Einfluß der Erholung bemerkbar machen und zu einer Erniedrigung der Festigkeit führen.

KAPITEL II

Die Gesetzmäßigkeiten der Verformung von Metalleinkristallen bei Anwesenheit grenzflächenaktiver Stoffe

1. Untersuchungsmethoden

Die Untersuchung des Einflusses eines umgebenden Mediums auf die mechanischen Eigenschaften von Metalleinkristallen wurde an den Metallen Zinn, Blei, Zink und Aluminium durchgeführt. Während die Zinn- und Bleieinkristalle hauptsächlich nach der Methode von Kapiza gezüchtet wurden, sind die Aluminiumeinkristalle nach der Methode der Rekristallisation dargestellt worden. Die Zinkeinkristalle wurden in evakuierten Glasröhren nach einer Methode von Obreimow gezüchtet. Die Orientierung der Gleitelemente zur Achse der hergestellten Einkristalle wurde unmittelbar unter dem Mikroskop mittels der Gleitlinien bestimmt, die nach einer geringfügigen Dehnung auf den Metallproben entstehen. Die Genauigkeit dieser Methode zur Bestimmung der Orientierung ist vollauf befriedigend, was auch röntgenographisch nachgeprüft wurde. Vor dem Versuch wurde jeder Einkristall zur Entfernung der bei der Darstellung entstehenden verhältnismäßig dicken Oxidschichten abgebeizt und in drei gleiche Teile zerlegt. Ein Teil wurde in trockener Luft oder in einer unpolaren Flüssigkeit (reines Paraffinöl) gedehnt, ein weiterer in Gegenwart eines grenzflächenaktiven Mediums (Paraffinöl mit Zusatz eines grenzflächenaktiven Stoffes). Der letzte Teil diente zur Bestimmung der am Dehnungsprozeß teilnehmenden Gleitelemente.

Die Untersuchungen der mechanischen Eigenschaften von monokristallinen Drähten in verschiedenen Medien wurden hauptsächlich mit Hilfe von Dehnungsmessungen bei konstanter Verformungsgeschwindigkeit ($V = d\varepsilon/d\tau = \varepsilon/\tau = \text{const}$) durchgeführt. Es wurde hierzu eine von Polanyi angegebene Apparatur verwandt, deren Konstruktion nur geringfügig verändert wurde.

Das zu untersuchende Probestück wurde zwischen 2 Klemmen *1* und *2* (Abb. 12) befestigt. Die obere Klemme *2* war mit einem Bügel (*3*) versehen, der mittels einer Stützschneide einer Stahlplatte (*4*) auflag, die selbst von zwei Stahlprismen getragen wurde. Die untere Klemme konnte mit Hilfe einer Scheibe (*5*) in vertikaler Richtung gedreht werden. Die Klemmen, die den wichtigsten Teil des Gerätes darstellten, wurden aus Glas hergestellt. In ihnen wurden die Einkristalle mit Woodscher Legierung eingeschmolzen. An der unteren Halterung ist ein Versuchsgefäß befestigt, in das die Untersuchungslösungen eingefüllt werden können.

Die Dehnung wurde nach $\varepsilon = (l - l_0)/l_0 = \Delta l/l_0$ und ihre konstante Geschwindigkeit (Dehnzahl) nach $V = \Delta l/l_0\,\tau$ bestimmt. Die einer gegebenen Dehnung entsprechende Zugkraft wurde durch einen Pfeil angezeigt, der sich an der durchgebogenen Stelle der elastischen Stahlplatte befand, die ihrerseits mit der oberen Klemme verbunden war. An den Kanten der Platte wurden zwei Spiegel befestigt, durch die der leuchtende Spalt auf einen Schirm geworfen wurde. Diese optische Anordnung gestattete, den Pfeil etwa 120fach vergrößert auf dem Schirm abzubilden, so daß die Zugkraft an der Fließgrenze mit einer Genauigkeit von 1% gemessen werden konnte.

Die Untersuchungen der mechanischen Eigenschaften von Einkristallen wurde auch nach der Methode des plastischen Fließens von Einkristallen unter Wirkung einer konstanten Spannung durchgeführt, sowohl oberhalb als auch unterhalb der Fließgrenze.

2. Grundlegende Gesetzmäßigkeiten

Die mit konstanter Verformungsgeschwindigkeit ausgeführten Dehnungsversuche und auch das bei konstanter Spannung erfolgende plastische Fließen zeigten, daß bei Anwesenheit grenzflächenaktiver Stoffe die Widerstandskraft der Einkristalle gegenüber Verformung herabgesetzt wird. Die Fließgrenze wird etwa um das zweifache erniedrigt und die Anfangsgeschwindigkeit des plastischen Fließens etwa um das 5- bis 10fache erhöht. Gleichzeitig wurde die Abhängigkeit

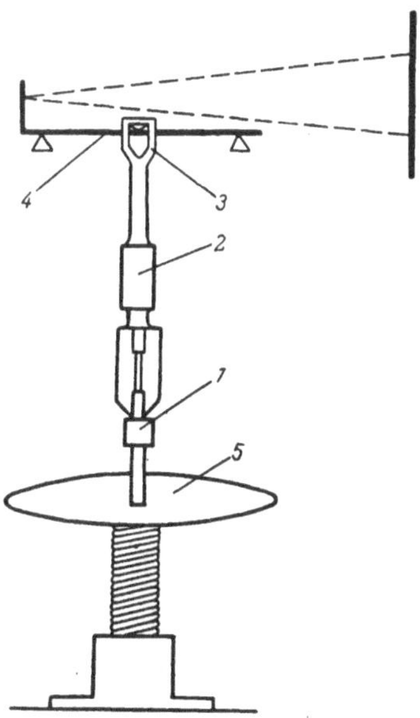

Abb. 12. Schema der Apparatur zur Dehnung von Einkristalldrähten, die mit konstanter Geschwindigkeit gedehnt werden

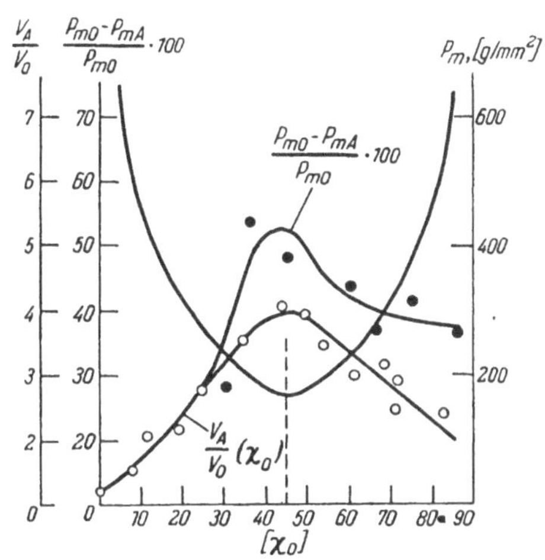

Abb. 13. Abhängigkeit der Größe des Adsorptionseffektes von der Orientierung der wirkenden Gleitelemente. — Die schwarzen Kreise bezeichnen die Abhängigkeit bei Herabsetzung der Fließgrenze, die weißen Kreise beim relativen Anstieg der Anfangsgeschwindigkeit des Fließens

zwischen der Größe des Adsorptionseffektes und der Orientierung der Gleitelemente studiert. Der maximale Adsorptionseffekt wird bei Einkristallen bei einem Winkel von $\chi_0 = 45°$ beobachtet. Die von der Orientierung abhängige Adsorptionskurve (Abb. 13) ist bezüglich ihres Maximums unsymmetrisch: Die Abnahme des Adsorptionseffektes ist für Kristalle mit kleinerem χ_0 stärker als mit größerem Winkel [14].

Als grenzflächenaktive Zusatzstoffe zu unpolaren Kohlenwasserstoffen wurden von uns besonders reine Präparate verwandt, und zwar Ölsäure ($C_{17}H_{33}COOH$), Palmitinsäure ($C_{15}H_{31}COOH$), Palmitylalkohol ($C_{16}H_{33}OH$) und einige andere Stoffe.

Besonders wichtig ist die Tatsache, daß bei der Verformung von Einkristallen in Gegenwart grenzflächenaktiver Stoffe niemals die in inaktiven Medien wirkenden Gleitelemente verändert wurden. In einigen Fällen traten zu diesen Gleitelementen noch weitere hinzu, besonders häufig an Einkristallen mit kubischem Raumgitter. Bei Anwesenheit grenzflächenaktiver Stoffe nehmen bei der Verformung von Aluminium und Blei sehr oft zwei oktaedrische Gleitsysteme gleichzeitig am Verformungsprozeß teil; das kann man unmittelbar an den Gleitlinien auf der Oberfläche des Metalles erkennen.

Als Maß für den Adsorptionseffekt für Zinneinkristalle kann die absolute Erniedrigung der Fließgrenze $\Delta P_M = (P_M)_0 - (P_M)_A$ oder die relative Erniedrigung dienen, die in Prozenten ausgedrückt für das Anfangsstadium der Verformung gleich

$$\Delta P_M/(P_M)_0 \cdot 100\% = (P_M)_0 - (P_M)_A/(P_M)_0 \cdot 100\%$$

ist. Für das Verhältnis der Verfestigungskoeffizienten (für das zweite Stadium des plastischen Fließens) gilt

$$\lambda_0/\lambda_A = (dP_s/da)_0/(dP_s/da)_A \,.$$

In Abb. 14 sind Dehnungskurven von Zinneinkristallen, die ungefähr die gleiche Anfangsorientierung in der Nähe des Optimums besitzen ($\chi_0 \cong 45°$), für verschiedene Konzentrationen von Ölsäure in Paraffinöl dargestellt. Wie Kontrollversuche zeigten, ergeben die Messungen mit reinem Paraffinöl den gleichen Kurvenverlauf wie die in Gegenwart von Luft ausgeführten Messungen [15].

Die relativ stärkste Wirkung üben die adsorbierten Stoffe bei sehr kleinen Konzentrationen aus. Sowohl die Fließgrenze als auch der Verfestigungskoeffizient erreichen bei $C = 0{,}2\%$ ihren kleinsten Wert und werden bei weiterer Erhöhung der Konzentration wieder größer. Dieses Verhalten ist vor allem der Aggregation der Moleküle des im Kohlenwasserstoff gelösten grenzflächenaktiven Stoffes zuzuschreiben, als Folge der Wechselwirkung der polaren Gruppen. Bemerkenswert ist, daß die dem maximalen Effekt entsprechende Konzentration des grenzflächenaktiven Stoffes völlig mit der Konzentration übereinstimmt, die Wenström [16] bei der Untersuchung von polykristallinem Zinn, Blei und Kupfer als Gleichgewichtskonzentration der gesättigten Adsorptionsschicht erhielt. Diese Konzentration ist nicht von der Natur des Metalles, sondern von der Natur des grenzflächenaktiven Stoffes abhängig. (In Übereinstimmung mit der Traube-

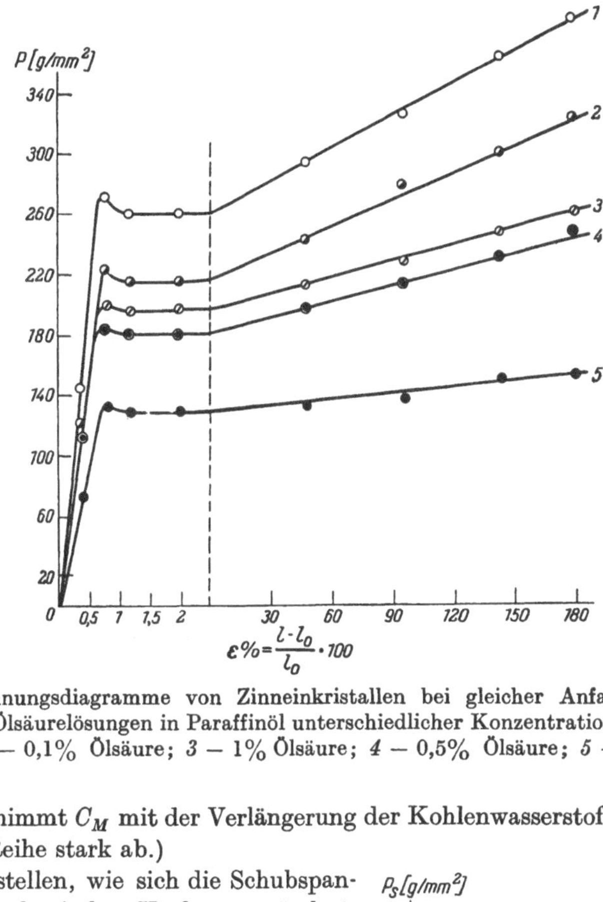

Abb. 14. Dehnungsdiagramme von Zinneinkristallen bei gleicher Anfangsorientierung ($\chi_0 = 45°$) in Ölsäurelösungen in Paraffinöl unterschiedlicher Konzentration. — *1* — reines Paraffinöl; *2* — 0,1% Ölsäure; *3* — 1% Ölsäure; *4* — 0,5% Ölsäure; *5* — 0,2% Ölsäure

schen Regel nimmt C_M mit der Verlängerung der Kohlenwasserstoffkette in einer homologen Reihe stark ab.)

Um festzustellen, wie sich die Schubspannung bei der plastischen Verformung ändert, müssen die Dehnungskurven mit Hilfe folgender Gleichungen in die Verfestigungskurven umgerechnet werden:

$$P_s = P_M \cdot \sin \chi_0 \cdot \cos \lambda$$

und

$$a = (\varepsilon + 1) \sin (\lambda_0 - \lambda)/\sin \chi_0 \sin \lambda_0 .$$

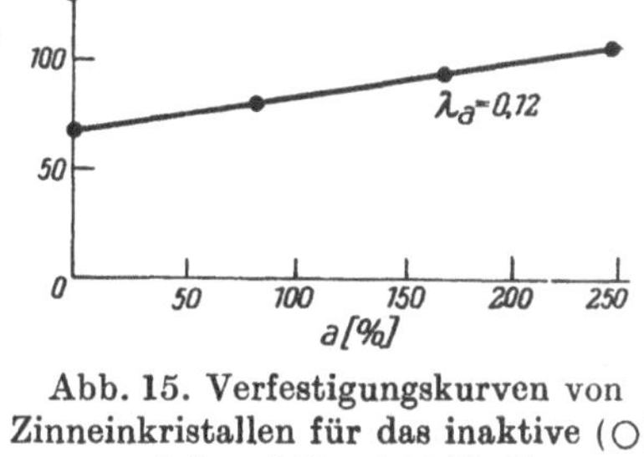

Abb. 15. Verfestigungskurven von Zinneinkristallen für das inaktive (○) und das aktive (●) Medium

In Abb. 15 sind die erhaltenen Verfestigungskurven von Zinneinkristallen für inaktives und aktives Medium mit der optimalen Konzentration von 0,2% Ölsäure in Paraffinöl angegeben. Sowohl die kritische Zerreißfestigkeit als auch der Verfestigungskoeffizient werden bei Anwesenheit von grenzflächenaktiven Stoffen beträchtlich erniedrigt. Diese Effekte sind die Folge gewisser Strukturveränderungen, die bei derVerformung unter Einwirkung von Adsorptionsschichten vor sich gehen.

In Gegenwart grenzflächenaktiver Substanzen findet während der Verformung vor allem eine starke Dispergierung der Gleitbezirke in dem wirkenden Gleitsystem statt. Sehr genau ließen sich die Strukturveränderungen unter Einwirkung von adsorbierenden Stoffen bei Zinn-, Blei- und Aluminiumeinkristallen beobachten.

In Abb. 16 sind die Mikrophotographien zweier Zinndrähte verschiedenen Durchmessers wiedergegeben, die einmal in Luft und zum anderen in einem aktiven Medium verformt wurden. Bei der Dehnung von Metallen haben die entstehenden Gleitpakete in der Regel eine verschiedene Dicke, was wahrscheinlich mit der statistischen Verteilung von Gitterfehlern zusammenhängt, die den Anstoß zu plastischen Verschiebungen geben. Die Abhängigkeit der Dicke der Gleitpakete von der Deformationsgeschwindigkeit und von der Temperatur, d. h. das Anwachsen der Dicke der Gleitpakete mit Temperaturerhöhung bzw. Herabsetzung der Verformungsgeschwindigkeit, wird durch die Kinetik der Bildung von Gitterdefekten bestimmt.

An Hand besonders reiner Kadmium- und Bleikristalle wurde gezeigt, daß die Dicke der Gleitpakete sich in viel engeren Grenzen verändert, als es für die Präparate mit einem mittleren Reinheitsgrad der Fall ist. Außerdem ist die Dicke unabhängig von der Temperatur und der Verformungsgeschwindigkeit [15]. Aber auch bei diesen reinen Metallen führen kleinste Zusätze unverzüglich zu einer beachtlichen Veränderung der Dicke der Gleitbezirke.

Ausgeprägte Strukturveränderungen wurden von uns an Zinneinkristallen festgestellt, da Zinn bei einer Verformungsgeschwindigkeit von etwa 5% pro Minute in Gegenwart von Luft oder reinem Paraffinöl Gleitbezirke von erheblicher Dicke liefert, im Mittel etwa 50μ.

Weiterhin wurde in unserem Laboratorium von B. M. Maslennikow gezeigt, daß ein sehr feines System von Verschiebungen, die auf der Oberfläche des Einkristalls durch ein Metallmikroskop mit hoher Vergrößerung gerade noch auflösbar sind, in grenzflächenaktiven Medien nicht verändert werden. In diesen Medien entwickeln sich solche „elementaren" Gleitpakete gleichmäßig. In inaktiven Medien, z. B. in Luft, bilden sich dagegen nur einzelne Verschiebungsebenen aus, die die Grenzen der großen Gleitpakete bilden. Diese enthalten aber noch in ihrem Inneren ein Gleitsystem, das aus etwa 20 „elementaren" Verschiebungsebenen besteht.

Zur genaueren Untersuchung der charakteristischen Oberflächenstrukturen, die bei der plastischen Verformung von Einkristallen entstehen, wurden mit Hilfe eines Metallmikroskopes Filmaufnahmen im reflektiertem Licht (64 Bilder in der Sekunde) hergestellt, die es ermöglichten, den gesamten Entstehungsprozeß des plastischen Fließens von Einkristallen sowohl in inaktiven als auch in aktiven Medien zu registrieren.

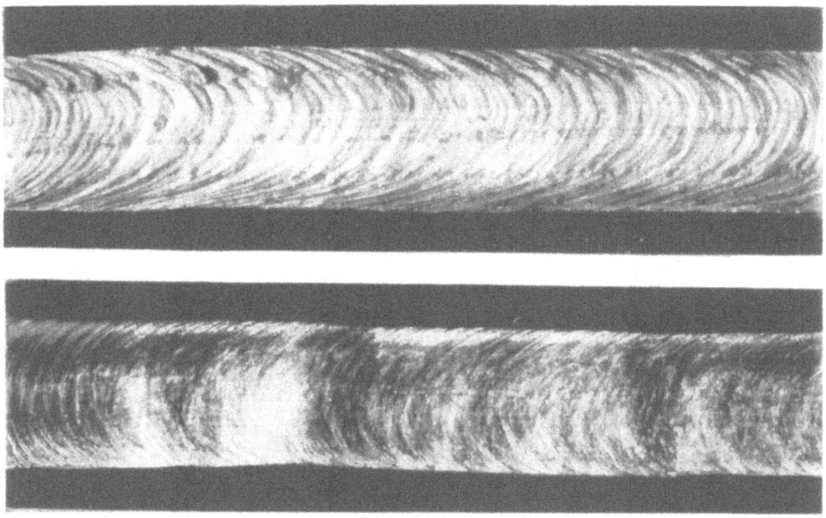

Abb. 16a

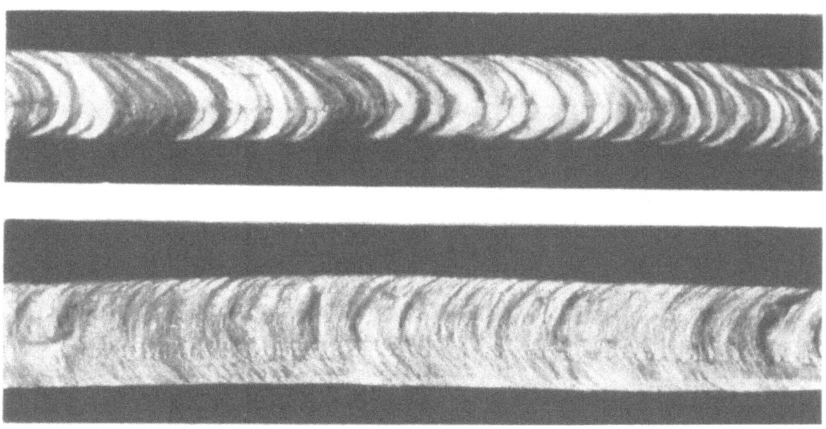

Abb. 16b

Abb. 16. Photographien von in Luft und im aktiven Medium verformten Zinneinkristallen mit verschiedenen Durchmessern

a – Einkristalle mit Durchmesser 1,2 mm; *b* – Einkristalle mit Durchmesser 0,7 mm. Sichtbar ist die starke Dispergierung der Gleitpakete im aktiven Medium

Mit Hilfe dieser Untersuchungsmethode stellte man fest, daß schon in den Anfangsstadien der Verformung noch vor Erreichung der Fließgrenze bei Anwesenheit grenzflächenaktiver Stoffe sich eine sehr dünne gleichmäßige Struktur von Gleitpaketen mit einer Dicke von etwa 3 bis 4μ bildet, während bei der Dehnung in Luft bei derselben Verformungsgeschwindigkeit Gleitpakete mit der erheblichen Dicke von 50μ entstehen.

In Tabelle 3 sind die Untersuchungsergebnisse des Einflusses der Konzentration von Ölsäure in Paraffinöl auf die Struktur und die mechanischen Eigenschaften

Tabelle 3

Der Einfluß der in Paraffinöl gelösten Ölsäure auf die Änderung der Fließgrenze, des Verfestigungskoeffizienten und der Dicke der Gleitpakete von Zinneinkristallen

Zinneinkristall $D = 0{,}76 - 0{,}96$ mm, $41° \leqq \chi_0 \leqq 48°$, $v = 4{,}8\%$/min

Mechanische Eigenschaften	Ölsäurekonzentration in Paraffinöl in %				
	0	0,1	0,2	0,5	1,0
Fließgrenze in g/mm²	250	210	145	180	200
Verfestigungskoeffizient	0,54	0,42	0,11	0,21	0,24
Dicke der Gleitpakete in μ	52	38	3,6	8,5	9,5

von Zinneinkristallen zusammengestellt, die bei Zimmertemperatur mit konstanter Geschwindigkeit von $V = 4{,}8\%$ pro Minute gedehnt wurden. In Abb. 17 ist die Abhängigkeit der grundlegendsten mechanischen und strukturellen Eigenschaften eines Zinneinkristalles von der Konzentration von Ölsäure in Paraffinöl dargestellt. Daraus ist zu ersehen, daß alle drei durch die Einwirkung der grenzflächenaktiven Stoffe hervorgerufenen Effekte, die Herabsetzung der Fließgrenze und des Verfestigungskoeffizienten und die Veränderung der Dicke der Gleitpakete die gleiche Abhängigkeit von der Konzentration der grenzflächenaktiven Stoffe zeigen, was zweifellos auf einen einheitlichen Mechanismus hinweist, der diesen Erscheinungen zugrunde liegt.

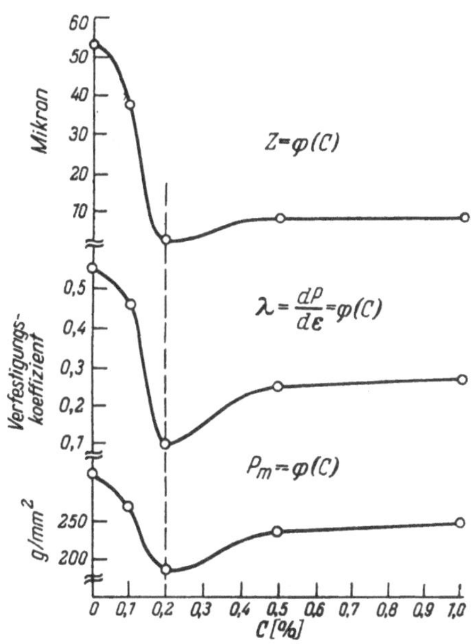

Abb. 17. Die Abhängigkeit der Fließgrenze P_M, des Verfestigungskoeffizienten λ und der Dicke der Gleitpakete Z von der Ölsäurekonzentration in Paraffinöl

Bemerkenswert ist auch der direkte Zusammenhang zwischen der Dispergierung der Gleitpakete und der früher beobachteten Erscheinung, daß bei Anwesenheit grenzflächenaktiver Stoffe der Dispersitätsgrad bei der Feinmahlung oder bei Bohrungen spröder Gesteine usw. stets erhöht wird.

Eine ausführlichere Untersuchung der in den Metallen ablaufenden Strukturänderungen ist nur bei solchen Vergrößerungen möglich, die es gestatten würden, die Elementarvorgänge des Gleitens während der Verformung zu fixieren.

Allgemein erlauben die metallographischen Methoden zur Erforschung der Struktur verformter Metalle (mit Ausnahme der röntgenographischen und elektronenoptischen Analyse) nur solche Einzelheiten bei der Verformung zu beobachten, deren Ausmaße nicht kleiner als $2 \cdot 10^{-5}$ cm sind. Auf diese Weise können selbst die vollkommensten Metallmikroskope die einzelnen Elementarvorgänge des Gleitens nicht mehr sichtbar machen, d. h. die Verschiebungen auf den Gleitebenen, die während der Verformung des Metalles entstehen und zur Bildung von Gleitpaketen mit einer Dicke von etwa 10 bis 100 Atomschichten führen. Außerdem können gewisse Strukturveränderungen, die während der plastischen Verformung entstehen, wie z. B. Verdrehungen und Verbiegungen der Gleitpakete oder die Bildung von Mikrorissen in der Oberflächenschicht, durch die üblichen metallmikroskopischen Untersuchungen nicht nachgewiesen werden, weil die Abmessungen dieser Elementarveränderungen in derselben Größenordnung wie die Dicke der Gleitpakete sind. Die Erforschung von Elementarvorgängen, die bei der Verformung zu Strukturveränderungen führen, ist gegenwärtig nur mit Hilfe des Elektronenmikroskopes möglich, dessen Auflösungsvermögen die optischen Mikroskope um zwei Größenordnungen übertrifft. Die elektronenmikroskopische Methode zur Untersuchung von metallischen Oberflächenstrukturen erlaubt, mit Hilfe des Abdruckverfahrens Einzelheiten bis zu 50 Å aufzulösen. Bei einer sehr oft angewandten elektronenoptischen Methode zur Erforschung der Struktur des Aluminiums und seiner Legierungen benutzt man zur Abbildung ein Aluminiumoxidhäutchen, das einen hohen Kontrast und ein großes Auflösungsvermögen zeigt [19]. Die Oxidabdrucke werden durch anodische Oxydation des Aluminiums in einer Lösung von Ammoniumborat bei einem p_H von etwa 9,0 und einer Potentialdifferenz von 20 bis 30 Volt gewonnen. Das auf diese Weise erhaltene völlig homogene und strukturlose Aluminiumoxidhäutchen wird von der Oberfläche des Metalles nach einer Methode von Evans abgelöst. In Abhängigkeit vom Relief der Metalloberfläche ändert sich für den Elektronenstrahl die effektive Dicke des Oxidhäutchens, obwohl das Häutchen selbst eine gleichmäßige Dicke besitzt. Die unterschiedliche effektive Dicke hat zur Folge, daß die einzelnen Strukturelemente mit verschiedener Helligkeit abgebildet werden und kontrastreich erscheinen, wobei dunklere Stellen der Elektronenaufnahmen den Vertiefungen und Erhöhungen im Oberflächenrelief entsprechen.

Das Oxidabdruckverfahren wurde von uns zur Erforschung der Oberfläche verformter Ein- und Polykristalle angewandt [20]. Bis zur Gegenwart stößt die eindeutige Interpretation einer elektronenmikroskopischen Aufnahme auf gewisse Schwierigkeiten, da es wegen der sehr starken Vergrößerungen nicht möglich ist, aus dem erhaltenen Bild unmittelbar auf Einzelheiten des Reliefs zu schließen.

Die Deutung eines Bildes kann jedoch in vielen Fällen dadurch sehr erleichtert werden, daß man verschiedene Aufnahmen von ein und demselben Gegenstand anfertigt (Bilder mit steigender Vergrößerung im optischen Bereich und darüber hinaus, die Ausnutzung der indirekten experimentellen Gegebenheiten, die stereoskopische Methode usw.). In den meisten Fällen ist es durch sorgfältige Auswertung aller Aufnahmen dann möglich, die zu beobachtenden Einzelheiten richtig abzuschätzen.

Als Untersuchungsobjekte wurden Einkristalle von technisch reinem Aluminium (99,95%) ausgewählt, die nach der Rekristallisationsmethode hergestellt wurden. Jeder Einkristall mit einem Durchmesser von ca. 2 mm und einer Länge von 15 cm wurde in zwei Zeilen geschnitten. Der eine wurde um 75% seiner Ausgangslänge mit konstanter Geschwindigkeit ($V = 40\%$ pro Minute) im inaktiven Medium (reines Paraffinöl), der andere auf gleiche Weise in einer 0,3%igen Lösung von Palmitylalkohol in Paraffinöl gedehnt. Dabei beobachtet man den üblichen Adsorptionseffekt — die Erniedrigung der Festigkeit, und zwar wurde der wirkende Widerstand des Drahtes durch Zugabe von Palmitylalkohol um 15 bis 20% herabgesetzt (Abb. 18).

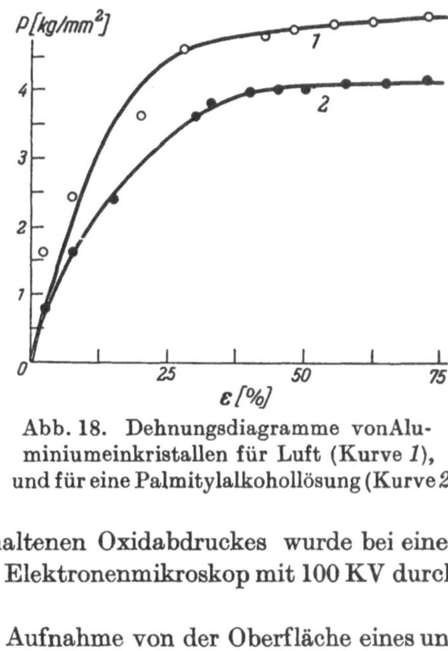

Abb. 18. Dehnungsdiagramme von Aluminiumeinkristallen für Luft (Kurve *1*), und für eine Palmitylalkohollösung (Kurve *2*)

Nach einer sehr gründlichen Reinigung der Einkristalle mit reinem Hexan wurde nach der oben beschriebenen Methode das Oxidhäutchen von der Oberfläche abgelöst. Die Untersuchung des so erhaltenen Oxidabdruckes wurde bei einer 14000- bis 16000fachen Vergrößerung im Elektronenmikroskop mit 100 KV durchgeführt.

In Abb. 19 ist eine elektronenoptische Aufnahme von der Oberfläche eines unverformten Einkristalles wiedergegeben, der eine gut ausgebildete Würfelform besitzt und auf seiner Oberfläche nach leichtem Anätzen die den oktaedrischen Gleitflächen entsprechenden Kanten zeigt. Jedes von unverformten Kristallen hergestellte Oxidhäutchen gibt bei der elektronenoptischen Untersuchung ein Bild von gleichmäßig gut orientierten Würfeln, die mit einer ihrer Spitzen aus der Oberfläche des Würfels herausragen und an ihren seitlichen Kristallflächen in geringem Maße die Kanten der Oktaederflächen hervortreten lassen. Auf diesen Kristallflächen oder auch auf der Grundfläche treten kleine völlig desorientierte Kriställchen, sog. Gruppen von kleinen polykristallinen Einschlüssen zutage, die während des Wachstumsprozesses des Einkristalles entstanden sind.

In Abb. 20 und 21 sind elektronenoptische Aufnahmen derselben Einkristallprobe wiedergegeben, jedoch um 75% in reinem Paraffinöl gedehnt. Deutlich sind hier die Versetzungen auf den oktaedrischen Flächen und die Krümmung dieser Flächen zu erkennen. Diese Versetzungen sind aller Wahrscheinlichkeit nach die Elementarvorgänge des Gleitens bei den wirkenden Gleitsystemen. Die Dicke der Gleitpakete ist bedeutenden Schwankungen unterworfen, sie übertrifft jedoch einen Wert von 1000 Å nicht. Einige Gleitpakete haben anscheinend nur eine Dicke bis zu 200 Å. Auf einigen Aufnahmen kann man eine gleichmäßige ebene Oberfläche ohne die geringsten Gleitspuren, allerdings mit einer sehr charakteristischen Oberflächenschraffierung beobachten. In solchen Fällen handelt es sich um innere Oktaederflächen, die während der Verformung freigelegt werden; die feine Zeichnung auf den Oberflächen hängt anscheinend mit dem Gleitvorgang dieser Flächen zusammen. Die elektronenoptischen Aufnahmen auf Abb. 22 zeigen das typische Bild einer Einkristalloberfläche, die in einem grenzflächenaktiven Medium deformiert wurde. Der normale Gleitprozeß verläuft hier nicht über ein oktaedrisches Gleitsystem. Man kann annehmen, daß unter der Wirkung von grenzflächenaktiven Substanzen schon in frühen Stadien der plastischen Verformung mehrere Gleitsysteme gleichzeitig sich zu verschieben beginnen, die in ihrer Gesamtwirkung ein recht kompliziertes Bild ergeben. Nicht zu übersehen sind auch die beträchtlichen Abmessungen der Mikrorisse. Ihre Breite ist verschieden und schwankt zwischen 200 und 1000 Å. Die elektronenmikroskopische Untersuchung der Oberfläche von besonders reinem polykristallinen Aluminium erlaubt sogar, die sich bei der Verformung bildenden Mikrorisse sichtbar zu machen.

Besonders reines polykristallines Aluminium (in Form von gegossenen Stäben mit 6 mm Durchmesser und 15 cm Länge wurde mit einer Mischung von konzentrierter Salzsäure und Methanol gebeizt (Verhältnis 1 : 1) und darauf in der üblichen Weise zur Gewinnung des Oxidabdruckes auf der Oberfläche weiterbehandelt. Die Untersuchung der so erhaltenen Oxidabdrucke wurde bei einer 14000- bis 16000fachen Vergrößerung durchgeführt. In Abb. 23 ist eine elektronenoptische Aufnahme von der Oberfläche eines gegossenen unverformten Aluminiumstabes wiedergegeben, die ein System von gut ausgebildeten Würfeln mit schwach abgerundeten Kanten darstellt.

Der äußerst hohe Reinheitsgrad des untersuchten Aluminiums erschwerte die Ätzung außerordentlich und führte dazu, daß die einzelnen Strukturelemente keine sehr scharf ausgeprägten Konturen zeigten.

In Abb. 24 ist eine elektronenoptische Aufnahme der gleichen Aluminiumprobe wiedergegeben, die mit Stahlwalzen in einer Richtung um 92% ihrer Länge ausgewalzt wurde. Auf dieser Abbildung sind die dabei erhaltenen kubischen Strukturelemente zu sehen, die durch die Verformung gegenüber dem Anfangszustand ein stark verändertes und verzerrtes Aussehen zeigen. Man kann völlig gesetzmäßige Verschiebungen in einer bestimmten Richtung beobachten, die anscheinend im Innern der einzelnen Kristallite erfolgen (Durchmesser des Sehfeldes $\sim 1\,\mu$). Diese Verschiebungen bilden jene Primärerscheinung, die für die Gesamtheit der Kristallite die Textur des gewalzten Metalles ergibt. Außerdem wird auf fast jedem Bildausschnitt ein ganzes System von Mikrorissen beobachtet, die in allen Richtungen, vor allem jedoch senkrecht zur Walzrichtung die Oberfläche des Metalles einschneiden.

Abb. 19. Elektronenoptische Aufnahme eines Oberflächenelementes von einem verformten Aluminiumeinkristall. Vergrößerung 16000fach

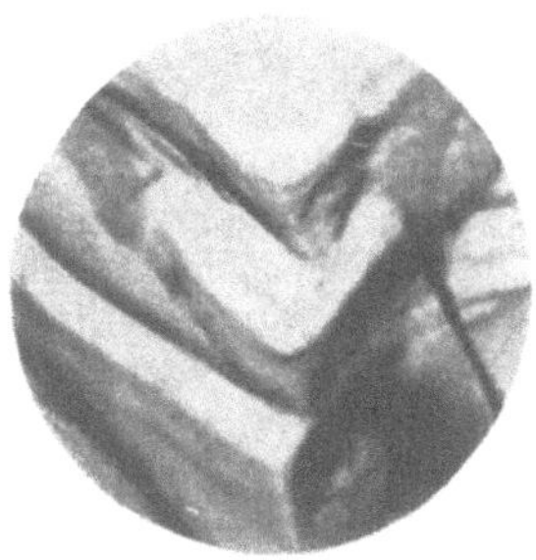

Abb. 20. Elektronenoptische Aufnahme eines Oberflächenelementes von einem Aluminiumeinkristall, der im inaktiven Medium verformt wurde. Vergrößerung 16000fach

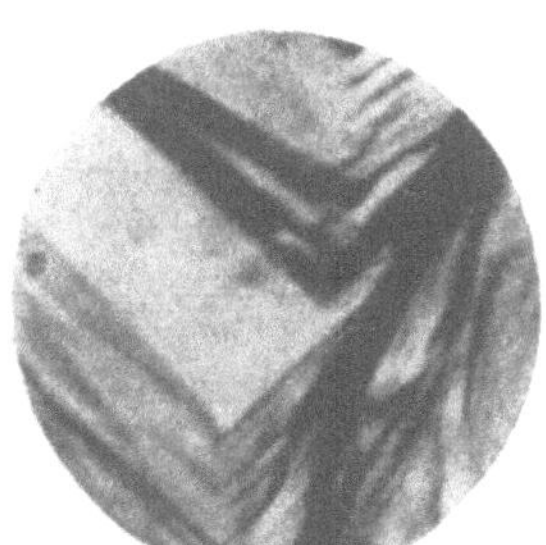

Abb. 21. Ein anderer Oberflächenausschnitt des gleichen Einkristalles von Abb. 20. Vergrößerung 16000fach

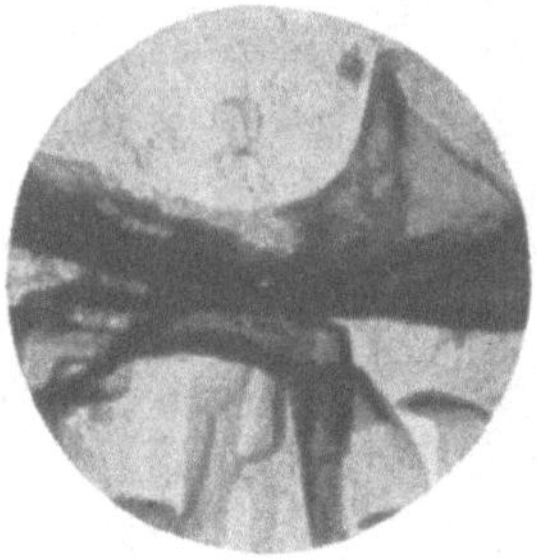

Abb. 22a

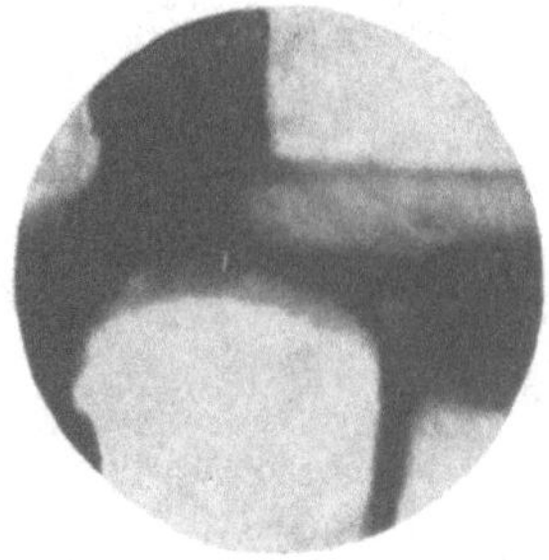

Abb. 22b

Abb. 22a und b. Elektronenoptische Aufnahme von Oberflächenelementen eines Aluminiumeinkristalles, der im aktiven Medium verformt wurde. Die Abbildungen sind typisch für diesen Oberflächenzustand. Vergrößerung 16000fach. Man erkennt Risse von unterschiedlicher Form

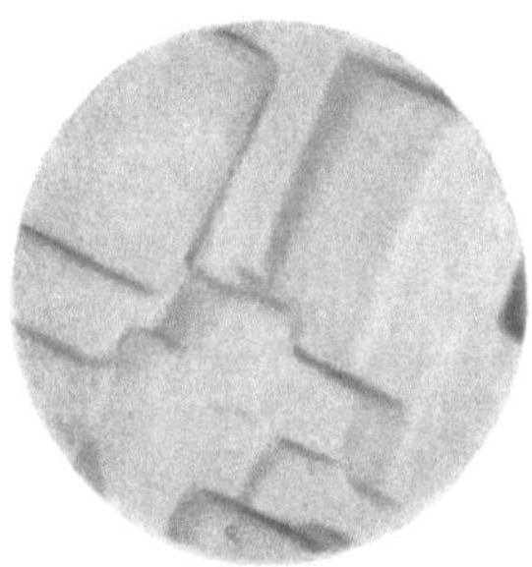

Abb. 23. Elektronenoptische Aufnahme eines Oberflächenelementes von unverformten polykristallinen Aluminium. Vergrößerung 14000fach

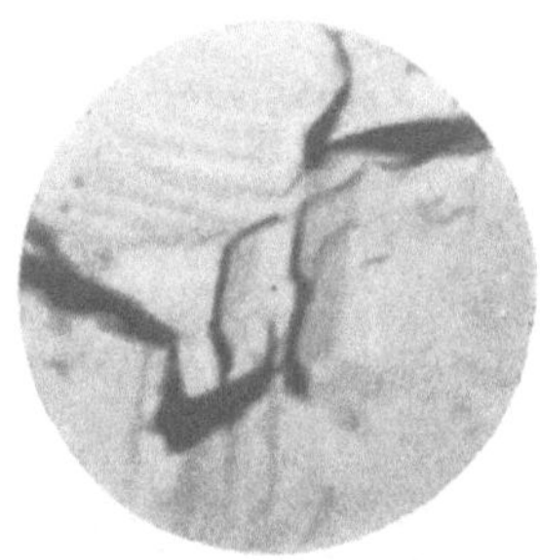

Abb. 24. Elektronenoptische Aufnahme eines Oberflächenelementes von polykristallinem Aluminium nach dem Auswalzen um 92%. Vergrößerung 14000fach

In senkrechter Richtung sind die Mikrorisse in der Mitte viel breiter als in den anderen Richtungen. Im Durchschnitt besaßen sie eine Breite von 400 bis 500 Å.

3. Der Einfluß der Temperatur und der Verformungsgeschwindigkeit auf die Größe des Adsorptionseffektes

Die Intensität der Einwirkung grenzflächenaktiver Stoffe auf die mechanischen Eigenschaften von Metalleinkristallen hängt wesentlich von der Temperatur und der Verformungsgeschwindigkeit ab.

Der Einfluß der genannten Faktoren ist einerseits mit dem Ablauf der Prozesse verknüpft, die die plastische Verformung begleiten, d. h. Verfestigung und Rege-

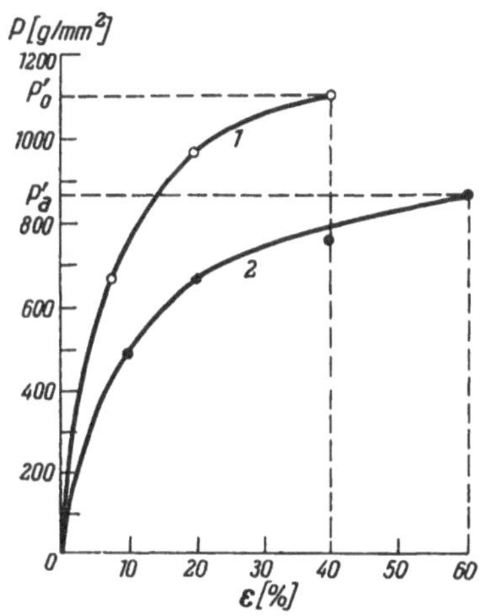

Abb. 25. Dehnungskurven von Bleieinkristallen für das inaktive Medium (Paraffinöl), Kurve *1* — und das aktive Medium (Paraffinöl und 2% Palmitinsäure) Kurve *2* — bei optimaler Geschwindigkeit

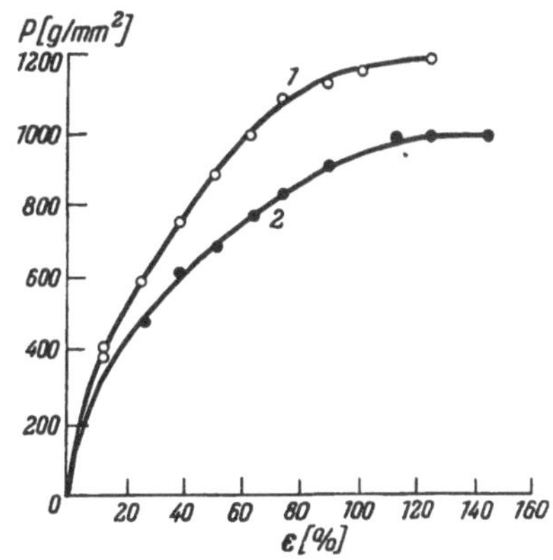

Abb. 26. Dehnungskurven von Bleieinkristallen für das inaktive Medium (Paraffinöl), Kurve *1* — und das aktive Medium (Paraffinöl und 2% Palmitinsäure), Kurve *2*. Die Dehnungsgeschwindigkeit war nicht optimal

nerierungsprozeß, und andererseits mit den Gesetzmäßigkeiten, die die Adsorption grenzflächenaktiver Stoffe (Alkohole und Fettsäuren) an Metalloberflächen bestimmen. Die Abhängigkeit des Adsorptionseffektes von Temperatur und Verformungsgeschwindigkeit wurde von Janowa in unserem Laboratorium an Zinn- und Bleikristallen untersucht [21].

In Abb. 25 sind zwei typische Kurven für die Dehnung von Bleieinkristallen in inaktiven und in aktiven Medien dargestellt. Der Dehnungsvorgang von Bleieinkristallen geht im aktiven Medium bei sehr geringen Dehnungsspannungen vor sich; dabei erreichen die Differenzen der Zerreißspannungen ΔP als Maß für den Adsorptionseffekt einen Wert von fast 30%.

Wie man aus dem Dehnungsdiagramm von Blei bei einer anderen Verformungsgeschwindigkeit (Abb. 26) ersehen kann, wird der Adsorptionseffekt unter anderen

Dehnungsbedingungen kleiner. Die an Blei gemessene Abhängigkeit des Adsorptionseffektes von der Verformungsgeschwindigkeit bei verschiedenen Temperaturen ist in Abb. 27 wiedergegeben. Als Maß für den Adsorptionseffekt dient hier die absolute Erniedrigung der maximalen Zerreißspannung. Bei Zimmertemperatur erreicht der Adsorptionseffekt nur in einem bestimmten Intervall der Verformungsgeschwindigkeit (etwa bei 100 bis 400% pro Minute) einen nennenswerten Betrag. Das Maximum des Effektes liegt etwa bei 200 bis 300% pro Minute, und sowohl bei kleineren wie auch bei größeren Geschwindigkeiten nimmt der Einfluß der grenzflächenaktiven Stoffe auf die Festigkeit von Bleieinkristallen ab. Bei Erhöhung der Temperatur bis 100 °C verschiebt sich die gesamte Kurve, die die Abhängigkeit des Adsorptionseffektes von der Verformungsgeschwindigkeit beschreibt, nach der Seite größerer Geschwindigkeiten, wobei die Kurve ihr

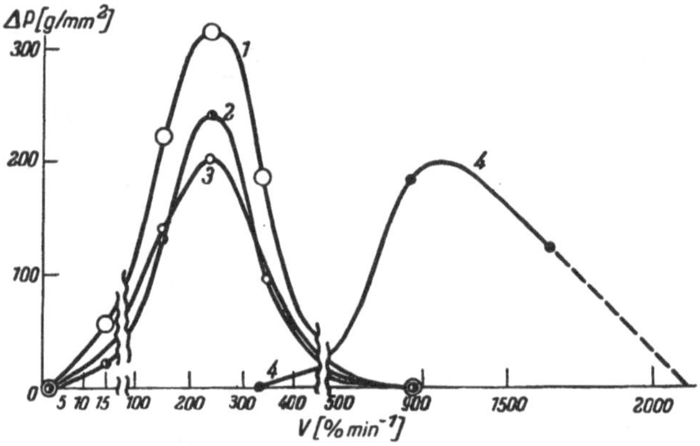

Abb. 27 Die Abhängigkeit des Adsorptionseffektes, aufgetragen als absolute Erniedrigung der Zerreißspannung ΔP, von der Verformungsgeschwindigkeit und der Temperatur für Bleieinkristalle. — *1* — Ölsäure, 20°; *2* — Palmitinsäure, 20°; *3* — Palmitylalkohol, 20°; *4* — Ölsäure, 100°

Maximum für 100 °C bei einer Geschwindigkeit von 700 bis 1100% pro Minute hat. Oberhalb von 1500% pro Minute verringert sich der Adsorptionseffekt und bei sehr großen Geschwindigkeiten geht er gegen Null.

Beim Vergleich der Adsorptionswirkung von drei verschiedenen grenzflächenaktiven Stoffen (Ölsäure, Palmitinsäure und Palmitylalkohol) auf Bleikristalle erhält man das folgende wichtige Ergebnis: Alle diese grenzflächenaktiven Stoffe liefern für den Adsorptionseffekt ein Maximum bei ein und derselben Verformungsgeschwindigkeit, was auf einen einheitlichen Wirkungsmechanismus hinweist. Von diesen Stoffen wird bekanntlich der Palmithylalkohol auf der Metalloberfläche nicht chemisorbiert, während Öl- und Palmitinsäure chemische Verbindungen mit der oxydierten Metalloberfläche eingehen können (z. B. als Bleipalmitat bzw. -oleat). Die Tatsache, daß Säuren und Alkohole einen Adsorptionseffekt von gleicher Größenordnung aufweisen, zeigt, daß dieser auf die frisch gebildete, oxidfreie Oberfläche beschränkt ist.

Die erhaltenen Ergebnisse weisen darauf hin, daß die Einwirkung der grenzflächenaktiven Stoffe vor allem in der physikalischen und nicht in der aktivierten Adsorption zu suchen ist. Im vierten Kapitel wird diese Schlußfolgerung noch überzeugender durch die Ergebnisse zahlreicher und eindeutiger Versuche belegt. Die Erniedrigung des Adsorptionseffektes bei einer Temperaturerhöhung muß man durch die Veränderung des Adsorptionstypes erklären, durch den Übergang zur aktivierten Adsorption; das hat eine Abnahme der Beweglichkeit der adsorbierten Moleküle zur Folge.

Für Zinneinkristalle liegt bei 20 °C das Maximum des Adsorptionseffektes bei einer Verformungsgeschwindigkeit von 5% pro Minute. Bei Erhöhung der Temperatur (bis 100 °C) wird das Maximum nach der Seite größerer Geschwindigkeiten verschoben. In Abb. 28 ist der Adsorptionseffekt, ausgedrückt durch die Differenz

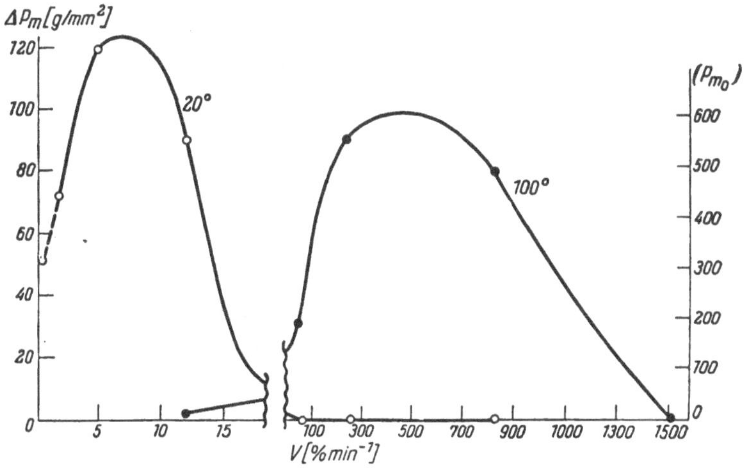

Abb. 28. Abhängigkeit des Adsorptionseffektes, aufgetragen als Differenz der Fließgrenzen, die bei der Dehnung von Einkristallen auftreten, $P_M = (P_M)_0 - (P_M)_A$, von der Geschwindigkeit der Verformung bei verschiedenen Temperaturen

der Fließgrenzen $\Delta P_M = (P_M)_0 - (P_m)_A$, die bei der Dehnung von Zinneinkristallen in Abhängigkeit von der Verformungsgeschwindigkeit bei verschiedenen Temperaturen gemessen werden, wiedergegeben. Die Größe der kritischen Gleitspannung

$$P_s = P_M \cdot \sin \chi_0 \cdot \cos \lambda_0 ,$$

die der Fließgrenze entspricht, hängt ebenfalls von der Verformungsgeschwindigkeit ab. Mit zunehmender Geschwindigkeit wächst die kritische Schubspannung gleichförmig an, das ist auch der Fall für die bei 100° gemessenen Kurven. In Gegenwart grenzflächenaktiver Stoffe besitzt diese Funktion für eine bestimmte optimale Verformungsgeschwindigkeit ein ausgeprägtes Minimum (vgl. Abb. 29).

Will man die Ursachen, die die Abhängigkeit des Adsorptionseffektes von der Verformungsgeschwindigkeit und der Temperatur bedingen, richtig verstehen, so muß man berücksichtigen, daß bei der plastischen Verformung der Einkristalle eine Verfestigung eintritt, die die Bildung von Strukturdefekten begünstigt, und daß gleichzeitig durch den Erholungsprozeß die Defekte wieder verschwinden. Je höher die Verfestigung ist und je weniger diese durch Erholung wieder rückgängig gemacht wird, um so mehr Defekte entstehen im Gitter und um so wahrscheinlicher wird die Bildung und Vergrößerung von Mikrorissen.

Wenn man also die Verformung unter Bedingungen durchführt, unter denen die sich bildenden Strukturdefekte durch den Erholungsprozeß nur in sehr geringem Maße ausgeglichen werden, schafft man dadurch günstige Bedingungen für die Adsorptionswirkung der grenzflächenaktiven Stoffe, da an den Fehlstellen die Adsorption bevorzugt eintritt. Die experimentell gemessenen optimalen Verformungsgeschwindigkeiten für Zinn- und Bleieinkristallen, die dem Adsorptionsmaximum entsprechen, geben die Bedingungen an, bei denen die Geschwindigkeit der Verfestigung die der Erholung übertrifft. Eine Abnahme des Effektes mit kleiner werdenden Verformungsgeschwindigkeiten hängt mit dem zunehmenden Einfluß des Erholungsprozesses zusammen, der eine Abnahme der Strukturdefekte und damit auch das Verschwinden neu entstehender Mikrorisse bewirkt. Bei großen Verformungsgeschwindigkeiten wird die Abnahme des Adsorptionseffektes durch die kurze Dauer der Verformung bis zum Zerreißen und durch die Neigung zum Sprödbruch infolge der sehr beträchtlichen Verfestigung erklärt.

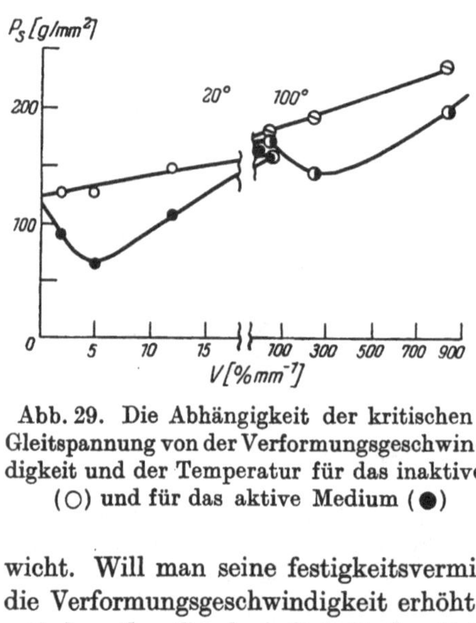

Abb. 29. Die Abhängigkeit der kritischen Gleitspannung von der Verformungsgeschwindigkeit und der Temperatur für das inaktive (○) und für das aktive Medium (●)

Bei höheren Temperaturen fällt der Erholungsprozeß immer stärker ins Gewicht. Will man seine festigkeitsvermindernde Wirkung abschwächen, so muß die Verformungsgeschwindigkeit erhöht werden. Dieselben Wechselbeziehungen zwischen der Geschwindigkeit des Erholungsprozesses und der Zunahme der Verfestigung, die bei Zimmertemperatur zu den optimalen Bedingungen für die Verformung führen, treten auch im Bereich höherer Temperaturen auf, hier jedoch bei sehr viel höheren Geschwindigkeiten. Deshalb findet bei einer Erhöhung der Temperatur eine Verschiebung der gesamten Kurve, die die Abhängigkeit des Adsorptionseffektes von der Verformungsgeschwindigkeit beschreibt, in Richtung größerer Geschwindigkeiten statt.

Die erhaltenen Ergebnisse zeigen, daß der Adsorptionseffekt zur Erleichterung der Verformung von Metalleinkristallen in bedeutendem Maße von den Verformungsbedingungen abhängig ist, d. h. von der Geschwindigkeit und der Temperatur. Ein meßbarer Adsorptionseffekt tritt nur in einem bestimmten, doch hinreichend großem Gebiet mittlerer optimaler Verformungsgeschwindigkeiten auf. Die Lage dieses Gebietes hängt von der Temperatur des Einkristalles ab.

4. Der Einfluß des Spannungszustandes auf den Adsorptionseffekt

Der Spannungszustand gehört zu den wichtigsten Faktoren, die die mechanischen Eigenschaften fester Körper beim Verformen bestimmen. Bei gleichen Temperaturen und Verformungsgeschwindigkeiten können die mechanischen Eigenschaften fester Körper, insbesondere der Metalle, innerhalb weiter Grenzen in Abhängigkeit von der Spannungsverteilung im Innern des Probestückes verändert werden. Die üblichen Verformungsdiagramme geben bei einem uneinheitlichen Spannungszustand nur Mittelwerte der Verformungsgrade und -kräfte an, die an verschiedenen Punkten des Körpers während der Verformung herrschen, und liefern deshalb keinerlei Hinweise auf die Spannungsverteilung im Innern des festen Körpers. Die Gesetze, denen die mittleren mechanischen Eigenschaften an verschiedenen Stellen unterschiedlicher Spannung gehorchen, sind so kompliziert, daß sie nur qualitativ auf experimentellem Wege durch die Untersuchungen von Dawydenkow und Fridman [22] aufgeklärt werden konnten. Bei der Dehnung von Kerbstäben tritt besonders an den Einschnürstellen eine ungleichmäßige Spannungsverteilung auf. Diese Erscheinung läßt sich im Experiment besonders anschaulich durch Dehnung von Metallproben mit Kerben zeigen [24]. Auf Grund des sehr umfangreichen Forschungsmaterials, das auf diesem Gebiet gesammelt wurde, kann man genau angeben, welche Rolle die Kerben bei der Dehnung spielen: 1. Ein Einschnitt ruft eine ungleichmäßige Spannungsverteilung im Querschnitt bis zur Erreichung der Fließgrenze (bzw. der Elastizitätsgrenze) hervor und 2. Die Ungleichmäßigkeit der Spannungsverteilung bleibt auch im Gebiet des Fließens erhalten, was die plastische Verformung erschwert.

In einer dünnen Oberflächenschicht verursachen die Kerben eine beträchtliche Spannungskonzentration, die den an der gesamten Querschnittsfläche angreifenden durchschnittlichen Spannungswert um viele Male übertrifft. Die Spannungskonzentration in der Oberflächenschicht hängt wesentlich von der Breite und Tiefe der Kerben und ihrer geometrischen Form ab.

Für spröde Körper, die bei dem Dehnen zerreißen, wenn die Mehrzahl der bestehenden Spannungen den kritischen Wert erreicht, muß sich bei Anwesenheit von Kerben die Festigkeit in dem Maße erniedrigen, wie sich die örtlichen Spannungen gegenüber den mittleren vergrößern. Der Einfluß der Kerben führt in diesem Falle zu einer vorzeitigen Bildung von Rissen in der Oberflächenschicht, auch wenn die Durchschnittsspannung noch lange nicht den kritischen Spannungswert erreicht hat, der der Festigkeit des Materials entspricht.

Auf diese Weise kommt bei der Dehnung von spröden Körpern der durch die Kerben verursachten ungleichmäßigen Spannungsverteilung bis zur Elastizitätsgrenze eine entscheidende Bedeutung zu.

Bei der Verformung von plastischem Material bis zur Fließgrenze führt das Vorhandensein von Kerben zu gleichen Ergebnissen. Die Oberflächenschicht eines Metalles wird an den Kerbstellen unter Wirkung hoher Spannungen bereits dann schon plastisch verformt, wenn sich die tiefer liegenden Schichten im Metall noch im Gebiet der reinen elastischen Verformung befinden. Ein Kerbstab aus plastischem Material stellt in seinen mechanischen Eigenschaften ein völlig homogenes System dar. Beim Dehnungsvorgang jedoch verhält sich diese Probe schon in frühen, von der mehr oder weniger raschen Zunahme der äußeren Spannungen abhängigen Stadien der Verformung wie heterogenes Material, das aus zwei Phasen mit verschiedenen mechanischen Eigenschaften besteht: aus der Oberflächenschicht mit einem kleinen und aus den inneren Schichten des Metalles mit einem hohen Elastizitätsmodul.

Diese während der Verformung erfolgende Umwandlung des homogenen mechanischen Systems in ein heterogenes stellt eine allgemeine Erscheinung dar, die man nicht nur bei Kerbstäben, sondern auch bei solchen mit glatten Oberflächen beobachten kann. Der Mechanismus dieser Umwandlung besteht in der Ausbildung von Strukturdefekten — „schwachen" Stellen, die in einem realen festen Körper immer vorhanden sind.

Aber auch bei Probestücken mit Kerben läuft die Bildung des heretogenen Systems infolge der Spannungskonzentration in der Oberflächenschicht schon bei bedeutend niedrigeren Durchschnittsspannungen ab, als es sonst der Fall ist.

Bei Probestücken aus polykristallinem Material findet in der Oberflächenschicht beim Dehnungsprozeß eine plastische Verformung der Oberflächenkristallite statt, wobei die Verschiebungen in den Gleitebenen das Entstehen von Defekten entlang diesen Ebenen begünstigen. Wenn die äußeren Spannungen im gesamten Querschnitt der Kerbstellen die Fließgrenze des Metalles erreicht haben, verändert die auftretende plastische Verschiebung die Spannungsverteilung im Sinne eines Spannungsausgleichs, wobei die steilen Spannungsspitzen in der Oberflächenschicht erniedrigt werden. Die Abweichung von der üblichen, gesetzmäßigen Spannungsverteilung stellt während der plastischen Verschiebung den Hauptfaktor für den Ausgleich der an der Kerbe herrschenden Spannungen dar. In der Oberflächenschicht der Einschnürung werden als Ergebnis der plastischen Verformung die Oberflächenkristallite entspannt, und infolge der inneren Spannungsschichten erscheinen Druckeigenspannungen, die sich zu den äußeren Spannungen addieren. Je nach Ausmaß der Verformung bewirken diese Druckspannungen eine Verkleinerung der hauptsächlichen Dehnungsspannungen in der Oberflächenschicht der Kerbe.

Außerdem verändern sich während der plastischen Verformung die äußeren Konturen der Kerbe unter Bildung von Fließspuren und bewirken damit eine Herabsetzung der hauptsächlichen Dehnungsspannungen.

Liegen im plastischen Material Kerben vor, so entstehen in ihrer Umgebung ebenfalls Spannungen, sog. Volumenspannungen. Gleichzeitig mit der Dehnungsspannung, die für einen linearen Spannungszustand charakteristisch ist, treten bedeutende Querspannungen auf, die bei ringförmigen Kerben zylindrischer Proben zu einer Umwandlung der linearen in eine Volumenspannung führen. Durch die Anwesenheit der Volumenspannung muß die Hauptdehnungsspannung parallel zur Probenachse erhöht werden, bei der die ersten Verschiebungen in der Probe vor sich gehen, d. h., die Fließgrenze bzw. die Elastizitätsgrenze wird erhöht. Wie Dawydenkow [22] jedoch gezeigt hat, ist die Erhöhung der Fließgrenze nicht nur die Folge dieser Volumenspannung, sondern sie kann auch durch beliebig starke Änderungen der im Querschnitt auftretenden Spannungsverteilung verursacht werden.

Die Ursache hierfür besteht darin, daß in unmittelbarer Nachbarschaft zu den kritischen Spannungsgebieten des Körpers Zonen mit einem bedeutend geringeren Spannungszustand liegen, die den Beginn der plastischen Verformung verzögern. Alles was zur Spannungsverteilung an Kerben ausgeführt wurde, läßt sich beim Dehnungsprozeß glatter Proben in völlig gleicher Weise auf die Gebiete übertragen, die unmittelbar an die Klemmen angrenzen. In diesen Zonen liegt ebenso wie in den Kerben in bezug auf den Gesamtquerschnitt eine ungleichmäßige Spannungsverteilung vor, wobei in der dünnen Oberflächenschicht die Spannungen einen besonders hohen Wert erreichen.

Die Größe der Spannungskonzentration hängt wesentlich von der geometrischen Gestalt des Probenstückes ab, das den Übergang von dem eingeklemmten zu dem freien Teil bildet. Je schroffer der Übergang von der Kerbe zur glatten Probenoberfläche erfolgt, um so höher ist in diesem Gebiet die Spannungskonzentration. Mit zunehmender Entfernung von den Klemmen wird die im Querschnitt vorliegende Spannungsverteilung gleichmäßiger und in einem Abstand, der etwa das 1,5- bis 2fache des Probendurchmesser beträgt, stellt man keine Ungleichmäßigkeit in der Spannungsverteilung mehr fest.

Bei der Dehnung von Metallstäben gegebenen Durchmessers spielt deshalb der Parameter $\gamma = l/D$ für die Beurteilung der im Probenquerschnitt wirkenden Spannungsverteilung eine wesentliche Rolle; l ist die Länge des freien Probenteiles zwischen den Klemmen bei Abwesenheit eines Übergangsstückes, und D ist der Durchmesser der Probe. Bei hinreichend großen γ-Werten, etwa 10 und höher, spielen die Zonen mit ungleichmäßiger Spannungsverteilung kaum eine Rolle, weil im Hauptteil der Probe eine gleichmäßige Spannungsverteilung vorliegt.

Mit der Abnahme der γ-Werte unter Konstanthaltung von D, d. h. mit der Verkleinerung der Probenlänge, wird der Einfluß dieser Zonen immer größer. Hat schließlich der Parameter nur einen Wert von 3 bis 4, so liegt im gesamten Probenstück eine ungleichmäßige Verteilung der Dehnungsspannungen vor. Die dabei auftretende Spannungsanreicherung in der Oberflächenschicht trägt dazu bei, daß sich in dieser Schicht Defekte — schwache Stellen ausbilden, die wiederum zur Entstehung von Mikrorissen führen. Von SCHREINER wurde gezeigt, daß der Adsorptionseffekt in dem Maße anwächst, wie der an der Oberfläche herrschende Spannungszustand von dem allseitigen Druckzustand abweicht [24]. Unter Wirkung bestimmter Druckspannungen in der Oberflächenschicht verschwinden jedoch alle diejenigen Effekte vollständig, die mit den Adsorptionswirkungen des Mediums verbunden sind. Weiter unten werden Versuchsergebnisse von WENSTRÖM über die Dehnung von Zinneinkristallen beschrieben. Diese Versuche wurden in unserem Laboratorium mit dem Ziel durchgeführt, den Einfluß der Volumenspannung auf den Adsorptionseffekt zu ermitteln [25]. Die Dehnung aller Probestücke wurde wie üblich mit der von POLANYI konstruierten Apparatur bei konstanter Dehnungsgeschwindigkeit ($V = 5\% \cdot \text{min}^{-1}$) vorgenommen. Die

Konstruktion der Klemmen wurde ein wenig abgeändert, um eine besser reproduzierbare Spannungskonzentration in der Oberflächenschicht zu erhalten. Zu diesem Zwecke wurden statt der an den Enden ausgezogenen Glasröhrchen, in die der Einkristall mit WOODscher Legierung eingeschmolzen wurde, Röhrchen mit einem ebenen Boden verwandt, in deren Mitte sich die Öffnung für den Draht befand. Der Durchmesser der gläsernen Klemme betrug etwa 1 cm, so daß man bei kleinem l bzw. bei einem niedrigen Verhältnis $\gamma = l/D$ das System: Klemme–

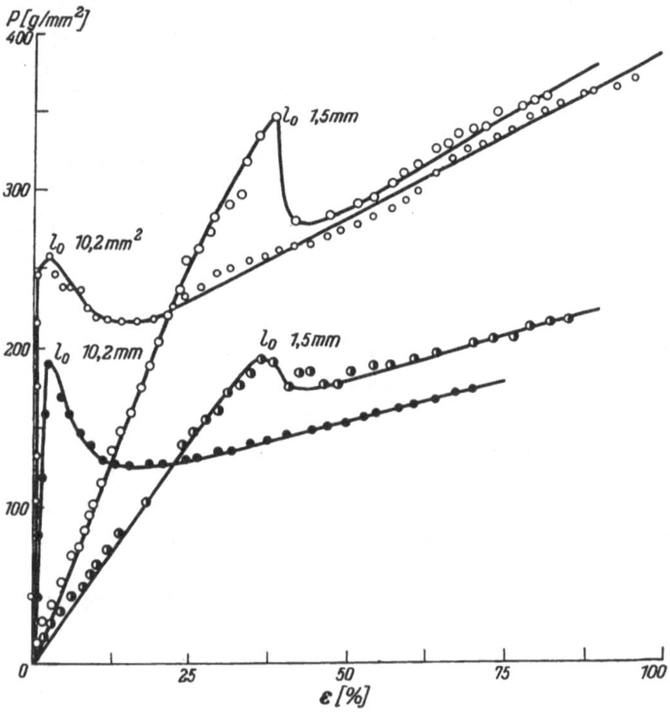

Abb. 30. Dehnungsdiagramme von Zinneinkristallen verschiedener Anfangslänge für ein inaktives (● und ◑) und für ein aktives Medium (○). Die Anfangslänge jeder Probe ist in der Abbildung angegeben

Kristall als eine glatte zylindrische Probe mit großem Durchmesser betrachten kann, die mit einer tiefen ringförmigen Kerbe versehen ist.

Besonders charakteristische Diagramme für die Dehnung von Einkristallen in inaktiven und in aktiven Medien sind in Abb. 30 dargestellt. In allen Fällen wird bei einer Abnahme des γ-Werte der Adsorptionseffekt der grenzflächenaktiven Stoffe vergrößert. (Als grenzflächenaktiver Stoff wurde eine 0,2%ige Ölsäurelösung in reinem Paraffinöl verwendet.) Außerordentlich charakteristisch und wichtig für das Verständnis dieser Erscheinung ist der Umstand, daß die Zunahme des Adsorptionseffektes bei kleinem γ in inaktivem Medium die Fließgrenze erhöht, während sich in aktivem Medium die Fließgrenze mit γ praktisch nicht verändert. Bei der Untersuchung der Abhängigkeit der mechanischen Eigenschaften von dem Parameter $\gamma = l/D$ verlängerten wir l absichtlich nur bis zu solchen Werten, bei denen noch keine Blockierung des wichtigsten Gleitebenensystems in der Basisebene erfolgte. Wenn die Gleitung in der Basisebene nicht vonstatten gehen kann, so fungiert bekanntlich als Gleitebene die 100-Fläche, jedoch erst bei einer höheren kritischen Schubspannung. Für die Ebene (100) beträgt die kritische Spannung 189 g/mm^2, für die Basisebene hingegen nur 133 g/mm^2. Die Fließgrenze kann dabei den relativ hohen Wert von 1 kg/mm^2 erreichen. Untersuchungen solcher Art könnten natürlich Interesse besitzen, aber nicht in Verbindung mit dem Studium des Spannungszustandes des Körpers, da hier das Wesen des Vorgangs in der Blockierung des vorherrschenden Gleitsystems besteht und der durch die ungleichmäßige Spannungsverteilung bedingte Einfluß an die zweite Stelle rückt. STEPANOW zeigte auf experimentellem Wege, daß bei der Blockierung der Gleitebenen von Steinsalzkristallen die Festigkeit um das 4- bis 5fache vergrößert wird. Im Vergleich zu diesen bedeutenden Effekten kann natürlich der Einfluß der ungleichmäßigen Spannungsverteilung kaum eine nennenswerte Rolle spielen.

Alle untersuchten Proben zeigen bei kleinen γ-Werten zwei charakteristische Erscheinungen: die Verschiebung der Fließgrenze nach größeren Spannungswerten und die Zunahme der der Fließgrenze entsprechenden plastischen Verformung.

Es wurde bereits erwähnt, daß die Fließgrenze eines Einkristalls durchaus nicht den Anfangspunkt des plastischen Fließens angibt; dieses läßt sich vielmehr schon lange vor Erreichung der Fließgrenze bei sehr kleinen Spannungen beobachten und ist stets begleitet von einem hohen Verfestigungskoeffizienten. Die Zunahme der plastischen Verformung, die bei kleinem γ der Fließgrenze entspricht, ist bei weitem größer als die der Fließgrenze und führt zur Erniedrigung der Verfestigungskoeffizienten im Anfangsgebiet der Verformung, d. h. zur Erleichterung der plastischen Deformierung in diesem Bereich.

Aus Abb. 30 ist zu ersehen, daß die gleiche Kraft einen Kristall bei $\gamma = 1{,}5$ um 18 bis 20% und bei $\gamma = 10$ um 1 bis 1,5% der Anfangslänge dehnt.

Als Ursache für das stärkere Fließen eines Einkristalles kommt wahrscheinlich eine verstärkte Bildung von Verschiebungsebenen in Frage, die ihrerseits von der Anwesenheit einer großen Anzahl von Mikrorissen in der Oberflächenschicht abhängt. In Übereinstimmung hiermit hat STEPANOW [26] experimentell festgestellt, daß bei der Dehnung eines Steinsalzkristalles eine bevorzugte Bildung von Verschiebungsebenen in den Kerben erfolgt, die auf der Oberfläche eines Kristalles eingeritzt wurden. Die Anwesenheit einer Volumenspannung erschwert den Übergang in das plastische Gebiet, das auf die Fließgrenze folgt, d. h., die Fließgrenze selbst wird erhöht. Sobald aber die Fließgrenze überschritten wird, ist bei einer weiteren Verformung des Kristalles der Verfestigungskoeffizient ebenso groß wie bei Proben, die keine Kerben besitzen bzw. einen großen γ-Wert haben. Jedoch liegt in der Regel für kleine γ-Werte das gesamte Dehnungsdiagramm höher als das für große γ-Werte. Der Einfluß der ungleichmäßigen

Spannungsverteilung geht also jenseits der Fließgrenze stark zurück, er verschwindet jedoch nicht völlig.

In Gegenwart grenzflächenaktiver Stoffe wird in der Regel eine noch stärkere Plastizitätserhöhung bei kleinen γ-Werten beobachtet. Sogar sehr kleine Spannungen in der Größenordnung von 20 bis 30 g/mm² bewirken eine plastische Verformung bis zu 10%. Außerdem verschwindet in Gegenwart grenzflächenaktiver Stoffe völlig die für die Volumenspannung charakteristische Erhöhung der Fließgrenze.

Für das Verständnis dieser Erscheinung ist von grundlegender Bedeutung, daß beim Verformungsprozeß eines Metalles bei Anwesenheit grenzflächenaktiver Stoffe die Anzahl der Gleitebenen, oder was dasselbe ist, der Gleitpakete zunimmt. Diese typische Erscheinung kommt im Spannungs-Dehnungsdiagramm verschieden zum Ausdruck und hängt von der Methode ab, nach der das Probestück gedehnt wird.

Ist die äußere Spannung konstant, so vergrößert sich in Gegenwart grenzflächenaktiver Stoffe mit der Zahl der Verschiebungsebenen auch die plastische Verformung, abhängig selbstverständlich von der Höhe der angelegten V. Arbeitet man dagegen bei einer konstanten Verformungsgeschwindigkeit, bestimmt der Kristall folglich selbst die Dynamik der Verformung, so muß die Aufsplitterung der Gleitpakete zu einer Herabsetzung der Spannung führen, die einem bestimmten Verformungsgrad entspricht. Je günstiger die Bedingungen für die Einwirkung des umgebenden Mediums auf den Verformungsprozeß sind, um so stärker treten beide Effekte in Erscheinung.

Bei der Dehnung von Einkristallen mit einem großen Verhältnis $\gamma = l/D$ kann man bereits eine gewisse Herabsetzung des Verfestigungskoeffizienten im ersten Plastizitätsgebiet vor dem Erreichen der Fließgrenze beobachten, was durch den „Plastizitätsmodul" $\lambda = P_M/\varepsilon_M$ zum Ausdruck gebracht wird. Jedoch sind für diesen Fall die Deformationsbedingungen bezüglich der Einwirkung grenzflächenaktiver Stoffe ungünstig, weil Oberflächendefekte nicht sehr ausgeprägt sind und nur wenig in die Tiefe des Probestückes dringen. Deshalb ist auch die Herabsetzung des Plastizitätsmoduls relativ gering. Bei kleinen γ-Werten liefert dagegen die Spannungskonzentration in der Oberflächenschicht weitaus günstigere Bedingungen für die Bildung von Strukturdefekten und begünstigt damit die Einwirkung der grenzflächenaktiven Stoffe auf die Dynamik der Deformation beträchtlich und beginnt schon im Gebiet außerordentlich kleiner, äußerer Spannungen. Diese Tatsache erklärt auch die recht hohe Plastizität von Zinneinkristallen bei sehr niedrigen angelegten Dehnungsspannungen.

Daß die Fließgrenze in Gegenwart grenzflächenaktiver Stoffe nicht in Richtung größerer Spannungen verschoben wird, läßt sich aus den gleichen Vorstellungen herleiten. Bei Anwesenheit grenzflächenaktiver Stoffe wird nämlich durch die verstärkte Bildung von Verschiebungsebenen ein schneller Ausgleich der Spannungen im gesamten Querschnitt des Kristalles herbeigeführt. Genaugenommen geht der Zustand der Volumenspannung in die gewöhnliche lineare Spannung über. Durch die Verkleinerung der Gleitpakete und durch den Druck der Adsorptionsschichten in den Mikrorissen werden alle Druckspannungen kompensiert, die bei einer Sapnnungskonzentration in der Oberflächenschicht zwangsläufig entstehen. Tiefer liegende Metallschichten stehen unter einer geringeren Spannung als die Oberflächenschichten und hemmen deshalb die plastische Verformung. Hierin liegt die Ursache für die Verschiebung der Fließgrenze in Richtung größerer Spannungswerte bei Verwendung eines inaktiven Mediums. In Gegenwart grenzflächenaktiver Stoffe werden die inneren Schichten weitaus stärker beansprucht, als Folge der intensiv einsetzenden plastischen Deformierung, hervorgerufen durch eine Vielzahl neuer Gleitebenen, die unter gewöhnlichen Bedingungen unwirksam sind.

5. Der Adsorptionseffekt im Anfangsstadium der plastischen Verformung von Einkristallen

Befinden sich während der Verformung von Einkristallen im umgebenden Medium grenzflächenaktive Stoffe, so wirken sie in dem bis zur Fließgrenze reichenden Anfangsgebiet der Plastizität gesetzmäßig auf die Kinetik und Dynamik der Verformung ein. Daß dieser Einfluß tatsächlich existiert, geht z. B. daraus hervor, daß die Fließgrenze des Einkristalles in Gegenwart grenzflächenaktiver Stoffe fast um das zweifache herabgesetzt wird. Benutzt man nur die angegebenen Daten zum Studium der Einwirkung grenzflächenaktiver Stoffe auf das Anfangsgebiet der Plastizität, so ist man nicht in der Lage, die Beziehungen zwischen Adsorption und plastischen Eigenschaften bis zur Fließgrenze aufzuklären.

Es ist unzweckmäßig, die plastische Anfangsverformung mit der Methode der konstanten Dehnungsgeschwindigkeit zu untersuchen, weil die in diesem Gebiet überaus gering bleibende Verformung die Besonderheiten dieser Methode nicht zum Tragen bringt. Aus diesem Grunde wurde in unserem Laboratorium für derartige Untersuchungen von SAKOSCHTSCHIKOWA eine neue Methode entwickelt, die es gestattete, den Einfluß grenzflächenaktiver Stoffe im Anfangsgebiet der plastischen Verformung bis zur Fließgrenze zu untersuchen [27].

Als Untersuchungsprobe diente ein Zinneinkristall, der mit WOODscher Legierung in die gläsernen Klemmen eingeschmolzen wurde. Letztere waren mit den Metallklemmen der Versuchsapparatur verbunden (Abb. 12). Die Belastung erzeugte man durch Biegung einer Stahlfeder, die mit der oberen Klemme in Verbindung stand. Durch Drehung einer Schraube konnte man jeden beliebigen Druck einstellen. Die Anfangsbelastung wurde nur so groß gewählt, daß die hierbei entstehende Spannung weit unter der für eine bestimmte Orientierung der Basisfläche gültigen Fließgrenze lag. Nach einer „plötzlichen“ Belastung bis zu einer Spannung P_0 nimmt man das Spannungs-Zeit-Diagramm $P = P(\tau)$ für einen Monokristall auf. Mit der Zunahme der im Metall zurückbleibenden Verformung, der sog. Restverformung, nimmt die elastische Durchbiegung der Feder ständig ab, so daß die am Kristall anliegende Spannung herabgesetzt wird. Aus diesem Grunde und ferner als Folge der einsetzenden Verfestigung wird die Geschwindigkeit des plastischen Fließens erniedrigt. Noch bevor die elastische

Feder in ihre Ausgangsstellung zurückgekehrt war, kam der Fließvorgang nach einer bestimmten Zeit völlig zum Stillstand. Dabei stellte sich ein bestimmter Gleichgewichtszustand ein. Daß das Gleichgewicht schon erreicht wird, bevor die elastische Feder in ihre Nullage zurückkehrt, ist darauf zurückzuführen, daß durch die plastische Verschiebung eine Verfestigung des Einkristalles erfolgt. Belastet man nach der Einstellung des Gleichgewichtszustandes den Einkristall ein zweites Mal bis zur ursprünglichen Spannung, so wird der Kristall von neuem, jedoch mit einer geringeren Anfangsgeschwindigkeit plastisch verformt, und der Gleichgewichtszustand wird bereits bei einem kleineren Absolutwert der plastischen Verformung bzw. bei einer größeren Eigenspannung der elastischen Feder erreicht.

Wiederholt man diesen Belastungsversuch, so wird das Gleichgewicht immer mehr in Richtung größerer elastischer Eigenspannungen verschoben.

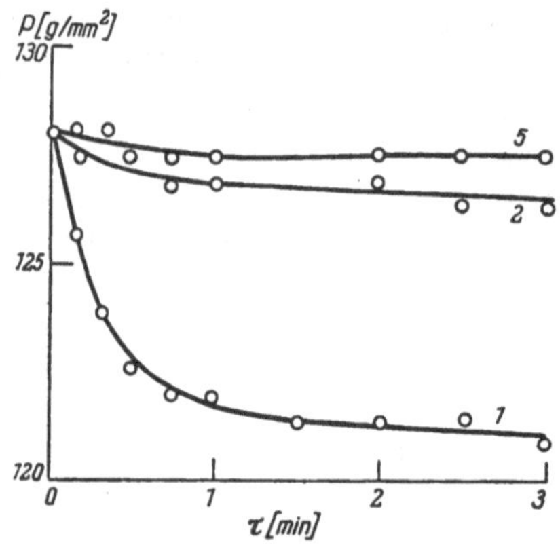

Abb. 31. Fließkurven von Zinneinkristallen, die wiederholt mit der Anfangsspannung $P_0 = 128$ g/mm² belastet wurden. — *1* — erster Belastungsversuch; *2* — zweiter Belastungsversuch; *5* — fünfter Belastungsversuch

In Abb. 31 sind Fließkurven eines Zinneinkristalles wiedergegeben, der wiederholt im inaktiven Medium (Luft oder reines Paraffinöl) einer bestimmten Anfangsspannung P_0 ($P_0 = 128$ g/mm²) ausgesetzt wurde. In etwa 2 bis 3 Minuten wurde der Gleichgewichtszustand erreicht. Dieser entspricht jeweils einer bestimmten elastischen Eigenspannung P_K. Die erste Fließkurve — sie gilt für einen noch unverfestigten Einkristall — zeigt einen sehr kleinen P_K-Wert ($P_K = 121$ g/mm²), der bei jedem weiteren Belastungsversuch ständig zunimmt, wobei P_K gegen P_0 konvergiert.

Für jeden einzelnen Belastungsversuch kann der Verfestigungskoeffizient λ bis auf einen konstanten Faktor auf folgende Weise bestimmt werden: Die Spannung P_0, die auf Grund der elastischen Biegung der Feder ε_0 am Kristall angreift, ist $P_0 = k \cdot \varepsilon_0$. Die dem Gleichgewichtszustand entsprechende Spannung ist $P_K = k \cdot \varepsilon_1$, wobei ε_1 die zurückbleibende elastische Verformung ist. Andererseits ist $P_K = \lambda \cdot \varepsilon_2$, wobei λ der Verfestigungskoeffizient bei der plastischen Deformation und ε_2 die Größe der plastischen Verformung des Kristalles ist. Wegen

$$\varepsilon_0 = \varepsilon_1 + \varepsilon_2$$

ist

$$P_K = \chi\,(\varepsilon_0 - \varepsilon_1)$$

oder

$$P_K = \lambda/k\,(P_0 - P_K)\,.$$

Daraus folgt

$$\lambda/k = P_K/(P_0 - P_K)\,.$$

Hieraus geht hervor, daß der Verfestigungskoeffizient eines Kristalles bei wiederholten Belastungsversuchen ständig zunehmen muß, weil die Gleichgewichtsspannung P_K bei jedem folgenden Versuch sich immer mehr dem Wert P_0 nähert. In Tabelle 4 sind die Werte von $\lambda/k = P_K/(P_0 - P_K)$ für eine Reihe von Belastungsversuchen zusammengestellt, die an Zinneinkristallen im inaktiven und im aktiven Medium ausgeführt wurden.

Betrachtet man Kristall und elastische Feder bei der Verformung als einheitliches System, in dem bei jedem weiteren Belastungsversuch eine Abnahme des elastischen Verformungsanteils der Feder ε_1 zugunsten der plastischen Verformung des Kristalles ε_2 erfolgt, so kann man sich das Ganze als Relaxationsprozeß elastischer Spannungen in diesem System vorstellen unter der Bedingung konstanter Verformung:

$$\varepsilon_0 = \varepsilon_1 + \varepsilon_2 = \text{const},$$

wobei für $\tau = 0$ $\varepsilon_0 = \varepsilon_1$ ist und für $\tau = \infty$ $P = P_K$ und $\varepsilon_2 = \varepsilon_K = P_K/\chi$. $\varepsilon_2 = \Delta l/l_0$ ist die plastische Dehnung des Einkristalles; Δl ist nicht größer als 200 μ, und ε_1 und ε_0 sind nicht größer als 1% der Länge l_0. Deshalb kann man tatsächlich die in solchen Systemen von selbst erfolgende zeitliche Spannungsabnahme $P = P(\tau)$ als eine Relaxation betrachten.

Der Relaxationsprozeß in dem System Kristall-elastische Feder wird durch die von SCHWEDOW aufgestellte Relaxationsgleichung wiedergegeben:

$$P - P_K = (P_0 - P_K) \exp(-\tau/\Theta),$$

wobei in Betracht zu ziehen ist, daß die elastische Verformung nicht vollständig, sondern nur auf einen bestimmten Wert P_K abfällt, der dadurch die Bedeutung einer von der Zeit unabhängigen Elastizitätsgrenze erhält. Jedoch ist diese Aussage über P_K nur bedingt richtig und gilt nur für die gewählten Versuchsbedingungen, weil nach der Erholung der verfestigte Einkristall von neuem plastisches Fließen zeigt.

Um die Wirkungsweise grenzflächenaktiver Stoffe zu untersuchen, stellte SAKOSCHTSCHIKOWA zwei grundsätzlich verschiedene Versuchsserien auf.

Für die erste Versuchsserie wurde jeder Einkristall in zwei Teile zerlegt. Der erste wurde in Luft untersucht (oder in unpolarem Paraffinöl hoher Reinheit, bei dessen Verwendung stets die gleichen Ergebnisse erzielt wurden), während der andere Teil in einer Lösung gedehnt wurde, die die optimale Menge an grenzflächenaktiver Substanz enthielt (0,2%ige Ölsäurelösung in Paraffinöl). Dabei stellte sich heraus, daß durch die Wirkung grenzflächenaktiver Stoffe bei gleicher Anfangsspannung P_0 die Geschwindigkeit des plastischen Fließens um das 4- bis 10fache höher lag. Auch der durch die zurückbleibende elastische Federspannung P_K charakterisierte Gleichgewichtszustand verschob sich stark in Richtung kleiner Eigenspannungen. In Abb. 32 und 33 sind zwei typische Verformungskurven von Zinneinkristallen in Luft und grenzflächenaktivem Medium wiedergegeben. Daraus ist ersichtlich, daß auch für Kristalle, die in Anwesenheit grenzflächenaktiver Stoffe verformt werden, der Verfestigungskoeffizient mit der Zahl der Belastungsfolgen wächst. Jedoch ist der Verfestigungskoeffizient im inaktiven

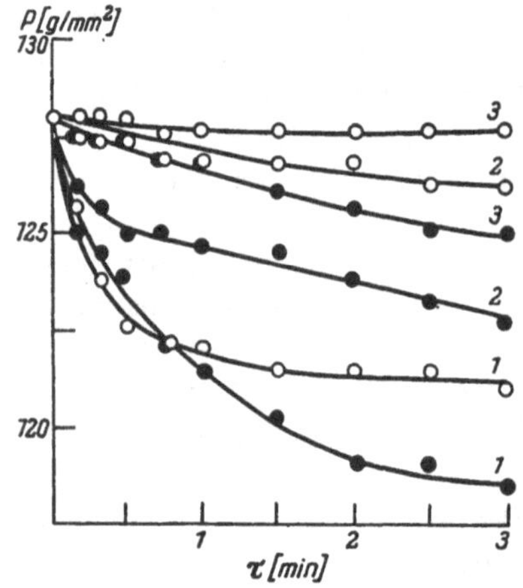

Abb. 32. Fließkurven von Zinneinkristallen, die wiederholt belastet wurden. – Im inaktiven Medium (○: *1* – erster Belastungsversuch; *2* – zweiter Belastungsversuch; *3* – dritter Belastungsversuch) und im aktiven Medium (●: *1* – erster Belastungsversuch; *2* – zweiter Belastungsversuch; *3* – dritter Belastungsversuch)

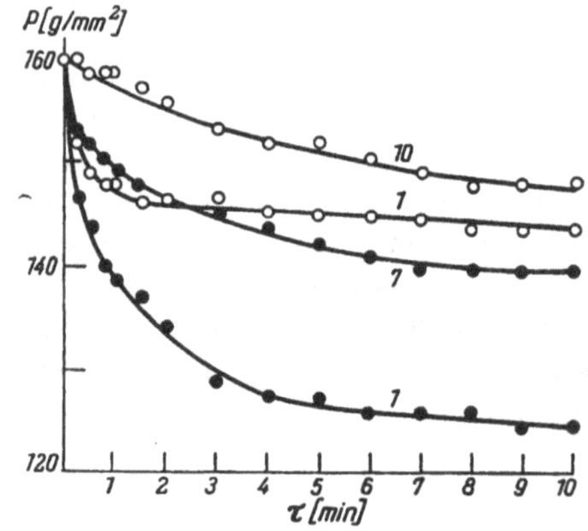

Abb. 33. Fließkurven von Zinneinkristallen, die wiederholt belastet wurden. – Im inaktiven Medium (○: *1* – erster Belastungsversuch; *10* – zehnter Belastungsversuch) und im aktiven Medium (●: *1* – erster Belastungsversuch; *7* – siebenter Belastungsversuch). Die Anfangsspannung P_0 ist höher als in Abb. 32

Medium unter entsprechenden Bedingungen stets größer. Ist P'_K die Belastung für den Gleichgewichtszustand eines im grenzflächenaktiven Medium verformten Kristalles, so läßt sich die oben abgeleitete Gleichung in folgender Form schreiben:

$$\lambda' = k \cdot P'_K/(P_0 - P'_K)\,,$$

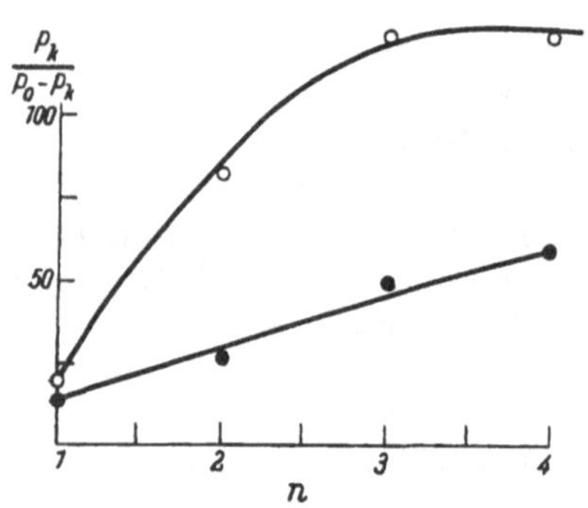

Abb. 34. Änderung der Verfestigungskoeffizienten $(\lambda = k\ P_K/(P_0 - P_K))$ in Abhängigkeit von der Lastspielzahl für das inaktive (○) und für das aktive Medium (●)

wobei λ' der Verfestigungskoeffizient im grenzflächenaktiven Medium ist. Da für Luft (inaktives Medium)

$$\lambda = k \cdot P_K/(P_0 - P_K)$$

ist, kann man die Änderung des Verfestigungskoeffizienten beim Übergang zum aktiven Medium durch das Verhältnis beider Werte angeben:

$$\lambda/\lambda' = P_K\,(P_0 - P'_k)/P'_K\,(P_0 - P_K)\,.$$

Tabelle 4 enthält die Werte λ und λ' und deren Verhältnis für die an einigen Zinneinkristallen ausgeführten Belastungsversuche. In Abb. 34 ist die Änderung des Verfestigungskoeffizienten in inaktivem und aktivem Medium dargestellt.

Tabelle 4

Änderung des Verfestigungskoeffizienten von Einkristallen als Folge der in verschiedenen Medien wiederholt durchgeführten Belastungsfolgen

Zinneinkristall: $D = 1{,}0$ mm, $41° \leqq \chi_0 \leqq 52°$, P_0 ist die Anfangsbelastung in g/mm², P_K ist die Gleichgewichtsspannung in g/mm²

Luft			0,2%ige Ölsäurelösung von in Paraffinöl		
P_0	P_K	$\frac{P_K}{P_0 - P_K} = k\lambda$	P'_K	$\frac{P'_K}{P_0 - P'_K} = k\lambda'$	λ/λ'
		Erster Belastungsversuch			
152,0	126,0	4,8	110,1	2,6	1,8
182,4	153,6	5,3	140,8	3,4	1,6
179,2	128,0	2,5	112,0	1,7	1,5
160,0	148,5	12,9	130,0	4,3	3,0
		Zweiter Belastungsversuch			
152,0	138,8	7,4	116,5	3,3	2,2
182,4	160,0	7,2	142,4	3,6	1,7
179,2	134,4	3,0	115,2	1,8	3,1

Bei der zweiten Versuchsserie wurde ein Kristall zuerst im inaktiven Medium, und zwar in Luft verformt, während die nachfolgenden Belastungsfolgen desselben Kristalls in einem grenzflächenaktiven Medium ausgeführt wurden. Das ist einfach möglich, man braucht nur das an der unteren Klemme der Apparatur angelötete Gefäß mit einer grenzflächenaktiven Lösung zu füllen. Mechanische Beschädigungen des Kristalls können dabei nicht auftreten. Die Ergebnisse dieser Versuche sind in Abb. 35 zusammengestellt. Wie aus den Kurven ersichtlich ist, beeinflussen grenzflächenaktive Stoffe wesentlich den Gang der Verformung. Für das inaktive Medium liegen die Fließkurven in Abhängigkeit von der Anzahl der Belastungsfolgen immer höher, dagegen fallen sie unter dem Einfluß der Adsorption ständig ab. In einigen Fällen verlaufen sie nach drei bis vier Belastungsfolgen sogar unterhalb der dem ersten Belastungsversuch entsprechenden Fließkurve.

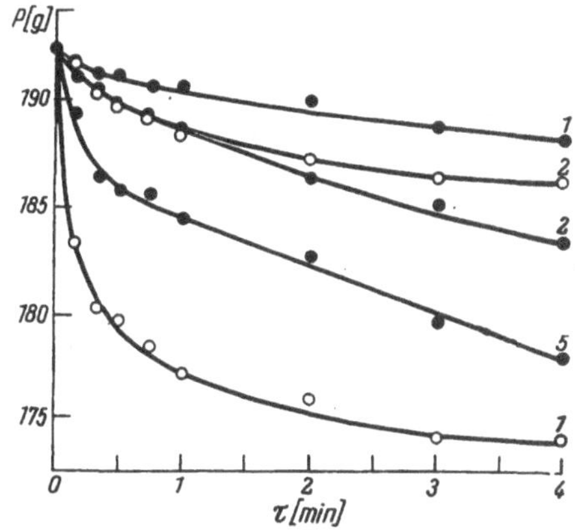

Abb. 35. Verlauf der Verfestigungskurve nach zwei Belastungsfolgen in Luft (Kurven *1* und *2*, ○); die weiteren Belastungsfolgen wurden im aktiven Medium ausgeführt (Kurven *1, 2, 5* ●)

In Abb. 36 ist das Verhalten des Verfestigungskoeffizienten (genauer gesagt, die dem Verfestigungskoeffizienten proportionale Größe $\lambda/k = P_K/(P_0 - P_K)$) einer Versuchsreihe dargestellt.

In der Mehrzahl der Fälle liefert der erste im grenzflächenaktiven Medium ausgeführte Belastungsversuch Fließkurven mit Verfestigungskoeffizienten, die annähernd so groß sind wie die bei dem vorangegangenen letzten Belastungsversuch im inaktiven Medium.

Diese Tatsache zeigt, daß durch die Einwirkung grenzflächenaktiver Stoffe auf ein durch vorhergegangene Verformung verfestigtes Metall beim ersten Belastungsversuch die Festigkeit nicht verändert wird, aber schon beim darauffolgenden Zyklus erniedrigt sie sich fast bis zum Ausgangswert der unverfestigten Probe. Die Untersuchung im Bereich geringer Verformungen an Zinneinkristallen in Anwesenheit grenzflächenaktiver Stoffe gestattet es, den Einfluß dieser Stoffe auf das Anfangsgebiet der plastischen Verformung zu bestimmen. Dieser Einfluß besteht vor allem in einer starken Erniedrigung des Verfestigungskoeffizienten — des „Plastizitätsmoduls“ $\lambda = dP/d\varepsilon \approx P_M/\varepsilon_M$. Außerdem bewirkt die am Kristall anliegende äußere Spannung P_0, die beim Fortschreiten der plastischen Verformung kleiner wird, bei Anwesenheit grenzflächenaktiver Stoffe eine bedeutende plastische Verschiebung im Kristall.

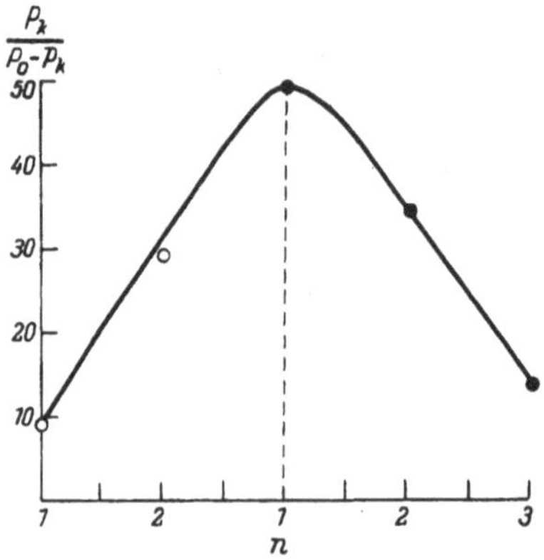

Abb. 36. Änderung des Verfestigungskoeffizienten mit zunehmender Lastspielzahl; die Werte wurden der Abb. 35 entnommen

Demzufolge wird das einer bestimmten Spannung entsprechende Endgleichgewicht zwischen der plastischen und elastischen Verformung in Richtung kleinerer elastischer Deformationen verschoben. Die unter Wirkung von grenzflächenaktiven Stoffen vor sich gehende Umordnung der Verformung und Spannungen im Kristall kann man als Aktivierung der Relaxationsprozesse auffassen, d. h., die Relaxation der im Kristall vorliegenden elastischen Spannungen verläuft vollständiger, und die Eigenspannung, die nicht der Relaxation unterliegt, ist sehr viel kleiner als die im inaktiven Medium erhaltene Spannung.

KAPITEL III

Das Kriechen von Einkristallen. Der elektrokapillare Effekt

1. Das Kriechen von Einkristallen

Bekanntlich kann man bei allen Metallen (und auch anderen festen Körpern und Systemen mit kolloider Struktur), die unter einer konstanten Spannung stehen, als Ausdruck für die Relaxation ein sogenanntes ,,Kriechen" beobachten. Dieses Kriechen äußert sich als langsames plastisches Fließen bei lang andauernder Wirkung von Spannungen, die bei einer kurzzeitigen Einwirkung nur elastische Verformung hervorrufen. Die in Metallen ablaufenden Kriechprozesse können am besten in einem Temperaturgebiet beobachtet werden, in dem die Erholung und die Relaxation mit hinreichend großer Geschwindigkeit ablaufen. Bei diesen Temperaturen (die um so höher liegen, je höher die Schmelztemperatur des untersuchten Metalles ist) kann man deutlich drei Stadien des Kriechens unterscheiden:

1. das nichtstationäre Fließen, dessen Geschwindigkeit durch die eintretende Verfestigung des Metalles ständig abnimmt;
2. das stationäre Fließen mit sehr kleiner konstanter Geschwindigkeit, bei dem die zunehmende Verfestigung und die Erholung (Rekristallisation) im Gleichgewicht stehen;
3. das Stadium, in dem man in einer längeren Beobachtungsperiode ein nichtstationäres Fließen mit einer Zunahme der Geschwindigkeit beobachtet. Hierbei kommt es wahrscheinlich zu einer örtlichen Spannungssteigerung, die zur Bildung von Kerben und schließlich zum Zerreißen der Probe führt.

Bei niedrigen Temperaturen, bei denen die Erholung praktisch zu vernachlässigen ist, tritt nur das erste Stadium des Kriechens auf, d. h. das nichtstationäre Fließen mit abnehmender Geschwindigkeit. Infolge zunehmender Verfestigung sinkt die Fließgeschwindigkeit des Fließens schließlich auf Null ab.

Die Besonderheiten dieser Kriecherscheinung gegenüber dem normalen Fließen eines Metalles unter Wirkung höherer Spannungen bestehen darin, daß die Kriecherscheinungen nur im ersten Plastizitätsgebiet auftreten, während das normale Fließen eines Metalles unter Spannungen erfolgt, die oberhalb der Fließgrenze liegen, und daß sie nach den üblichen Methoden bestimmt werden, z. B. durch Dehnung mit konstanter Geschwindigkeit.

Versuche haben ergeben, daß die mit Hilfe verschiedener Untersuchungsmethoden (z. B. durch Schubbeanspruchung, durch einachsige Dehnung oder durch Druck und Verdrehen) bestimmte Verformungsspannung P von der Größe der Verformung ε, von der Verformungsgeschwindigkeit $\dot{\varepsilon}$ und von der Zeit τ abhängt.

Jeder dieser drei Parameter ist unabhängig von den beiden anderen, da die physikalische Natur des Einflusses der genannten Parameter auf eine Änderung von P für jede der drei Größen grundsätzlich verschieden ist. Die Abhängigkeit der Größe P von ε wird durch die bei Verformung eintretende Verfestigung des Metalles bestimmt. Bekanntlich ist die Verfestigung, die auf einer Störung der gleichmäßig angeordneten Atomlagen in der Gleitebene beruht, ein von der Temperatur T, der Zeit τ und der Verformungsgeschwindigkeit $\dot{\varepsilon}$ unabhängiger Prozeß. Meistens wird jedoch der athermische Charakter der Verfestigung durch den Erholungsprozeß oder, was dasselbe ist, durch die in der Zeit τ erfolgende Veränderung von P (bei $T = \text{const}$) verdeckt. Diese hängt wiederum von der Versetzung der Atome im Kristallgitter bzw. von der Regenerierungsgeschwindigkeit der gestörten Stellen ab und tritt merklich erst bei genügend hohen Temperaturen in Erscheinung.

Die Abhängigkeit der Größe P von $\dot{\varepsilon}$ hängt mit der inneren Reibung im Metall zusammen. Folglich [28] ist

$$P = P(\varepsilon, \dot{\varepsilon}, \tau)\,. \tag{1}$$

Die Art der Abhängigkeit ist im allgemeinen unbekannt. Beim Kriechen von Metallen bzw. bei kleinen Spannungen, die unterhalb der Fließgrenze liegen, ist jedoch P eine stetige und eindeutige Funktion von ε, $\dot{\varepsilon}$ und τ und kann deshalb in eine Potenzreihe mit den Variablen ε, $\dot{\varepsilon}$ und τ zerlegt werden. Berücksichtigt man nur die ersten drei Glieder dieser Reihe, so erhält man

$$P = P_0 + \lambda\,\varepsilon + \eta\,\dot{\varepsilon} - \varkappa\,\tau\,. \tag{2}$$

Die physikalische Bedeutung der konstanten Faktoren λ, η und $\varkappa$ ergibt sich aus der Gleichung (2):

$$\lambda = \partial P/\partial\varepsilon, \quad \eta = \partial P/\partial\dot{\varepsilon} \text{ und } \varkappa = -\,\partial P/\partial\tau\,.$$

Hiernach bedeuten λ Verfestigungskoeffizient, η Koeffizient der inneren Reibung, (Zähigkeit), $\varkappa$ Koeffizient der Erholung und P_0 die wahre Elastizitätsgrenze (bzw. die Kriechgrenze).

Aus (2) folgt, daß bei $(\varepsilon, \tau) \to 0$, d. h. zu Beginn des Belastungsversuches,

$$P = P_0 + \eta\,\dot{\varepsilon}_0$$

ist. Für Metalleinkristalle kann man $P_0 = 0$ setzen, da der Versuch zeigt, daß das Fließen von Einkristallen bereits bei beliebig kleinen Spannungen einsetzt. Man kann deshalb $P = \eta \cdot \dot{\varepsilon}_0$ setzen. Durch Versuche wird diese Abhängigkeit bestätigt. In Abb. 37 ist die von Wenström an Zinneinkristallen bestimmte Abhängigkeit der Größe P von $\dot{\varepsilon}_0$ dargestellt. Die experimentell bestimmten Werte liegen gut auf einer Geraden, die durch den Nullpunkt des Koordinatensystems geht, d. h., eine wahre Elastizitätsgrenze P_0 liegt bei Zinneinkristallen nicht vor. In der bereits erwähnten Arbeit von Chalmers [11] wurde das Kriechen von Zinneinkristallen in einem größeren Spannungsbereich untersucht. Dabei stellte sich heraus, daß für das Spannungsgebiet, in dem die Spannung und die Anfangsgeschwindigkeit des Fließens einander proportional sind, folgende Abhängigkeit zwischen Geschwindigkeit im instationären Gebiet des plastischen Fließens und Zeit besteht:

$$\ln \dot{\varepsilon} = a - b\,\tau\,,$$

wobei a und b Konstanten sind. Die Form der Abhängigkeit zwischen $\dot{\varepsilon}$ und τ für den Anfangsteil der Kriechkurve kann man auch, wie im folgenden gezeigt wird, aus Gleichung (2) ableiten. Im allgemeinen liefert Gleichung (2)

$$\eta = \frac{P - P_0 - \lambda\,\varepsilon + \varkappa\,\tau}{\dot{\varepsilon}}$$

oder für Einkristalle, für die $P_0 = 0$ ist,

$$\eta = \frac{P - \lambda\,\varepsilon + \varkappa\,\tau}{\dot{\varepsilon}}\,.$$

Aus dieser Gleichung folgt, daß die Spannung P', die an dem Einkristall anliegt und sein Kriechen bewirkt, mit der Zunahme der Verformung und mit der Zeit nicht konstant bleibt, sondern stetig entsprechend $P' = P - (\lambda\,\varepsilon - \varkappa\,\tau)$ abfällt. Die Größe $P_1 = \lambda\,\varepsilon - \varkappa\,\tau$ stellt die wahre Elastizitätsgrenze (bzw. Kriechgrenze) dar. Zu Beginn der Verformung ist $P_1 = 0$; sie tritt erst im Verlauf des plastischen Fließens eines Einkristalles in Erscheinung. Das Entstehen der Fließgrenze während des plastischen Fließens eines Einkristalles hängt mit der zunehmenden Verfestigung zusammen, die im Anfangsstadium des Kriechens nur teilweise durch den Erholungsprozeß rückgängig gemacht wird.

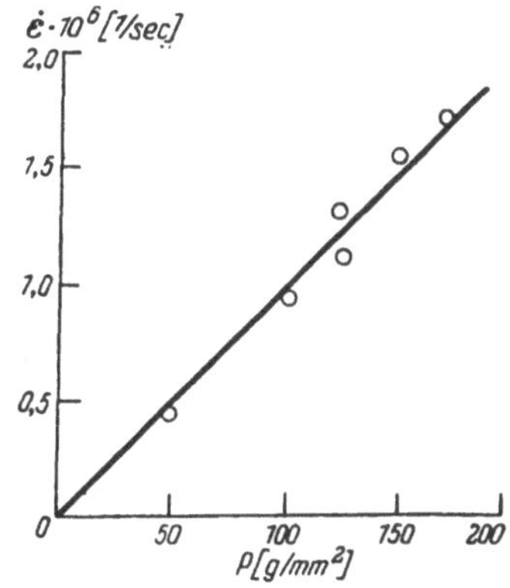

Abb. 37. Die Abhängigkeit der Anfangsgeschwindigkeit des Kriechens von der Spannung für Zinneinkristalle

Deshalb verhält sich unter Wirkung kleiner Spannungen der noch unverfestigte Metalleinkristall in seinen Fließeigenschaften wie eine ideale NEWTONsche Flüssigkeit, deren Zähigkeit durch das Verhältnis $P/\dot{\varepsilon}_0$ bestimmt wird. Mit der Zunahme der elastischen Verformung nimmt jedoch der Metalleinkristall die plastischen Eigenschaften eines festen Körpers an, der eine völlig definierte Elastizitätsgrenze (bzw. Kriechgrenze) besitzt. Der Einkristall nimmt in dem Sinne immer mehr an Festigkeit zu, da seine Elastizitätsgrenze mit der Zunahme der Verformung bis zum Ende des ersten Stadiums des plastischen Fließens (bis zum Übergang in das Gebiet des stationären Fließens) stetig wächst, danach bleibt sie dann konstant.

Beim Übergang zu polykristallinen Metallen muß man beachten, daß von vornherein schon ein Elastizitätsgebiet vorliegt, das durch einen bestimmten Wert der Elastizitätsgrenze P_0 charakterisiert wird. Diese Elastizitätsgrenze bleibt jedoch im Verlauf der plastischen Verformung des Metalles auch nicht konstant, sondern wächst mit der Verfestigung und ist in erster Näherung durch den Ausdruck $P_0 + \lambda\,\varepsilon - \varkappa\,\tau$ gegeben. Folglich bleibt analog zu kolloidalen Systemen die Zähigkeit des polykristallinen Metalles, die sogenannte plastische Zähigkeit $\eta = (P - P_0)/\dot{\varepsilon}$, im Verlauf der Verformung nicht konstant, sondern verändert sich ununterbrochen auf Grund der Zunahme der Elastizitätsgrenze (Kriechgrenze) P_0.

Aus der Gleichung (1) erhalten wir für das vollständige Differential dP

$$dP = \lambda\, d\varepsilon + \eta\, d\dot{\varepsilon} - \varkappa\, d\tau\,.$$

Da bei den Untersuchungen der Kriechvorgänge von Metallen gewöhnlich $P = \text{const}$ gehalten wird, ist $dP = 0$ und folglich

$$\lambda\, d\varepsilon + \eta\, d\dot{\varepsilon} - \varkappa\, d\tau = 0\,. \tag{3}$$

Mit Hilfe dieser Gleichung kann man die sich während der Verformung einstellende Kriechgeschwindigkeit bestimmen. Tatsächlich bleibt im stationären Zustand die Kriechgeschwindigkeit des plastischen Fließens konstant. Folglich ist $d\dot{\varepsilon} = 0$. Wegen $\lambda\, d\varepsilon = \varkappa\, d\tau$ erhalten wir für die sich einstellende Kriechgeschwindigkeit

$$\dot{\varepsilon}_m = (d\varepsilon/d\tau)_m = \varkappa/\lambda\,. \tag{4}$$

Um eine Beziehung für den Kriechvorgang zu erhalten, muß man die Gleichung (3) zweimal integrieren. Hierfür wird vorausgesetzt, daß die Koeffizienten λ, η und $\varkappa$ konstant sind.

Diese Annahme trifft im allgemeinen nicht zu; man muß deshalb die hier angewendete phänomenologische Darstellung vom Kriechen der Metalle als ein physikalisches Schema für nicht zu breite Intervalle und nicht als eine Theorie dieses Prozesses verstehen [29]. So ergibt sich durch Integration der Gleichung (3)

$$\dot{\varepsilon} = \frac{\varkappa}{\lambda} + \left(\varepsilon_0 - \frac{\varkappa}{\lambda}\right) \exp\left(-\frac{\lambda\,\tau}{\eta}\right) \tag{5}$$

oder, in Übereinstimmung mit Gleichung (4),

$$\dot{\varepsilon} = \dot{\varepsilon}_m + (\dot{\varepsilon}_0 - \dot{\varepsilon}_m) \exp\left(-\frac{\lambda\,\tau}{\mu}\right).$$

Hieraus folgt

$$\ln \frac{\dot{\varepsilon}_0 - \dot{\varepsilon}_m}{\dot{\varepsilon} - \dot{\varepsilon}_m} = \frac{\tau}{\Theta}\,, \qquad \Theta = \frac{\eta}{\lambda}\,.$$

Für $\dot{\varepsilon}_m \ll \dot{\varepsilon}_0$, d. h. für den Anfangsteil der Kriechkurve, erhalten wir also

$$\ln \dot{\varepsilon} = \ln \dot{\varepsilon}_0 - \frac{\tau}{\Theta}\,. \tag{6}$$

Die Gleichung (6) entspricht völlig der von CHALMERS auf experimentellem Wege gefundenen Abhängigkeit $\ln \dot{\varepsilon} = a - b\,\tau$ und gilt für den Anfangsteil der Kriechkurve.

Integriert man die Gleichung (3) ein zweites Mal, so erhält man

$$\varepsilon = \dot{\varepsilon}_m\,\tau + (\dot{\varepsilon}_0 - \dot{\varepsilon}_m)\,\Theta\left(1 - \exp\left(-\frac{\tau}{\Theta}\right)\right). \tag{7}$$

Die allgemeine Form der Kriechkurve ist durch (7) gegeben, die gut mit dem Experiment übereinstimmt (mit Ausnahme des letzten Stadiums des plastischen Fließens, das mit der Bildung von Einschnürungen verbunden ist).

Gleichung (7) ist graphisch in Abb. 38 dargestellt. Die allgemeine Kurve $\varepsilon = \varepsilon(\tau)$ kann in zwei Kurven zerlegt werden: in den stationären Kurvenanteil, der durch die Gleichung $\varepsilon_1 = \dot{\varepsilon}_m \tau$ beschrieben wird, und in den nichtstationären Kurvenanteil

$$\varepsilon_2 = (\dot{\varepsilon}_0 - \varepsilon_m)\,\Theta\left(1 - \exp\left(\frac{\tau}{\Theta}\right)\right), \tag{8}$$

dessen Einfluß bei großem τ ($\tau > \Theta$) unbedeutend ist. Diese Darstellung von Kriechkurven wird durch zahlreiche Versuche mit den verschiedensten Metallen bestätigt.

Es ist zu erwähnen, daß REHBINDER und SEGALOWA [30] bei der Untersuchung der Kriecherscheinungen disperser thiotropstrukturierter Systeme eine Gleichung benutzen, die formal der Gleichung (7) analog ist, die auf völlig anderer Grundlage abgeleitet wurde, nämlich auf der Analyse einfacher mechanischer Modelle. Der Unterschied dieser Gleichungen, der auf den unterschiedlichen Eigenschaften der strukturierten dispersen Systeme und der Metalle beruht, besteht darin, daß bei der Verformung der nichtstationäre Anteil des Kriechens im ersteren Fall durch die elastische Nachwirkung bedingt wird, während bei den Metallen dieser Anteil mit dem plastischen Fließen des untersuchten Metalles zusammenhängt. Erfolgt während des Versuches praktisch keine Erholung (wie z.B. Metalle mit hoher Schmelztemperatur, die bei Zimmertemperatur untersucht werden), so ist $\varkappa = 0$, und die Gleichung für das plastische Fließen geht über in

$$\varepsilon = \dot{\varepsilon}\,\Theta\left(1 - \exp\left(-\frac{\tau}{\Theta}\right)\right). \tag{9}$$

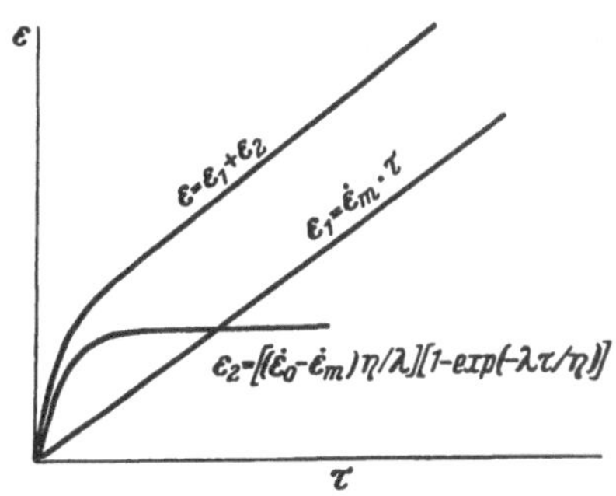

Abb. 38. Graphische Darstellung der Gleichung für Kriechvorgänge $\varepsilon = \varepsilon_1 + \varepsilon_2$, in der $\varepsilon_1 = \dot{\varepsilon}_m \cdot \tau$ ist, bzw. der stationäre Anteil der Kriechkurve, während $\varepsilon_2 = (\varepsilon_0 - \varepsilon_m)\,\eta/\lambda)$ $(1 - \exp(-\lambda\tau/\eta)$ ist, bzw. der nichtstationäre Anteil

Hierbei nimmt die Geschwindigkeit des Kriechens allmählich ab und nähert sich bei $\tau > \Theta$ dem Wert Null.

In Abb. 39 sind Kriechkurven von Zinneinkristallen mit den Koordinaten ε (relative Längenänderung) und τ (Zeit bei den verschiedenen Spannungen P) dargestellt. Der Verlauf dieser Kurven entspricht völlig der theoretischen Kurve der Abb. 38. Zur Berechnung der Koeffizienten λ, η und $\varkappa$ benutzen wir folgende drei unabhängige Gleichungen:

$$P = \eta\,\dot{\varepsilon}_0\,, \qquad \varepsilon_m = \frac{\varkappa}{\lambda} \qquad \text{und} \qquad (\varepsilon_2)_m = (\dot{\varepsilon}_0 - \dot{\varepsilon}_m)\,\frac{\eta}{\lambda}\,.$$

$(\varepsilon_2)_m$ ist die maximale Grenzdeformation beim nichtstationären Fließen aus Gleichung (9), wenn $\tau \ll \Theta$ ist.

Die Größe $(\varepsilon_2)_m$ kann man aus der Kriechkurve entnehmen, wenn man durch den Nullpunkt des Koordinatensystems eine Gerade zieht, die parallel zur stationären Kriechkurve $\varepsilon_1 = \dot{\varepsilon}_m \tau$ verläuft, und dann die Ordinaten dieser Geraden von den Ordinaten der allgemeinen Kriechkurve subtrahiert.

In Tabelle 5 sind die Werte der Konstanten λ, η und $\varkappa$ für Zinneinkristalle zusammengestellt.

Die Werte von η stimmen gut mit den Versuchsergebnissen überein, die KUSNEZOW [31] bei der Bestimmung der Zähigkeit von grobkristallinem Zinn erhalten hat. Der Wert λ erscheint auf den ersten Blick viel zu hoch, jedoch muß man berücksichtigen, daß der Verformungsgrad an der Fließgrenze nur $\varepsilon_m \approx 0{,}5\%$ beträgt und folglich $\lambda \approx P_m/\varepsilon_m = 250/000{,}5$, d. h. $\lambda \approx 50$ kg/mm² ist, was gut mit den berechneten Werten übereinstimmt.

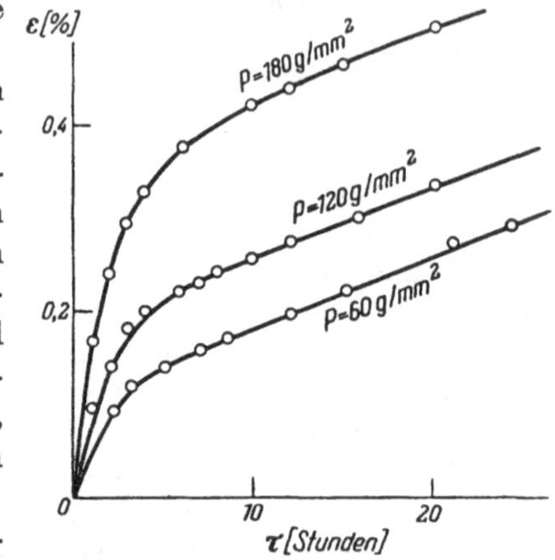

Abb. 39. Kriechkurven von Zinneinkristallen bei verschiedenen Spannungen

Von WENSTRÖM wurde in unserem Laboratorium der Einfluß von Lösungen grenzflächenaktiver Stoffe unterschiedlicher Zusammensetzung und Struktur (homologe Reihen von Fettsäuren, Alkoholen, Estern, Säurechloriden und anderen) in verschiedenen Lösungsmitteln auf das Kriechen von Zinneinkristallen untersucht. Es stellte sich dabei heraus, daß die Abhängigkeit des Effektes (und zwar das Verhältnis der Größe der relativen Verformung der Probe im aktiven Medium und in Luft bei vorgegebener Versuchszeit und unter Wirkung einer

Tabelle 5

Werte für die Koeffizienten λ, η und $\varkappa$ von Zinneinkristallen bei verschiedenen Spannungen

Kristalle	P [g/mm²]	λ [kg/mm²]	$\eta \cdot 10^{-13}$ [Poise]	$\varkappa$ [g/mm² · Std]
1	60	50	3,5	4,0
2	160	47	3,6	3,4
3	120	45	3,1	3,2
4	150	47	3,2	3,5
5	180	52	3,3	4,2
6	60	51	3,6	4,2

konstanten Spannung) von der Konzentration dieser Stoffe, gelöst in Kohlenwasserstoffen, z. B. Oktan, stets durch eine Kurve mit einem stark ausgeprägten Maximum dargestellt wird, nach dessen Überschreiten der Effekt stetig abnimmt, und zwar bis zu einer Konzentration, die 100% der gelösten Komponente entspricht (Abb. 40). Die als Lösungsmittel dienenden Kohlenwasserstoffe haben praktisch keinen Einfluß auf das Kriechen von Zinneinkristallen und können deshalb als inaktives Medium betrachtet werden. In Übereinstimmung damit wird die Wirkung der grenzflächenaktiven Stoffe auf das Kriechen von Zinn allein durch die Natur der polaren Gruppen der Moleküle bestimmt, die nach der Stärke des von ihnen hervorgerufenen Effektes (am Maximum der Kurven) in folgende Reihe geordnet werden können (Abb. 41):

$$(-\mathrm{COOH}) > (-\mathrm{OH}) > (-\mathrm{COOCH_3}) > (-\mathrm{Cl}) .$$

Hieraus ist ersichtlich, daß es z. B. genügt, eine Karboxylgruppe durch Ersatz ihres Wasserstoffatoms durch eine Methylgruppe zu blockieren, um die Wirksamkeit der Zusätze stark herabzusetzen (z. B. beim Übergang von der Karbonsäure zu ihrem Ester). Deshalb wächst z. B. auch bei der Einführung einer Doppel-

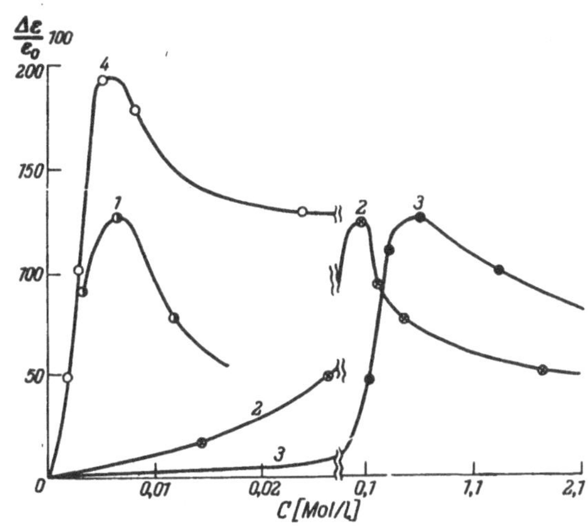

Abb. 40. Abhängigkeit des Adsorptionseffektes zur Erleichterung des Kriechens für Zinneinkristalle von der Konzentration grenzflächenaktiver Stoffe, Oktan; gelöst in *1* — Stearinsäure; *2* — Caprylsäure; *3* — Propionsäure; *4* — Ölsäure

bindung in die Kohlenwasserstoffkette (die Doppelbindung spielt hier die Rolle einer polaren Gruppe) der Effekt beim Übergang von der Stearinsäure zur Ölsäure von 125% auf 190% (Abb. 40).

Die Länge der Kohlenwasserstoffketten hat keinen Einfluß auf die Größe des Effektes, sie bestimmt jedoch die molare Konzentration der Lösung, bei der das Maximum des Effektes erreicht wird. Diese Konzentration (C_m) nimmt in den homologen Reihen mit zunehmendem Molekulargewicht ab, in Analogie zur Traubeschen Regel. Wie aus Abb. 40 zu entnehmen ist, haben in der Reihe Propionsäure — Kaprylsäure — Stearinsäure die entsprechenden Konzentrationen folgende Werte: 0,640; 0,118 und 0,007 Mol/l (4,7; 1,7 und 0,2%). Jede hinzukommende CH_2-Gruppe verkleinert also die Konzentration etwa um das 1,3- bis 1,4fache des vorangegangenen Wertes. Für Stearinsäure und Ölsäure fallen die dem Maximum entsprechenden Konzentrationen zusammen. Bei schwachen grenz-

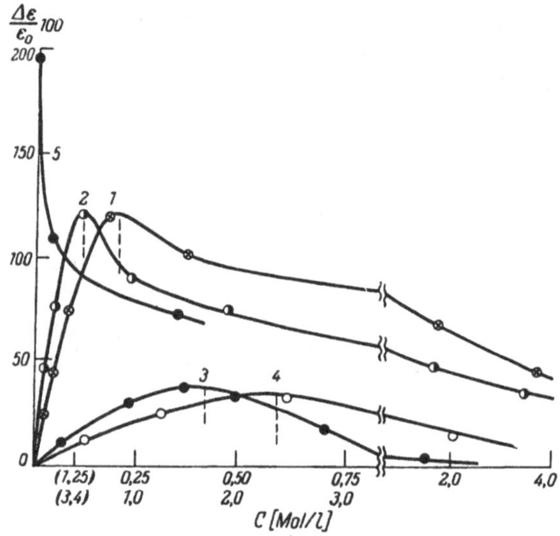

Abb. 41. Abhängigkeit des Adsorptionseffektes von der Natur der polaren Gruppe des grenzflächenaktiven Stoffes *1* – Laurylalkohol; *2* – Caprylsäure; *3* – Methyllaurat; *4* – Laurylchlorid; *5* – Ölsäure

flächenaktiven Stoffen wird das Maximum des Einflusses erst bei sehr hohen Konzentrationen erreicht (z. B. sind bei Methyllaurat und Laurylchlorid $C_m = 35\%$ bzw. 48%) (Abb. 41).

Wie aus Abb. 42 ersichtlich ist, hängt die Wirkung der grenzflächenaktiven Stoffe in hohem Maße auch von der Natur des Lösungsmittels ab.

Ersetzt man Oktan durch Benzol (Abb. 42), so wird die Konzentration der Lösung, bei der der Zusatz an Propionsäure die stärkste Wirkung erzielt, von

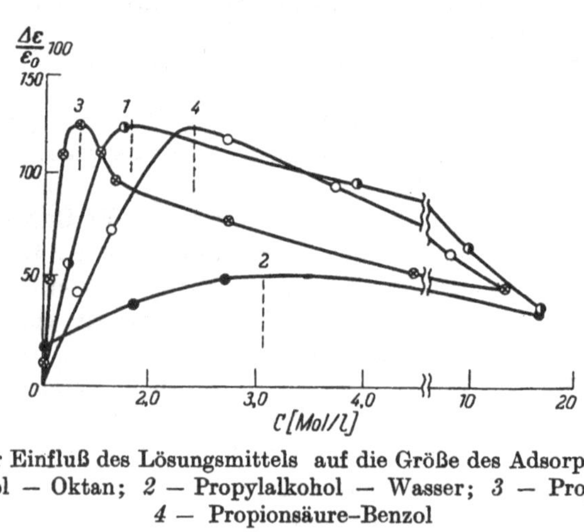

Abb. 42. Der Einfluß des Lösungsmittels auf die Größe des Adsorptionseffektes; *1* – Propylalkohol – Oktan; *2* – Propylalkohol – Wasser; *3* – Propionsäure-Oktan; *4* – Propionsäure-Benzol

$C_m = 0{,}64$ Mol/l bis zum Wert $C_m = 2{,}8$ Mol/l verschoben, d. h., der Wert wird um das 4,6fache erhöht, ohne die Größe des Effektes zu verändern.

In wäßrigen Lösungen von Propylalkohol wird infolge der Wechselwirkung der polaren Gruppen nicht nur die Konzentration des Maximums C_m von 1,62 bis 4,10 Mol/l verschoben, sondern gleichzeitig auch die Größe des Effektes von 120 auf 50% erniedrigt. Dabei muß man bedenken, daß in diesem Falle das Lösungsmittel selbst den Effekt beeinflußt, da Wasser dem Zinn gegenüber ein aktives Medium darstellt und allein einen Effekt von 16% hervorruft. Diese Untersuchungen, zusammen mit A. B. Taubman durchgeführt, zeigen völlige Übereinstimmung mit den Ergebnissen seiner früheren Arbeiten [32], in denen der Einfluß der Natur des Lösungsmittels auf die Grenzflächenaktivität flüssiger Phasengrenzen aufgeklärt wurde. Das zeigt, daß die Erleichterung der Deformation von Metallen durch ein äußeres Medium von dem Adsorptionsprozeß mit seinen charakteristischen Gesetzmäßigkeiten verursacht wird.

Die für Zinneinkristalle bestimmten Werte der effektiven Zähigkeit η und des Verfestigungskoeffizienten λ sind in Tabelle 6 für die in verschiedenen Medien ausgeführten Kriechprozesse zusammengestellt.

Tabelle 6

Effektive Zähigkeit und Verfestigungskoeffizienten von Zinneinkristallen; $P = 150$ g/mm²
$t = 20°, 41° \leqq \chi_0 \leqq 55°$

Medium	$\eta \cdot 10^{-13}$ [Poise]	λ [kg/mm²]
Luft und Oktan	3,5	55
Wasser	1,5	34
Lösung von Kaprylsäure in Oktan, $C = 0{,}11$ Mol/l	1,4	25
Lösung von Dioctylsulfosuccinat in Wasser, $C = 0{,}001$ Mol/l	0,9	17

Wie bereits oben erwähnt, gehorcht das Fließen eines noch unverfestigten Metalleinkristalles im ersten Augenblick der Belastung (kleiner als die Fließgrenze) dem Newtonschen Gesetz für zähe Flüssigkeiten: $P = \eta \cdot V$; $V = d\varepsilon/d\tau$.

Wir setzen in dieser Gleichung $\eta = A \cdot \exp\,(U/k\,T)$ und schreiben die Aktivierungsenergie U in der Form

$$U = U_0 + S_0\,\sigma\,.$$

$S_0\,\sigma$ ist der Anteil der Aktivierungsenergie, der mit der Bildung neuer Metalloberflächen verbunden ist; σ ist die freie Grenzflächenenergie neue Oberfläche/äußeres Medium, S_0 die „charakteristische Oberfläche" des Metalles mit der Dimension cm²/Atom. Folglich gelten

$$\eta = A_0 \exp\left(S_0 \frac{\sigma}{k\,T}\right)$$

und

$$A_0 = A \exp\left(\frac{U_0}{k\,T}\right).$$

Die Herabsetzung der Grenzflächenspannung bei der Adsorption grenzflächenaktiver Moleküle aus dem umgebenden Medium hat eine Erniedrigung der effektiven Zähigkeit η des Metalles zur Folge, die ihrerseits eine Erhöhung der Anfangsgeschwindigkeit des Kriechens v_0 bei einer gegebenen Spannung P hervorruft. Tatsächlich gilt bei Abwesenheit grenzflächenaktiver Stoffe

$$P = v_0 A_0 \exp (S_0 \sigma_0/k T)$$

und in Gegenwart grenzflächenaktiver Stoffe

$$P = v A_0 \exp (S_0 \sigma/k T) .$$

Hieraus folgt

$$v/v_0 = \exp \left(S_0 (\sigma_0 - \sigma)/k T\right) ,$$

wodurch das Verhältnis der Anfangsgeschwindigkeit des Kriechens für die beiden Fälle bestimmt wird.

Eine einfache Rechnung zeigt, daß für eine Z-fache Zunahme der Anfangsgeschwindigkeit des Kriechens eine Abnahme der Größe σ von etwa 200 erg/cm² erforderlich ist. Bei der Adsorption an Metallen ist eine solche Abnahme sehr gut möglich, da die Metalle einen hohen σ-Wert besitzen, so kann z. B. die Grenzflächenenergie von Quecksilber ($\sigma \approx 470$ erg/cm²) durch Adsorption polarer Molekeln bis auf etwa 200 erg/cm² abnehmen.

2. Der elektrokapillare Effekt

In einer Reihe von Arbeiten, die von Wenström in unserem Laboratorium [33] ausgeführt wurden, konnte gezeigt werden, daß bei der in wäßrigen Lösungen mit verschiedensten Elektrolyten ausgeführten Polarisation der Oberfläche von spröden Körpern mit elektrischer Leitfähigkeit (Pyrit, Graphit) bzw. von Metallen (Thallium, Zink, Blei, Tellur) die Festigkeit H sich in Abhängigkeit vom Potential an der Phasengrenze Festkörper-Lösung ändert, analog zur Änderung der Grenzflächenspannung σ an der Phasengrenze Quecksilber-Lösung entsprechend den Elektrokapillarkurven $\sigma = \sigma(\varphi)$. Die allgemeine thermodynamische Gleichung hierfür lautet $-\frac{\partial \sigma}{\partial \varphi} = e_s$, in der e_s die Ladungsdichte der Grenzfläche ist. Sie besitzt ein charakteristisches Maximum für die ungeladene Grenzfläche und liefert fallende Werte für H und σ mit der Aufladung der beiden Grenzflächen, und zwar unabhängig vom Vorzeichen der Ladung. Es zeigte sich, daß der Einfluß von grenzflächenaktiven Stoffen auf diesen Effekt und auf den Verlauf der Elektrokapillarkurven in beiden Fällen gleich ist. Und zwar besteht dieser Einfluß in einer Herabsetzung der Festigkeit, der im Maximum der Funktion $H = H(\varphi)$ am stärksten ausgeprägt ist und mit der Aufladung der Grenzfläche schnell abnimmt.

Bei diesen Versuchen wurde die Festigkeit nach einer modifizierten Methode von Kusnezow aus der Dämpfung der Schwingungsamplitude eines Pendels gemessen. Da die Verformung von Metallen meist mit plastischen Verschiebungen verbunden ist und die Festigkeit der Metalle relativ klein ist, wurden die Diamantspitzen der Apparatur durch gläserne Kügelchen ersetzt, die eine rauhe Oberfläche und 1 bis 2 mm Durchmesser besaßen. Sie wurden auf die zu untersuchende feste und mit Elektrolytlösung befeuchtete Oberfläche gedrückt. Als Elektrolyt wurden 1,0 und 0,1 normale Lösungen von NaCl, Na_2SO_4, Na_2CO_3 und KBr mit einem Laugenzusatz bis 0,01 n NaOH bei kathodischer und mit Säurezusatz bis 0,01 n H_2SO_4 bei anodischer Polarisation verwendet.

Die Ergebnisse der an Metallen vorgenommenen Messungen sind in Abb. 43 und in Tabelle 7 zusammengestellt.

Tabelle 7

Potentiale (in Volt) für die Maxima der elektrokapillaren Festigkeits- φ'_m *(bei* $\partial H/\partial\varphi = 0$*) und Grenzflächenspannungskurven. Als Bezugssystem diente eine* 1n- *Kalomel-Elektrode*

Medium	φ'_m (der Festigkeitskurve) bei folgenden Lösungen							φ'_m (für die Grenzflächenspannungskurve)
	Na_2SO_4		NaCl		Na_2CO_3	NaOH	KBr	
	1 n	0,1 n	1 n	0,5 n	1 n	1 n	1 n	1 n Na_2SO_4
Thallium	−0,96	−0,97	—	—	−0,97	—	−1,10	−1,03[1]), −0,93[2])
Blei	−0,84	—	−0,88	—	—	−0,83	—	−0,85[1])
Zink	−0,90	—	—	—	—	—	—	−0,93[1])
Tellur	—	—	+0,23	—	—	—	—	+0,22[1])
Graphit	—	—	—	−0,03	—	—	—	—

[1]) Die Werte φ'_m wurden nach Angaben von KARPATSCHEW und STROMBERG [34] für die Grenzflächenspannung von Metallschmelzen zusammengestellt, die an der Phasengrenze zur Salzschmelze bei Temperaturen von 420° bis 450° (Tellur 550°) gemessen wurden. Die Werte sind bezogen auf das Maximum der Elektrokapillarkurven des Quecksilbers von 420°.

[2]) Nach FRUMKIN und GORODEZKAJA [35] für $\sigma_m(\varphi)$ an der Phasengrenze Amalgam: Hg + 41,5% Tl/1 n Na_2SO_4.

Aus Abb. 43 ist zu ersehen, daß der Verlauf der Kurven $H(\varphi)$ völlig der üblichen parabolischen Form der Elektrokapillarkurven entspricht, wobei die Maxima beider Kurven zusammenfallen, so daß für eine ungeladene Grenzfläche die Festigkeit ein Maximum besitzt (es ist $-\frac{\partial\sigma}{\partial\varphi} = e_s = 0$). Die Kurven $H(\varphi)$ und $\sigma(\varphi)$ zeigen beim Zusatz grenzflächenaktiver Stoffe (Isoamylalkohol) einen gleichen charakteristischen Verlauf (Abflachung), und zwar mit einer stärksten Erniedrigung von H (bzw. von σ) bei Potentialen, die in der Nähe des Maximums liegen. Die Form beider Kurven zeigt außerdem eine charakteristische Asymmetrie.

Der Einfluß der Polarisation auf die Festigkeit von Tellur wurde in 1 n Na_2SO_4- und 1 n NaCl-Lösung untersucht. Wie aus Abb. 44 zu ersehen ist, fallen die Maxima für diese beiden Lösungen mit dem für geschmolzenes Tellur annähernd zusammen. Das ist besonders interessant, weil die für Tellur gemessenen Werte von φ'_m sehr verschieden von den φ'_m-Werten der übrigen Metalle sind. Der Zusatz grenzflächenaktiver Stoffe (Isoamylalkohol) setzt die Festigkeit des Tellurs herab, wobei zugleich eine charakteristische Abflachung der Kurve und eine nicht unbeträchtliche Verschiebung ihres Maximums in das anodische Gebiet erfolgt.

Die Arbeiten über die Untersuchung des elektrokapillaren Effektes an Metallen wurde von WENSTRÖM [36] insbesondere beim Studium des plastischen Fließens von Metalleinkristallen weitergeführt. Die Untersuchungen sind deshalb besonders interessant, weil in der Literatur zahlreiche Arbeiten über die Rolle von Oxidschichten auf die Erleichterung der Deformation durch Adsorption erschienen waren. KEMSLEY [37] gelang es jedoch nicht, den Adsorptionseffekt reproduzierbar zu messen, da seine Versuchsanordnung fehlerhaft war. Fernerhin bestätigten

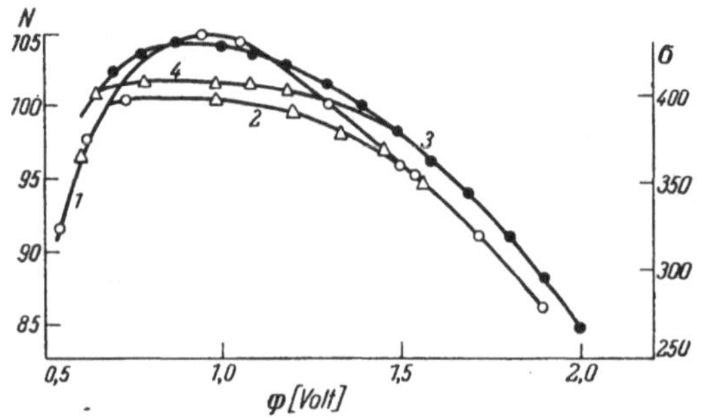

Abb. 43. Abhängigkeit der Härte H und der Oberflächenspannung σ vom Potential φ für Thallium: *1* – H in 1n-Na_2SO_4; *2* – dasselbe + Isoamylalkohol, 0,185 Mol/Liter; *3* – σ von Thallium-Amalgan (41,5% Tl) in 1nNa_2SO_4 (nach FRUMKIN und GORODEZKAJA); *4* – dasselbe + Isoamylalkohol, 0,175 Mol/Liter

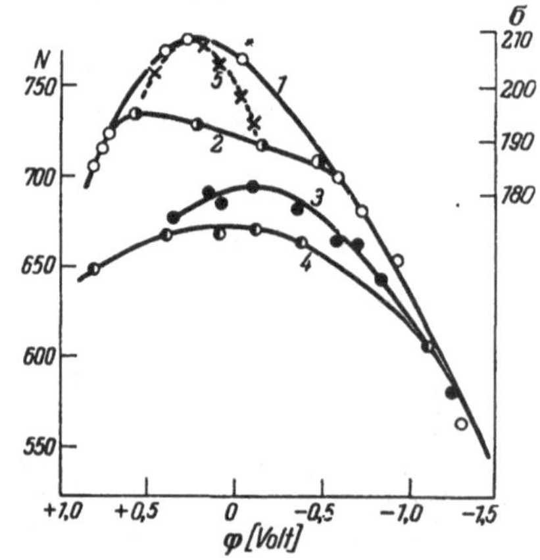

Abb. 44. Die Abhängigkeit der Härte H und der Oberflächenspannung σ vom Potential φ für Tellur: *1* – H in 1 n-Na_2SO_4; *2* – dasselbe + Isoamylalkohol, 0,185 Mol/Liter; *3* – dasselbe + Thioharnstoff, 0,5 Mol/Liter; *4* – dasselbe + Pyrogallol 1 Mol/Liter; *5* – σ von geschmolzenem Tellur (nach KARPATSCHEW und STROMBERG) in einer Schmelze von KCl + LiCl bei 550°

ANDRADE und Mitarbeiter [39, 40] das Vorhandensein eines stark ausgeprägten Effektes, der bei der Überführung von Kadmiumeinkristallen von Luft in Lösungen von Ölsäure in Paraffinöl zu einer Vergrößerung ihrer Fließgeschwindigkeit führt. Jedoch begründeten sie das durch Resultate früherer Versuche über den Einfluß von Elektrolyten und vor allem von Kadmiumionen [40] mit dem Fließen von Kadmium. Sie führten ihre Versuche unter verschiedenen Bedingungen durch, und zwar bei An- und Abwesenheit von Oxidhäutchen auf der Oberfläche der Einkristalle. Die genannten Autoren deuten den Effekt der Erleichterung der Verformung nicht durch die Wechselwirkung der adsorbierten grenzflächenaktiven Stoffe mit den Metallen, sondern durch die Abtragung der Oxidhäutchen. Die Untersuchungen hätten unter Berücksichtigung der elektrischen Polarisierung zur Lösung dieser Frage führen müssen. Der Einfluß adsorbierter grenzflächenaktiver Stoffe und der des Potentials auf das Kriechen von Einkristallen wurden durch vollständige Dehnungs-Zeit-Kurven $\varepsilon = \varepsilon(\tau)$ bei einer konstanten, unterhalb der Fließgrenze liegenden Spannung P aufgenommen.

Als Versuchsobjekte dienten Zinn- und Bleieinkristalle von hohem Reinheitsgrad, die nach unserer Methode (Abb. 1) gewonnen wurden. Die Einkristalloberfläche wurde mit einer gewöhnlichen Potentiometerschaltung (Abb. 45) polarisiert. Als Elektrolyt wurde eine 0,1 n Na_2SO_4-Lösung verwandt. (Bei der Untersuchung des Zinns wurde noch 0,01 n H_2SO_4-Lösung zugesetzt.) Die eingesetzten Metalloberflächen besitzen eine dünne Oxidschicht, die durch eine kurzzeitige kathodische Polarisation ($\varphi = 3-5$ V) im unbelasteten Zustand der Probe reduziert wurden. Danach wurde mit dem Dehnungsvorgang begonnen

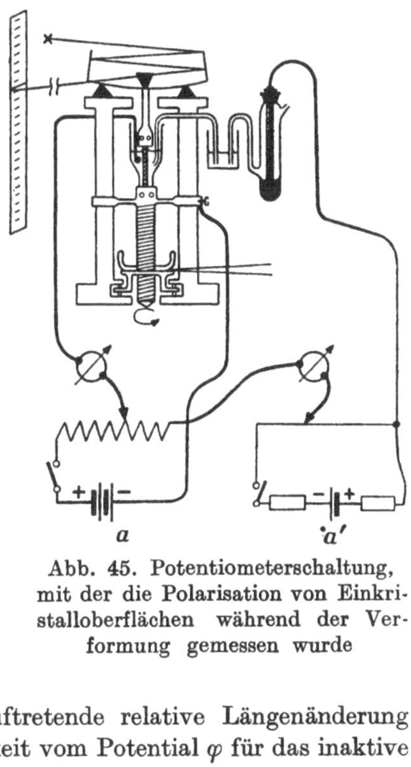

Abb. 45. Potentiometerschaltung, mit der die Polarisation von Einkristalloberflächen während der Verformung gemessen wurde

Das saure Medium ($p_H = 2{,}8$) verhinderte die erneute Bildung von Oxidhäutchen auf der Zinnoberfläche und neutralisierte gleichzeitig das bei dem Stromfluß entstandene Alkali. Durch den kurzzeitigen Stromfluß zur Entfernung des Oxidhäutchens blieb der p_H-Wert praktisch konstant ($p_H = 2{,}85$). Die speziellen Versuche zeigten, daß im Elektrolyt die Größe der Verformung der Einkristalle im Vergleich zur Dehnung in Wasser nicht verändert wird.

Die Größe des Einflusses grenzflächenaktiver Stoffe auf die relative Zunahme der Verformung von Einkristallen im aktiven Medium (ε_a) im Verhältnis zur Verformung im inaktiven Medium, im Elektrolyten (ε_0), wurde abgeschätzt, und zwar für eine bestimmte Dehnungsdauer (5 Stunden):

$$\Delta\varepsilon\,\% = \frac{\varepsilon_a - \varepsilon_0}{\varepsilon_0} \cdot 100 = f(\tau)\,.$$

In Abb. 46 ist die beim Kriechprozeß auftretende relative Längenänderung (ε in %) von Zinneinkristallen in Abhängigkeit vom Potential φ für das inaktive Medium (wäßrige Elektrolytlösung: 0,1 n Na_2SO_4 (Kurve *1*) und für das aktive Medium wiedergegeben (die gleiche Elektrolytlösung mit Zusatz eines anionenaktiven Stoffes, Natriumhexadecylbenzolsulfonat (Sulfanol) $C_{16}H_{33}C_6H_4SO_3Na$, in einer Konzentration von 0,070 Mol/l (Kurve *2*)). Der Kurvenverlauf entspricht völlig den allgemeinen Gesetzmäßigkeiten des Einflusses der Ladungsdichte von Metalloberflächen, die man durch die Festigkeitsuntersuchungen gewinnt. Die in Abb. 46 dargestellten Kurven beziehen sich auf die durch 5stündiges Dehnen der Einkristalle erhaltene Größe ε, die gleichen Kurven ergeben sich aber auch bei einer beliebig anderen Versuchsdauer.

In Abb. 47 sind die analogen Kurven für Zinneinkristalle wiedergegeben, und zwar für eine Lösung (0,1 n Na_2SO_4 + 0,01 n H_2SO_4) unter Zusatz von n-Propylalkohol mit der Konzentration 3,30 Mol/l. Zum Unterschied zu den früher beschriebenen Elektrokapillarkurven, die die Herabsetzung der Festigkeit von Metallen zum Ausdruck bringen und ein Maximum besitzen, äußert sich hier der Effekt der Erleichterung der Verformung in einer Erhöhung der Geschwindigkeit des plastischen Fließens der Metalle, deshalb sind diese Kurven durch ein Minimum charakterisiert. Wie aus Abb. 46 und 47 zu ersehen ist, wird die Lage der Minima der Kurven $\varepsilon(\varphi)$, die der ungeladenen Metalloberfläche entsprechen, durch folgende Werte festgelegt: für Zinn $\varphi = -0{,}52$ V und für Blei $\varphi = -0{,}88$ V (bezogen

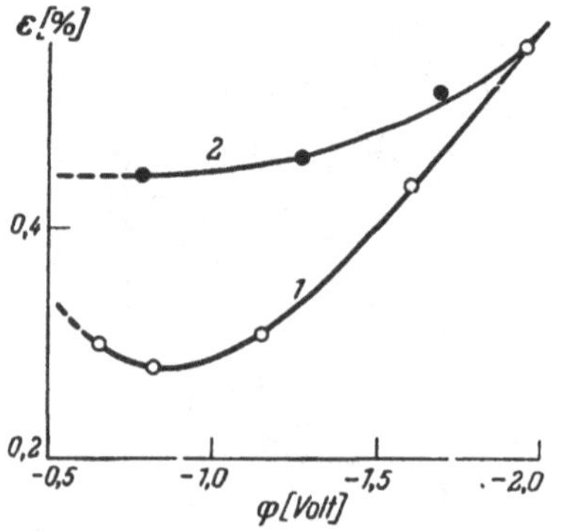

Abb. 46. Elektrokapillarkurven der Erleichterung der Kriechvorgänge für Bleieinkristalle. Die in wäßrigen Lösungen gemessene Veränderung der relativen Verlängerung in Abhängigkeit von der Polarisation ist $\varepsilon_1\% = f(\varphi)$: *1* – 0,1 n Na_2SO_4 + 0,01 n H_2SO_4; *2* – 0,1 n Na_2SO_4 + 0,070 Mol/Liter $C_{16}H_{33}C_6H_4SO_3Na$

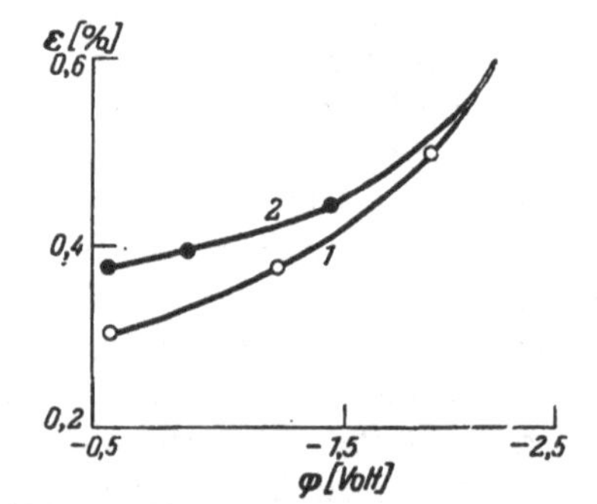

Abb. 47. Elektrokapillarkurven der Erleichterung der Kriechvorgänge für Zinneinkristalle. Die in wäßrigen Lösungen gemessene Veränderung der relativen Verlängerung in Abhängigkeit von der Polarisation ist $\varepsilon\% = f(\varphi)$: *1* – 0,1 n-$Na_2SO_4$ + 0,01 n-H_2SO_4; *2* – dasselbe + 3,30 Mol/Liter C_3H_7OH

auf die Normal-Kalomelelektrode). Der letzte Wert stimmt gut mit dem Potentialwert überein, den man für das Festigkeitsmaximum von Blei gemessen hat ($\varphi = -0{,}84$ V). Erwartungsgemäß kann für die untersuchten Metalle nur der katodische Teil der Kurven bestimmt werden, weil die Oberfläche bei anodischer Polarisierung oxydiert wird, für Blei allerdings kann man die Kurve um etwa 0,2 V über das Maximum hinaus nach links aufnehmen. Der Einfluß grenzflächenaktiver Stoffe auf die Erleichterung des Fließens von Metallen war, wie vorauszusehen, am Minimum der Kurven besonders stark ausgeprägt, also in einem Gebiet, in dem das Potential an der Grenzfläche sehr klein bzw. Null ist. Erhöht man die Polarisation unabhängig vom Vorzeichen der Ladung, d. h. rechts und links vom Minimum, so nimmt der Adsorptionseffekt ständig ab und wird bei hinreichend großen Potentialen praktisch Null. Auf Grund der charakteristischen Abhängigkeit des Einflusses des elektrischen Feldes auf die Adsorption grenzflächenaktiver Stoffe (die organischen Moleküle werden von der Oberfläche des Metalles verdrängt) zeigen die Kurven *2* in Abb. 46 und Abb. 47 einen völlig entsprechenden Verlauf. Im Gebiet des Minimums besitzen sie einen fast geradlinigen Teil. Außerdem verschmelzen sie beide mit den Hauptkurven (für Zinn bei $\varphi = -1{,}8$ V und für Blei bei $\varphi = -2{,}0$ V). In Abb. 48 ist der Adsorptionseffekt in Abhängigkeit von der Polarisation $\Delta\varepsilon = f(\varphi)$ für beide Metalle dargestellt. In Abb. 49 ist ein Kriechdiagramm von ein- und demselben Zinneinkristall wiedergegeben, der unter ständig sich ändernden Bedingungen 135 Stunden gedehnt wurde. Aus diesem Diagramm ist ersichtlich, wie sich die Verformung bzw. die Verformungsgeschwindigkeit eines Einkristalles bei einer Potentialänderung an der Phasengrenze Metall-Lösung verändert und

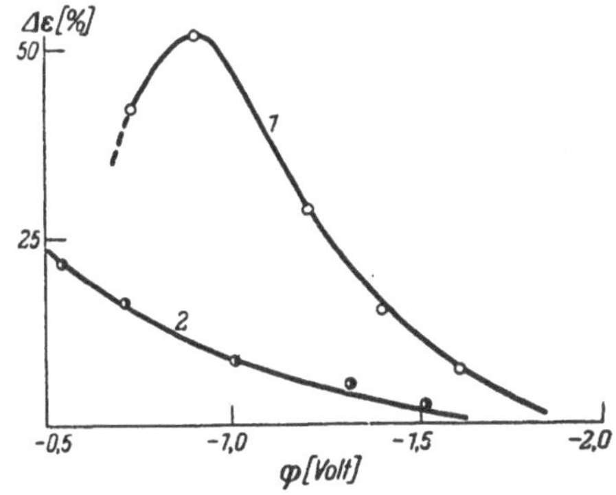

Abb. 48. Die Abhängigkeit des Adsorptionseffektes zur Erleichterung der Verformung vom Potential $(\varepsilon_a - \varepsilon_0) \cdot 100/\varepsilon_0 = \Delta\varepsilon\% = f(\varphi)$: *1* – Bleieinkristalle in Lösungen von 0,1 n-Na_2SO_4 + 0,070 Mol/Liter $C_{16}H_{33}C_6H_4Na$; *2* – Zinneinkristalle in Lösungen von 0,1 n Na_2SO_4 + 0,01 n Na_2SO_4 + 3,30 Mol/Liter n C_3H_7OH

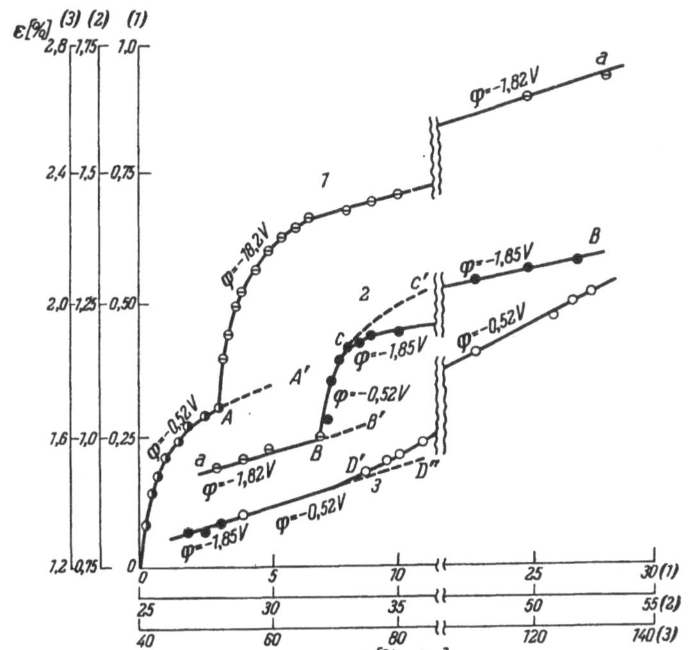

Abb. 49. Dehnungsdiagramm mit den Ordinaten: relative Verformung-Zeit, $\varepsilon\% = f(\tau)$. Es wurde die Dehnung eines Zinneinkristalles beim Kriechprozeß unter fortwährender Änderung des Potentials gemessen, und zwar in Elektrolytlösungen, die grenzflächenaktive Stoffe enthielten

welchen Einfluß der Zusatz eines grenzflächenaktiven Stoffes — Sulfanol — in einer Konzentration von 0,070 Mol/l bewirkt. Da der Versuch sich über eine längere Dauer erstreckte, ist die Kurve $\varepsilon = \varepsilon(\tau)$ aus Gründen der Anschaulichkeit in drei Teile zerlegt, von denen der zweite die unmittelbare Fortsetzung des ersten und der dritte die Fortsetzung des zweiten Teiles ist.

Im Abschnitt *OA* der Kurve *1* wurde der Einkristall 3 Stunden bei dem Eigenpotential von $\varphi = -0{,}52$ V gedehnt. Im Punkt *A* wurde die Probe polarisiert, das Potential erhöhte sich momentan auf $\varphi = -1{,}82$ V. In Übereinstimmung mit der Abhängigkeit der Verformung von φ wuchs die Fließgeschwindigkeit des Metalles stark an (ohne Potentialänderung würde die Verformung durch den punktierten Teil *AA'* der Fließkurve beschrieben werden). Bei diesem Potential wurde die Probe 29 Stunden bis zum Punkt *B* gedehnt (der letzte Punkt *a* der Kurve *1* ist der Anfangspunkt der Kurve *2*). Im Punkt *B* wurde die Polarisationsspannung herabgesetzt. Gleichzeitig wurde zu der Elektrolytlösung ein grenzflächenaktiver Stoff zugegeben, der unter diesen Bedingungen, wie oben erwähnt, seine stärkste Wirkung zeigt. Die Fließgeschwindigkeit nahm in der Tat erheblich zu, und an Stelle des Punktes *B'* wurde nach 60 Minuten der Punkt *C* erreicht usw. Alle diese Ergebnisse illustrieren anschaulich den Adsorptionscharakter der beobachteten Erscheinungen.

In Verbindung mit der Untersuchung des elektrokapillaren Effektes bei Metallen soll auf die interessante Arbeit von Pfützenreuter und Masing [41] hingewiesen werden, die vor allem in Zusammenhang mit Arbeiten von Wenström, aber auch mit den Arbeiten von Andrade über den Mechanismus des Adsorptionseffektes erschienen war.

Durch die genannten Autoren wurde der elektrokapillare Effekt bei einigen polykristallinen Metallen (Blei, Zink, Silber, Gold und Platin) untersucht, von denen die Edelmetalle besonders interessant erschienen, weil unter normalen Bedingungen diese Metalle keine Oxidhäutchen auf ihrer Oberfläche besitzen.

Die Versuche wurden sehr sorgfältig durchgeführt, und die gewonnenen Resultate stimmen vollständig mit unseren Versuchsergebnissen überein.

Die Ergebnisse von Pfützenreuter und Masing sind in Tabelle 8 angeführt. Die Folgerungen, die sich unmittelbar aus der Arbeit von Wenström, aber auch aus der von Pfützenreuter und Masing ergeben, stehen im direkten Widerspruch zu den von Andrade und anderen Autoren gezogenen Schlußfolgerungen über das Wesen der Oxidhäutchen an der Oberfläche bei der Erleichterung der Verformung von Metallen durch Adsorptionsschichten. Die Wirkung der grenzflächenaktiven Stoffe soll nur darin bestehen, daß die Häutchen in mehr oder weniger starkem Maße zerstört werden und dadurch das Fließen des Metalles begünstigt wird. Dem stehen die nachfolgenden Tatsachen entgegen.

1. Die im Rahmen der Arbeit von Wenström durchgeführte Verformung von Einkristallen erfolgte unter Bedingungen ständiger katodischer Polarisation, so daß die Bildung des Oxidhäutchens auf der Oberfläche des Metalles ausgeschlossen war. Die typischen Elektrokapillarkurven können nur bei Abwesenheit von Oxidhäutchen erhalten werden.

Tabelle 8

Der elektrokapillare Effekt an Metallen (nach PFÜTZENREUTER *und* MASING)

Medium	Metall	Spannung in kg/mm²	Dehnung in 30 Min. in %	mittlere Dehnung in %	Effekt in %
Luft	Blei	0,8	3,70 3,88 4,00	3,86	–
KCl $\varphi = -1{,}35$ V	Blei	0,8	4,36 4,75 4,45	4,52	17,0
KCl $\varphi = -1{,}35$ V	Blei	0,8	6,50 6,59	6,35	64,5
Luft	Zink	0,32	4,75 1,88 4,50 2,87 2,73	3,55	–
KCl $\varphi = -1{,}02$ V	Zink	0,32	8,64 3,68 7,83 6,26 6,88	6,66	99,0
KCl $\varphi = -1{,}45$ V	Zink	0,32	14,16 9,10 11,27 12,01 10,11	11,42	241,0
Luft	Silber	7,6	6,07 8,42 8,76 7,28	7,63	–
KNO_3 $\varphi = +0{,}22$ V	Silber	7,6	8,90 9,50 9,32	9,24	20,8
KNO_3 $\varphi = -0{,}85$ V	Silber	7,6	12,0 9,9 10,9	10,93	43,3
Luft	Gold	7,5	4,99 5,12 5,32	5,14	–

Tabelle 8 (Fortsetzung)

Medium	Metall	Spannung in kg/mm²	Dehnung in 30 Min. in %	mittlere Dehnung in %	Effekt in %
KNO_3 $\varphi = +0{,}15$ V	Gold	7,5	5,49 5,47 5,53	5,49	6,8
KNO_3 $\varphi = -1{,}00$ V	Gold	7,5	7,12	7,12	38,5
KNO_3 $\varphi = +0{,}90$ V	Gold	7,5	6,19 7,42	6,81	32,5
Luft	Platin	12,8	2,97 2,93	2,95	–
KNO_3	Platin	12,8	3,29 3,19	3,24	9,8
KNO_3 $\varphi = -0{,}97$ V	Platin	12,8	3,97 3,97	3,97	34,6
KNO_3 $\varphi = +1{,}00$ V	Platin	12,8	3,48 3,45	3,47	17,6

2. Der Einfluß der Polarisation wie auch der Einfluß der grenzflächenaktiven Stoffe äußert sich in der Veränderung der Verformungsgeschwindigkeit von Einkristallen unmittelbar nach der Potential- oder Konzentrationsänderung.

3. Der elektrokapillare Effekt wird unabhängig vom Vorzeichen der Polarisation sowohl im katodischen als auch im anodischen Gebiet beobachtet, was in der Arbeit von Pfützenreuter und Masing an Gold und Platin bewiesen wurde.

Die bei der Untersuchung des elektrokapillaren Effektes und des Adsorptionseffektes gesammelten Erfahrungen lassen die Schlußfolgerung zu, daß beide Effekte auf die Oberflächenschicht des betreffenden Metalles beschränkt sind und nicht von der Anwesenheit eines Oxidhäutchens abhängen, das die Oberfläche des untersuchten Metalles bedeckt. Es unterliegt jedoch keinem Zweifel, daß die Anwesenheit und die Dicke von Oxidschichten die Größe des Adsorptionseffektes beträchtlich verändern können [42]. In einer neueren Arbeit von Masing und Mitarbeitern [43] wurde diese allgemeine Schlußfolgerung noch einmal bestätigt. Im Rahmen dieser Arbeit waren die Adsorptionseffekte zur Erleichterung der Verformung an Zink- und Kadmiumeinkristallen und an polykristallinen Zinn-, Zink- und Golddrähten untersucht worden. Die Autoren überprüften alle Grundeffekte der Adsorptionswirkung bei der Verformung und zeigten, daß die auf dem Metall befindliche Oxidschicht die Größe des Adsorptionseffektes stark herabsetzt. Masing schloß sich also in der Frage des Adsorptionseffektes unserem Standpunkt an und widerlegte überzeugend die unbegründeten Auffassungen der englischen Autoren.

KAPITEL IV

Der Einfluß grenzflächenaktiver Stoffe auf die mechanischen Eigenschaften von polykristallinen Metallen

1. Der Einfluß des Mediums auf die elastische Verformung und die elastische Nachwirkung von polykristallinen Metallen

Der Unterschied zwischen den mechanischen Eigenschaften von poly- und monokristallinen Metallen hängt vor allem mit den inneren Grenzflächen zwischen den verschieden orientierten kristallitartigen Monokristallen zusammen, die die Mikrostruktur des Polykristalles aufbauen. Dieser Unterschied ist besonders deutlich bei Metallen, die nur ein Hauptgleitebenensystem besitzen, wie z. B. Metalle mit hexagonalem Gitter oder β-Zinn. Bei solchen Metallen führt die Blockierung der Gleitebenen in einzelnen Kristalliten, die durch die benachbarten anders orientierten Kristallite hervorgerufen werden, zu einem starken Anwachsen der zur Verformung notwendigen Kräfte, d. h. zur Erhöhung der Sprödigkeit des Metalles. In Metallen mit kubischem Gitter, in dem einige gleichwertige Gleitsysteme vorliegen, ist der Unterschied zwischen den mechanischen Eigenschaften der Ein- und Polykristalle nicht so bedeutend.

Die Anwesenheit innerer Grenzflächen in polykristallinen Metallen wirkt nicht auf die Größe des Elastizitätsmoduls ein, sie führt aber zu einer beträchtlichen Vergrößerung der relativen Größe der elastischen Verformung. Wenn in Einkristallen die relative Größe der elastischen Verformung den Wert von 10^{-5}, d. h. 1/1000%, nicht übersteigt, erreicht sie in Polykristallen mit mittlerer Dispersität der Mikrostrukturelemente schon den Wert von 10^{-2}, d. h. etwa 1%, bei hoher Dispersität besitzt sie einen noch größeren Wert.

Im Zusammenhang damit muß man darauf hinweisen, daß auch in Einkristallen je nach ihrer Verformung der relative Wert der elastischen Verformung anwächst. Bei der plastischen Verformung eines Einkristalles findet eine Zerlegung des homogenen Kristalles in einzelne Blöcke statt. Hierbei wird das Gitter längs der Gleitebene unter Bildung innerer Grenzflächen verzerrt. Außerdem kommt es zu Verdrehungen und Biegungen der Gleitpakete. Alle diese Vorgänge führen zu einer beträchtlichen Erweiterung des elastischen Gebietes, analog dazu führt die Erhöhung der Dispersität, d. h. die Zerkleinerung der Kristallite, zur Erweiterung des Gebietes der elastischen Verformungen in Polykristallen.

Gleichzeitig können in verformten Einkristallen elastische Unvollkommenheiten unterschiedlicher Art festgestellt werden, wie z. B. die elastische Nachwirkung bei der Entlastung, die bekanntlich in plastischen und unverformten Einkristallen fehlt.

Das Entstehen der elastischen Nachwirkung bei der Entlastung wurde von uns bei der Untersuchung des Erholungsprozesses von (um 200%) gedehnten Zinneinkristallen verfolgt [44]. Diese Erscheinung äußerte sich darin, daß augenblicklich mit Aufheben der Dehnungsspannung eine beständige Abnahme der Länge des Probestückes eintritt, die etwa 0,03% erreichte. Führte man die Dehnung des Einkristalles nun im grenzflächenaktiven Medium durch, so stieg die Größe der elastischen Nachwirkung bei der Entlastung bis zu 1% der Länge des Probestückes an. Die Rolle des grenzflächenaktiven Mediums auf die elastische Nachwirkung besteht in einer Erhöhung des Dispersitätsgrades infolge einer beträchtlichen Zunahme der Gleitpakete. Auf diese Weise nähert sich der verformte Einkristall in seinen elastisch-plastischen Eigenschaften einem Polykristall.

Spezielle Untersuchungen über die Verformung von Probestücken, die aus einzelnen verwachsenen und untereinander verschieden orientierten Einkristallen bestehen, zeigten, daß die Grenzgebiete, die die einzelnen Kristallite voneinander trennen, der Deformation einen größeren Widerstand entgegensetzen als die Kristalle selbst.

Die bei der Verformung eines Polykristalles entstehenden inneren Spannungen konzentrieren sich in der Hauptsache an der Peripherie der Kristalle, und zwar in den besagten Grenzgebieten. Dadurch erklärt sich auch die Tatsache, daß sich bei der Rekristallisation neue Kristallite vor allem an schon vorhandenen Korngrenzen ausbilden.

Äußere deformierende Kräfte erzeugen in einem polykristallinen Metall vor allem eine elastisch-reversible Verformung. Jedoch schon in frühen Stadien der elastischen Verformung kommt es in einzelnen Kristalliten, die zur Richtung der wirkenden Kraft besonders günstig orientiert sind, zu plastischen Verschiebungen, die zu einer Entlastung dieser Kristallite und entsprechend zu einer zusätzlichen Belastung der benachbarten Kristallite führen. Zunächst sind nur wenige Kristallite in die plastische Verformung einbezogen, im ganzen bleibt die Deformation elastisch und reversibel, da nach dem Aufheben der Belastung die elastisch gespannte Hauptmasse der Kristallite das Probestück in den Ausgangszustand versetzt. Dabei werden die bereits plastisch verformten Kristallite von neuem plastisch deformiert. Mit dem Anwachsen der äußeren Spannung wird eine immer größere Zahl von Kristalliten in die plastische Verformung einbezogen, und schließlich wird die Zahl dieser Kristallite so groß, daß die verbliebenen elastisch gespannten Kristallite jetzt nicht mehr das gesamte System in den ursprünglichen Zustand zurückversetzen können. Im polykristallinen Probestück tritt eine bleibende Verformung auf, die mit dem weiteren Anwachsen der verformenden Kräfte zunimmt.

Die Ungleichartigkeit der polykristallinen Metalle im Sinne einer ungleichmäßigen Orientierung der verschiedenen Kristallite zur wirkenden Spannung führt einerseits zu einem Verschwinden der scharfen Grenze zwischen den Gebieten der elastischen und der plastischen Verformung und andererseits zu den sog. elastischen Unvollkommenheiten, der elastischen Nachwirkung und der Hysteresis.

Der Einfluß grenzflächenaktiver Stoffe kann auch im Gebiet der elastischen Verformung polykristalliner Metalle nachgewiesen werden. Dieser Einfluß besteht vor allem darin, daß unelastische Verformungen des Metalles vor sich gehen und die sog. bleibende Verformung schon vorzeitig eintritt.

In einer Arbeit von SAKOSCHTSCHIKOWA [27] wurde der Einfluß grenzflächenaktiver Stoffe auf das elastische bzw. unelastische Verhalten von Elektrolytkupfer untersucht. Verhältnismäßig dünne feinkristalline Folien von Elektrolytkupfer (Dicke bis 0,04 mm) zeichnen sich durch eine uneinheitliche Struktur aus mit ausgeprägter elastischer Nachwirkung und Hysteresis. Da für diese Folien das Gebiet der elastischen Verformung ziemlich breit ist, ließen sich relativ hohe Spannungen anwenden, ohne daß dabei die Elastizitätsgrenzen überschritten wurden (bis 13 kg/mm²). Es wurden Streifen aus Kupferfolien (35,5 mm × 5 mm × 0,04 mm) bei konstanter Belastungsgeschwindigkeit bis zu einem gegebenen Wert P_0 (der bei den verschiedenen Versuchen von 7 auf 12 kg/mm² variiert wurde) gedehnt und darauf mit gleicher Geschwindigkeit entlastet. Die bei diesen Versuchen erhaltenen typischen Hysteresisschleifen (bei $P_0 = 7$ kg/mm²) zeigt Abb. 50. In ihr sind zwei Hysteresisschleifen dargestellt, von denen die eine im inaktiven Medium (Kurve 1) und die andere im aktiven Medium (Kurve 2) aufgenommen wurde. Die im aktiven Medium aufgenommene Kurve ist relativ zu der in Luft aufgenommenen in Richtung größerer Längenänderungen verschoben. Außerdem übertrifft der Flächeninhalt der Hysteresisschleife 2 den der Hysteresisschleife 1 annähernd um 20%.

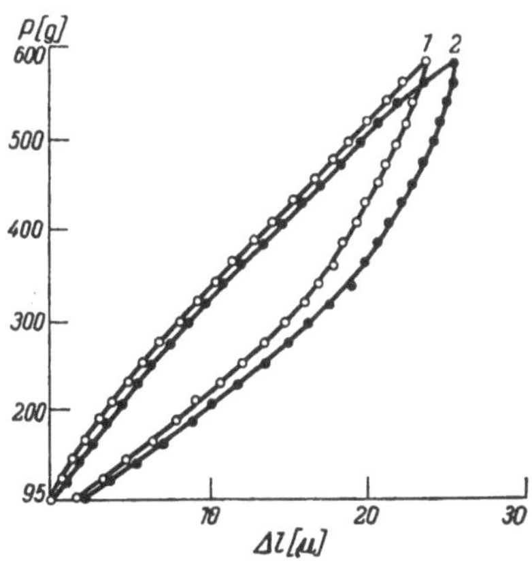

Abb. 50. Hysteresisschleifen, aufgenommen an Proben aus Elektrolytkupfer im inaktiven (○) und im aktiven Medium (●)

Daß die Anfangs- und Endpunkte der Hysteresisschleife in Abb. 50 nicht zusammenfallen hängt damit zusammen, daß die Entlastung nicht bis zum Wert $P = 0$, sondern nur bis zu einem unbestimmten von Null verschiedenen Spannungswert (bis 1,5 kg/mm²) gemessen wurde.

Bei noch höheren Spannungen (bis 11 bis 12 kg/mm²) kommt zu den Effekten der Verschiebung und der Vergrößerung der Fläche der Hysteresisschleife noch ein weiterer Effekt hinzu, wenn man den Dehnungsprozeß in grenzflächenaktiven Substanzen ausführt: das Entstehen einer erheblichen bleibenden Verformung bei dem Entlastungsvorgang, die bei dem Spannungswert Null noch nicht vollständig zurückgegangen ist. In Abb. 51 sind drei hintereinander gemessene Hysteresisschleifen dargestellt, von denen die erste im inaktiven Medium und die beiden anderen in Gegenwart eines aktiven Mediums aufgenommen wurden. Nimmt der Flächeninhalt der Schleife zu, so kann man stets eine Zunahme der bleibenden Verformung beobachten, die dadurch charakterisiert wird, daß die Anfangs- und Endpunkte der Hysteresisschleife einen bestimmten Abstand voneinander besitzen. Nimmt man Hysteresisschleifen mehrmals nacheinander im inaktiven Medium auf, so tritt dieser Effekt nicht in Erscheinung und der gemessene Abstandswert bleibt (bei Übereinstimmung mit der Endspannung) immer konstant. Bei völliger Entlastung des Probestückes geht der Wert auf Null zurück.

Die erhaltenen Resultate zeigen, daß grenzflächenaktive Substanzen auf die elastische Verformung von polykristallinen Metallen einen erheblichen Einfluß ausüben.

Von einem etwas anderen Gesichtspunkt wurde von WEILER der Einfluß grenzflächenaktiver Adsorptionsschichten auf die elastische Verformung von Metallen in den Arbeiten über die Bedeutung von grenzflächenaktiven Schmiermitteln bei der Druckbearbeitung von Metallen untersucht [45].

Eine Methode zur Bewertung der Schmierwirkung beim Tiefziehen von Metallen wurde von WEILER ausgearbeitet. Sie besteht in der Messung der Tangential-

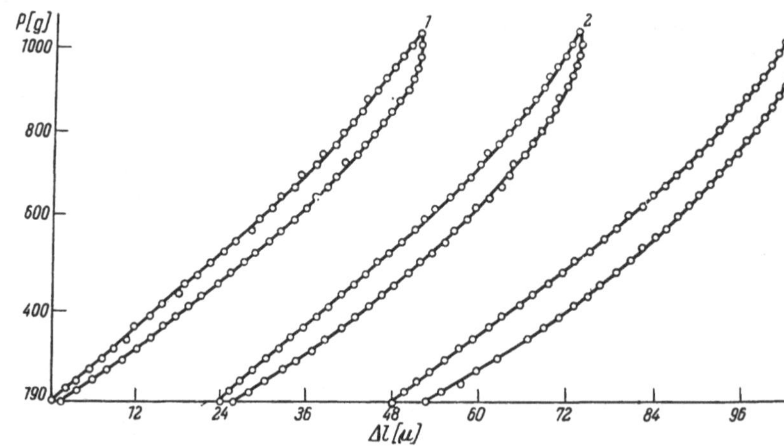

Abb. 51. Drei nacheinander aufgenommene Hysteresisschleifen an Probestücken aus Elektrolytkupfer. Die erste ist in inaktivem, die beiden anderen sind im aktiven Medium gemessen worden

kräfte, die beim mehrmaligen Durchdrücken einer kleinen Stahlkugel durch die zylindrische Bohrung einer Probe des untersuchten Metalles auftreten. Hierbei kann man Diagramme aufstellen, die die Abhängigkeit der aufzuwendenden Kraft beim Hindurchdrücken der Kugel von der Eindrucktiefe der Kugel $(P = P(h))$ wiedergeben. Führt man die Versuche einmal ohne und zum anderen mit verschiedenen Schmiermitteln aus, so kann man mit den Ergebnissen dieser Untersuchung eine quantitative Abschätzung der Schmierwirkung vornehmen. Die Kurven der Abhängigkeit der tangentialen Kräfte von der Anzahl der Durchgänge der Kugel durch die zylindrische Bohrung sind darüber hinaus noch von Interesse, weil aus ihnen der Mechanismus abgeleitet werden kann, nach dem das Medium unter den gegebenen Bedingungen auf die Verformung einwirkt. In Abb. 52 ist diese Abhängigkeit dargestellt. Kurve *1* wurde ohne Schmiermittel aufgenommen, bei der Kurve *2* wurden Kugel und Probe mit einer 5%igen Seifenlösung benetzt. Beim ersten Durchgang mußten sowohl ohne Schmiermittel als auch mit Schmiermitteln erhebliche Kräfte (600 bis 700 kg) zum Hindurchdrücken der Kugel aufgewandt werden, weil hierbei bedeutende plastische Verschiebungen vor sich gehen. (Der Durchmesser der Kugel von 1,3 mm übertrifft den Durchmesser der Bohrung im Metall.) Jedoch schon beim zweiten Durchgang ist ein erheblich geringerer Kraftaufwand notwendig (ohne Schmiermittel 140 kg, mit Schmiermitteln 80 kg). Dieser wird mit zunehmender Zahl der Durchgänge immer kleiner und erreicht einen bestimmten Minimalwert, der sich bei weiteren Durchgängen nicht mehr verändert. Beim Hindurchdrücken ohne Schmiermittel wird die Minimalkraft nach etwa 14 Durchgängen erreicht, in Gegenwart eines aktiven Schmiermittels jedoch schon nach 5 Durchgängen. Außerdem ist die Größe der minimalen Kraft bedeutend höher im inaktiven Medium als bei Verwendung von Schmiermitteln.

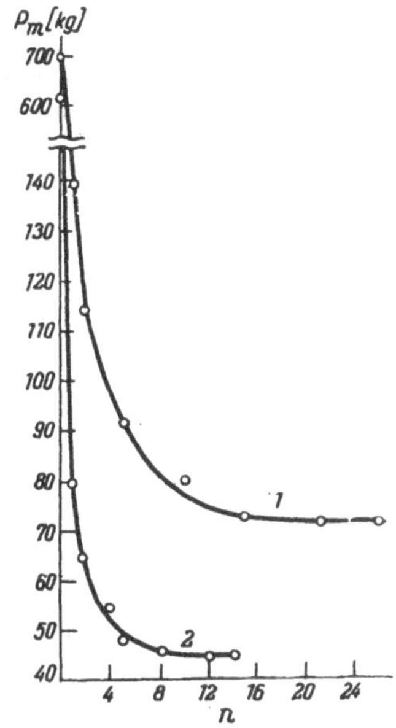

Abb. 52. Die Abhängigkeit der Kraft, mit der eine Kugel durch die zylindrische Bohrung einer Kupfer-Metallprobe gedrückt wird, von der Zahl der Durchgänge: Kurve *1* — inaktives Medium; Kurve *2* — 5%ige wäßrige Seifenlösung

Der physikalische Vorgang der beobachteten Erscheinung besteht im folgenden: Beim ersten Durchgang der Kugel findet eine erhebliche plastische Verformung des untersuchten Metalles (Kupfer) statt, gleichzeitig erfolgt aber auch eine gewisse elastische Verformung, die nach dem Durchgang der Kugel wieder zurückgeht, so daß beim wiederholten Hindurchdrücken der Kugel erneut ein Widerstand auftritt. Im Ergebnis des zweiten Durchgangs ist ein weiterer Anteil der elastischen durch Relaxation in die plastische Verformung übergegangen, so daß für den dritten Durchgang eine entsprechend geringere Kraft aufzuwenden ist, usw. Auf diese Art und Weise wird von Durchgang zu Durchgang durch die Relaxation der elastischen Spannung der Anteil der plastischen Verformung auf Kosten der elastischen so lange vergrößert, bis ein Minimalwert erreicht ist, der der Plastizitätsgrenze der verfestigten Oberflächenschicht der Bohrung entspricht. Bei weiteren Durchgängen findet dann keine weitere Relaxation der elastischen Spannungen mehr statt.

Von Weiler konnte weiter gezeigt werden, daß dieselben Erscheinungen auftreten, wenn man einen Metallstreifen in einer von ihm konstruierten Apparatur mehrere Male durch eine gleichbleibend große Spalte einer Matrize hindurchzieht. Die Tatsache, daß die in Schmiermitteln enthaltenen grenzflächenaktiven Stoffe den Endwert der elastischen Spannung, die bei weiteren Durchgängen keine Relaxation mehr erfährt, herabsetzen, weist vor allem auf eine Herabsetzung der Elastizitätsgrenze unter dem Einfluß der Adsorption hin. Sie stimmt also völlig mit dem Adsorptionseffekt bei der Herabsetzung der Fließgrenze von Einkristallen überein. Außerdem zeigt sich der Einfluß grenzflächenaktiver Stoffe auch darin, daß der Minimalwert der elastischen Spannung bei einer viel kleineren Zahl von Durchgängen erreicht wird. Letzteres ist damit verbunden, daß die Relaxationsprozesse in Gegenwart grenzflächenaktiver Stoffe unter energetisch günstigeren Verhältnissen ablaufen, wie bereits im dritten Kapitel erörtert wurde. Hier stoßen wir auf dieselbe Gesetzmäßigkeit: Grenzflächenaktive Stoffe verstärken die plastischen Eigenschaften von Metallen und begünstigen damit die plastische auf Kosten der elastischen Verformung. Sowohl die metallographische Analyse der Proben als auch die beim Hindurchdrücken einer Kugel durch jene Proben gesammelten Erkenntnisse zeigen, daß bei den im trockenen Medium ausgeführten Versuchen eine wesentlich größere Substanzmenge an Metall in die plastische Verformung einbezogen wird als bei den mit Schmiermitteln ausgeführten Versuchen. Offensichtlich verleihen grenzflächenaktive Stoffe bei der Verformung eines Metalles einer dünnen Oberflächenschicht bevorzugte plastische Eigenschaften und bewirken in ihr eine weitaus größere plastische Verformung, als das in dem großen Volumen des Metalles bei Versuchen ohne Schmiermittel der Fall ist.

Diese interessanten Erscheinungen haben eine große Bedeutung für die Erklärung des Mechanismus der Einwirkung grenzflächenaktiver Schmiermittel auf Metalle bei der Druckbearbeitung und erlauben, die Wirksamkeit solcher Schmiermittel abzuschätzen. Hierzu sind jedoch noch weitere detaillierte Untersuchungen notwendig.

2. Der Einfluß des Mediums auf das plastische Fließen und das Kriechen von Metallen

Der Einfluß des äußeren Mediums, das grenzflächenaktive Stoffe enthält, auf das plastische Fließen von polykristallinen Zinn-, Blei- und Kupferproben wurde zuerst von Wenström [46, 47] untersucht. Verwendet wurde Zinn in Form sehr dünner Folien, die aus ein und demselben Blech ausgeschnitten wurden. Die Standardproben hatten die Abmessung: Länge 75 mm, Dicke 0,06 bis 0,07 mm, Breite 3 bis 10 mm. Zur Beseitigung der beim Zurechtschneiden entstandenen Eigenspannung wurden zahlreiche Streifen vor den Messungen bei relativ niedrigen Temperaturen geglüht. Dieser Glühprozeß hatte keinen nennenswerten Einfluß auf die Endergebnisse.

Blei wurde in Form dünner Folienstreifen mit den Abmessungen 70 mm × 6 mm × 0,35 mm und auch in Form von Drähten mit dem Durchmesser von 0,5 bis 1 mm angewendet.

Elektrolytkupfer wurde in Form von Drähten mit einem Durchmesser von 0,1 mm eingesetzt. Vor Beginn der Versuche wurde der Draht im Vakuum geglüht. Zur Untersuchung des plastischen Fließens (Abb. 53) wurden die Proben entweder horizontal (a) oder vertikal (b) angeordnet, wobei das eine Ende der Probe in der Klammer a und das andere in der freihängenden Klemme a' eingespannt wurde. Letztere war mit einem Faden verbunden, der über die Rolle S mit der konstanten Last P beschwert wurde und somit die Dehnung der eingespannten Probe bewirkte. Das äußere, flüssige Medium befand sich entweder in der flachen Aluminiumschale (H), die mit einer Glasplatte abgedeckt war, um das Verdunsten der Lösung zu verhindern, oder bei vertikaler Anordnung in dem Reagenzglas (K).

Das plastische Fließen der Proben wurde bei konstanter Spannung bis zum Zerreißen beobachtet. Alle Messungen bewiesen übereinstimmend, daß grenzflächenaktive Stoffe, die zu einem unpolaren Medium, wie reinem Paraffinöl, Kerosin usw., zugegeben werden, die Geschwindigkeit des plastischen Fließens von Metallen beträchtlich erhöhen und das plastische Zerreißen erleichtern können. Der Zusatz grenzflächenaktiver Stoffe mit einer polaren Gruppe zu einem reinen flüssigen Kohlenwasserstoff verursacht folgende Effekte: 1. Herabsetzung der Zeit des plastischen Fließens bis zum Zerreißen τ_Z bei konstanter Belastung; 2. Erniedrigung der kritischen Spannung P_τ, bei der die Probe in einer vorgegebenen Zeit $\tau =$ const zerreißt, und speziell für Blei; 3. die Verrin-

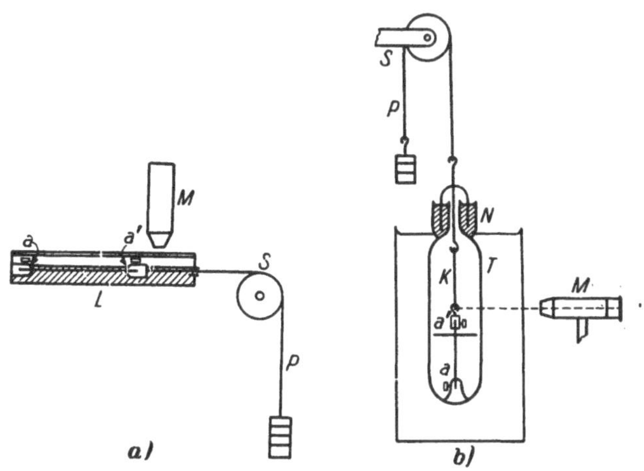

Abb. 53. Schema der Apparatur zur Erforschung des plastischen Fließens von Metallen in verschiedenen Medien

gerung der größten Dehnung (ε) beim Zerreißvorgang; beim Zinn bleibt diese Größe konstant und ist praktisch vom Zustand des Mediums unabhängig. Umgekehrt wächst aber die Geschwindigkeit des plastischen Fließens unter dem Einfluß grenzflächenaktiver Stoffe beim Zinn wesentlich stärker als beim Blei.

Durch diese Versuche wurde ein umfassendes Material zur Erklärung des Konzentrationseinflusses der zugegebenen grenzflächenaktiven Stoffe auf die angeführten Größen gesammelt. Solche Konzentrationsabhängigkeiten, die sog. Isothermen des plastischen Fließens von Metallen,

$$\tau_p = \tau_p(C)\,, \qquad P_\tau = P_\tau(C)\,, \qquad \varepsilon_k = \varepsilon_k(C)\,,$$

haben allgemeinen Charakter; sie sind in der schematischen Darstellung der Abb. 54 in Vergleich zur Adsorptionsisotherme der grenzflächenaktiven Stoffe an der Phasengrenze Metall/Kohlenwasserstoff dargestellt. In Abb. 55 und Abb. 56 sind die Versuchsergebnisse von Wenström aufgetragen. Aus ihnen ist zu ersehen,

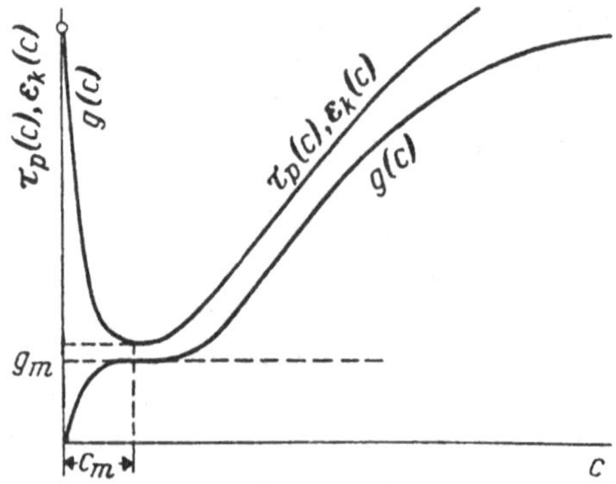

Abb. 54. Schema der Zeitabhängigkeit des Fließens bis zum Bruch $\tau_p = f(c)$ oder der maximalen Dehnung $\varepsilon_k = f(c)$ von der Konzentration grenzflächenaktiver Stoffe in Paraffinöl als Parallele zur isothermen Adsorption $G = G(c)$

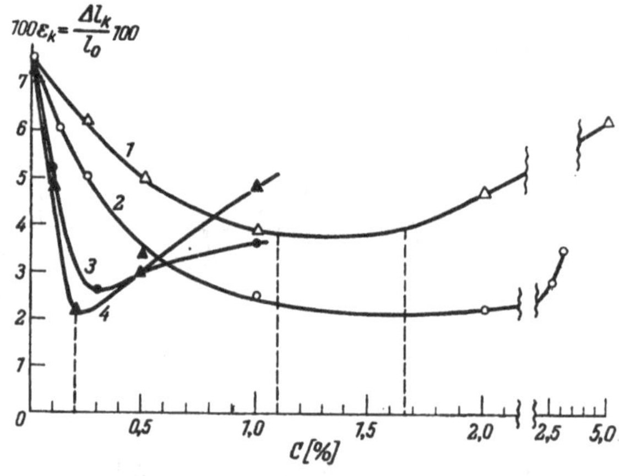

Abb. 55. Isothermen für die Abhängigkeit der maximalen Dehnung (bis zum Zerreißen) $100 \cdot \varepsilon_k = 100 \Delta l_k / l_0$ für Streifen aus Bleifolien von der Konzentration grenzflächenaktiver Stoffe in Paraffinöl: *1* — *n* Valeriansäure; *2* — n- Önanthsäure; *4* — Stearinsäure und *3* — Palmitylalkohol

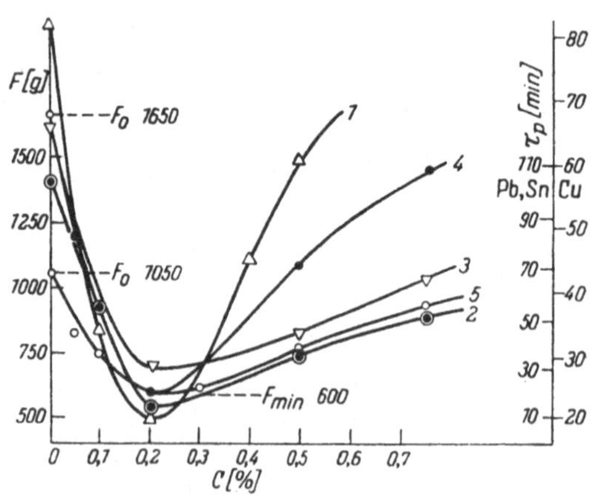

Abb. 56. Kurven mit übereinstimmender Abhängigkeit: a) der Zeit des Fließens bis zum Bruch τ_p von der Stearinkonzentration C in Paraffinöl: *1* — für Kupfer (bei $P = 1340$ g); *2* — für Blei ($P = 250$ g) und *3* — für Zinn ($P = 250$ g) und b) der Kraft der statischen Reibung F von Blei und Stahl bei Normaldruck $P = 44\,\text{kg/cm}^2$ von der Konzentration C grenzflächenaktiver Stoffe in Paraffinöl; *4* — für Stearinsäure und *5* — für Palmitylalkohol

daß bei sehr kleinen Konzentrationen die bis zum Zerreißen verstrichene Zeit des Fließens τ_p bei konstanter Spannung P oder für Blei die maximale Dehnung ε_k sehr steil, ja fast linear mit der Konzentration abfällt. Dieser Vorgang entspricht einer allmählichen Sättigung der Adsorptionsschicht gemäß der Adsorptionsisotherme $G = G(C)$ (Abb. 54). Einer vollständigen Sättigung der Oberfläche des Metalles mit einer monomolekularen Schicht grenzflächenaktiver Moleküle, d. h. bei kleinstem Flächenbedarf, entspricht immer der maximalen Wirksamkeit des Zusatzes, d. h. der größten Herabsetzung der Zeit bis zum Zerreißen oder bis zu einer kritischen Dehnung. Anscheinend geht in allen Fällen die Adsorption noch weiter, wobei hinter dem charakteristischen Knick der Adsorptionsisotherme mit dem weiteren Anstieg der Konzentration des zugegebenen grenzflächenaktiven Stoffes eine polymolekulare Adsorptionsschicht gebildet wird. Im Bereich der Bildung dieser polymolekularen Schichten wird der Effekt der Erleichterung des plastischen Fließens und Zerreißens mit dem Anstieg der Konzentration des zugegebenen grenzflächenaktiven Stoffes wieder kleiner. Außerdem wachsen τ_Z und ε_k und erreichen beinahe den ursprünglichen (größten) Wert, der dem reinen Paraffinöl entspricht. Die Form der Isotherme für das plastische Zerreißen scheint von allgemeinerer Natur zu sein: Sie stimmt mit dem Kurvenverlauf überein, der die Abhängigkeit des Reibungskoeffizienten zweier gleichartiger Metalloberflächen in Abhängigkeit von der Konzentration des grenzflächenaktiven Stoffes beschreibt, der, gelöst in Paraffinöl, als Schmiermittel auf die Metalloberfläche aufgetragen wird (Isotherme der Schmierwirkung). Außerdem hängt die Konzentration c_m, die dem maximalen Effekt bzw. dem Minimum von τ_Z und ε_k entspricht, nicht von der Natur des Metalles (c_m ist für Blei, Kupfer und Zinn fast gleich), sondern vor allem von der polaren Gruppe des grenzflächenaktiven Stoffes und von der Länge der Kohlenwasserstoffkette ab, d. h. also von der Grenzflächenaktivität entsprechend der Stellung des Stoffes in der homologen Reihe (TRAUBEsche Regel). Die Konzentration mit optimaler Wirkung entspricht der Sättigung der Adsorptionsschicht. Sie nimmt mit zunehmender Kettenlänge des Kohlenwasserstoffrestes des grenzflächenaktiven Moleküls sehr stark ab (vgl. Tab. 9).

In Tabelle 9 sind einige Konzentrationswerte angeführt, für die die Erleichterung des plastischen Fließens der Metalle am größten ist. Die grenzflächenaktiven Stoffe wurden in Paraffinöl gelöst.

Tabelle 9

Optimale Konzentrationen von Lösungen grenzflächenaktiver Stoffe

Stoff	Anzahl der C-Atome in der Kohlenwasserstoffkette	Konzentration mit maximaler Wirkung	
		%	Millimol/Liter
n-Valeriansäure auf Blei	4	1,3	127
n-Önanthsäure auf Blei	6	1–1,5	76–115
Palmitylalkohol auf Blei und Zinn	16	0,3	12
Stearinsäure auf Blei, Zinn und Kupfer	17	0,2	7
Ölsäure auf Blei und Zinn	17	0,1–0,2	3,5–7

Die mechanischen Eigenschaften der polykristallinen Metalle werden in hohem Grade von ihrer Mikrostruktur, d. h. von dem mittleren Zerteilungsgrad der Kristallite, bestimmt, aus denen die Metallprobe aufgebaut ist. Es ist bekannt, daß Metalle mit einer feinkristallinen Struktur äußeren Deformationskräften eine große Widerstandsfähigkeit entgegensetzen, während sich Einkristalle außerordentlich plastisch verhalten. In einer Reihe von Arbeiten wurde von Amfiteatrowa und Jampolski [47, 48] der Einfluß der Mikrostruktur des polykristallinen Metalles auf die Größe des Adsorptionseffektes untersucht.

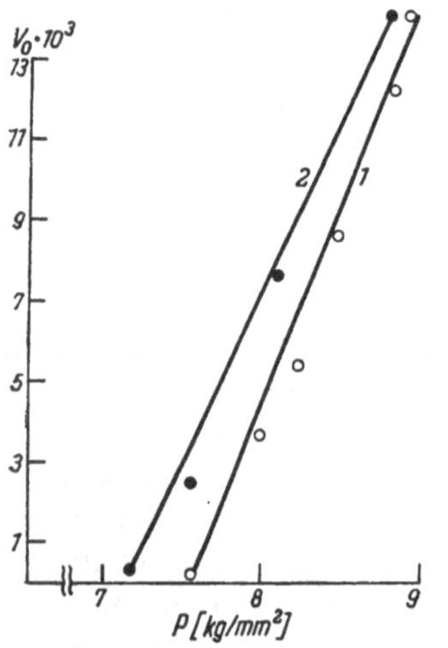

Abb. 57. Die Abhängigkeit der Anfangsgeschwindigkeit des plastischen Fließens von der Größe der angelegten Spannung für polykristallines Kupfer: *1* — in Luft oder reinem Paraffinöl; *2* — Ölsäurelösung in Paraffinöl ($C = 0{,}02$ Mol/Liter)

In diesen Arbeiten wurde der Einfluß grenzflächenaktiver Stoffe auf die mechanischen Eigenschaften von Metallen nach der Methode der einachsigen Dehnung unter Wirkung kleiner konstanter Spannungen (Kriechprozeß) erforscht. Zur Untersuchung wurden Kupfer- und Aluminiumproben ausgewählt. Elektrolytkupfer von 99,98% Reinheit wurde in Form von Drähten mit einem Durchmesser von 0,5 und 2,0 mm und Aluminium (Reinheit 99,95%) in Form von Drähten mit einem Durchmesser von 1,0 und 1,3 mm untersucht. Bei entsprechender Thermobehandlung wurden polykristalline Proben mit verschiedener Dispersität der Mikrostrukturelemente erhalten, wobei die mittlere Korngröße beim Kupfer von 0,2 bis 0,005 mm und beim Aluminium von 0,22 bis 0,06 mm verändert wurde. Vor Beginn des Kriechversuches wurden die Proben zunächst um etwa 3% ihrer Anfangslänge gedehnt, um für alle Proben eine gleiche Anfangsverfestigung zu erzielen. Die Versuche zeigten, daß dadurch eine befriedigende Reproduzierbarkeit der Ergebnisse erreicht wurde.

Die Fließdiagramme wurden bei verschiedenen Spannungen aufgenommen, während eines Versuchs wurde die Spannung konstant gehalten. Alle angelegten Spannungen lagen weit unter der Fließgrenze des verformten Metalles. In Abb. 57 ist für Kupfer die Anfangsgeschwindigkeit des plastischen Fließens in Abhängigkeit von der Größe der angelegten Spannung dargestellt. Der lineare Verlauf dieser Abhängigkeit weist darauf hin, daß auch bei polykristallinen Metallen zu Anfang ein Plastizitätsgebiet vorliegt, das dadurch charakterisiert wird, daß eine direkte Proportionalität zwischen der Anfangsgeschwindigkeit des Fließens $\dot{\varepsilon}_0$ und der Spannung P, $P \doteq \eta\, \dot{\varepsilon}_0$, besteht. Zum Unterschied von der ähnlichen Gesetzmäßigkeit für Metalleinkristalle geht jedoch für polykristallines Material die Extrapolation der Geraden $P = \eta\, \dot{\varepsilon}_0$ bis zum Wert $\dot{\varepsilon}_0 = 0$ nicht durch den Nullpunkt des Koordinatensystems, was für das Fehlen einer Kriechgrenze sprechen würde ($P_0 = 0$), sondern sie schneidet die Spannungsordinate bei einem definierten Spannungswert P_0. Unter den gegebenen Versuchsbedingungen kann dieser Wert als die Kriechgrenze des betreffenden Metalles betrachtet werden. Wie aus Abb. 57 zu entnehmen ist, wird in Gegenwart grenzflächenaktiver Stoffe die Kriechgrenze in Richtung kleinerer Spannungswerte verschoben.

Weiterhin wurde die optimale Konzentration der grenzflächenaktiven Stoffe bestimmt, die den maximalen Adsorptionseffekt hervorrufen. Für Butylalkohol in unpolarem Kerosin ergab sich die optimale Konzentration zu 2,25 Mol/l, für Hexylalkohol zu 0,75, für Oktylalkohol 0,30, für Palmitylalkohol 0,02, für Ölsäure 0,02 und für Natriumdioctylsulfosuccinat 0,01 Mol/l.

Als Maß für den Adsorptionseffekt wurde die relative Vergrößerung der Fließgeschwindigkeit der Proben aufgenommen durch Messen der Dehnung in aktivem im Vergleich zum inaktiven Medium. Die Abhängigkeit der relativen Geschwindigkeit des Fließens von Metallen im aktiven ($\dot{\varepsilon}_a$) und im inaktiven ($\dot{\varepsilon}_0$) Medium von dem Grad der Verformung (ε), lg ($\dot{\varepsilon}_a/\varepsilon_0$) $= f(\varepsilon)$ ist in Abb. 58 für Kupferproben dargestellt. Eine analoge Abhängigkeit mißt man auch beim Aluminium.

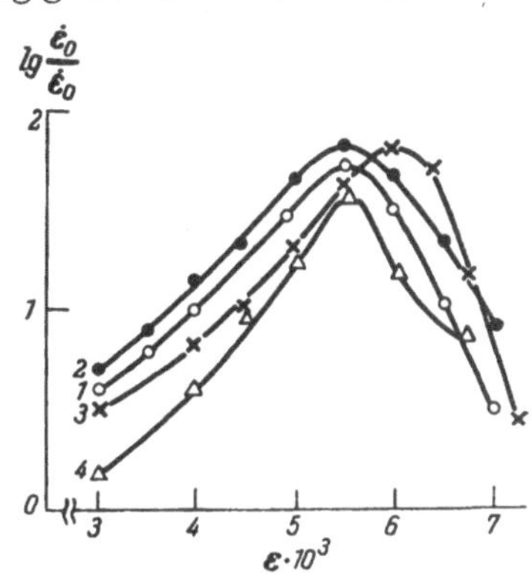

Abb. 58. Abhängigkeit der relativen Fließgeschwindigkeit von dem Grad der Verformung für Kupferproben: ln ($\dot{\varepsilon}_a/\dot{\varepsilon}_0 = f(\varepsilon)$: *1* – Lösung von C_4H_9OH; *2* – Lösung von $C_6H_{13}OH$; *3* – Lösung von $C_8H_{17}OH$ und *4* – Lösung von $C_{16}H_{33}OH$

Die Tatsache, daß eine direkte Proportionalität zwischen der Anfangsgeschwindigkeit der Verfomung und der Spannung besteht, beobachtet bei kleinen Spannungen an polykristallinen Kupfer- und Aluminiumproben, gestattete AMFITEATROWA und JAMPOLSKI, für den Anfangsteil der Kriechkurve ein allgemeines physikalisches Schema dieses Prozesses aufzustellen, wie es in Kapitel IV dargelegt wurde, und erlaubte außerdem, die Zähigkeit und den Verfestigungskoeffizient zu berechnen. In Tabelle 10 sind die betreffenden Werte zusammengestellt.

Aus den Daten der Tabelle ist ersichtlich, daß bei der Dehnung im aktiven Medium eine Herabsetzung der Kriechgrenze, eine Abnahme der Zähigkeit und auch eine gewisse Abnahme des Verfestigungskoeffizienten erfolgt.

Versuche, die mit Proben verschiedener Dispersität der Mikrostruktur ausgeführt wurden, haben ergeben, daß die Größe der durch Adsorption bedingten Erleichterung des plastischen Fließens sowohl für Kupfer als auch für Aluminium wesentlich von der Größe der Kristallite abhängt, aus denen die polykristalline Probe aufgebaut ist. Der Effekt wächst stark an, wenn der mittlere Korndurchmesser 20% des Probendurchmessers beträgt, und bleibt bei weiterem Kornwachstum konstant. In Abb. 59 ist die Abhängigkeit des Adsorptionseffektes von dem dimensionslosen Parameter $\beta = \delta/D$ für Kupfer dargestellt, wobei δ die mittlere Korngröße und D der Drahtdurchmesser ist.

Da die grenzflächenaktiven Stoffe auf der äußeren Oberfläche des Metalles adsorbiert werden, treten sie hauptsächlich mit den in der Oberflächenschicht

Tabelle 10

Messungen der Kriechgrenze, der Anfangsgeschwindigkeit des Kriechens und des Verfestigungskoeffizienten in Lösungen grenzflächenaktiver Stoffe in unpolarem Kerosin

$P = 9{,}15$ kg/mm², $t = 20°$

Medium	P_0 [kg/mm²]	$\dot{\varepsilon}_0 \cdot 10^5$ [sek⁻¹]	$\eta_0 \cdot 10^{-11}$ [Poise]	λ [kg/mm²]
Luft, unpolares Kerosin	8,68	16	2,99	590
Butylalkohollösung $C = 2{,}25$ Mol/l	8,26	53	1,58	535
Hexylalkohollösung $C = 0{,}75$ Mol/l	8,28	57	1,53	540
Palmitylalkohollösung $C = 0{,}02$ Mol/l	8,30	49	1,73	540
Ölsäurelösung $C = 0{,}02$ Mol/l	8,30	49	1,73	545
Dioctylsulfosuccinatlösung $C = 0{,}01$ Mol/l	8,26	56	1,52	530

befindlichen Kristalliten in Wechselwirkung. Je höher die Dispersität der Kristallite ist, d. h. je kleiner das relative Volum des Teils der Kristallite ist, die sich in der Oberflächenschicht des Metalles befinden, um so kleiner ist die Gesamtwirkung, die die grenzflächenaktiven Stoffe während des Kriechprozesses auf das Metall ausüben.

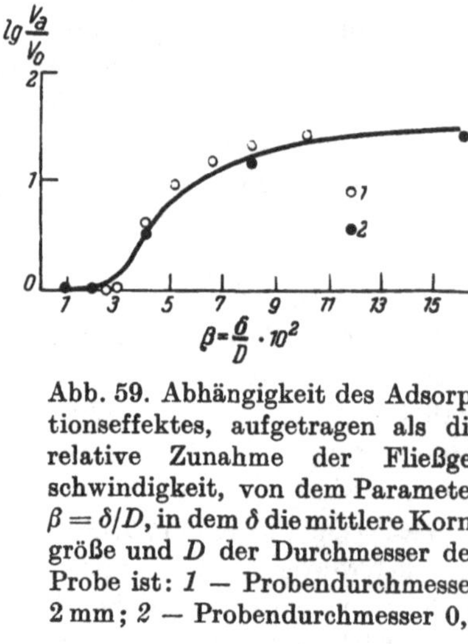

Abb. 59. Abhängigkeit des Adsorptionseffektes, aufgetragen als die relative Zunahme der Fließgeschwindigkeit, von dem Parameter $\beta = \delta/D$, in dem δ die mittlere Korngröße und D der Durchmesser der Probe ist: *1* — Probendurchmesser 2 mm; *2* — Probendurchmesser 0,5

3. Die Zunahme der Verfestigung von Metallen unter Einfluß grenzflächenaktiver Stoffe bei periodischer Verformung

Von Ljubimowa wurden in unserem Laboratorium [49, 50] Arbeiten über den Einfluß grenzflächenaktiver Substanzen auf die Oberflächenschicht eines verformten Metalles ausgeführt, wobei die durch den Einfluß eines schwingenden Körpers erzielte Pendelhärte gemessen wurde. Dabei konnte eine wichtige neue Erscheiunng entdeckt und aufgeklärt werden. Diese besteht darin, daß bei periodischer Verformung an der Oberfläche von polykristallinem Metall der Grad der auftretenden Verfestigung in Gegenwart grenzflächenaktiver Substanzen anwächst. Auf den ersten Blick scheint der Effekt der Zunahme der Verfestigung durch die Adsorptionsschichten im Widerspruch zu den Ergebnissen der oben erörterten Arbeiten zu stehen. Wie jedoch im folgenden gezeigt wird, handelt es sich hierbei nur um einen scheinbaren Widerspruch. In Wirklichkeit sind die von Ljubimowa gefundenen Resultate eine notwendige Folge des normalen Adsorptionseffektes, der zur Erleichterung der Verformung von Metallen führt.

Die Untersuchung der neuen, verfestigenden Wirkung der adsorbierten Stoffe bei der Deformierung von Oberflächenschichten der Metalle wurde studiert durch die erzwungene Schwingung eines schweren Pendels (24 kg), das bei allen Versuchen erzwungene Schwingungen mit konstanter Amplitude und in einer Ebene ausführte. Die Festigkeit wurde durch die zeitliche Abnahme der Amplitude bei freien (gedämpften) Schwingungen desselben Pendels gemessen, das somit zwei Funktionen in sich vereinigte: die Verformung der Oberfläche und die Messung der Härte.

Ein Vergleich der durch Einwirkung eines schwingenden Pendels erzielten Festigkeit H_M, der sog. ,,Pendelhärte", mit der BRINELL (H_B)- und VICKERS (H_V)-Härte zeigt, daß H_M sich in einem großen Intervall proportional zu den Größen H_V und H_B verändert. Die Pendelhärte kann deshalb zur Charakterisierung der mechanischen Eigenschaften von Metallen herangezogen werden. Die Versuche wurden mit verschiedenen Zink- (mittlerer Korndurchmesser 25 bis 200 μ) und Kupferproben (Korndurchmesser $\approx 50\,\mu$) ausgeführt. Als grenzflächenaktives Medium dienten 0,1%ige Lösungen von Stearinsäure in unpolarem Kerosin oder 0,2%ige Lösungen von Ölsäure in reinem Paraffinöl. Kontrollmessungen zeigten, daß unpolare Lösungsmittel keine merkliche Änderung der Festigkeit im Vergleich zu in Luft ausgeführten Versuchen hervorrufen.

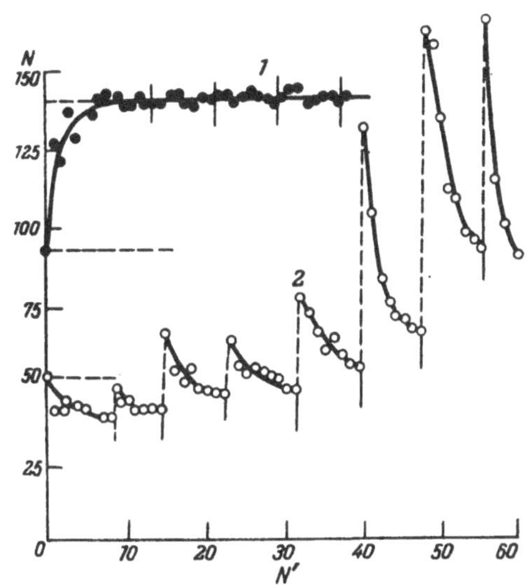

Abb. 60. Graphische Darstellung der Veränderung der Härte bei periodischer Verformung einer Kupferprobe mit Hilfe eines schweren Pendels: *1* — in Luft bzw. im inaktiven Medium; *2* — im aktiven Medium

Der spezifische Charakter der Änderung der Härte bei der Verformung von polykristallinem Kupfer im aktiven Medium ist aus Abb. 60 zu ersehen. N' bedeutet hier die laufende Zahl der Festigkeitsmessungen; die vertikalen Linien (gestrichelt) sind ein Maß für die mechanische Einwirkung, die in allen Fällen auch für verschiedene Medien gleich ist.

Nach jeder Serie von Pendelschwingungen steigt im aktiven Medium die Härte sprungartig an. Die nachfolgenden Messungen zeigen, daß der Härtegrad wieder abnimmt, wobei jedoch der sich einstellende Wert H_M den vor der Einwirkung der Pendelschwingungen gemessenen Wert übersteigt. Die allgemeine Zunahme der Härte (in Prozenten zur Anfangshärte im gegebenen Medium) wie auch der absolute Wert der maximalen Härte (Endwert) sind sowohl für Kupfer als auch für Zink bei der Verformung im inaktiven Medium höher. Der allgemeine Charakter dieser Gesetzmäßigkeiten wird durch Messungen der Mikrohärte bestätigt, die auf den unbearbeiteten Oberflächen und in den Eindruckstellen vorgenommen wurden, die bei völlig gleicher mechanischer Beanspruchung in den verschiedenen Medien erzeugt wurden.

Die Ergebnisse, in denen der Einfluß der Temperatur auf die verfestigende Wirkung grenzflächenaktiver Stoffe für eine Zinkprobe untersucht wurde, sind in Abb. 61 dargestellt. Die Verfestigung zeigt in Gegenwart grenzflächenaktiver Substanzen eine starke Temperaturabhängigkeit und erreicht ihren größten Wert etwa bei der Temperatur der Anfangsrekristallisation. Sowohl bei einer Erhöhung als auch bei einer Erniedrigung der Temperatur nimmt die maximale Verfestigung der Probe ab. Diese Temperaturabhängigkeit wird im inaktiven Medium nicht beobachtet.

Die Messungen des Volumens der Eindruckstellen, die durch den Aufschlag des Kugelpendels erzeugt werden, zeigten, daß zwischen dem Ausmaß der äußerlich feststellbaren Verformung und der Änderung der in verschiedenen Medien gemessenen Härte keine Übereinstimmung besteht. Offensichtlich wird ein beträchtlicher Teil der vom Metall aufgenommenen Pendelenergie zur plastischen Verformung der Bezirke unter der Eindruckstelle des Metalles verbraucht. In weiteren Versuchen von LJUBIMOWA wurden periodische Verformungen der Oberfläche des Metalles durch kurzzeitiges Abrollen einer Walze durchgeführt. Der Verfestigungsgrad wurde bei diesen Versuchen durch Messung der Mikrohärte von unbearbeiteten und verformten Proben bestimmt.

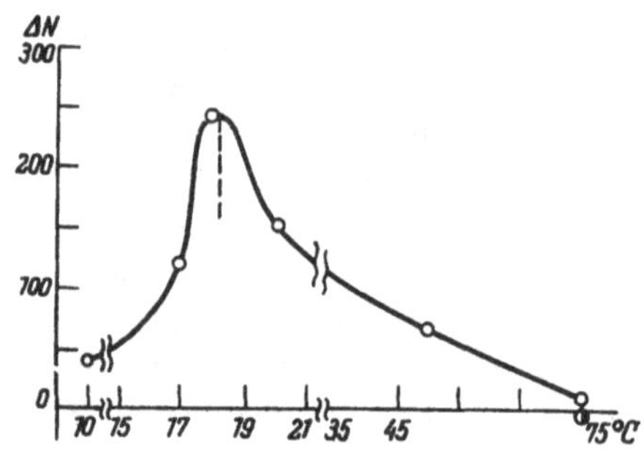

Abb. 61. Der Einfluß der Temperatur auf die verfestigende Wirkung grenzflächenaktiver Stoffe für Zink. Die maximale Wirkung liegt im Gebiet der Anfangsrekristallisation

In Tabelle 11 sind für Zink und Kupfer Werte der Mikrohärte von unbearbeiteten Proben $(H\mu)_0$ und von Oberflächen, die in verschiedenen Medien deformiert wurden $(H\mu)_g$, zusammengestellt. Die Werte $H\mu$ sind Mittelwerte aus einer großen Zahl von Messungen. Die bei der Verfestigung erfolgende Zunahme $(\Delta H\mu)$ von $H\mu$ ist in Prozenten zu dem im inaktiven Medium bestimmten Anfangswert angegeben. Wie aus der Tabelle 11 zu entnehmen ist, wächst bei der Verformung bei Anwesenheit grenzflächenaktiver Substanzen der Verfestigungsgrad für Zink um das $1^1/_2$fache und für Kupfer um das doppelte an.

Es wurde bereits darauf hingewiesen (Kapitel IV), daß einer der grundlegendsten Effekte für die Einwirkung grenzflächenaktiver Stoffe auf die Metalldeformation die außerordentlich starke Zunahme (etwa um das 10fache) der Zahl der Gleitpakete ist. Auf diese Weise rufen die aktiven Stoffe eine innere Dispergierung des Metalles hervor, ein Prozeß, der stets bei der plastischen Verformung in mehr oder weniger starkem Maße abläuft. Die bei den Versuchen von LJUBIMOWA unter der Einwirkung des Pendels entstandenen Eindruckstellen wurden einer

Tabelle 11
Die Mikrohärte von Metalloberflächen für verschiedene Medien

Metall	$(H\mu)_0$	$(H\mu)_g$		$\Delta H\mu$ [%]	
		im inaktiven Medium	im aktiven Medium	im inaktiven Medium	im aktiven Medium
Zink	55	68	77	24	40
	55	68	75	24	36
Kupfer	88	103	116	17	32
	77	88	99	14	28

eingehenden metallographischen Untersuchung unterzogen. Hierbei stellte sich heraus, daß der Dispersitätsgrad der Kristallite bei der Verformung in Gegenwart grenzflächenaktiver Substanzen sehr viel stärker zugenommen hat als der unter den gleichen Deformationsbedingungen im inaktiven Medium gemessene. Folglich erleichtert das grenzflächenaktive Medium die Verschiebungsbildung und vergrößert dadurch den Verformungsgrad in den einzelnen Kristalliten. Das führt zum Anwachsen der Verfestigung infolge der starken inneren Dispergierung des Metalles und des Entstehens einer feinkörnigen Mikrostruktur.

Eine bedeutende Rolle bei der Zunahme der Verfestigung kann auch das Auftreten einer Textur während der Verformung spielen. Hierbei werden die Kristallite in einer Art und Weise verbogen, daß sie einer weiteren Verformung, die in derselben Richtung erfolgt, einen zunehmenden Widerstand entgegensetzen. Das grenzflächenaktive Medium, das in die Phasengrenzen der Kristallite eindringt und die Verformung in den einzelnen Kristalliten erleichtert, muß zu solchen Verbiegungen der Kristallite führen und eine Textur erzeugen.

4. Der Adsorptionseffekt bei einer Schwingungsbeanspruchung und das Problem der Ermüdung von Metallen[1])

Der Adsorptionseffekt zur Erleichterung der Verformung besitzt eine wichtige Bedeutung bei dem Problem der Ermüdungs- (Dauer-) festigkeit. Es ist zu erwarten, daß unter bestimmten Bedingungen die Struktur des Metalles unter Einfluß wechselseitig wirkender Kräfte in grenzflächenaktivem Medium viel schneller angegriffen wird und daß mit diesem Effekt eine korrosive Ermüdung verbunden ist.

Die bei der Schwingungsbeanspruchung von Zinn-Ein- und Polykristallen erfolgende Verformung wurde von Nowokreschtschenow und Markowa eingehend untersucht. Hierzu wurde eine Apparatur verwendet, die mit einem hochempfindlichen Elektrodynamometer ausgestattet war. Die Untersuchungen wurden sowohl bei einseitiger als auch bei wiederholter wechselseitiger Drehbeanspruchung im Gebiet kleiner Frequenzen und großer Amplituden durchgeführt [51].

[1]) Der Begriff Schwingvorgang wird im Sinne einer zeitlichen, periodischen Veränderung eines Vorgangs verwendet (siehe DIN 1311). — Anm. d. Red.

Zur Untersuchung dienten Drähte aus reinem Zinn, die mit einem Gewicht von 119 g belastet und gleichzeitig einer einseitigen Drehbeanspruchung ausgesetzt wurden. Unter Einfluß eines grenzflächenaktiven Mediums (Ölsäure in reinem Paraffinöl) wurde das von dem Drehwinkel φ abhängige Drehmoment $(M = f(\varphi))$ stark herabgesetzt. Der Effekt trat bei kleinen Drehgeschwindigkeiten auf ($d\varphi/d\tau = \varphi =$ const, d. h. beim Aufnehmen der vollständigen Meßreihe bis zum Zerreißen der Probe wurde die Drehgeschwindigkeit konstant gehalten, etwa 0,045 U/min). In Tabelle 12 sind diese Effekte durch die relative Erniedrigung des Drehmomentes in Abhängigkeit von der Verformung bis zur Zerreißgrenze dargestellt.

Tabelle 12

Änderung des Drehmomentes bei der Verformung

Drehungswinkel φ in Zahl der Umdrehungen	Drehmoment [g · cm]		$\frac{M_0 - M_a}{M_0} \cdot 100$
	inaktives Medium M_0	aktives Medium M_a	
0,23	16,8	16,4	2,3
0,83	21,6	20,8	3,6
1,70	24,8	23,6	4,8
3,00	25,6	23,8	7,0
4,00	24,4	19,2	21,0
4,66	23,2	4,0	83
4,80	22,0	1,2	94
6,00	5,2	—	—

Wie zu erwarten war, wächst der Adsorptionseffekt mit der Vergrößerung der Verformung ständig an und erreicht in der Nähe der Zerreißgrenze seinen höchsten Wert. Die Erniedrigung des Drehmoments beträgt dann etwa 94%. Der Zerreißvorgang setzt im inaktiven Medium, z. B. in Luft, bei $\varphi \cong 6{,}0$ Umdrehungen, dagegen im grenzflächenaktiven Medium (0,2%ige Ölsäurelösung in Paraffinöl) bei $\varphi \cong 4{,}8$ Umdrehungen ein. Außerdem sind im aktiven Medium die maximale Verlängerung der Proben Δl_m und die Geschwindigkeit der Verlängerung $d\Delta l_m/d\varphi$ bedeutend höher als im inaktiven Medium.

Bei großen Geschwindigkeiten (5 U/min) tritt der Adsorptionseffekt nur unmittelbar unterhalb der Zerreißgrenze auf. Bei mittleren Geschwindigkeiten (1 bis 2 U/min) unterscheiden sich die dem aktiven und dem inaktiven Medium entsprechenden Kurven bereits im plastischen Gebiet. Diese Resultate entsprechen völlig den allgemeinen Gesetzmäßigkeiten des Adsorptionseffektes zur Erleichterung der Verformung.

Weiter wurde von den genannten Autoren die Schwingbeanspruchung unter gleichzeitiger Wirkung einer statischen Last untersucht. Es ließ sich zeigen, daß bei Untersuchungen mit konstanter Amplitude φ_0 und bei sinusförmiger Veränderung des Winkels φ mit der Zeit τ der Adsorptionseffekt bereits im Gebiet relativ kleiner Frequenzen ($\Theta = 4$—$8{,}5$ min) stark ausgeprägt ist und daß der Charakter dieser Effekte von der Amplitude φ_0 beeinflußt wird. Die Abhängigkeit des maximalen Drehmomentes M_m für den betreffenden Schwingvorgang von der Anzahl bzw. von der laufenden Folge der Schwingprozesse n ist in Abb. 62 für das inaktive (Luft oder Paraffinöl) und für das aktive Medium (0,2%ige Ölsäurelösung) für relativ kleine Amplituden $\varphi_0 = \pm 46°$ und 120° und in Abb. 63 für große Amplituden $\varphi_0 = \pm 200°$ (für polykristalline Drähte) und $\varphi_0 = \pm 360°$ (für Zinneinkristalldrähte) wiedergegeben.

Bei kleinen Amplituden bewirken grenzflächenaktive Stoffe einen stetigen Abfall von M_m, der dicht unterhalb der Zerreißgrenze besonders groß ist. Der Zerreißvorgang setzt bei einer kleinen Anzahl von Schwingungsfolgen ein. Bei

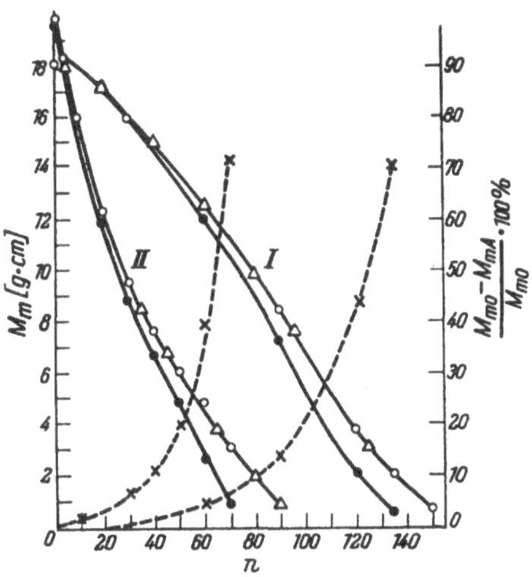

Abb. 62. Abhängigkeit des maximalen Drehmomentes M_m (ausgezogene Kurve) und des Adsorptionseffektes zur Herabsetzung der Festigkeit $M_{m0} - M_{mA}/M_{m0} \cdot 100\%$ (punktierte *1* – für $\varphi_0 = \pm 46°$; $\Theta = 4$ Minuten; $P = 119$ g; *2* – für φ_0 Kurve) von der Zahl der Drehprozesse n: $\pm 120°$; $\Theta = 7$ Minuten; $P = 119$ g

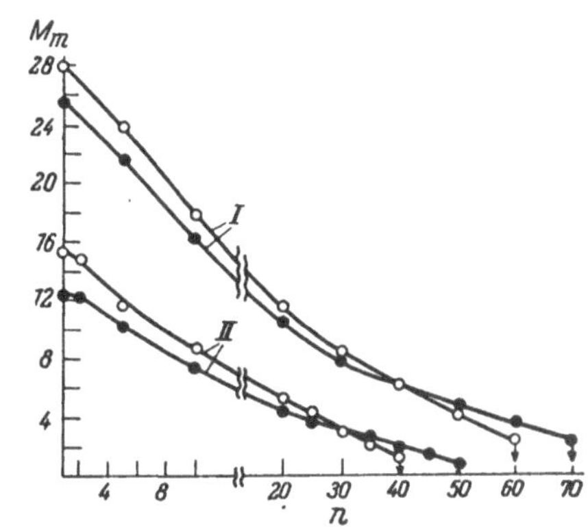

Abb. 63. Abhängigkeit der Größe M_m von n: *1* – Zinnpolykristall, $\varphi_0 = \pm 200°$; $\Theta = 6{,}5$ Minuten; $P = 119$ g; *2* – Zinneinkristall, $\varphi_0 = \pm 360°$, $\Theta = 8{,}5$ Minuten, $P = 119$ g

Schwingungsbeanspruchung mit großer Amplitude kann man sowohl bei polykristallinen Drähten als auch an Einkristallen eine Inversion des Adsorptionseffektes beobachten. Der Wert $M = f(\varphi)$ ist für das aktive Medium bedeutend niedriger als für das inaktive; schon im ersten Viertel des ersten Prozesses ($n = 1$) wird die größte Divergenz der Kurven erreicht. Mit Zunehmen der Zahl der Drehprozesse nimmt das Drehmoment M_m für das aktive Medium langsamer ab als für das inaktive, und bei einer bestimmten Zahl n tritt die Erscheinung der Inversion auf. Bei einer weiteren Zunahme der Zahl der Drehprozesse liegen die dem aktiven Medium entsprechenden Kurven $M_m = f(n)$ über denen des aktiven Mediums. Die Erklärung dafür ist, daß infolge der Erleichterung der Deformation durch Adsorptionsschichten die maximale Spannung bei der periodischen Verdrehung der Probe herabgesetzt wird. Eine derartige Verminderung der Festigkeit wird begleitet von einer starken Dispergierung der Oberflächenschicht, d. h., daß durch die Ausbildung einer großen Zahl von Versetzungen die Spannungskonzentration in den Mikrorissen herabgesetzt wird, die während der Schwingbeanspruchung entstehen. Dadurch wird im aktiven Medium im Vergleich zum inaktiven der Zerreißvorgang verlangsamt, und die Probe hält einer größeren Anzahl von Schwingprozessen bis zum Zerreißen stand.

Jedoch muß man hierbei berücksichtigen, daß bei periodischer Verformung der Oberfläche polykristalliner Metalle im aktiven Medium eine Herabsetzung der Festigkeit beobachtet wird und daß im gleichen Medium bei weiterer periodischer Verformung die Festigkeit schneller zunimmt als im inaktiven Medium, da sich in der deformierten Zone eine feinere disperse Struktur gebildet hat. Auf diese Zusammenhänge wurde in den Arbeiten von LJUBIMOWA hingewiesen.

KAPITEL V

Die Ermüdungserscheinungen von Metallen durch Korrosion und Adsorption

1. Allgemeiner Überblick

Die Zerstörung des Metalles unter Einfluß periodisch wirkender Kräfte bezeichnet man dann als Ermüdungserscheinungen, wenn das Zerreißen bei Spannungen eintritt, die unter der Festigkeitsgrenze, der Fließgrenze und mitunter auch unter der Elastizitätsgrenze liegen. Die charakteristische Besonderheit der auf Ermüdung beruhenden Zerstörung ist der augenblicklich erfolgende Bruch des Metalles ohne merkliche plastische Verformung.

Untersucht man den durch Einfluß periodisch wirkender Kräfte erfolgenden spröden Bruch von Metallen, so lassen sich hierbei Beziehungen zwischen der Spannung und der Zahl der Belastungsfolgen aufstellen, die periodisch auf das Metall einwirkten: Je größer die Zahl der Belastungsfolgen ist, bei um so kleinerer Spannung tritt der Bruch auf. Jedoch existiert für die Spannung ein Grenzwert, bei dem die Probe nicht mehr zerstört wird, und zwar auch dann nicht, wenn die Zahl der periodisch einwirkenden Belastungsfolgen sehr groß ist. Jede Spannung unterhalb dieser Grenze, der sog. Ermüdungsgrenze oder der Grenze der Dauerfestigkeit, ist auf die Stabilität des Metalles ohne Einfluß.

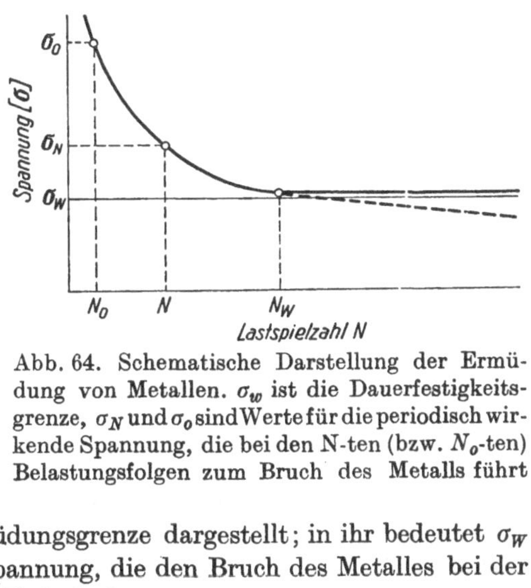

Abb. 64. Schematische Darstellung der Ermüdung von Metallen. σ_w ist die Dauerfestigkeitsgrenze, σ_N und σ_0 sind Werte für die periodisch wirkende Spannung, die bei den N-ten (bzw. N_0-ten) Belastungsfolgen zum Bruch des Metalls führt

In Abb. 64 ist schematisch die Ermüdungsgrenze dargestellt; in ihr bedeutet σ_W die Ermüdungsgrenze und σ_N die Spannung, die den Bruch des Metalles bei der N-ten Belastungsfolge auslöst. Das Verhältnis

$$\sigma_N / \sigma_W = K_0$$

charakterisiert die Überlastung, die an der durch Ermüdung aufgetretenen Bruchstelle der Metallprobe herrscht.

Die Ermüdungskurve grenzt zwei Gebiete ab: das Gebiet der Dauerfestigkeit des Metalles, das durch den „Koeffizienten der periodischen Überlastung“ $K_0 \leqq 1$ charakterisiert wird, und das Gebiet der begrenzten Dauerfestigkeit, für das der Koeffizient $K_0 > 1$ ist. Die Ursache für die Ermüdung von Metallen ist bis heute noch nicht endgültig aufgeklärt, obwohl in den vergangenen Jahrzehnten intensiv auf diesem Gebiet gearbeitet wurde. Der Bruch durch Ermüdung ist auf kleinste Bezirke des Metalles beschränkt und entsteht in einem mikroskopisch kleinen Volum — der Ursprung des Bruches sind die Mikrorisse, die unter Einfluß der periodischen Belastung solange wachsen, bis eine Zerstörung eintritt. Die Zahl der Ausgangsstellen für den Bruch hängt von der Größe des „Koeffizienten der periodischen Überlastung" K_0 ab; je größer dieser ist, um so häufiger treten die Mikrorisse auf, die Ausgangspunkt des Bruches sein können. Die Versuche haben gezeigt, daß die Bildung der Ausgangsstellen für den Bruch fast ausschließlich an der Oberfläche der periodisch belasteten Probe vor sich geht. Dieser Prozeß ist bei der Einwirkung von Schubkräften und bei der Verdrillung der Probe leicht verständlich, weil hierbei die Spannung an der Oberfläche ihr Maximum erreicht. Jedoch bleibt es bis heute noch ungeklärt, warum Oberflächenschichten des Metalles einem periodischen Druck-Dehnungsprozeß einen geringeren Widerstand entgegensetzen, als wenn die an dem gesamten Querschnitt der Probe anliegende Spannung konstant ist.'

Die Ermüdungsfestigkeit des Metalles kann durch verschiedene Faktoren, die man als „Festigkeitsverminderer" bezeichnet, bedeutend herabgesetzt werden. Oding [52] stellte vier Gruppen von festigkeitsvermindernden Faktoren auf: 1. die Spannungskonzentration, 2. zusätzliche Spannungen, 3. die Eigenschaft des Metalles und 4. kombinierte Faktoren.

Zur letzten Gruppe gehört die Einwirkung eines korrodierenden Mediums. Ein derartig korrodierend wirkendes Medium setzt die Ermüdungsfestigkeit von Stahl herab, wobei die Abnahme von der Einwirkungszeit des korrodierenden Mediums auf die belastete Probe und von der Zahl der Belastungsfolgen abhängt. Die Ermüdung durch Korrosion ist eine besonders gefährliche Erscheinung, da sie die Ermüdungsfestigkeit bedeutend herabsetzt und zur vorzeitigen Zerstörung wichtiger Bauelemente zahlreicher Maschinen und technischer Anlagen führt (Stiftwalzen, Turbinenschaufeln, Pleuelstangen von Dieselmotoren usw.). Bei Ermüdung durch Korrosion nimmt die Ermüdungskurve eine ganz charakteristische Form an: Der parallel zur Abszisse verlaufende Kurventeil, der das Gebiet der Dauerfestigkeit des Metalles abgrenzt, fehlt ganz; mit wachsender Zahl von Belastungsfolgen fällt dagegen die Kurve ständig ab (Abb. 65, Kurve *2*). So kommt es, daß beim Auftreten von Korrosionsermüdung nur eine begrenzte Dauerfestigkeit vorliegt. Eine wahre Ermüdungsgrenze gibt es hier nicht [53].

Wechselseitige Spannungen üben bei periodischen Belastungsprozessen praktisch keinen Einfluß auf die Vergrößerung der normalen Korrosion aus, sie erhöhen dagegen die „innere Korrosion", die sog. zwischenkristalline und innerkristalline Korrosion. Bei diesem Vorgang wird auf der Oberfläche eine große Anzahl von Mikrospalten gebildet, wobei in der Hauptsache innerkristalline und in geringerem Maße zwischenkristalline Risse entstehen, die in ihrem Inneren Oxydationsprodukte enthalten. Besonders charakteristisch ist die bei der Ermüdung auftretende definierte Orientierung der im Korrosionsmedium entstehenden Mikrorisse und die hohe Bedeckungsdichte der Oberfläche mit Ausgangsstellen für die Zerstörung, und zwar schon bei kleinen Größen des „Koeffizienten der periodischen Überlastung" [54].

In Abb. 66 sind Stahlproben (vom Typ 20 X) photographiert, die an der Ermüdungsgrenze (bei $K_0 = 1$) in verschiedenen Medien bearbeitet wurden. Die Probe 1 war nach $2 \cdot 10^7$ periodischen Belastungsfolgen (Lastspielen) in trockener Luft noch nicht zerrissen. Auch die zweite und dritte Probe hielten einer gleichen Anzahl von Belastungen in korrosivem Medium stand. Danach wurden alle Proben in einer Zerreißapparatur gedehnt, um die Ermüdungsrisse (Daueranrisse) nachzuweisen.

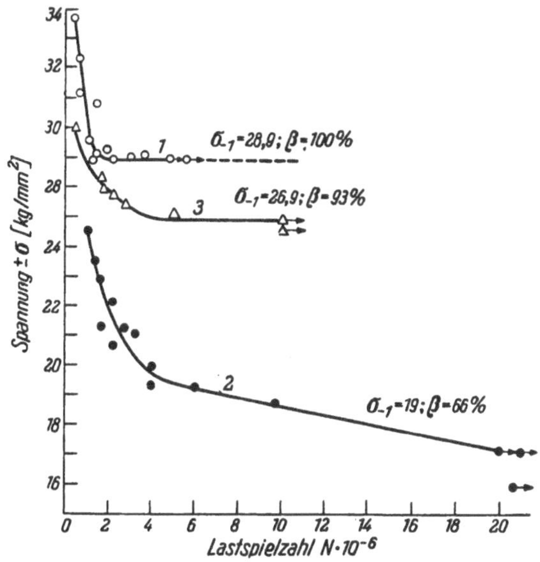

Abb. 65. **Ermüdungskurven von glattgeschliffenen Proben aus Stahl 20 X (Perlit–Ferrit-Struktur). Die Untersuchungen wurden ausgeführt:** *1* — **in Luft;** *2* — **in destilliertem Wasser;** *3* — **in aktiviertem Öl MC (Öl MC + 2% Ölsäure)**

Wie aus der Photographie zu entnehmen ist, treten bei periodischen Belastungsfolgen, für die der Überlastungskoeffizient der Probe $K_0 = 1$ ist, im inaktiven Medium keine wahrnehmbaren Risse auf; die im korrosiven Medium untersuchten Proben sind dagegen mit Rissen bedeckt, die in einer bestimmten Richtung orientiert sind.

Trotz der großen Bedeutung für die Technik ist die Korrosionsermüdung bzw. der Mechanismus des Bruches der Metalle bei gleichzeitiger Einwirkung von mechanischer und korrosiver Beanspruchung noch nicht genügend untersucht worden. So existiert bis heute noch keine Theorie, die den Mechanismus der Korrosionsermüdung in allen ihren Erscheinungsformen, wie sie bei der periodischen Belastung von Stahl in korrosivem Medium beobachtet werden, unter einheitlichem Gesichtspunkt erklären kann. So ist z. B. die bekannte Tatsache noch nicht geklärt, daß der an die periodisch belastete Probe angelegte Anodenstrom unter gleichzeitigem Einfluß des korrosiven Mediums die normale Korrosion zwar um das 10fache vergrößert, die unter den jeweils herrschenden Bedingungen

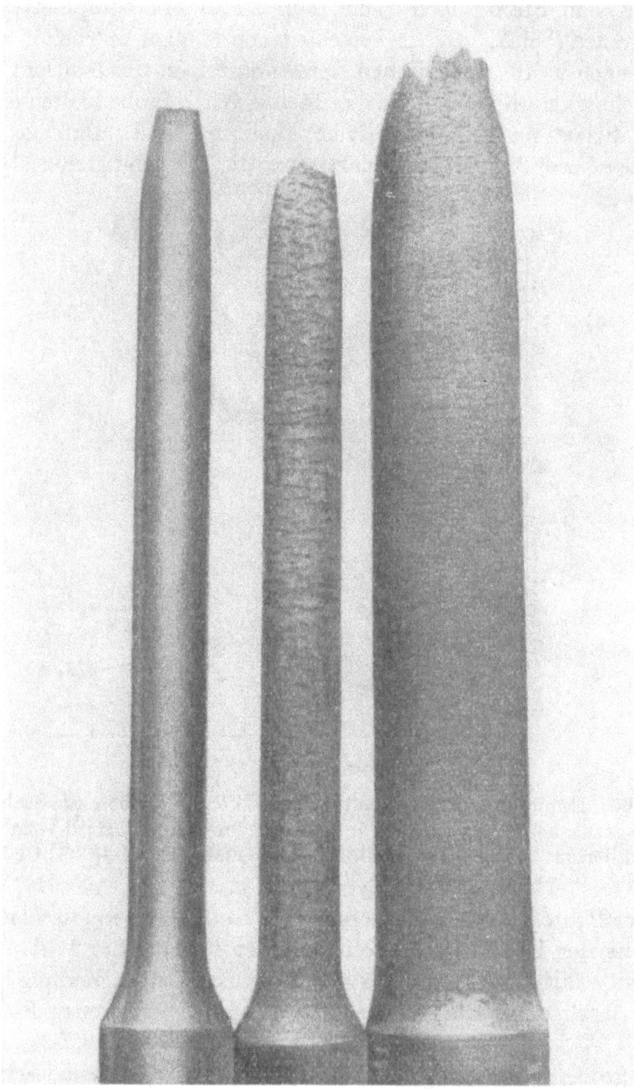

Abb. 66. Photographische Abbildungen von Stahlproben (20 X), die an der Dauerfestigkeitsgrenze in verschiedenen Medien periodisch belastet wurden. Die Probe I war nach $2 \cdot 10^7$ periodischen Belastungsfolgen an Luft noch nicht zerstört. Die Proben 2 und 3 wurden bei gleicher Lastspielzahl in Wasser ohne Bruch beansprucht, anschließend wurden sie auf einer Zerreißmaschine zerrissen

geltende Dauerfestigkeitsgrenze jedoch nicht verändert; ebenfalls läßt sich die bevorzugte Orientierung der Daueranrisse nicht erklären usw.

Die Erscheinungen der Korrosionsermüdung zeigen, daß chemisch auf das Metall einwirkende Stoffe dessen Dauerfestigkeit erheblich beeinflussen. Durch unsere Untersuchungen wurde jedoch gezeigt, daß nicht nur Stoffe, die chemisch auf das Metall einwirken, sondern auch Lösungen mit grenzflächenaktiven Stoffen die Ermüdungsfestigkeit mehr oder weniger erniedrigen.

Die Herabsetzung der Dauerfestigkeit des Stahls in grenzflächenaktiven Medien hängt mit den Erscheinungen zusammen, die an der Phasengrenze: Metall-grenzflächenaktives Medium auftreten. Die Adsorption eines grenzflächenaktiven Stoffes an der Oberfläche eines Metalles bewirkt eine Erleichterung der Verformung. Darin ist in erster Linie die Ursache für die Herabsetzung der Ermüdungsfestigkeit zu suchen. Für die in grenzflächenaktiven Medien auftretenden Ermüdungserscheinungen der Metalle wird der Begriff „Adsorptionsermüdung“ eingeführt.

Die durch grenzflächenaktive Stoffe bedingte Erniedrigung der Ermüdungsfestigkeit eines Metalles hängt zum Unterschied von der Einwirkung eines korrosiven Mediums weder von der Zeit ab, in der sich das periodisch belastete Probestück in dem betreffenden Medium befindet, noch von der Zahl der periodischen Belastungsfolgen (Lastspielzahl). Die für die Adsorptionsermüdung gültige Ermüdungskurve stimmt in ihrem charakteristischen Verlauf mit der im inaktiven Medium erhaltenen Ermüdungskurve überein, sie unterscheidet sich lediglich darin, daß die Grenze der Dauerfestigkeit um 10 bis 20% gegenüber der im inaktiven Medium ermittelten erniedrigt ist.

In Abb. 65 (Kurve *3*) ist der Kurvenverlauf für die Adsorptionsermüdung von unbearbeitetem Stahl 20 X dargestellt. Aus der Abbildung ist zu ersehen, daß die Adsorptionsermüdung zum Unterschied zur Korrosionsermüdung eine deutlich ausgeprägte Ermüdungsgrenze besitzt.

Die Erniedrigung der Ermüdungsgrenze unter dem Einfluß grenzflächenaktiver Stoffe hängt, wie in den folgenden Abschnitten noch im einzelnen gezeigt wird, von den Eigenschaften und der Konzentration der gelösten grenzflächenaktiven Stoffe, den Eigenschaften des Lösungsmittels, der Lastspielzahl und dem physikalischen Zustand der Oberfläche und der Oberflächenschicht des Metalles ab.

Die Adsorptionsermüdung ist in der Praxis außerordentlich verbreitet bei der Einwirkung von Schmiermitteln. Diese Ermüdung ist jedoch nicht so gefährlich wie die Korrosionsermüdung, weil die Abnahme der Dauerfestigkeit des Stahls unter Einfluß üblicher (inaktiver) Schmierstoffe im Vergleich zu der in trockener Luft gemessenen Dauerfestigkeit nur etwa 10% beträgt, während durch stark grenzflächenaktive Stoffe eine Abnahme von 15 bis 20% eintritt. Diese Abnahme der Dauerfestigkeit hat im Bereich des Maschinenbaues eine große Bedeutung, und zwar besonders dann, wenn die Festigkeit der Maschinenteile nahezu vollständig beansprucht wird.

Die Herabsetzung der Dauerfestigkeit von Stahl durch Schmierstoffe gewinnt dadurch besondere Bedeutung, weil diese bei den laufend beanspruchten Maschinenteilen immer vorhanden sein müssen.

2. Untersuchungsmethoden

Als die wichtigste Kenngröße, die den Einfluß des umgebenden Mediums auf die Dauerfestigkeit von Stahl beschreibt, wird von uns die in den jeweiligen Medien ermittelte Ermüdungsgrenze (σ_B) angenommen.

Zur unmittelbaren Charakterisierung des Einflusses des umgebenden Mediums auf die Dauerfestigkeit des Stahls dient jedoch der Koeffizient β, der von uns als Koeffizient der Dauerfestigkeit bezeichnet wird. Er ist definiert als das Verhältnis der Ermüdungsgrenze eines vorgegebenen Mediums zu der in Luft,

$$\beta = \frac{\sigma_B \text{ (in einem gegebenem Medium)}}{\sigma_B \text{ (in Luft)}} .$$

Der Koeffizient wird entweder als einfaches Verhältnis, dessen Wert kleiner als 1 ist, oder in Prozenten angegeben. Die Dauerfestigkeit der metallischen Probe ist in einem beliebigen adsorptionsaktivem oder korrosivem Medium niedriger als in Luft. Unpolare Lösungsmittel, wie Paraffinöl und Heptan, setzen die Dauerfestigkeit von Stahl im Vergleich zur Luft nicht herab. In Heptan wurde sogar eine äußerst geringe Vergrößerung der Dauerfestigkeit des Stahls IIIX-15 (latentkristalline Martensitstruktur, die durch isotherme Behandlung erhalten wurde) beobachtet, was auf die abkühlende Wirkung des Mediums zurückzuführen ist. Zur Charakterisierung des Einflusses des Mediums auf die begrenzte Dauerfestigkeit des Stahls wurde von uns der Koeffizient β_N eingeführt, der sog. Koeffizient der „begrenzten Dauerfestigkeit" für ein jeweils vorgegebenes Medium. Mit Hilfe dieses Koeffizienten kann man den Einfluß des Mediums auf die Dauerfestigkeit von Stahl beschreiben, und zwar unter Bedingungen, unter denen der Wert des Überlastungskoeffizienten K_0 größer als 1 ist.

Der Koeffizient β_N beschreibt zum Unterschied vom Koeffizient β nicht das Verhältnis der Ermüdungsgrenzen, die im inaktiven Medium und in Luft ermittelt wurden, sondern das Verhältnis der Spannungen, die den Bruch der Probe nach einer bestimmten Zahl von Belastungsfolgen N (Bruchlastspielzahl) in einem vorgegebenen Medium und in Luft bewirken, d. h. es ist

$$\beta_N = \frac{\sigma_N \text{ (für ein vorgegebenes Medium)}}{\sigma_N \text{ (für Luft)}} .$$

Die Koeffizienten der Festigkeit und der Dauerfestigkeit gestatten eine qualitative Charakterisierung des Einflusses von flüssigen grenzflächen- und korrosionsaktiven Medien auf die Dauerfestigkeit des Stahls. Mit ihrer Hilfe kann man die Resultate miteinander vergleichen, die an verschiedenen Versuchsapparaturen erhalten wurden, weil die bei jeder Prüfmaschine auftretenden individuellen Fehler eliminiert werden.

Die von uns zur Prüfung der Ermüdungserscheinungen verwandten Maschinen arbeiteten während des gesamten Prüfvorganges bis zum Bruch der Probe mit einer konstanten Belastung. Beim Biegen der Probe änderte sich die Spannung in symmetrischen Zyklen, und zwar in Form einer harmonischen Schwingung:

$$\sigma_K = \sigma_v \sin(\omega t + \varphi) ,$$

wobei $2\sigma_v = \sigma_{max} - \sigma_{min}$ die Spannungsamplitude ist. Die während einer Periode vor sich gehende Spannungsänderung wird gewöhnlich durch das Verhältnis der kleinsten (Unterspannung) (σ_{min}) und der größten (Oberspannung) (σ_{max}) Spannungsamplitude beschrieben und wird durch die Größe

$$\varrho = \sigma_{min}/\sigma_{max}$$

ausgedrückt. Dieses Verhältnis wird als Spannungsverhältnis der Dauerfestigkeit bezeichnet und charakterisiert die Asymmetrie der zeitlichen Änderung der Spannungen σ_{max} und σ_{min}. Für Proben, die mit unseren Apparaturen untersucht wurden, bei denen die Spannungsänderung symmetrisch ist und einen sinusförmigen Verlauf nimmt, muß das Spannungsverhältnis der Dauerfestigkeit gleich 1 sein.[1])

Es sei nachdrücklich darauf hingewiesen, daß die Spezifität der Spannungsverteilung und -veränderung, die bei symmetrischem Verlauf beobachtet wird,

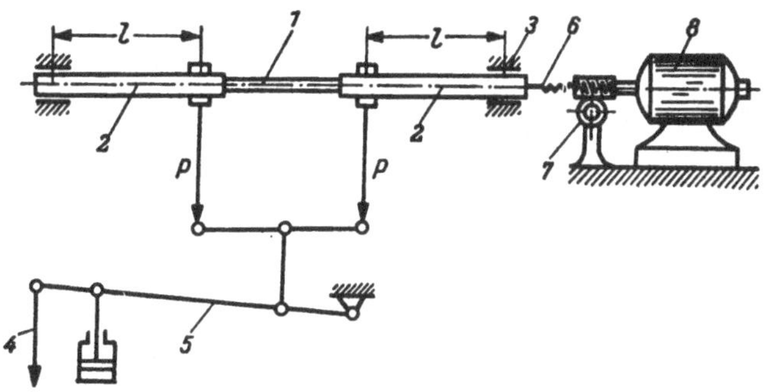

Abb. 67. Schema der Apparatur zur Prüfung der Ermüdung. Die Methode besteht darin, daß durch Drehbewegungen eine reine Biegung am Werkstück erzeugt wird. *1* – Probestück; *2* – Spindel; *3* – Halterung; *4* – Lastgewicht; *5* – Hebelarm; *6* – biegsame Welle; *7* – Zähler; *8* – Motor

für die Bewertung des Einflusses eines grenzflächen- oder korrosionsaktiven Mediums auf die Dauerfestigkeit des Stahls berücksichtigt werden muß. Ein anderer Charakter der Spannungsänderung und -verteilung, z. B. die mit konstanten Vorzeichen ablaufenden Dehnungs- und Druckprozesse, bedingt auch einen anderen Einfluß der grenzflächenaktiven Stoffe. Das wird bestätigt durch Vergleich der Ergebnisse, die einmal bei symmetrischem Verlauf des Belastungsvorganges und zum anderen bei einem vorzeichenkonstanten Dehnungsvorgang ($\varrho = 0$) mit einer Stahlprobe (40 X) in einem Ölmedium (MC) durch 2% Ölsäure aktiviert, erhalten wurden. Bei symmetrischem Verlauf des Belastungsvorganges wurde eine Abnahme der Ermüdungsgrenze um 20% im Vergleich zu der in Luft gemessenen Ermüdungsgrenze beobachtet, bei einem vorzeichenkonstanten Verlauf dagegen nur eine Abnahme von 10%. Unsere Untersuchungen wurden im wesentlichen mit solchen Prüfmaschinen durchgeführt, die bei einem symmetrischen

[1] Deshalb wird in den weiteren Ausführungen der Index −1 verwandt, z. B. σ_{-1}.

Verlauf des Belastungsvorganges reine Biegungen am Werkstück erzeugten (die Biegung wurde durch Drehbewegungen erzeugt; siehe Schema der Abb. 67). Die zylindrischen Proben unterschiedlicher Stahlsorten wurden in einer mit dem entsprechenden Medium gefüllten Wanne geprüft. Die Lastspielzahl pro Minute betrug 10000, 3000, 1500 und 300. Für diese Zwecke wurden 6 Standardmaschinen zur Prüfung der Ermüdungserscheinungen vom Typ NU, aber auch eine MOOREsche Maschine mit 10000 U/min entwickelt.

Neben diesen Geräten wurden auch zweispindlige Geräte, die im Institut für Baumechanik der Akademie der Wissenschaften der UdSSR konstruiert und gebaut wurden, zur Prüfung von zylindrischen Proben benutzt. Die Biegung wurde durch Drehbewegungen bei symmetrischem Verlauf des Belastungsvorgan-

Abb. 68. Anordnung der Proben (Durchmesser 20 und 40 mm) an der Ermüdungsmaschine. Die Konstruktion dieses Gerätes wurde vom Institut für Baumechanik der Akademie der Wissenschaften der UdSSR ausgeführt

ges erzeugt. Das Gerät und die darin eingespannten Proben sind in Abb. 68 und die schematische Anordnung in Abb. 69 dargestellt, die Spannung läßt sich mit 2000 Perioden pro Minute verändern. Das flüssige Medium wurde mittels eines Dochtes im kontinuierlichen Fluß an die Probe herangebracht. Es ließ sich zeigen, daß die relative Erniedrigung der Ermüdungsfestigkeit durch grenzflächenaktive Stoffe nicht von der Methode abhängt, mit der die Flüssigkeit an die Probe herangebracht wurde.

Die mit dem Gerät NU untersuchten Proben wurden nach der GOST-Norm 2860–45 hergestellt. Die Abmessungen der mit der MOOREschen Maschine untersuchten Probestücke sind in Abb. 70 dargestellt, die für das „Konsolgerät“ ISM (Akademie der Wissenschaften der UdSSR) in Abb. 71 dargestellt. Die in den Proben herrschende Spannung wurde aus dem Verhältnis des Biegungsmomentes, das durch Anbringen von Lastgewichten und durch einen Hebelmechanismus des Gerätes erzeugt wurde, und dem Widerstandsmoment des Querschnittes einer genau abgemessenen Probe berechnet. Die auf diese Weise bestimmten Spannungen wurden mit denen verglichen, die man durch tensiometrische Messungen unmittelbar an der Probe (Tensometer von HUGENBERGER) erhalten hatte. Ein Vergleich der nach diesen Methoden erhaltenen Spannungen führte zu Diffe-

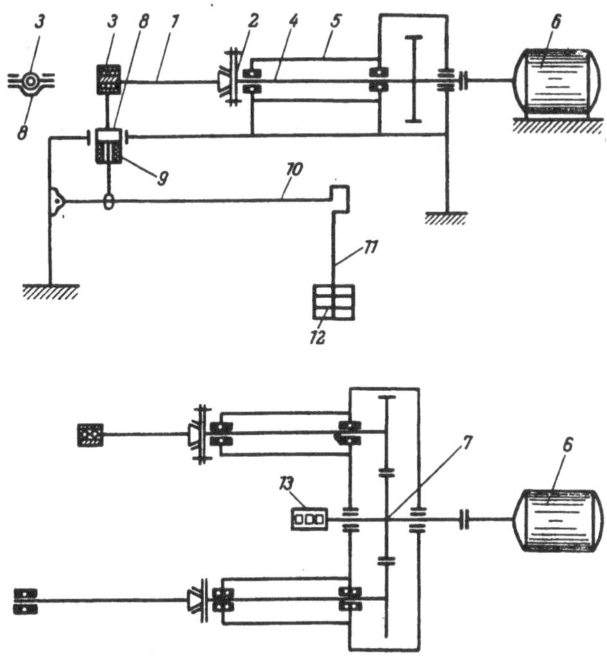

Abb. 69. Schema einer Ermüdungsprüfmaschine, bei der durch Drehbewegungen eine Biegung am Probestück erzeugt wird (im Institut für Baumechanik der Akademie der Wissenschaften der UdSSR konstruiert). *1* — Probestück; *2* — Halterung zum Befestigen der Probe; *3* — Endhalterung; *4* — Spindel; *5* — Zylindermantel; *6* — Motor; *7* — Reduktor; *8* — Gummidämpfer; *9* — Regulierglied; *10* — Hebelarm; *11* — Metallstange; *12* — Lastgewicht; *13* — Zähler

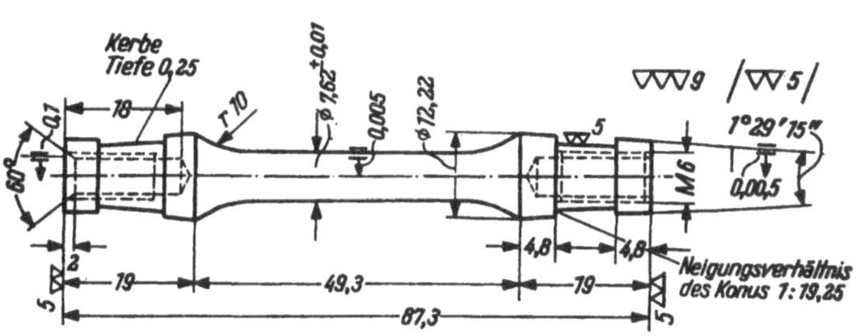

Abb. 70. Probe zur Prüfung der Ermüdungserscheinungen, an der durch Drehbewegungen eine reine Biegung erzeugt wird (MOOREsches Gerät)

renzen von maximal 2 bis 5% in Abhängigkeit von der Größe des Überlastungskoeffizienten K_0 und des Elastizitätsmoduls E, der mit dem Tensiometer bestimmt wird. Das Material für die von uns untersuchten Proben mit dem Durchmesser von 7,62 mm wurde aus Metallstangen mit einem Durchmesser von 16 mm hergestellt, die auf einer Drehbank bis auf einen Durchmesser von 9 mm abgedreht und einer entsprechenden Wärmebehandlung unterworfen wurden. Nach dieser Wärmebehandlung wurde die endgültige mechanische Bearbeitung entweder durch weiteres Abdrehen oder durch einen Schleifprozeß ausgeführt, und zwar in Abhängigkeit von der Thermobehandlung und der geforderten Reinheit der Oberfläche.

Weil die Güte der Oberfläche und der Oberflächenschicht des Metalles bei Ermüdungsprüfungen eine besonders große Rolle spielt, wurde dem mikrogeometrischen und physikalischen Zustand (Verfestigung, Spannungszustand, Struktur) der Oberflächenschicht des Metalles besondere Beachtung geschenkt. Und zwar hängen die mikrogeometrische Gestalt der Oberfläche und der physikalische

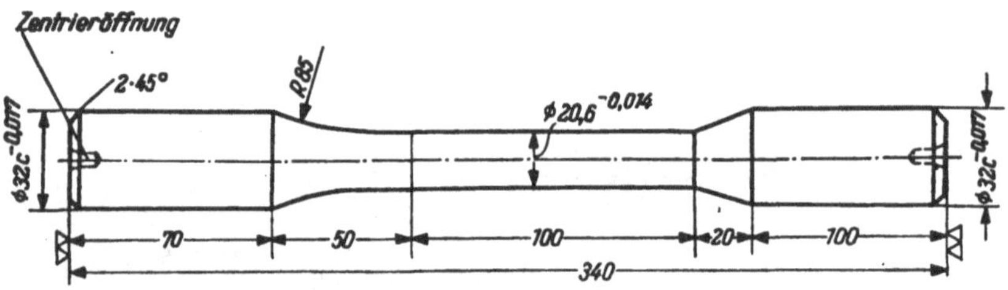

Abb. 71. Probe zur Prüfung der Ermüdungserscheinungen, an der durch Drehbewegungen eine Biegung erzeugt wird

Zustand der Oberflächenschicht der Proben von der Methode und den Arbeitsbedingungen der mechanischen Bearbeitung, vom Zustand der Bearbeitungsinstrumente, der Drehbank und von den mechanischen Eigenschaften des Metalles ab. Die Vibration der Drehbänke, die Abnutzung der Schneidwerkzeuge und des Schleifsteins führen dazu, daß sich entweder ein Metallbeschlag auf der Oberfläche absetzt oder die Oberfläche durch zu starke Erwärmung korrodiert, wobei besonders die beim Schleifen erzeugten Temperaturen gefährlich sind, da unter diesen Bedingungen der Vorbehandlung die Versuchsergebnisse sehr stark schwanken. In Verbindung damit wurde eine entsprechende Technologie zur Bearbeitung der Probestücke entwickelt.[1])

[1]) Die letzte Feinstbehandlung durch Abdrehen wurde in zwei Schritten unter folgenden Arbeitsbedingungen durchgeführt: Schneidegeschwindigkeit 12 m/min, Vorschub 0,1 mm/min, Spantiefe 0,3 mm und Radius des Schneidstahls in seinem Grundriß 1 mm.

Zur Verminderung des örtlichen Metallbeschlages, der während des mehrfachen Eindringens des Schneidstahls entstanden ist, wurde bei der endgültigen Abnahme der Späne der Schneidstahl bei bereits eingeschaltetem Längsgang an die Probe herangeführt.

Mit besonderer Sorgfalt wurde die Formung des Schleifsteines mit Hilfe eines Diamanten ausgeführt.

Nach der Fertigung einer Charge wurden jeweils einige Proben zur mechanischen Prüfung und zur metallographischen Untersuchung verwendet. Die mechanische Prüfung wurde mit Hilfe einer 5-to-Zerreißmaschine von SCHOPPER an den schon ermüdeten Proben durchgeführt. Die Härteprüfung wurde nach ROCKWELL und BRINELL in Abhängigkeit von der Thermobehandlung vorgenommen. Neben den genannten Prüfmethoden wurden metallographische Untersuchungen der Struktur und Bestimmungen der Mikrohärte ausgeführt, um ein Bild von dem Grad und der Tiefe der Verfestigung der Oberflächenschicht des Metalles zu erhalten. Mit besonderer Sorgfalt wurde jede einzelne zu untersuchende Probe überprüft. Der Durchmesser wurde mit Hilfe eines Mikrometers gemessen (Ablesegenauigkeit 0,002 mm). Die Überprüfung der Oberfläche wurde mit einem Werkstattmikroskop ausgeführt. In einer Spezialapparatur wurden die Linearität und der Konus der Proben überprüft.

Die Mikrogeometrie der Probenoberfläche wurde in Abhängigkeit von der Bearbeitungsstufe der Oberfläche gemessen: feingeschliffene und polierte Proben mit dem Mikrointerferometer von W. P. LINNIK oder dem Profilometer von AMMON untersucht; zur Prüfung von abgedrehten und grobgeschliffenen Proben diente das Mikroskop von W. P. LINNIK. Als Kriterium für die Bearbeitungsstufe der Oberfläche wurde die maximale Höhe der Unebenheiten H_{max} in Mikron angegeben. Alle Proben wurden je nach der Größe des Fehlers der Oberfläche entsprechend den GOST-Normen 2789–45 klassifiziert. Beim Einspannen der Proben in die Prüfmaschine wurden sie auf Schlagfreiheit geprüft. Das Einspannen im Futter mußte mit besonderer Sorgfalt ausgeführt werden, um eine konstante Länge des zu untersuchenden Probestückes zu erhalten (dazu wurde eine Schablone verwandt).

Ein besonders schwieriges Problem ist die Befreiung der Probenoberfläche von den verschiedensten Verunreinigungen. Es ist bekannt, daß die bearbeitete metallische Oberfläche oft mit einer Schicht von Fett, Staub und Schmutz bedeckt ist, deren Dicke zwischen einigen zehntel und einigen hundert Mikron schwankt. Deshalb wurden alle Proben vor ihrer Untersuchung sehr sorgfältig mit Benzin gereinigt. Ferner wurden Proben für Kontrollversuche mit Aktivkohle behandelt (nach der Methode von A. S. ACHMATOW), da Aktivkohle ein besonders gutes Adsorbens für grenzflächenaktive Substanzen darstellt. Die Untersuchungen der Dauerfestigkeit des Stahls sind statistischer Natur. Je mehr Ermüdungskurven angefertigt werden, um so besser ist die Übereinstimmung der Durchschnittskurve mit der wahren Ermüdungskurve. Aus diesem Grunde wurden bei unseren Untersuchungen zur Bestimmung der Ermüdungskurve nicht 6 bis 8 Proben, wie dies

---

Forts. von Fußnote 1, Seite 90:

Das verwendete Schleifmittel war Elektrokorund. Die Drehgeschwindigkeit des Steins betrug 30 m/sec, die Drehgeschwindigkeit der Probe 3 m/min. Zur Beseitigung des beim wiederholten Abdrehen der Probe entstandenen Metallbeschlages wurde zuletzt noch ein Schleifprozeß angeschlossen, bei dem eine 0,35 mm dünne Schicht entfernt wurde. Der Schleifvorgang wurde in 5 Stufen durchgeführt, wobei die Schleiftiefe der einzelnen Stufen 0,15 mm, 0,1 mm, 0,05 mm, 0,02 mm und 0,02 bis 0,01 mm betrug.

bei den üblichen Untersuchungen der Fall ist, sondern 10 bis 20 Proben geprüft, wobei sich die größere Zahl auf die Untersuchungen in korrodierenden Medien bezieht, bei denen die Streuung besonders stark ist.

Neben den oben beschriebenen Prüfmaschinen, mit denen die grundlegendsten Untersuchungen des Einflusses grenzflächenaktiver Stoffe auf die Dauerfestigkeit von Stahl ausgeführt wurden, verwendeten wir noch ein weiteres von MALASCHENKO entwickeltes Prüfgerät, mit dem man nicht nur die Ermüdungserscheinungen an Metallen untersuchen konnte, sondern auch die „Grenzdämpfung" des Metalles und den Energieabfall im Metall (bzw. die Charakteristik der Dämpfung). Außerdem gestattete das Gerät, den Zeitpunkt festzulegen, an dem die ersten Ermüdungsrisse auftreten [55].

Das von MALASCHENKO entwickelte Gerät beruht auf dem Resonanzprinzip mit elektromagnetischer Erregung. Die Schwingungen werden durch einen nach dem

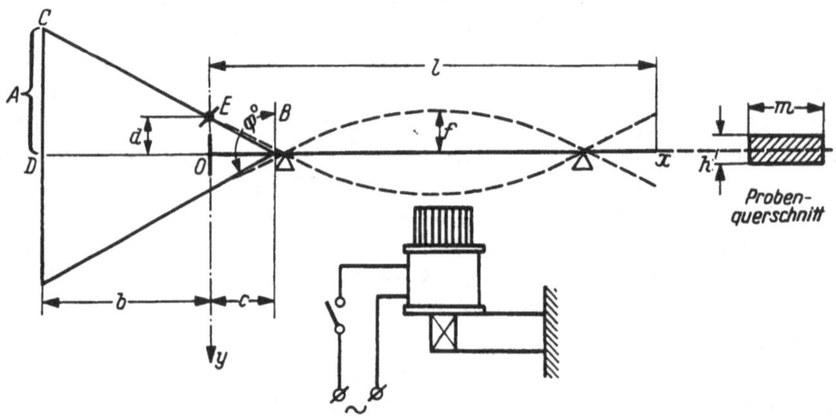

Abb. 72. Schema zur Erzeugung und Registrierung von Schwingungen im Ermüdungsprüfgerät nach MALASCHENKO. $OE = d$ ist die Schwingungsamplitude des Probenendes; $CD = A$ ist die auf einem Film registrierte Amplitude; im Punkt O ist der Spiegel angebracht

Prinzip des Tyratrons arbeitenden Invertorstrom erzeugt. Das Gerät ist so konstruiert, daß die Schwingungsknoten sich an den Auflagepunkten der belasteten Proben befinden (Abb. 72). Damit können überaus grobe Proben mit minimalen Energieverlusten in den Auflagepunkten untersucht werden, d. h., es können Bedingungen zur genauen Untersuchung des Schwingungssystems bei gleichzeitiger Bestimmung der Frequenzverteilung und des Charakters der Dämpfung erzeugt werden.

Bei dem von MALASCHENKO entwickelten Resonanzgerät wird für die Ermüdungsprüfungen die Erregung mit der Eigenfrequenz des untersuchten Systems vorgenommen. Die Veränderung der Eigenfrequenz während des Prüfvorganges liefert einen Hinweis dafür, daß sich die Festigkeit der Probe während des Belastungsvorganges verändert hat. Auf diese Weise kann man die laufenden Veränderungen der Eigenschaften des Metalles während der Ausbreitung der Ermüdungserscheinungen verfolgen und einen umfassenden Einblick in die Dynamik dieser Prozesse gewinnen.

Die Bestimmung des Zeitpunktes, an dem die Daueranrisse auftreten, ist für die Aufklärung der durch Ermüdung bedingten Zerstörungsprozesse und des Einflusses grenzflächenaktiver Substanzen auf diese Vorgänge von besonderem Interesse. Der Zeitpunkt, an dem in Luft die ersten Daueranrisse erscheinen, wird durch eine Veränderung der charakteristischen Frequenz der Probe angezeigt, so daß die Generatorfrequenz zur Aufrechterhaltung der Resonanzbedingungen nachgestellt werden muß. Außerdem wird das Auftreten der Daueranrisse von einem eigentümlichen Geräusch der Probe begleitet. Dieses Geräusch erklärt MALASCHENKO durch das Entstehen von Longitudinalschwingungen unter Wirkung elastischer Wellen, die sich im Metall im Gebiet der Daueranrisse auf Grund der beim Öffnen und Schließen der Risse auftretenden „Kontakt-Verformung" ausbreiten.[1])

Es ist zu erwarten, daß beim Erscheinen von Daueranrissen in Gegenwart grenzflächenaktiver Stoffe eine intensivere Veränderung der Eigenfrequenzen infolge einer stärkeren Herausbildung dieser Risse durch die grenzflächenaktiven Stoffe vor sich geht und daß bei der Sättigung mit diesen Stoffen durch ein dichtes System von Oberflächenrissen eine stark dämpfende Wirkung erzielt wird.

---

[1]) Es handelt sich hier um Ermüdungsprüfungen durch Krümmung der Probe.

KAPITEL VI

Grundlegende Gesetzmäßigkeiten der Adsorptionsermüdung von Metallen

Der Einfluß Grenzflächenaktiver Stoffe auf die Dauerfestigkeit von Stahl ist zuerst von S. J. KOROWSKI [56] untersucht worden. Im Rahmen dieser Arbeit wurden die Untersuchungen im Gebiet der begrenzten Dauerfestigkeit durchgeführt, und zwar durch Vergleich der Dauerfestigkeit bei gleichen Belastungen im unpolaren Lösungsmittel (Paraffinöl, durch Destillation im Vakuum gereinigt) und in der Lösung eines grenzflächenaktiven Stoffes (0,2%ige Lösung von Ölsäure in Paraffinöl).

In Tabelle 13 ist die unter Einfluß eines Mediums vor sich gehende Veränderung der Zahl der Belastungsvorgänge bis zum Bruch der genormten Stahlprobe 40 X veranschaulicht. Die Prüfung wurde an der Maschine von SCHENK durch Verdrillung bei einer Lastspielfrequenz von 1450 Perioden in der Minute und einem Arbeitsdurchmesser der Probe von 14 mm durchgeführt. Vergleichsmessungen wurden bei einer Spannung von 24,2 kg/mm² ausgeführt, die etwas über der Dauerfestigkeitsgrenze des Stahls lag. Die Zahlen der Tabelle 13 zeigen den auf experimentellem Wege gewonnenen Einfluß grenzflächenaktiver Stoffe auf die Dauerfestigkeit von Stahl. Er besteht darin, daß die Zahl der Belastungsprozesse, die zur Zerstörung der Probe notwendig ist, merklich herabgesetzt wird. In der Arbeit wurde nachgewiesen, daß Eigendruckspannungen in der Oberflächenschicht des Metalles den dargelegten Effekt stark herabsetzen. Druckspannungen wurden in Probestücken aus genormtem Stahl 18 XNMA nach zwei verschiedenen Methoden hergestellt: durch Hämmern der Probe und durch Nitrierung. In beiden Fällen ging der Adsorptionseffekt praktisch auf den Wert Null zurück.

In der Folgezeit wurden diese Untersuchungen über die Adsorptionsermüdung von Stahl fortgesetzt und erweitert. Wegen der großen theoretischen und praktischen Bedeutung werden die Resultate dieser Messungen ausführlich dargelegt.

Tabelle 13

Zahl der Belastungsfolgen bis zum Zerreißen — Bruchlastspielzahl (in Millionen) in Abhängigkeit vom Medium, in dem die Ermüdungsprüfungen durchgeführt wurden

Medium	Proben			Mittelwert
	I	II	III	
Paraffinöl (Luft)	1,64	1,73	1,60	1,66
Paraffinöl + 0,2% Ölsäure	0,62	0,59	0,90	0,70

Vor allem soll hierbei gezeigt werden, welche Rolle der abkühlenden Wirkung der verwendeten flüssigen Medien auf die Ermüdungsfestigkeit des Stahls zukommt, und worin sich dieser Effekt von der uns interessierenden physikalisch-chemischen Adsorptionserscheinung unterscheidet.

1. Die abkühlende Wirkung flüssiger Medien auf die Dauerfestigkeit von Stahl

Die Erwärmung einer Stahlprobe unter Einwirkung einer periodischen Belastung hängt davon ab, welche Wärmemenge die Probe dabei aufnimmt, und wie die Wärme abgeleitet wird. Die Erwärmung kommt dadurch zustande, daß ein Teil der Verformungsenergie in thermische umgewandelt wird. Sie ist proportional der Fläche der Hysteresisschleife und der Frequenz, mit der die Stahlprobe belastet wird. Die Abkühlung wird durch das umgebende Medium bewirkt und hängt von dessen Eigenschaften und dem Temperaturgradienten ab. Die Erwärmung der Stahlprobe beginnt momentan, wenn der Körper einem periodischen Belastungsprozeß unterworfen wird. Diese Erwärmung ist jedoch bei Spannungen, die unterhalb der Dauerfestigkeitsgrenze liegen, äußerst gering, bei Spannungen hingegen, die der Dauerfestigkeitsgrenze entsprechen, wird eine bedeutende Temperaturerhöhung beobachtet, und zwar ist diese um so größer, je höher die Grenzdämpfung des Stahls ist. Diesen Effekt erklärt man durch das Einsetzen von Mikroverformungen beim Erreichen der Dauerfestigkeitsgrenze.

Die Versuche an Stahlproben zeigten z. B., daß eine Probe aus dem Stahl 40 X mit Perlit-Ferrit-Struktur bei einem Überlastungskoeffizienten $K_0 = 1{,}15$ auf 200° und dieselbe Stahlprobe im gehärteten Zustand (Martensit-Struktur) nur auf 45° erwärmt wird [57].

Die starke Erwärmung ändert auch den Verlauf der Verfestigungs- u. Erholungsprozesse, die bei einer periodischen Deformation entstehen, und führt in einzelnen Fällen sogar zu Strukturänderungen des Metalles (Ausscheidung von Kohlenstoff, Übergang des plastischen Perlits in den körnigen usw.). Zweifellos muß die Erwärmung auch einen Einfluß auf die Dauerfestigkeit von Stahl haben. Jedoch liegen keine zuverlässigen Daten über diesen Einfluß in der Literatur vor, so daß es bis heute auch noch keine einheitliche Meinung über den Einfluß der Erwärmung auf die Dauerfestigkeit des Stahls für den Temperaturbereich von Zimmertemperatur bis 150 bis 200° gibt.

Deshalb hatte man bei diesen Versuchen nicht nur den Einfluß der Temperatur auf die Dauerfestigkeit des Stahls, sondern auch den Einfluß grenzflächenaktiver Stoffe untersucht, wobei letzterer ebenfalls von der Temperatur abhängig ist.

Die von uns durchgeführten Versuche über den Einfluß flüssiger Medien auf die Dauerfestigkeit von Stahl zeigten, daß die abkühlende Wirkung des Mediums ganz besonders im Gebiet der begrenzten Dauerfestigkeit beobachtet wird, da die Erwärmung hauptsächlich bei einer periodischen Überlastung des Probestückes eintritt. Die Vielzahl der Versuche weist darauf hin, daß jedes Medium, indem es die Temperatur der untersuchten Proben senkt, die Zone der begrenzten Dauerfestigkeit vergrößert, während die Ermüdungsgrenze wenig beeinflußt wird.

In der Praxis (z. B. in korrosiven Medien) beobachtet man einen gleichzeitigen Einfluß der abkühlenden- und der Adsorptions- und Korrosionsfaktoren auf die Dauerfestigkeit des Stahls. Das wird in Abb. 73 deutlich veranschaulicht, in der Ermüdungskurven von weichem Stahl (20 X, Perlit–Ferrit-Struktur) dargestellt sind. Kurve *1* gilt für die Untersuchungen in Luft, Kurve *2* für die in Wasser und Kurve *3* ebenfalls für die in Wasser, wobei jedoch durch eine Zinkschutzschicht der Probe der Einfluß der Korrosion beseitigt wurde.[1])

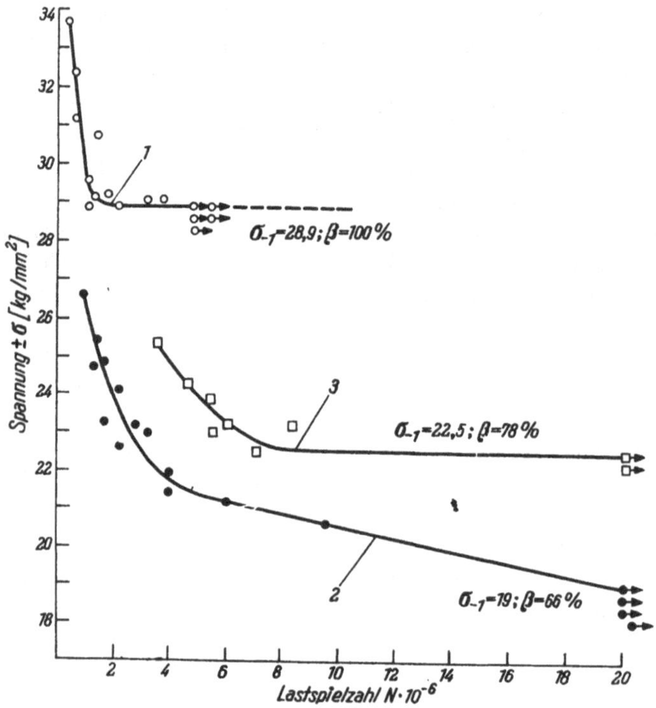

Abb. 73. Ermüdungskurven von geschliffenen Stahlproben (20 X, Perlit–Ferrit-Struktur), die in folgenden Medien geprüft wurden: *1* — in Luft; *2* — in Wasser; *3* — in Wasser, wobei die Proben mit einer Zinkschutzschicht versehen waren. Die Frequenz betrug 2840 U/min und der Durchmesser der Proben 7,62 mm

Die Meinungsverschiedenheiten ergaben sich daraus, daß die Erwärmung des untersuchten Stahls nicht im neutralen Medium durchgeführt wurde, sondern in Öl, Azeton und anderen Medien, die nicht von den stets in diesen Stoffen enthaltenen grenzflächenaktiven Substanzen befreit waren.[2])

[1]) Die Ermüdungskurven der Abb. 73 wurden mit einem Gerät vom Typ NU aufgenommen. Kurve *3* ist eine reine Adsorptionsermüdungskurve, weil die Korrosionserscheinungen durch einen Schutzüberzug ausgeschaltet waren.

[2]) Dieser Einwand gilt vor allem für die Untersuchungen der Ermüdungsfestigkeit bei herabgesetzten Temperaturen.

Die Kurve *2* zeigt den gleichzeitigen Einfluß dreier Faktoren auf die Ermüdung, wobei im Anfangsbereich der Kurve der abkühlende Faktor besonders stark in Erscheinung tritt. Der Verlauf der Kurve *3* wird dagegen nur durch den Einfluß der abkühlenden und der Adsorptionswirkung auf die Ermüdung bestimmt. Offensichtlich war der Einfluß des abkühlenden Faktors bei periodischer Überlastung der Probe besonders stark, weil im Vergleich zur Kurve *1* das Gebiet der begrenzten Dauerfestigkeit sehr viel größer ist. In einem Ölmedium, das ebenfalls einen abkühlenden und einen adsorptiven Einfluß auf die Ermüdung aufweist, ist das Gebiet der begrenzten Dauerfestigkeit gewöhnlich vergrößert, jedoch nicht so stark wie in Wasser, da die Wärmeableitung in einer Ölphase wesentlich geringer ist (siehe Abb. 65 Kurve *3*).

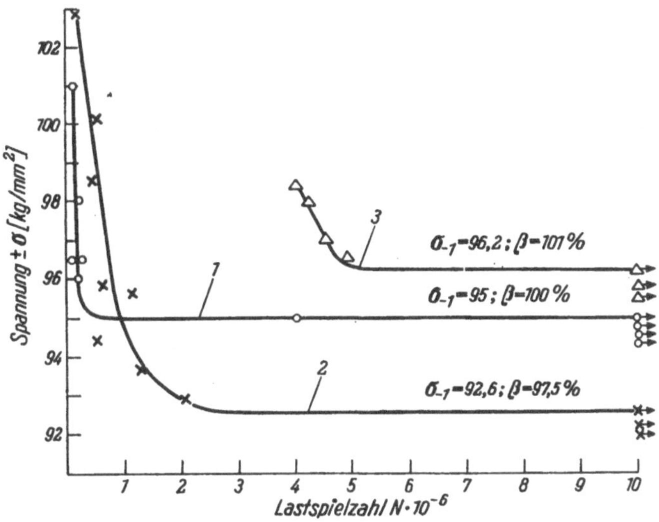

Abb. 74. Der Einfluß des Mediums und der abkühlenden Wirkung dieses Mediums auf die Dauerfestigkeit von Stahl IIIX-15. Die Proben waren geschliffen und hatten einen Durchmesser von 7,55 mm; die Frequenz betrug 2840 U/min. *1* — Luft; *2* — Öl MC; *3* — für Heptan

Bei den Ermüdungsprüfungen von Stahl IIIX-15 in reinem Heptan wurde allein der Effekt der abkühlenden Wirkung beobachtet. Heptan — ein flüssiger Kohlenwasserstoff — besitzt eine niedrige Zähigkeit und gut abkühlende Eigenschaften, außerdem wirkt es weder korrodierend noch ist es grenzflächenaktiv. Wie aus Abb. 74 (Kurve *3*) zu ersehen ist, vergrößert Heptan bedeutend die Zone der begrenzten Dauerfestigkeit bei Überlastung, während die Dauerfestigkeitsgrenze nur wenig erhöht wird.

Diese Untersuchungen zeigen also, daß flüssige Medien durch ihre abkühlende Wirkung auf die Proben das Gebiet der begrenzten Dauerfestigkeit von Stahl vergrößern. Auf diese Weise führt die Abkühlung zur Vergrößerung der Dauerfestigkeit bei periodischer Überlastung. Die Dauerfestigkeitsgrenze wird dagegen durch die abkühlende Wirkung des Mediums kaum verändert.

2. Der Adsorptions- und Korrosionseinfluß flüssiger Medien auf die Ermüdung von Stahl

Es wurden untersucht Chromstahl 20 X (Perlit–Ferrit-Struktur), der Stahl 40 X im gehärteten und im angelassenen Zustand (Martensit–Troostit- und Sorbit-Struktur für gehärteten Stahl und Perlit–Ferrit-Struktur für angelassenen Stahl) und Kugellagerstahl IIIX-15 im gehärteten Zustand (die durch isotherme Bearbeitung erhaltene Struktur bestand aus pseudokristallinem Martensit + Karbid) [58].

In Tabelle 14 sind die Ergebnisse der mechanischen Prüfungen der genannten Stähle angeführt.

Tabelle 14. *Mechanische Eigenschaften von Stählen*

Stahl-sorte	Struktur	σ_B [kg/mm²]	σ_S [kg/mm²]	σ_{-1} [kg/mm²]	δ [%]	ψ [%]	H_B
20 X	Perlit + Ferrit	52	33	28,9	24	70	127
40 X	Perlit + Ferrit	65	31	31,4	16	65	137
	Sorbit	102	88	52,4	11,25	64	262
	Troostit	175	–	88,3	5,15	47	429
	Martensit	208	–	77,5	6	40	512
IIIX-15	pseudokristalliner Martensit + Karbide	219	–	95	–	–	627

In Tabelle 15 sind einige Daten für den Stahl 20 X mit Perlit–Ferrit-Struktur angegeben. Die Proben wurden durch Schleifen hergestellt und in verschiedenen Medien bei einer Lastspielfrequenz von 3000 Perioden in der Minute geprüft.

Tabelle 15. *Werte für die Dauerfestigkeitsgrenze* (σ_{-1}) *und den Koeffizienten der Dauerfestigkeit* (β) *für Stahl 20 X* (*Perlit–Ferrit-Struktur*) *in verschiedenen Medien*[1])

Gruppe	Medium	Ermüdungs-grenze σ_{-1} [kg/mm²]	Koeffizient β [%]
I	Luft	28,9	100
	Paraffinöl	28,9	100
II	Wasser	19,0	66
	Wasser + 1% Saponin	16,4	57
III	Paraffinöl + 0,1% $C_{16}H_{33}OH$	–	97[2])
	Paraffinöl + 2% C_3H_7COOH	–	97,3[2])
	Paraffinöl + 2% $C_{17}H_{33}COOH$	27,4	95
	Öl MC	27,9	96,5
	Öl MC + 2% $C_{17}H_{33}COOH$	26,9	93
	H_2O + 1% iso-$C_5H_{11}OH$	20	70

[1]) Die Dauerfestigkeitsgrenze wurde bestimmt: in Luft bei einer Lastspielzahl $N = 5 \cdot 10^6$; in Kohlenwasserstoffen bei einer Lastspielzahl $N = 10^7$; in Medien der II. Gruppe und in einer Lösung von Isoamylalkohol bei einer Lastspielzahl $N = 2 \cdot 10^7$.

[2]) Bestimmt bei $n = 1500$ Folgen/Minute. Der Stahl 40 X hatte die in der Tabelle 16 angegebene chemische Zusammensetzung.

Aus den Daten der Tabelle 15 ist zu ersehen, daß die Medien der II. Gruppe, die bekanntlich Korrosionsermüdung hervorrufen, die Dauerfestigkeit von Stahl bedeutend herabsetzen. (Die Abnahme beträgt bis 34% im lufthaltigen Wasser.) Die Medien der Gruppe III rufen Adsorptionsermüdung hervor, verwendet man als Lösungsmittel flüssige Kohlenwasserstoffe. In diesem Fall wird die Dauerfestigkeitsgrenze nur wenig herabgesetzt (etwa um 7%), dagegen ist in polarem Lösungsmittel (z. B. H_2O) die Erniedrigung sehr beträchtlich (bis 30%). Dieser Stahl wird sehr häufig im Maschinenbau im gehärteten Zustand angewendet. Aus diesem Grunde wurden zahlreiche Proben dieser Stahlsorte von uns untersucht, und zwar solche, die durch Härtung in die Martensit-, Troostit- und Sorbit-Struktur und durch Anlassen in die Perlit–Ferrit-Struktur übergegangen waren. Die Martensit-Struktur wurde durch Härtung in Öl bei 870° (bei einer Zeitdauer von 20 Minuten) und durch nachfolgendes Anlassen bei einer Temperatur von 200° erzeugt. Als Ergebnis dieser Wärmebehandlung wurde eine Martensit–Troostit-Struktur mit einem Überschuß an Martensit erhalten. Eine Mikrophotographie dieser Struktur ist in Abb. 75 wiedergegeben (Vergrößerung 500fach).

Tabelle 16

Chemische Zusammensetzung des Stahls 40 X in %

C	Mn	Si	Cr	Ni	S	P
0,4	0,8	0,3	0,9	0,10	0,04	0,04

Die Troostit-Struktur wurde durch Härtung in Öl bei 870° (bei einer Zeitdauer von 20 Minuten) und durch nachfolgendes zweistündiges Anlassen bei einer Temperatur von 350° und durch ein wiederholtes siebenstündiges Anlassen bei einer Temperatur von 320° (in Öl) erzeugt. Als Ergebnis dieser Wärmebehandlung wurde eine Troostit–Martensit-Struktur mit einem Überschuß an Troostit erhalten. Eine Mikrophotographie dieser Struktur ist in Abb. 76 wiedergegeben (Vergrößerung 500fach).

Die Sorbitstruktur wurde durch Härtung in Öl bei 870° (bei einer Zeitdauer von 20 Minuten) und durch nachfolgendes zweistündiges Anlassen bei einer Temperatur von 560° erzeugt. Als Ergebnis dieser Wärmebehandlung wurde eine Sorbitstruktur erhalten, die in Abb. 77 mit einer Vergrößerung 1:400 wiedergegeben ist.

Die Perlit–Ferrit-Struktur des Stahls 40 X wurde durch 30 Minuten langes Glühen bei einer Temperatur von 1150° erhalten. Die Struktur des erhaltenen Stahls ist in der Mikrophotographie der Abbildung 78 wiedergegeben (Vergrößerung 230fach).

Tabelle 17 enthält die Ergebnisse der in verschiedenen Medien durchgeführten Ermüdungsprüfungen von Stahl 40 X. Aus den Daten der Tabelle 17 ist zu ersehen, daß die Medien der II. Gruppe die Dauerfestigkeit des Stahles 40 X bedeutend herabsetzen, wobei diese Herabsetzung eine deutliche Abhängigkeit von der Thermobehandlung des Stahls zeigt. Die Herabsetzung für Stahl beträgt z. B.

für die Martensit-Struktur 83%, für die Perlit–Ferrit-Struktur jedoch nur 34%. Alle Medien der III. Gruppe setzten ebenfalls die Dauerfestigkeit des Stahls 40 X

Tabelle 17

Werte für die Dauerfestigkeit (σ_{-1}) und den Koeffizienten der Dauerfestigkeit (β) für wärmebehandelten Stahl (40 X) in verschiedenen Medien[1])

Gruppe	Medium	Martensit		Troostit		Sorbit		Perlit-Ferrit	
		σ_{-1} [kg/mm²]	β [%]	σ_{-1} [kg/mm²]	β [%]	σ_{-1} [kg/mm²]	β [%]	σ_{-1} [kg/mm²]	β [%]
I	Luft	77,5	100	88,3	100	52,4	100	31,4	100
	Paraffinöl	—	—	88,3	100	—	—	—	—
II	Wasser	13	17	38,4	43,5	23	44	20,4	66
	Wasser + 1% Saponin	—	—	—	—	15,7	30	—	—
III	Öl MC + 2% $C_{17}H_{33}COOH$	67	87	78,2	88,5	42,1	80	25,5	81,5
	Paraffinöl + 0,1% $C_{16}H_{33}OH$	—	—	83,2	94,3	—	—	—	—

[1]) Die Ermüdungsgrenze wurde bestimmt: in Luft Lastspielzahl $N = 5 \cdot 10^6$; in Kohlenwasserstoffen Lastspielzahl $N = 10^7$, in Medien der II. Gruppe und in einer Lösung von Isoamylalkohol bei $N = 2 \cdot 10^6$. Die Lastspielfrequenz betrug $n = 3000$ Perioden/Minute.

herab, jedoch läßt sich die in diesem Fall erfolgende Herabsetzung nicht auf die Thermobehandlung des Stahls zurückführen. Bei den Versuchen mit den Medien der III. Gruppe wurden dieselben Ergebnisse wie bei den Versuchen mit dem Stahl 20 X erhalten, wobei der Effekt beim Stahl 40 X etwas stärker ausgeprägt ist. Tatsächlich bewirkte Paraffinöl bei beiden Stählen keine Herabsetzung der Dauerfestigkeit; dasselbe Öl setzte jedoch die Dauerfestigkeitsgrenze des Stahls 20 X um 3% und des Stahls 40 X mit Troostit-Struktur um 6% herab, wenn es zur Aktivierung mit Palmitylalkohol versetzt wurde (Zugabe von 0,1% Palmitylalkohol). Das mit Ölsäure aktivierte Öl MC setzte die Ermüdungsgrenze des Stahls 20 X um 7% und die des Stahls 40 X (Sorbit) um 20% herab. Der Stahl IIIX-15 wird in der Kugellagerindustrie in gehärteter Form zur Herstellung von Kugeln, Rollen und Ringen verwendet. Von uns wurden gehärtete Proben aus dem Stahl IIIX-15 zur Untersuchung verwendet, deren Struktur aus pseudokristallinem Martensit mit geringen Anteilen von Karbiden bestand.[1]) Es wurden Proben von dieser Stahlsorte bis zu einer Feinheit der Oberfläche glattgeschliffen, die der Bearbeitungsstufe 9,9^a entspricht. In Tabelle 18 sind die Resultate unserer Versuche und die von Kudrjawzew [59] veröffentlichten Ergebnisse gegenübergestellt. Letzterer verwendete den gleichen Stahl, der jedoch etwas abweichende

[1]) Die Proben wurden im Moskauer Versuchswerk ZKB der Kugellager-Industrie hergestellt. Die Thermobehandlung bestand in einem isothermen Härtungsprozeß, der in Öl zwischen den Temperaturen 840° und 130° im Verlaufe von 120 Stunden vorgenommen wurde.

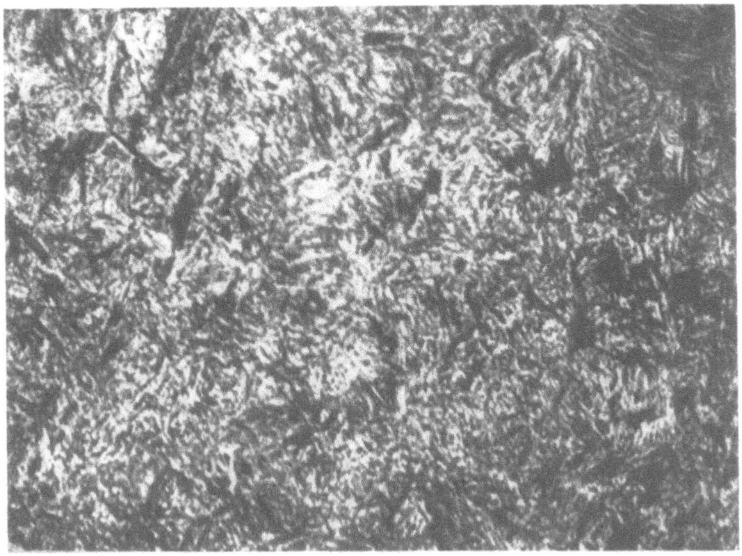

Abb. 75. Stahl 40 X. Martensit–Troostit-Struktur mit überwiegenden Martensitanteilen. Vergrößerung 500fach

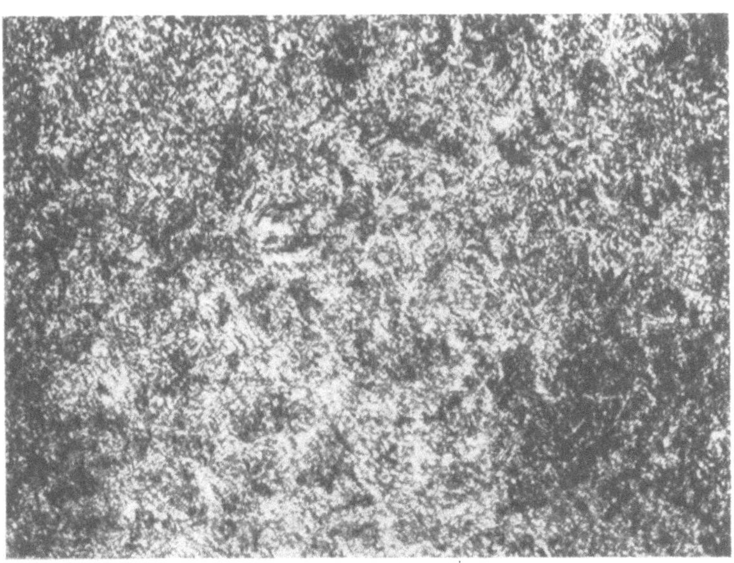

Abb. 76. Stahl 40 X. Troostit–Martensit-Struktur mit überwiegenden Troostitanteilen. Vergrößerung 500fach

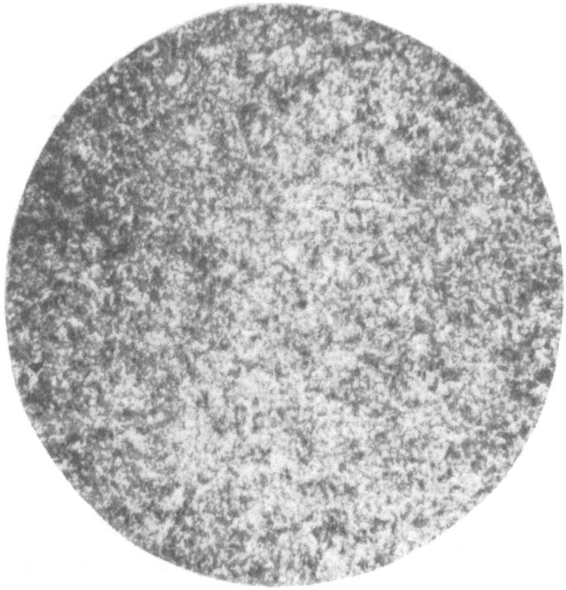

Abb. 77. Stahl 40 X. Sorbit-Struktur.
Vergrößerung 400fach

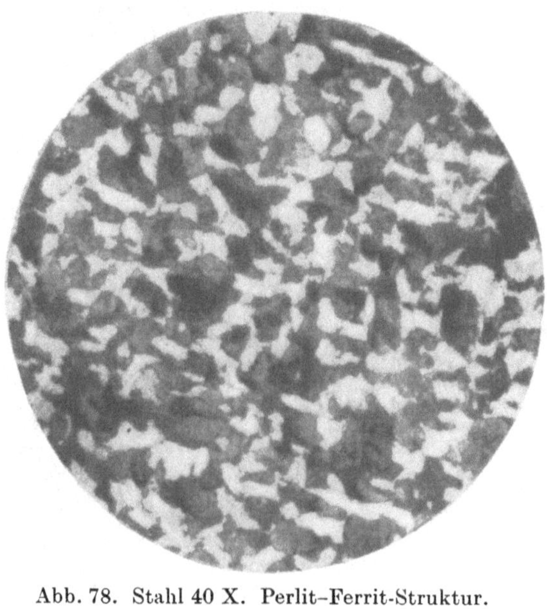

Abb. 78. Stahl 40 X. Perlit–Ferrit-Struktur.
Vergrößerung 230fach

Eigenschaften besaß.[1]) Die Werte der Tabelle 18 stimmen mit früheren Ergebnissen für die Herabsetzung der Dauerfestigkeitsgrenze von Stahl anderer Sorten in Medien der II. und III. Gruppe überein.

Von Interesse ist der Einfluß der Temperatur auf die Adsorptions- und Korrosionseffekte, den man durch Vergleich unserer Werte mit denen von KUDRJAWZEW verfolgen kann. So setzte bei unseren Versuchen Mineralöl bei 50° die Dauerfestigkeitsgrenze um 25% herab, bei den von KUDRJAWZEW bei 100° ausgeführten Versuchen dagegen um 26,5%. Analoge Ergebnisse wurden auch für Wasser

Tabelle 18

Werte für die Dauerfestigkeitsgrenze (σ_{-1}) und den Koeffizienten der Dauerfestigkeit (β) von Stahl IIIX.15[1]

Gruppe	Medium	Nach unseren Messungen			Nach den Messungen von I. W. KUDRJAWZEW		
		σ_{-1} [kg/mm²]	β [%]	Temp. des Mediums [°C]	σ_{-1} [kg/mm²]	β [%]	Temp. des Mediums [°C]
I	Luft	95	100	+20	84,5	100	+20
	Heptan	96.1	101	+30	—	—	—
II	Wasser	35,1	37	+30	15	18	+100
III	Mineralöl	92,6	97,5	+50	62,2	73,6	+100
	Öl MC + 2% $C_{17}H_{33}COOH$	84,7	89	+50	—	—	—
	Azeton	—	—	—	83,5	99	−75

[1] Die Dauerfestigkeitsgrenze wurde bestimmt: in Luft Lastspielzahl $N = 5 \cdot 10^6$; in Wasser bei $N = 2 \cdot 10^7$ u. in Öl bei $N = 10^7$. Die angegebenen Temperaturen sind Mittelwerte. Es wurde Mineralöl der Marke MC verwendet.

erhalten; bei unseren Versuchen erreichte die Herabsetzung der Dauerfestigkeit bei einer Temperatur von 30° einen Wert von 53%, bei Versuchen von KUDRJAWZEW, die bei 100° und einer kleineren Lastspielzahl durchgeführt wurden, einen Wert von 82%.

Aus dieser vergleichenden Betrachtung folgt, daß die Adsorptions- und Korrosionsermüdung bei einer Erhöhung der Temperatur gesteigert wird. Das hängt damit zusammen, daß eine erhöhte Temperatur die elektrochemischen Prozesse beschleunigt und damit die Korrosion fördert, und außerdem nimmt die Chemisorption zu, das zieht eine Erhöhung des Adsorptionseffektes nach sich. Unter Verwendung der Versuchsergebnisse der Stähle 20 X, 40 X und IIIX-15 wurden die in Abb. 65, 79 und 80 dargestellten Ermüdungskurven für drei typische Medien aufgestellt, und zwar für Luft, für Wasser und für aktiviertes Öl (Öl MC

[1] Der von KUDRJAWZEW untersuchte Stahl IIIX-15 wurde bei 830° gehärtet und anschließend bei 150° angelassen. Die Festigkeit des untersuchten Stahls betrug $H_{RC} = 59-64$ und die Festigkeitsgrenze $\sigma_B = 264{,}7$ kg/mm². Die Dauerfestigkeitsgrenze lag bei $N = 3 \cdot 10^6$ Belastungsfolgen.

+ 2% $C_{17}H_{33}COOH$). Die Kurven der Adsorptionsermüdung (in den Abb. 65, 79 und 80 durch die Ziffer 3 gekennzeichnet), d. h. die im grenzflächenaktiven Medium erhaltenen Ermüdungskurven und die in Luft erhaltenen Kurven zeigen einen analogen Verlauf. Bei 1 bis 4 Millionen Belastungsfolgen nähern sich die für die untersuchten Stähle aufgestellten Kurven asymptotisch einer parallel zur Abszissenachse verlaufenden Geraden. Deshalb kann man bei diesen Kurven leicht die Dauerfestigkeitsgrenze bestimmen. Dieser Kurvenverlauf nach einer bestimmten Anzahl von Belastungsfolgen wird dadurch erklärt, daß die von der

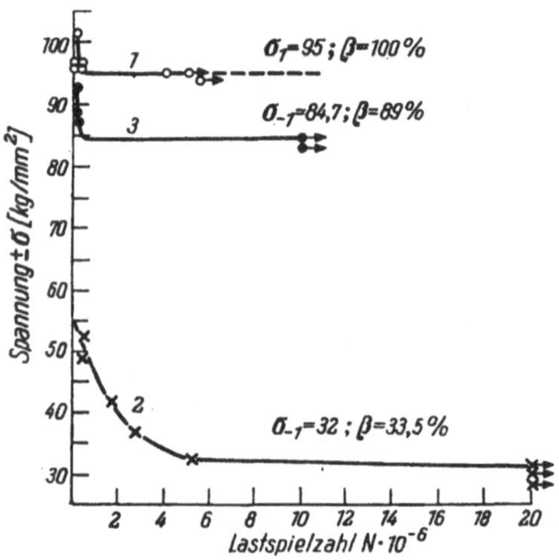

Abb. 79. Ermüdungskurven geschliffener Proben aus dem Stahl IIIX-15 (Martensit-Struktur), die in folgenden Medien untersucht wurden: *1* — in Luft; *2* — in destilliertem Wasser; *3* — in aktiviertem Öl (Öl MC + 2% Ölsäure). Die Prüfungen wurden an dem Gerät NU bei einer Frequenz von 2840 U/min ausgeführt

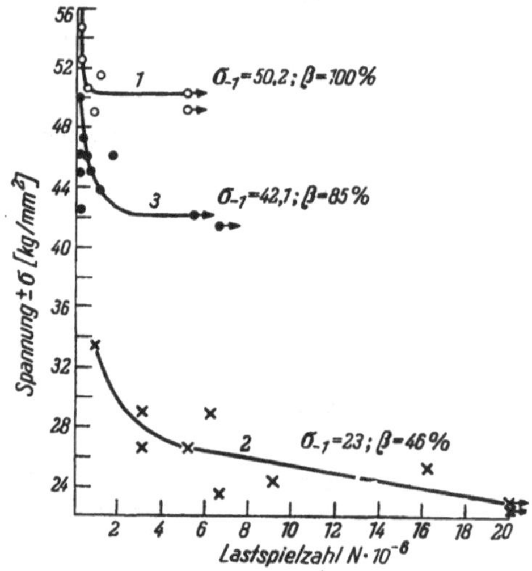

Abb. 80. Ermüdungskurven geschliffener Stahlproben (40 X) mit Sorbit-Struktur; geprüft: *1* — in Luft; *2* — in destilliertem Wasser; *3* — in aktiviertem Öl (Öl MC + 2% Ölsäure)

Zeit abhängigen Faktoren, die die Dauerfestigkeit herabsetzen, vollkommen fehlen. Außerdem liegen für die gleiche Stahlsorte die Kurven stets unterhalb der, die in Luft erhalten werden, jedoch ist die Zone der begrenzten Dauerfestigkeit infolge der abkühlenden Wirkung des Mediums oft stärker ausgedehnt.

Bei Korrosionsermüdung nähern sich die Ermüdungskurven (wie aus den Abb. 65, 79 und 80 zu ersehen ist; diese sind durch die Ziffer 2 gekennzeichnet) zum Unterschied von den in inaktiven oder in grenzflächenaktiven Medien erhaltenen Kurven nicht asymptotisch einer Geraden, die parallel zur Abszissenachse verläuft, sondern nehmen ständig mit unterschiedlichem von der Stahlsorte abhängigen Neigungswinkel ab (vgl. Abb. 81). Deshalb ist die Dauerfestigkeit des Stahls in korrosiven Medien eine Funktion der Zeit, in der das Metall in dem betreffenden Medium periodisch belastet wird, d. h. es ist $\sigma = \sigma(\tau)$, wobei τ die Zeit ist.

Auf Grund dieser Ergebnisse kann man den Schluß ziehen, daß die Form der Ermüdungskurven Auskunft über den Einfluß des Mediums auf die Dauerfestigkeit gibt und eine Unterscheidung zwischen Adsorptions- und Korrosionsermüdung zuläßt. Es sei bemerkt, daß die nach der Form der Kurven vorgenommene Charakterisierung der Ermüdungsprozesse vom physikalisch-chemischen Gesichtspunkt aus nicht streng gültig ist. Jedoch hat diese Charakterisierung der Ermüdungsprozesse eine große praktische Bedeutung, weil man hierdurch Prozesse unterscheiden kann, die einmal nur eine begrenzte Dauerfestigkeit beim Fehlen der Ermüdungsgrenze besitzen und die zum anderen eine genau definierte Dauerfestigkeitsgrenze haben. Auf der Grundlage der an Chromstählen gefundenen Daten kann man die Abhängigkeit der in verschiedenen Medien bestimmten Dauerfestigkeitsgrenze dieser Stähle von ihrer Festigkeitsgrenze und ihrer Härte (Abb. 82, 83) wie auch die Beständigkeit dieser Stähle gegen Adsorptions- und Korrosionsermüdung in Abhängigkeit von der Festigkeitsgrenze (Abb. 84) und der Härte dieser Stähle (Abb. 85) ableiten.

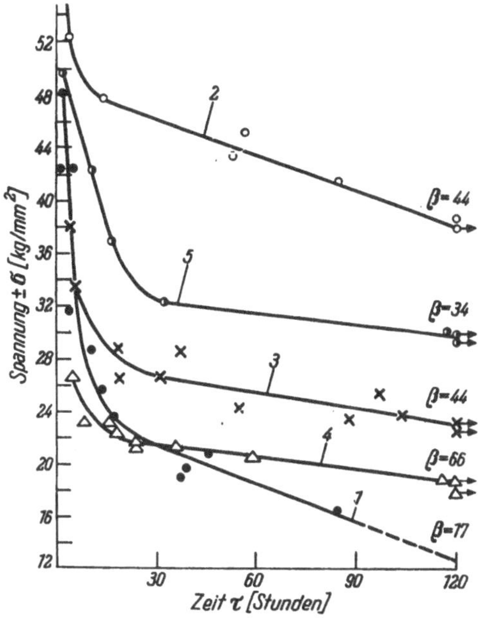

Abb. 81. Korrosionsermüdungskurven von Chromstählen — *1* — Stahl 40 X, Martensit; *2* — Stahl 40 X, Troostit; *3* — Stahl 40 X, Sorbit; *4* — Stahl 20 X, Perlit-Ferrit; *5* — Stahl IIX-15, Martensit

Die Abb. 82 und 83 zeigen, daß mit Vergrößerung der Festigkeit und Härte die in inaktiven und in grenzflächenaktiven Medien gemessene Dauerfestigkeit

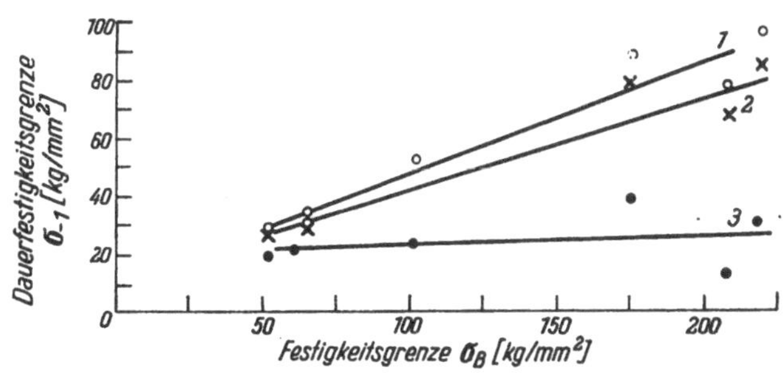

Abb. 82. Die in verschiedenen Medien ermittelte Dauerfestigkeitsgrenze in Abhängigkeit von der Festigkeitsgrenze für Chromstähle *1* — in inaktivem Medium; *2* — im grenzflächenaktiven Medium; *3* — in korrosivem Medium

des Stahls anwächst, während im korrosiven Medium mit zunehmender Festigkeit und Härte die Dauerfestigkeit von Chromstählen praktisch nicht vergrößert wird. Die Widerstandsfähigkeit von Chromstählen gegen Adsorptionsermüdung wird

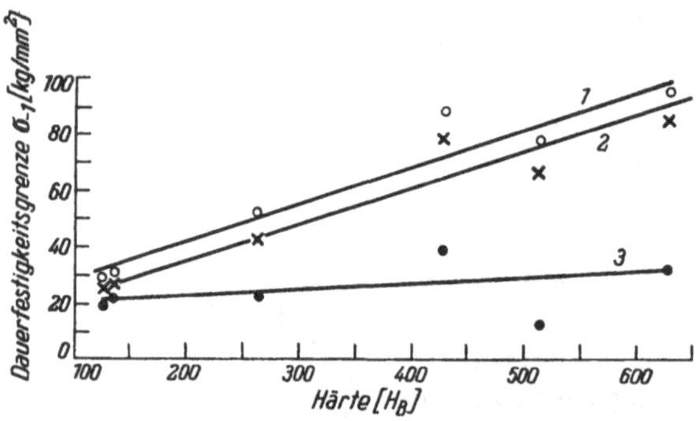

Abb. 83. Die in verschiedenen Medien ermittelte Dauerfestigkeitsgrenze von Chromstählen in Abhängigkeit von deren Härte *1* — im inaktiven Medium; *2* — im grenzflächenaktiven Medium; *3* — im korrosiven Medium

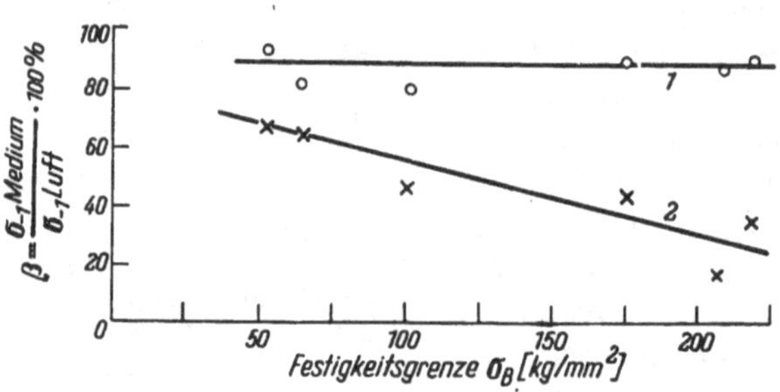

Abb. 84. Die bei Adsorptions- (Kurve *1*) und Korrosionsermüdung (Kurve *2*) auftretende Festigkeit von Chromstählen in Abhängigkeit von der Festigkeitsgrenze

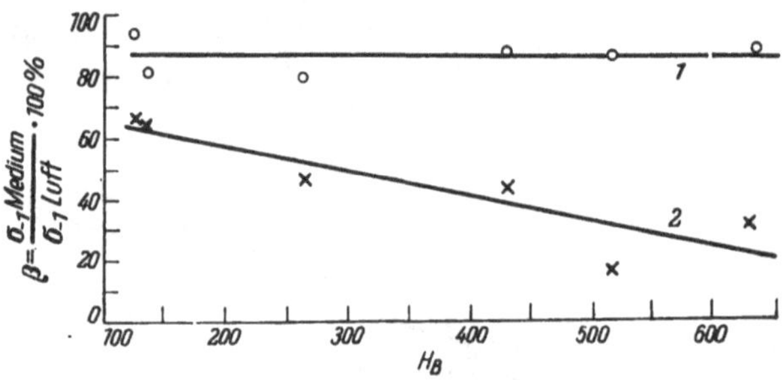

Abb. 85. Die bei Adsorptions- (Kurve *1*) und Korrosionsermüdung (Kurve *2*) auftretende Festigkeit in Abhängigkeit von der Härte H_W

mit zunehmender Härte oder Festigkeitsgrenze praktisch nicht verändert. In korrosiven Medien fällt die Beständigkeit gegen die Korrosionsermüdung mit der Vergrößerung der Festigkeit oder der Härte dieser Stähle (Abb. 84 und Abb. 85).

Die angeführten Diagramme zeigen, daß sich die in grenzflächenaktiven Medien gemessene Erniedrigung der Dauerfestigkeit nur wenig für die einzelnen Stahlsorten verändert und daß sie in keinem Falle von der Festigkeit und von der Härte des Stahls abhängt, während in korrosiven Medien die Zunahme der Härte und der Festigkeit zur Herabsetzung der Dauerfestigkeit führt.

Wie aus der Tabelle 17 zu ersehen ist, hat der Stahl 40 X mit Troostit-Struktur in allen Medien die größte Dauerfestigkeit. Dies erklärt sich daraus, daß infolge der lang andauernden Anlaßzeit die Struktur des Stahls besonders günstigen Bildungsbedingungen ausgesetzt war. Es ist charakteristisch, daß die allgemeine Korrosion in der Mehrzhal der Fälle ihren größten Wert gerade bei der Troostit-Struktur erreicht.[1] Dieser Umstand beweist erneut die Unabhängigkeit der Erscheinungen der Korrosionsermüdung von der allgemeinen Korrosion.

Alle Strukturen des Stahls 40 X haben praktisch die gleiche Widerstandsfähigkeit in bezug auf die Adsorptionsermüdung. Gegen die Korrosionsermüdung ist am wenigsten beständig die Martensit-Struktur, bei ihr wird die Dauerfestigkeit um 83% vermindert. Die Widerstandsfähigkeit im korrosiven Medium wächst mit der Vergrößerung der Anlaßtemperatur, d. h. beim Übergang von der Martensit- zur Perlit–Ferrit-Struktur.

Hervorzuheben ist die Analogie im Verhalten der Stähle in korrosiven Medien (Erniedrigung der Widerstandsfähigkeit gegen Korrosionsermüdung mit zunehmender Härte und Festigkeit des Stahls) und in Luft bei Anwesenheit von Kerbstellen.

Es ist bekannt, daß die beim Vorliegen von Kerben gemessene Festigkeit um so kleiner ist, je härter und fester der Stahl ist. Die für den vorliegenden Fall angenommene Analogie ist nicht rein formal, sondern ist darin begründet, daß in der Endphase des durch Korrosionsermüdung bedingten Bruches die Spannungskonzentration in der Umgebung der scharfen, durch Korrosionsermüdung gebildeten Risse einen beträchtlichen Wert erreicht, da die Risse bereits makroskopische Dimensionen besitzen und tief in das Innere des Metalles hineinreichen.

Von besonderem Interesse ist die plötzlich eintretende Passivierung von Stahlproben in wäßrigen Lösungen von Isoamylalkohol, wobei die Prozesse der Korrosionsermüdung zum Erliegen kommen. Dieser Effekt besitzt offensichtlich allgemeine Bedeutung.

Versuche zeigten, daß in wäßrigen Lösungen von Isoamylalkohol ($C = 0{,}2$ bis 2%) der Prozeß der Korrosionsermüdung vollständig aufhört, obgleich die allgemeine Oberflächenkorrosion des Metalles weiter fortschreitet. Die Ermüdungskurven haben in diesem Fall die Form der Adsorptionsermüdungskurven, d. h., sie besitzen eine deutlich ausgeprägte Dauerfestigkeitsgrenze und ein vergrößertes Gebiet der begrenzten Dauerfestigkeit. Diese Kurvenform sagt vor allem aus, daß ein konstant wirkender und von der Zeit abhängiger Faktor, der die Ermüdung herabsetzt, fehlt, was aber gerade für die Adsorptionsermüdung charakteristisch ist.

---

[1] Es ist bekannt, daß diese Struktur gegenüber anderen sich besser ätzen läßt.

In Abb. 86 sind Ermüdungskurven dargestellt, die bei der Prüfung des Stahls 20 X (Perlit–Ferrit-Struktur) in verschiedenen Medien bestimmt wurden. Die Anwesenheit von Isoamylalkohol in Wasser verändert grundlegend den Charakter des Ermüdungsprozesses, in dem die Faktoren, die für Korrosion verantwortlich sind, beseitigt werden. Die Passivierung hängt weder von der Lastspielfrequenz und der Verweilzeit in einem gegebenen Medium noch von der Natur des Stahls und der Qualität der Oberflächenbearbeitung ab. Der spezifische Charakter der passivierenden Wirkung von Isoamylalkohol folgt daraus, daß die Korrosionsprozesse an der Probenoberfläche nicht aufhören, daß also der Alkohol nur die inneren (neu gebildeten, nicht oxydierten) Oberflächen in den Ermüdungsrissen, die während des Belastungsprozesses entstehen, passiviert. Die Folge ist, daß im

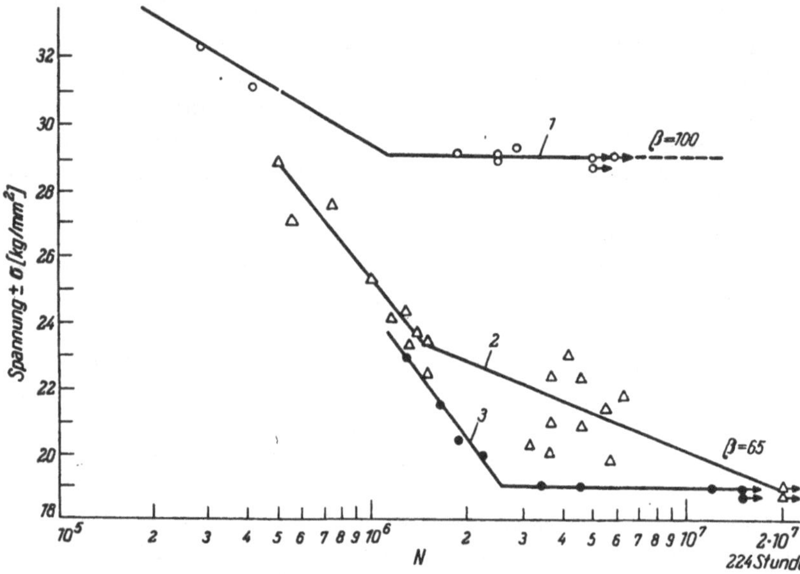

Abb. 86. Passivierende Wirkung von Isoamylalkohol auf Stahl 20 X (Perlit–Ferrit-Struktur) *1* – in Luft; *2* – in Wasser; *3* – in wäßriger Lösung mit 2% Isoamylalkohol

Innern der Risse der Korrosionsprozeß nicht mehr ablaufen kann, die Korrosionsermüdung wird ausgeschaltet und es bleibt übrig die Erniedrigung der Dauerfestigkeit durch Adsorption, die durch das Eindringen des grenzflächenaktiven, aber chemisch inaktiven Isoamylalkohols in das Innere der Mikrorisse hervorgerufen wird.

Die Größe des Adsorptionseffektes zur Herabsetzung der Dauerfestigkeit hängt in starkem Maße von der Natur des Lösungsmittels und der Konzentration des grenzflächenaktiven Stoffes in der Lösung ab [60]. In Abb. 87 sind Ermüdungskurven dargestellt, die von Stahl 20 X mit Perlit–Ferrit-Struktur in Luft und in 2%igen Lösungen von Isoamylalkohol in Paraffinöl bzw. Wasser aufgenommen wurden. Sowohl die Lösungen von Isoamylalkohol in Wasser als auch die in Öl setzen die Dauerfestigkeit von Stahl herab, allerdings ist diese Erniedrigung in der wäßrigen Lösung viel größer als in der Ölphase. Die Adsorption des grenzflächenaktiven Stoffes aus einem polaren Lösungsmittel, das selbst schon aktiv ist, führt zu wesentlich höheren Adsorptionseffekten als bei Adsorption aus einem Kohlenwasserstoff, d. h. aus einem unpolaren und inaktiven Lösungsmittel [61].

Ein analoges Ergebnis wurde auch erhalten, wenn man als grenzflächenaktives Lösungsmittel das Öl MC benutzt und als Lösungskomponente Ölsäure auswählt. In Abb. 88 sind die bei der Prüfung der gleichen Stahlsorte 20 X erhaltenen Ergebnisse dargestellt. Durch Paraffinöl wurde die Dauerfestigkeitsgrenze nicht verändert, während das Öl MC die Dauerfestigkeit (etwa um 3,5%) etwas verringert. Gab man 2% Ölsäure zu den genannten Lösungsmitteln, so wurde im Pa-

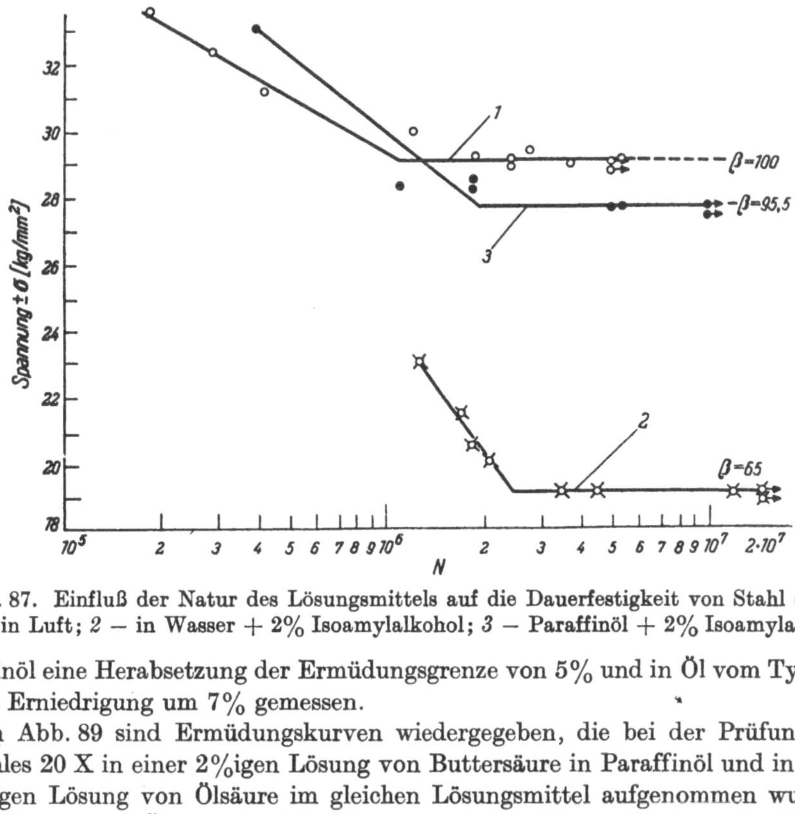

Abb. 87. Einfluß der Natur des Lösungsmittels auf die Dauerfestigkeit von Stahl (20 X) *1* – in Luft; *2* – in Wasser + 2% Isoamylalkohol; *3* – Paraffinöl + 2% Isoamylalkohol

raffinöl eine Herabsetzung der Ermüdungsgrenze von 5% und in Öl vom Typ MC eine Erniedrigung um 7% gemessen.

In Abb. 89 sind Ermüdungskurven wiedergegeben, die bei der Prüfung des Stahles 20 X in einer 2%igen Lösung von Buttersäure in Paraffinöl und in einer 2%igen Lösung von Ölsäure im gleichen Lösungsmittel aufgenommen wurden. Der Zusatz von Ölsäure bewirkt eine wesentlich stärkere Abnahme der Dauerfestigkeit (beinahe um das 3fache) als der von Buttersäure. Hieraus ist zu ersehen, daß die Grenzflächenaktivität des gelösten Stoffes, die mit zunehmender Länge der Kohlenwasserstoffkette des Moleküls anwächst, die Adsorptionsermüdung in Übereinstimmung mit den allgemeinen Adsorptionsgesetzmäßigkeiten beeinflußt, und zwar je größer die Grenzflächenaktivität der Moleküle ist (d. h. je länger deren unpolare Kohlenwasserstoffkette ist), um so stärker tritt der Adsorptionseffekt in Erscheinung.

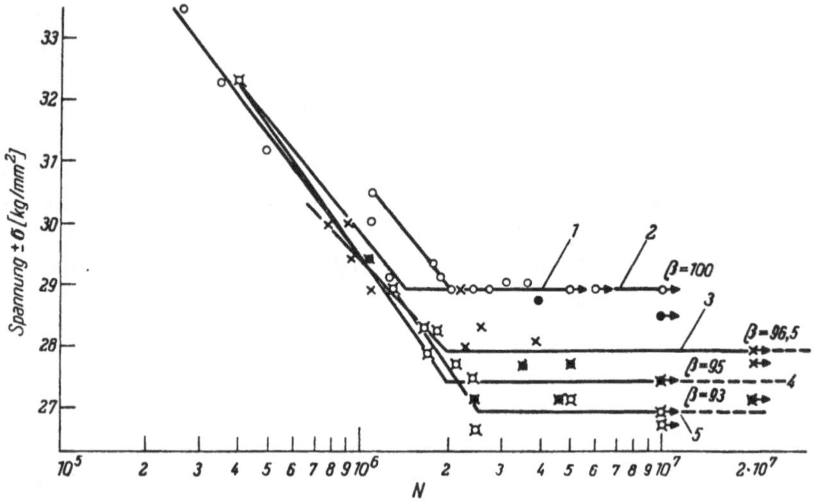

Abb. 88. Einfluß der Natur des Lösungsmittels auf die Dauerfestigkeit von Stahl (20 X) *1* – in Luft; *2* – in Paraffinöl; *3* – in dem Öl MC; *4* – in Paraffinöl + 2% Ölsäure; *5* – in dem Öl MC + 2% Ölsäure

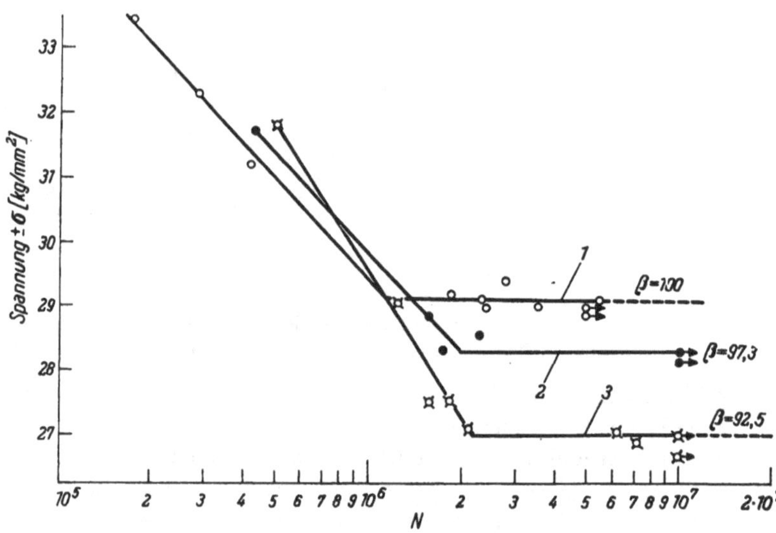

Abb. 89. Einfluß der Grenzflächenaktivität des gelösten Stoffes auf die Dauerfestigkeit von Stahl 20 X *1* – in Luft; *2* – in Paraffinöl + 2% Buttersäure; *3* – in Paraffinöl + 2% Ölsäure

Zur Deutung des Einflusses der Konzentration grenzflächenaktiver Stoffe auf die Herabsetzung der Dauerfestigkeit des Stahls wurden für die Untersuchungen als Lösungsmittel inaktives Paraffinöl, das Öl MC und destilliertes Wasser verwendet. Als grenzflächenaktive Stoffe wurden ausgewählt Palmitylalkohol, Ölsäure und Isoamylalkohol.

In diesen Medien wurden Proben des Stahles 20 X (Perlit–Ferrit-Struktur), des Stahles 40 X (Troostit-Struktur) und des Stahles IIIX-15 (Martensit-Struktur) geprüft.[1]) Kriterium für den Einfluß der Konzentration auf die Dauerfestigkeit wurde die relative Erniedrigung der Dauerfestigkeitsgrenze in einem gegebenen Medium in bezug auf den in Luft gemessenen Wert verwendet:

$$\frac{\sigma_{-1}\,(\text{Luft}) - \sigma_{-1}\,(\text{Medium})}{\sigma_{-1}\,\text{Luft}}\,100 = 100 - \beta\,.$$

Die Versuchsergebnisse sind in Tabelle 19 angeführt. Aus Tabelle 19 ist zu ersehen, daß in einer 0,1%igen Lösung von Palmitylalkohol in inaktivem Paraffinöl die Dauerfestigkeitsgrenze des Stahls 40 X mit Troostit-Struktur um etwa 6% abnimmt. Eine Steigerung der Konzentration dieses Stoffes bewirkte keine weitere Änderung der Dauerfestigkeit.

Tabelle 19

Relative Erniedrigung der Dauerfestigkeitsgrenze in Abhängigkeit von der Konzentration des grenzflächenaktiven Stoffes

Medium		Konzentration des gelösten Stoffes in %	$(100 - \beta)$ %			
Lösungsmittel	Gelöster Stoff		Stahl 20 X Perlit-Ferrit	Stahl IIIX.15 Martensit	Stahl 40 X Troostit	Stahl 40 X Sorbit
Paraffinöl	Palmitylalkohol $C_{16}H_{33}OH$	0,0	0,0	–	0,0	–
		0,1	–	–	6,0	–
		0,5	–	–	6,0	–
		1,0	3,0[1])	–	6,0	–
	Ölsäure $C_{17}H_{33}COOH$	0,0	0,0	–	–	–
		0,1	2,0	–	–	–
		1,0	3,5	–	–	–
		2,0	5,2	–	–	–
Öl MC	dto.	0,0	3,5	2,5	–	–
		0,2	–	9,8	–	–
		2,0	7,0	11,0	11,5	15,0
		4,0	10,0	18,5	–	–
		8,0	–	17,0	–	–
Wasser	Isoamylalkohol $(C_5H_{11}OH)$	0,0	44,0	63,0	56,5	54,0
		0,2	–	–	–	44,0
		2,0	30,0	–	–	48,0

[1]) Ermittelt bei einer Lastspielfrequenz von 1500 Perioden in der Minute.

[1]) Die Proben hatten einen Durchmesser von 7,62 mm. Die Prüfung wurde mit dem Gerät NU durchgeführt. Die Lastspielfrequenz betrug 3000 Perioden in der Minute. Die Dauerfestigkeitsgrenze wurde im Kohlenwasserstoff-Medium bei 10^7, in Wasser bei $2 \cdot 10^7$ und in Luft bei $5 \cdot 10^6$ Belastungsfolgen erreicht.

Bei Verwendung von Ölsäure in inaktivem Paraffinöl wurde die Änderung der Dauerfestigkeitsgrenze des Stahls 20 X (Perlit–Ferrit-Struktur) bis zu einer Konzentration von 2% verfolgt. Im Lösungsmittel Öl MC wurde die Änderung der Dauerfestigkeitsgrenze der gleichen Stahlsorte bis zu Ölsäurekonzentrationen von etwa 4% und für den Stahl IIIX-15 (Martensit-Struktur) bis zu 8% verfolgt. In den Abb. 90 und 91 sind für die genannten Fälle die Diagramme dargestellt, die die Herabsetzung der Dauerfestigkeitsgrenze in Abhängigkeit von der Konzentration beschreiben.

Abb. 91 zeigt die Erniedrigung der Dauerfestigkeitsgrenze des Stahls IIIX-15 von Ölsäure gelöst im Öl MC. Im vorliegenden Fall nimmt die Dauerfestigkeitsgrenze bis zu Konzentrationen von etwa 4 bis 5% ab. Eine Steigerung der Konzentration auf 8% hatte keinen Einfluß mehr auf die Aktivität des Mediums. Beim Vergleich der mit Palmitylalkohol und mit Ölsäure durchgeführten Versuche zeigt sich die interessante Tatsache, daß im ersten Fall das Maximum des Effektes

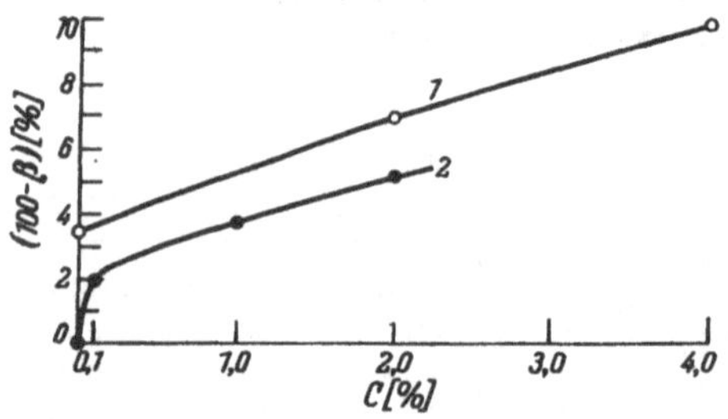

Abb. 90. Einfluß der Ölsäurekonzentration auf die Erniedrigung der Adsorptionsermüdungsfestigkeit von Stahl 20X: *1* – Öl MC + Ölsäure; *2* – Paraffinöl + Ölsäure

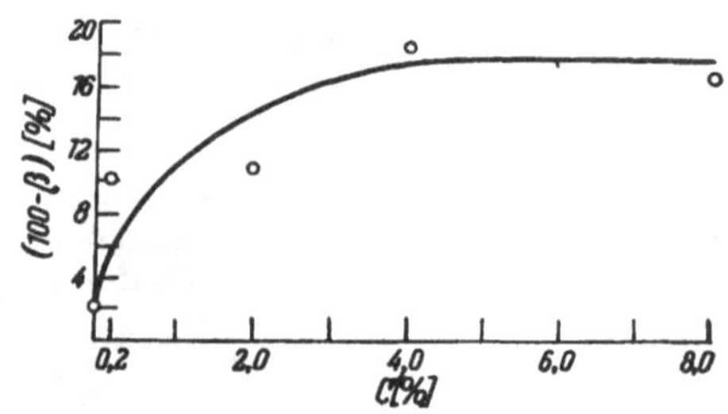

Abb. 91. Einfluß der Ölsäurekonzentration auf die Erniedrigung der Adsorptionsermüdungsfestigkeit von Stahl IIIX-15

bei kleinen Konzentrationen erreicht wird, während im zweiten Fall die Dauerfestigkeitsgrenze mit der Konzentration abnimmt, und zwar bis zu Konzentrationen von 5 bis 8%. Als Erklärung hierfür wird angenommen, daß im ersten Fall ein reiner Adsorptionsermüdungsprozeß auftritt, der durch reversible physikalische Adsorption hervorgerufen wird, während im zweiten Fall Chemisorption möglich ist, durch die die Menge des grenzflächenaktiven Stoffes, der am Prozeß beteiligt ist, erheblich vergrößert wird. Im letzten Fall beobachtet man also einen Adsorptionsermüdungsprozeß, der durch die Chemisorption überlagert wird. Trotzdem handelt es sich um einen Adsorptionsprozeß, da die für ihn charakteristischen Erscheinungen vorherrschen. Bestätigt wird diese Annahme auch durch den Verlauf der Ermüdungskurven, die eine genau bestimmbare Dauerfestigkeitsgrenze besitzen.

Eine große praktische Bedeutung besitzt die Fragestellung, wie die Dauerfestigkeit von Stahl durch Schmierstoffe beeinflußt wird. Schmiermittel besitzen praktisch keine korrodierenden Eigenschaften, deshalb sollte man bei den in diesen Medien ausgeführten periodischen Belastungsprozessen Adsorptionsermüdung erwarten [62], die von der Grenzflächenaktivität der Schmiermittel abhängen muß.

Da die Grenzflächenaktivität der verschiedenen Schmierstoffe nicht gleich ist, muß man praktisch die Herabsetzung der Dauerfestigkeitsgrenze des Stahls in den verschiedenen Medien bestimmen. Zu diesem Zweck wurde die Dauerfestigkeitsgrenze einer Reihe von Chromstählen in dem Öl MC in bereits verbrauchtem Öl MC, in einer Mischung aus dem Öl MC und Ölsäure, in Rizinusöl und in den konsistenten Schmiermitteln Solidol und Konstalin bestimmt. Die Ergebnisse dieser Untersuchungen sind in Tabelle 20 angeführt.

Tabelle 20

Die Ermüdungsgrenze von Stählen in Schmierstoffen
n = 3000 Perioden/Minute

Medium Luft	Stahl 20 X Perlit-Ferrit geschliffen		Stahl 40 X Perlit-Ferrit poliert		Stahl 40 X Sorbit abgedreht		Stahl IIIX-15 Martensit geschliffen	
	σ_{-1} [kg/mm²]	β [%]	σ_{-1} [kg/mm²]	β [%]	σ_{-1} [kg/mm²]	β [%]	σ_{-1} [kg/mm²]	β [%]
Luft	28,9	100	31,4	100	49,4	100	95	100
Öl MC	27,9	96,5	29,0	92,5	—	—	92,6	97,5
Öl MC (verbraucht)	—	—	29,0	92,5	—	—	—	—
Öl MC durch 0,2% Ölsäure aktiviert	26,9	93	25,5	81,5	41,8	85	84,7	89
Rizinusöl	—	—	—	—	41,3	84	—	—
Solidol	—	—	—	—	—	—	89,7	94,5
Konstalin	—	—	—	—	—	—	89,5	94,5

Wie aus Tabelle 20 zu ersehen ist, setzte das zur Schmierung dienende Mineralöl MC in reiner Form nur wenig die Dauerfestigkeitsgrenze der verschiedenen Stähle herab (maximal um 7,5%). Bei einer Aktivierung dieses Öles mit 2% Ölsäure wurde die Ermüdungsgrenze des Stahls 40 X (Perlit–Ferrit-Struktur) um 18,5% herabgesetzt. Das bereits gebrauchte Öl MC zeigte denselben Einfluß auf die Grenze der Dauerfestigkeit wie frisches Öl. Der Einfluß des gebrauchten Öles auf die Ermüdungsfestigkeit ist ohne Zweifel von besonderem Interesse. Das Öl, das in Flugzeugmotoren verwendet wird, verändert sich im Motor bereits in 20 Arbeitsstunden und wird dann ausgewechselt, da jedoch während dieser Zeit ständig neues Öl zufließt, liegt zur Zeit des Ölwechsels eine Mischung aus bereits gebrauchtem und neu hinzugegebenem Öl vor. Öl, das einige Stunden im Motor gelaufen ist, unterscheidet sich sehr deutlich von frischem Öl. Es wird schwarz und nach kurzer Zeit treten kleine Kohlenstoffteilchen im Öl auf.

Die Dichte des verbrauchten Öles ist größer geworden, während die Zähigkeit sowohl größer als auch kleiner sein kann. Der Gehalt an Säuren hat zugenommen, und zwar bei Mineralölen, die durch Behandeln mit Säure gereinigt wurden, nur unbedeutend, und bei Ölen, die einer Selektivreinigung unterworfen wurden, in beträchtlichem Maße. Die Änderung der Eigenschaften der Öle hängt von der Art des verwendeten Motors, von der Qualität des Brennstoffes und von der Benutzungsdauer ab. Papok und Ragosin [63] nehmen an, daß sich das verbrauchte Öl nach der Entfernung seiner mechanischen Verunreinigungen in seinen physikalisch-chemischen Daten nur sehr wenig von dem frischen Öl unterscheidet. Als

Erklärung hierfür nimmt man an, daß nach der 20stündigen Laufzeit des Motors von dem zu Beginn zugegebenem Öl fast alles verbrannt ist, d. h., daß das Öl nur eine sehr kurze Zeit der Wirkung der hohen Temperatur (80 bis 200°) im Motor standhält. Außerdem vertreten die genannten Autoren die Ansicht, daß im Motor eine Oxydation des Öles erfolgt, ein Vorgang, der vor allem durch die Bildung lackähnlicher Deckschichten auf den Kolben und anderen Teilen des Motors wahrscheinlich gemacht wird. Und zwar wird das fest an den Wandungen haftende dünne Ölhäutchen oxydiert, das in dieser Form noch nach längerer Zeit an den betreffenden Stellen nachgewiesen werden kann.

Das in Form dünner Häutchen auf den inneren Motorflächen haftende oxydierte Öl müßte zweifellos eine Vergrößerung des Adsorptionseinflusses auf die Dauer-

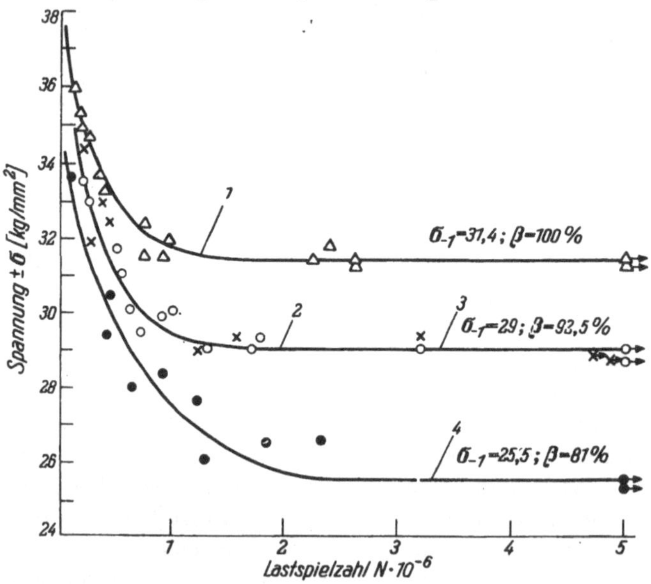

Abb. 92. Ermüdungskurven polierter Proben aus Stahl 40 X (Perlit–Ferrit-Struktur), untersucht in folgenden Medien: *1* – Luft; *2* – Öl MC; *3* – verbrauchtes Öl MC; *4* – im Öl MC + 2% Ölsäure; die Lastspielfrequenz betrug 2840 pro Minute

festigkeit der Motorteile hervorrufen. Unsere Versuche zeigten hingegen, daß das zurückgebliebene verbrauchte Öl die gleiche Grenzflächen- und Korrosionsaktivität besitzt, da es den gleichen Einfluß auf die Dauerfestigkeit des Stahles wie das frische Öl zeigte, das noch nicht im Motor verwendet wurde. Dieses Ergebnis bestätigt die Schlußfolgerungen von Papok und Ragosin, daß nämlich die physikalisch-chemischen Eigenschaften des Öles unverändert sind und deshalb eine Regenerierung möglich ist.

In Abb. 92 sind Ermüdungskurven für den Stahl 40 X (Perlit–Ferrit-Struktur) dargestellt, die die Wirkung des Öles MC, des verbrauchten Öles MC und des mit 2% Ölsäure aktivierten Öles MC auf die Dauerfestigkeit der genannten Stahlproben veranschaulichen [60].

Zur Untersuchung des Einflusses von Schmiermitteln organischen Ursprungs auf die Dauerfestigkeit von Stahl wurde von uns das in der Technik am meisten verbreitete Rizinusöl verwendet. In diesem Öl wurde der Stahl 40 X (Sorbit-Struktur) untersucht, wobei die Probenoberfläche mit einer Feinheit abgedreht wurde, die der 4. Bearbeitungsstufe entspricht. Das Rizinusöl setzte die Dauerfestigkeitsgrenze dieses Stahls um 16% herab.

Vergleicht man den Einfluß von Mineral- und Pflanzenölen auf die Dauerfestigkeit, so zeigt sich, daß das letzte Öl bedeutend stärker die Dauerfestigkeit des Stahls herabsetzt. Diese Tatsache wird verständlich auf Grund der großen Grenzflächenaktivität des Rizinusöles und seiner besseren Schmiereigenschaften im Vergleich zu den Ölen mineralischen Ursprungs.

Der Einfluß von Schmiermitteln hoher Konsistenz (Solidol und Konstalin) auf die Dauerfestigkeit von Metallproben wurde an dem Stahl IIIX-15 untersucht. Aus diesem Stahl hergestellte Kugellager werden häufig mit diesen konsistenten Schmiermitteln eingefettet, wenn sie durch periodische Druckbelastungen beansprucht werden, wobei Konstalin für hochbeanspruchte Kugellager und Solidol bei geringeren Belastungen verwendet wird (bei hoher Umdrehungszahl der Kugellager werden gewöhnlich flüssige Schmiermittel verwendet).

Wie aus Tabelle 20 zu entnehmen ist, setzten die beiden Schmiermittel hoher Konsistenz die Dauerfestigkeitsgrenze des Stahls IIIX-15 um gleiche Beträge herab. Die Erniedrigung ist nicht sehr groß, doch muß man hierbei die große Haltbarkeit der Kugellager berücksichtigen und deshalb bei der Berechnung der Lebensdauer der Kugellager den Einfluß des Schmiermittels einkalkulieren.

3. Qualitative Veränderungen von Stahl bei den Prozessen der Adsorptions- und Korrosionsermüdung

Ermüdungsprozesse, die in Luft oder auch in Kohlenwasserstoffen bei gleichzeitiger Anwesenheit grenzflächenaktiver Stoffe ablaufen, haben keinen Einfluß auf die äußere Form der untersuchten Proben. Unter diesen Bedingungen tritt keine sichtbare plastische Verformung auf, die die Form und die Abmessungen der Proben verändern; auch chemische Reaktionen, die eine Oberflächenoxydation hervorrufen, die Farbe der Probe verändern usw., werden nicht beobachtet.[1]) Die in korrosionsaggressiven Medien ablaufenden Ermüdungsprozesse liefern ebenfalls keine sichtbare plastische Verformung, jedoch entsteht im Verlauf dieser Prozesse eine mehr oder weniger dicke Oxidschicht auf der Oberfläche der Probe. Dabei werden entweder die gesamte Oberfläche der Probe oder nur einzelne Bezirke mit einer Oxidhaut überzogen. Das hängt ab von der Aggressivität des Mediums und den Eigenschaften des Stahls.

Wie von uns gezeigt wurde, üben periodische Spannungen praktisch keinen Einfluß auf die Intensität der normalen Korrosion aus; auch ist der durch Korrosion bedingte Gewichtsverlust der Proben, die einmal mit und einmal ohne Be-

[1]) Eine Änderung der Farbe kann in Luft bei hochfrequenten Überlastungsprozessen eintreten, weil sich dabei die Probe stark erwärmt.

lastung im Medium gedreht wurden, in beiden Fällen gleich, obwohl bekannt ist, daß ein Metall im angeregten Zustand ein niedrigeres Elektrodenpotential besitzt, so daß die Korrosionsprozesse unter diesen Bedingungen mit größerer Intensität ablaufen müßten [64]. Diese mikroplastischen Verformungen führen in Abhängigkeit von der Größe der periodisch wirkenden Spannung und der Zeit der Einwirkung entweder zur Verfestigung oder zur Beseitigung der Verfestigung in stark gespannten Volumenelementen der Metalle. Die Verfestigung geht im Bereich eines Kristalliten unter Einfluß der plastischen Verschiebungen und der damit verbundenen Verzerrungen des Kristallgitters vor sich. Im polykristallinen Metall werden die Erscheinungen der Verfestigung durch die Wechselwirkung der Kristallite, durch eine Störung ihrer Gleichgewichtslagen, durch deren Zerkleinerung während der Verformung usw. sehr viel komplizierter.

Eine Verminderung der Festigkeit geht im Metall vor sich, wenn die Fähigkeit zu einer weiteren Verfestigung verschwindet, wenn die Störungen des Gitters, die die Verfestigung hervorrufen, zu inneren Brüchen und zur Auflockerung der Kristallite in Richtung der Gleitebenen führen in Übereinstimmung mit dem von Afanasjew [65] entwickelten Schema.

Bei den Ermüdungserscheinungen gehen beide Prozesse, die Verfestigung und die Verminderung der Festigkeit im Volum der polykristallinen Aggregate, gleichzeitig vor sich, d. h., beide Prozesse sind überlagert. Bei lang andauernden Einwirkungen von periodisch auftretenden Spannungen, kleiner oder gleich der Dauerfestigkeitsgrenze, überwiegt die Verfestigung, die eine große Zahl von Kristalliten erfaßt und zur Erhöhung der statischen Festigkeit, zur Herabsetzung der Plastizität, zur Vergrößerung der Dauerfestigkeit und zur Erniedrigung der Grenzdämpfung (bzw. zur Verkleinerung der Hysteresisschleife) führt.

Liegen die Spannungen oberhalb der Dauerfestigkeitsgrenze, so überwiegt in der Anfangsperiode die Verfestigung, jedoch mit Vergrößerung der Lastspielzahl treten die festigkeitsmindernden Faktoren immer mehr in den Vordergrund. An besonders schwachen Stellen der polykristallinen Aggregate treten Keime von Ermüdungsrissen auf, deren Zahl von der Größe der periodisch einwirkenden Spannung (bzw. von dem Überlastungskoeffizienten) abhängt. Nach der Ausbildung dieser amikroskopischen Risse erfährt gewöhnlich einer eine bevorzugte Entwicklung, die dann zum Bruch der Metallprobe führt.

Die Untersuchungen der qualitativen Veränderungen im Stahl bei Ermüdungsuntersuchungen in adsorptions- und korrosionsaktiven Medien wurden in drei Richtungen durchgeführt: 1. die mikroskopische Untersuchung der Daueranrisse, die Bestimmung der Verfestigung oder der Verminderung der Festigkeit durch Ermittlung der Mikrohärte; 2. die mechanische Untersuchung der Veränderung der statischen Festigkeit von Stahl [66] und 3. die Untersuchung des Einflusses der in Luft und im grenzflächenaktiven Medium ausgeführten Trainierung auf die Grenze der Dauerfestigkeit des Stahls.

Bei den mikroskopischen Untersuchungen von Schliffproben, die aus dem Stahl 20 X (Perlit-Ferrit-Struktur) und dem Stahl 40 X (Sorbit-Struktur) hergestellt wurden und die bei den periodischen Belastungsprozessen in Luft und im

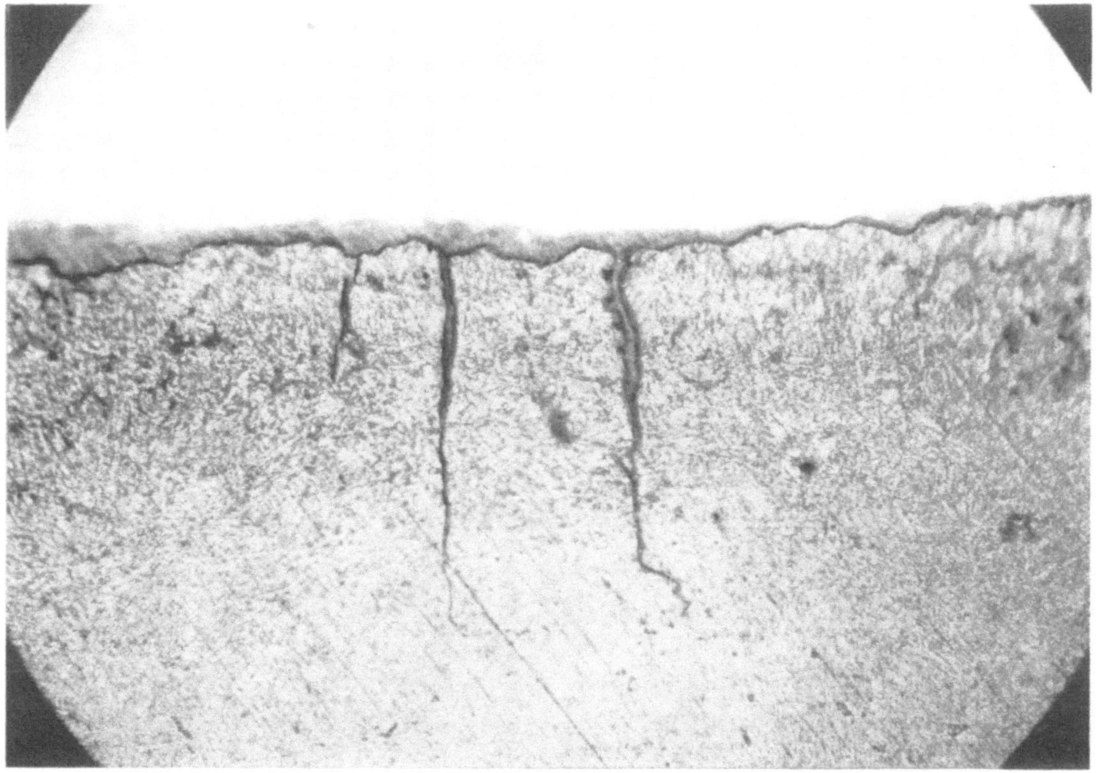

Abb. 93. Photographische Abbildung einer Stahlprobe (40 X, Sorbit-Struktur), die an der Dauerfestigkeitsgrenze $20 \cdot 10^6$mal in Wasser periodisch belastet wurde. Auf dem Querschliff sind die durch Korrosion bedingten Daueranrisse zu beobachten. Vergrößerung 500fach

aktivierten Öl MC z. T. zu Bruch gingen[1]) und z. T. erhalten blieben, konnten weder Risse noch irgend welche anderen Veränderungen im Metall nachgewiesen werden. Das gleiche Ergebnis wurde auch bei den periodischen Belastungsversuchen in einer 2%igen wäßrigen Isoamylalkohollösung erhalten.

Bei der mikroskopischen Untersuchung von aus der gleichen Stahlsorte hergestellten Schliffproben, die in einen korrosivem Medium periodisch belastet wurden, trat eine große Zahl von Rissen auf, die durch Korrosionsermüdung entstanden sind und senkrecht zur Probenoberfläche verlaufen.[2]) Diese Risse wurden sowohl bei den zerbrochenen als auch bei den noch unversehrten Proben nach Ablauf von $100 \cdot 10^6$ Belastungsfolgen beobachtet, wobei die angreifenden Spannungen 66% der zum Bruch führenden Grenzspannung betrugen. Es ist interessant, daß im Querschnitt der Probe keine Risse festgestellt werden konnten [54].

Bei grobkristallinen Stählen (Perlit–Ferrit-Struktur) hatten die durch Korrosion bedingten Dauerrisse eine wurzelähnliche Ausbreitung (von der Öffnung des Anfangsrisses gehen viele kleine Risse ab), bei feinkristallinen Stählen (Sorbit-Struktur) lag gewöhnlich nur ein unverzweigter senkrecht zur Probenoberfläche verlaufender Riß vor.

In Abb. 93 ist die Photographie eines im Längsschnitt dargestellten Schliffes wiedergegeben. Die betreffende Probe aus Stahl 40 X (Sorbit-Struktur) war bei einer Beanspruchung von $20 \cdot 10^6$ Belastungsfolgen, die an der entsprechenden Dauerfestigkeitsgrenze in Wasser vorgenommen wurde, noch nicht zu Bruch gegangen. Die mittlere Tiefe des Risses beträgt 40 bis 80 μ, in einzelnen Fällen dehnen sich die Risse bis zu einer Tiefe von 100 bis 150 μ aus. In den Öffnungen der Risse, die eine Breite von 1 bis 4 μ erreichen, kann man eine Anhäufung von Korrosionsprodukten beobachten, die bis zu einer Tiefe von $^1/_4$ bis $^1/_5$ der gesamten Spaltlänge eingedrungen sind.

Neben den durch die Korrosion hervorgerufenen Daueranrissen beobachtet man eine Erniedrigung der Mikrohärte in einer Zone von 10 bis 20 μ auf beiden Seiten des Risses.

Führt man periodische Belastungsprozesse in Luft oder in einem grenzflächenaktiven Medium (Lösung von Isoamylalkohol in Wasser oder im aktivierten Öl MC) durch, so sind die im Stahl vor sich gehenden qualitativen Veränderungen sowohl bei periodischen Überlastungsprozessen ($K_0 > 1$) als auch bei den an der Dauerfestigkeitsgrenze ($K_0 = 1$) durchgeführten Belastungsprozessen überaus

---

[1]) Bei Proben des Stahls 40 X (Sorbit-Struktur) kamen auf eine Länge von 1 cm 12 bis 16 Risse.

[2]) Zum besseren Vergleich der Metalleigenschaften bezieht man die Grenzdämpfung auf die Energie der maximalen elastischen Verformung, die auf das Metall bei der periodischen Belastung übertragen wird. Die hierdurch erhaltene Größe wird als Grenzdämpfung oder als Zerstreuungskoeffizient ψ für die periodische Belastung bezeichnet. Dieser Koeffizient ist gleich

$$\psi = \Delta E / E \approx 2\,\vartheta\,,$$

wobei E die maximale Energie der elastischen Verformung, ΔE der irreversibel verloren gegangene Teil der Energie und ϑ das logarithmische Dekrement für die Schwingungsdämpfung ist.

klein und können mit den üblichen metallographischen Methoden nicht nachgewiesen werden.

Ganz anders liegen die Dinge in korrosiven Medien. Hier treten erhebliche qualitative Veränderungen im Metall auf. Sowohl bei den zu Bruch gegangenen als auch bei den unversehrten Proben bestehen diese in der Bildung von Rissen und in der Verminderung der Härte des Metalles in der Umgebung dieser Risse.

Ein Einfluß periodischer Belastungsprozesse auf die mechanischen Eigenschaften von Stahl (bei statischen Zerreißprüfungen) wurde bisher weder in Luft noch in grenzflächenaktiven Medien beobachtet [66]. Es war von Interesse, zunächst den Einfluß periodischer Belastungsvorgänge auf die Dauerfestigkeit des Stahls für die verschiedenen Medien aufzuklären. Es ist bekannt, daß eine länger dauernde periodische Belastung einer Stahlprobe in Luft bei Spannungen, die unterhalb oder in der Größenordnung der Fließgrenze liegen, zu einem Ansteigen der Fließgrenze führt. Liegen jedoch die periodisch einwirkenden Spannungen oberhalb der Dauerfestigkeitsgrenze, so wird sehr häufig eine Verminderung der Festigkeit des Metalles festgestellt, d. h. eine Herabsetzung der Dauerfestigkeitsgrenze, obwohl sich auch in diesem Fall die Dauerfestigkeit der Probe erhöhen kann, wenn für den Belastungsprozeß die entsprechenden Bedingungen ausgewählt werden.

Die Erhöhung der Dauerfestigkeitsgrenze durch einen länger dauernden periodischen Belastungsprozeß, und zwar bei Spannungen, die zunächst unterhalb der Fließgrenze liegen und während der Belastung allmählich erhöht werden, wird Trainierung genannt. Auf diese Weise gelang es Moore [67], die Dauerfestigkeitsgrenze für weiche Stähle um 25% zu erhöhen. Gough [68] beschrieb ebenfalls eine Erhöhung der Dauerfestigkeitsgrenze bis zu einem Wert von 30% durch längere Trainierung. Diese maximale Erhöhung wurde nach $524 \cdot 10^6$ Belastungsfolgen bei langsamer Erhöhung der periodisch einwirkenden Spannung in Schritten von 1 bis 1,5% erreicht. Untrainierte Proben widerstehen einer Belastung, die der Dauerfestigkeitsgrenze der trainierten Probe entspricht, nicht sehr lange und zerbrechen schon bei 177000 Belastungsfolgen. Bei den Untersuchungen von Gough stellte sich heraus, daß sich nicht alle Metalle im gleichen Maße durch Trainierung beeinflussen lassen. So wird z. B. die Dauerfestigkeitsgrenze von gehärteten Stählen, von Armco-Eisen und Kupfer auch nach längerer Trainierung nicht verändert.

Von uns wurde der Einfluß grenzflächenaktiver Stoffe auf die Trainierung untersucht. Zu diesem Zweck wurden angelassene Proben aus Stahl 20 X einer längeren periodischen Belastung in Öl MC unterworfen, das mit 2% Ölsäure aktiviert war.

Die Trainierung begann durch periodische Belastung der Probe auf der Ermüdungsmaschine NU bei Spannungen, die unterhalb der Dauerfestigkeitsgrenze des entsprechenden Mediums lagen. Nach $20 \cdot 10^6$ Belastungsfolgen wurden die Spannungen im Mittel um 1% (etwa 0,52 kg/mm²) erhöht. Nach diesem Schema wurde die Probe bis zum Eintreten des Bruches weiterbehandelt. Der Prozeß der Trainierung ist anschaulich aus Abb. 94 zu ersehen.

Wie aus Abb. 94 hervorgeht, wurde als Ergebnis der Trainierung eine Verfestigung (d. h. die Erhöhung der Dauerfestigkeitsgrenze im Vergleich zur Dauerfestigkeitsgrenze einer untrainierten Probe für das betreffende Medium) nach $240 \cdot 10^6$ Belastungsfolgen in Luft von 5% und im grenzflächenaktiven Medium von 12% erreicht. Das zeigt, daß im grenzflächenaktiven Medium die Trainierung beschleunigt wird, d. h. daß in diesem Medium die Verfestigung als Ergebnis der periodischen Belastung viel intensiver ist als in Luft.

Eine Erklärung hierfür ist in der Vergrößerung der Zahl der Versetzungen bei der Verformung im grenzflächenaktiven Medium gegenüber der Verformung in Luft zu suchen [69]. Im grenzflächenaktiven Medium führen alle Versetzungen zu einer geringen Verfestigung, die mit Zunahme der Zahl der Belastungsfolgen sich langsam steigert, während in Luft die Verfestigung sehr schnell anwächst und

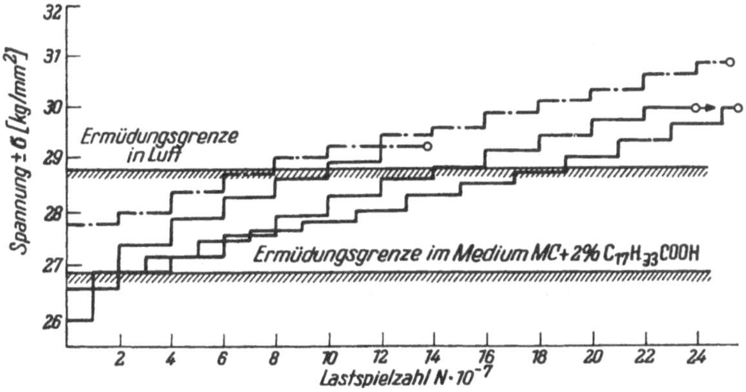

Abb. 94. Die Erhöhung der Dauerfestigkeit von Weichstahl 20 X als Ergebnis der Trainierung. Die ausgezogene Kurve erhält man bei der Trainierung der Probe in mit 2% Ölsäure aktiviertem Öl MC, die punktierte Kurve bei der Trainierung in Luft

deshalb an den einzelnen Stellen des verformten Metalles Versetzungen unter Bildung von Brüchen auftreten.

Proben, die auf den Prüfmaschinen nach einer Korrosionsermüdung zu Bruch gingen, besaßen eine große Zahl von Daueranrissen, die sich bei der Dehnung öffneten und in einer Vorzugsrichtung orientiert waren. Es gelang der Nachweis, daß sowohl bei der Dehnung als auch bei der Verdrillung der zuvor im Korrosionsmedium periodisch belasteten Proben die Daueranrisse stets senkrecht zur Normalspannung orientiert sind, die auf die Proben bei den periodischen Belastungsprozessen eingewirkt hatte. Die Untersuchungen der Veränderungen im Metall unter Einfluß der durch Adsorption und Korrosion bedingten Ermüdungsprozesse führten zu dem eindeutigen Ergebnis, daß ein wesentlicher Unterschied zwischen diesen Veränderungen besteht. Bei den Adsorptionsermüdungsprozessen gehen alle Erscheinungen in Mikrobezirken vor sich, deren Abmessungen noch unter der Korngröße liegen, während die Ermüdungsprozesse unter Einfluß der Korrosion zu Erscheinungen führen (besonders im letzten Entwicklungsstadium), die bereits einen makroskopischen Charakter besitzen und den bei Anwesenheit von Kerbstellen auftretenden Erscheinungen ähnlich sind. Die durch die Korrosion entstandenen Daueranrisse sind zweifelsohne Stellen mit höherer Spannung, die große Zahl der Risse verhindert jedoch eine stark überhöhte Spannungskonzentration an diesen Rissen.

Hierbei muß man den wesentlichen Unterschied zwischen dem Einfluß der spannungsüberhöhten Stellen (die durch mechanische Bearbeitung, z. B. durch Feilen erzeugt werden) auf die Brucherscheinungen und der unter dem Einfluß der Korrosion entstandenen Daueranrisse beachten. Dieser Unterschied besteht darin, daß die Ausbildung des Bruchvorganges im ersten Fall nur unter Einfluß einer äußeren Belastung vor sich geht, während im zweiten Fall zu der äußeren Belastung noch die „innere" hinzukommt, die in dem Daueranriß als Ergebnis physikalisch-chemischer Prozesse (Adsorptions- und Korrosionsprozesse) entsteht. Deshalb ist es unmöglich, die Korrosionsermüdungsprozesse bei der Bildung von Rissen als Überspannungsphänome anzusehen. Charakteristisch ist die Tatsache, daß eine Bruchstelle, die durch periodisch wirkende Kräfte an einem kreisförmigen Einschnitt entstanden ist, sich erheblich von der durch Korrosionsermüdung entstandenen Bruchstelle unterscheidet. Im ersten Fall erhält man eine ebene matt aussehende Bruchstelle von feinkörniger Beschaffenheit, im zweiten Fall dagegen eine Bruchstelle in mehreren Ebenen.

4. Die Adsorptions- und Korrosionsermüdung von Stahl in Abhängigkeit von der Bearbeitungsstufe der Oberfläche

In adsorptions- und korrosionsaktiven Medien wurden Ermüdungsprüfungen von Stahlproben durchgeführt, die durch Abdrehen, Schleifen und Polieren verschieden feine Oberflächen erhalten hatten. Die Ergebnisse dieser Untersuchungen widerlegen eindeutig die Annahme, daß in Korrosionsmedien die Dauerfestigkeit des Stahls in jedem Falle um so höher ist, je einwandfreier die Oberfläche der Probe ist (d. h., je geringer die auf der Oberfläche befindlichen Unebenheiten sind). Die bei Untersuchungen in Luft gesammelten Erkenntnisse ließen sich nicht auf das korrosive Medium übertragen.

Die Versuche wurden wieder mit der Maschine NU bei 3000 Belastungsfolgen pro Minute und mit der Mocreschen Maschine bei 10000 Belastungsfolgen pro Minute durchgeführt. Gemessen wurde in Wasser, in einer 2%igen wäßrigen Isoamylalkohollösung, in Öl MC und in einem mit 2% Ölsäure aktiviertem Öl MC. Die Ergebnisse sind in Tabelle 21 zusammengestellt.

Aus der Tabelle ist zu ersehen, daß die Dauerfestigkeitsgrenze von Stahlproben mit einer hohen Oberflächengüte unter Einfluß korrosions- und adsorptionsaktiver Medien bedeutend stärker herabgesetzt wird als die von grobbearbeiteten Proben.

Hieraus folgt, daß durch Drehen bearbeitete und periodisch belastete Teile einer Maschine beim Arbeiten im korrosiven oder grenzflächenaktiven Medium fester sein können als kostspieligere geschliffene oder polierte Teile. Die Dauerfestigkeit geschliffener Proben aus Stahl 20 X beträgt z. B. in Luft 100% und in Wasser 66%, von abgedrehten Proben dagegen beträgt sie in Wasser 80%, d. h., die Korrosionsermüdungsfestigkeit liegt bei abgedrehten Proben um 14% höher

Tabelle 21

Einfluß der Oberflächenbearbeitung auf die Adsorptions- und Korrosionsermüdung von Stählen[1])

Stahl	Medium	relative Erniedrigung der Dauerfestigkeitsgrenze in %		
		abgedrehte Proben, Bearbeitungsstufe 4	geschliffene Proben, Bearbeitungsstufe 9	polierte Proben, Bearbeitungsstufe 10
20 X, Perlit + Ferrit	Wasser	16	34	—
	Wasser + 2% $C_5H_{11}OH$	15,5	30	—
	Öl MC + 2% $C_{17}H_{33}COOH$	2,2	7	—
40 X, Sorbit	Öl MC + 2% $C_{17}H_{33}COOH$	15	—	20
	Wasser + 2% $C_5H_{11}OH$	44	—	55
45² Rohling	Öl MC	2,5	2,4	—
kohlenstoffhaltiger Rohling = 49 kg/mm² ²)	Wasser + 2% $C_5H_{11}OH$	15	25	—

¹) Zur Bestimmung der Dauerfestigkeitsgrenze betrug die Lastspielzahl für Luft $5 \cdot 10^6$ für Wasser und für eine 2%ige Lösung von Isoamylalkohol $20 \cdot 10^6$ Perioden.

²) Die Werte der Dauerfestigkeitsgrenze wurden mit der Mooreschen Maschine bestimmt.

als bei geschliffenen Proben; in einer Lösung von Isoamylalkohol beträgt dieser Wert 10% usw. Auf Grund dieser Resultate ergibt sich die Möglichkeit einer erheblichen Einsparung an Mitteln, da die kostspieligen Feinbearbeitungsmethoden zur Erhöhung der Festigkeit fortfallen können. Die Herabsetzung der Dauerfestigkeit von Stahl in Luft mit der Vergrößerung der Oberflächenrauhigkeit läßt sich durch die Konzentrierung der Spannung in den Vertiefungen des Oberflächenreliefs erklären. Es ist offensichtlich, daß in flüssigen Medien, in denen eine Korrosions- und Adsorptionsermüdung eintritt, der Einfluß dieser Spannungsanhäufung im Vergleich zur Luft verringert wird.

Der gleichzeitige Einfluß der flüssigen Medien und der Spannungskonzentration auf die Dauerfestigkeit von Stahl ist in der Literatur nur wenig beschrieben worden. Es besteht die Ansicht, daß die korrodierende Wirkung des Mediums den Einfluß der Spannungskonzentration vergrößert [70], doch liegen auch in der Literatur Untersuchungsergebnisse vor, nach denen Korrosionsmedien die Ermüdungsgrenze nicht herabsetzen, wenn in den Prüfstücken eine durch Punktschweißung hervorgerufene Spannungsanhäufung vorliegt [71]. Um den Einfluß der korrosions- und grenzflächenaktiven Medien auf die Dauerfestigkeit von Stahlproben mit Spannungskonzentration aufzuklären, wurden in unserem Laboratorium Versuche mit den Stählen 20 X und 40 X durchgeführt. Die Spannungskonzentration wurde in den Proben durch Herausdrehen einer ringförmigen Kerbe erzeugt.

Hierzu wurden 20 mm dicke Proben vom Stahl 20 X mit Perlit–Ferrit-Struktur verwandt, deren Oberfläche bis zur Bearbeitungsstufe 9 geschliffen war. Die Proben wurden dann mit einer ringförmigen Kerbe versehen, deren Krümmungsradius $r = 1$ mm betrug. Zusammen mit Proben ohne Kerbstelle wurden diese auf dem im Institut für Baumechanik der Akademie der Wissenschaften der

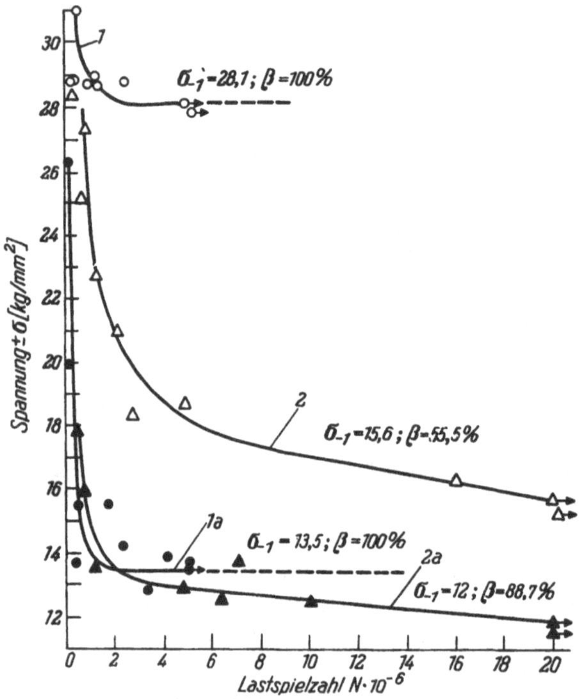

Abb. 95. Ermüdungskurven von Proben ohne und mit Kerbstellen aus Stahl 20 X in folgenden Medien: *1* und *1a* – in Luft; *2* – und *2a* in Leitungswasser

UdSSR konstruierten Ermüdungsmaschine untersucht. An die vermutete Bruchstelle (ringförmige Kerbe) wurde tropfenweise das flüssige Medium (Wasser und 2%ige Ölsäure in MC-Öl) herangebracht. Die Versuchsergebnisse sind in den Abb. 95 und 96 graphisch dargestellt.

Analoge Versuche wurden mit Proben aus dem Stahl 40 X durchgeführt. Diese Messungen wurden mit der Ermüdungsmaschine NU vorgenommen. Die verwendeten Prüfstücke der Bearbeitungsstufe 9 hatten einen Durchmesser von 8 mm und waren mit einer ringförmigen Kerbe versehen, deren Krümmungsradius 0,5 mm betrug. Die Proben wurden in einer Wanne mit Wasser der Belastung ausgesetzt. Die hierbei erhaltenen Ermüdungskurven sind in Abb. 97 dargestellt.

Wie aus Abb. 95 zu ersehen ist, wurde unter Einfluß des korrosiven Mediums die Dauerfestigkeit von Stahlproben (20 X) ohne Kerbstelle bei einer Lastspielfrequenz von $20 \cdot 10^6$ Perioden/Min. um 44,5% ($\beta = 55{,}5\%$) herabgesetzt, während die relative Erniedrigung der Dauerfestigkeit von Proben mit Kerbstelle im

Korrosionsmedium im ganzen nur 113% ($\beta = 88{,}7\%$) betrug. Stahl 40 X lieferte analoge Ergebnisse: Die relative Erniedrigung der Dauerfestigkeit glatter Proben unter Einfluß des korrosiven Mediums war größer ($100 - \beta = 15\%$) als bei Kerbstäben ($100 - \beta = 9\%$, Abb. 97).

Der Einfluß eines grenzflächenaktiven Mediums auf die Dauerfestigkeit einer Stahlprobe ohne Kerbe war ebenfalls größer als der Einfluß desselben Mediums

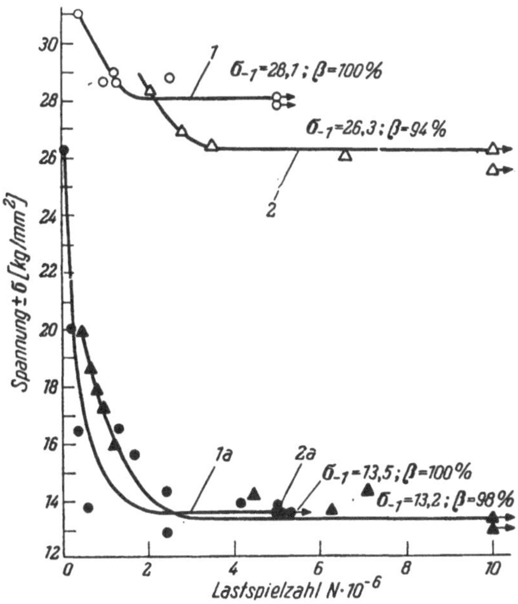

Abb. 96. Ermüdungskurven von Proben ohne und mit Kerbstellen aus Stahl 20 X in folgenden Medien: *1* und *1a* – in Luft; *2* und *2a* – in dem Öl MC + 2% Ölsäure

auf die Dauerfestigkeit von Stahlproben mit Kerben. Tatsächlich setzte aktiviertes Öl MC die Dauerfestigkeit für glatte Proben um 6% und für Proben mit Kerbstelle um nur 2% herab (Abb. 96).

Aus diesen Versuchen kann man die Schlußfolgerung ziehen, daß bei Adsorptions- und Korrosionsermüdung der Einfluß der Spannungskonzentration auf die Dauerfestigkeit von Stahl kleiner ist als bei den in Luft ablaufenden Ermüdungsprozessen. Folglich findet bei gleichzeitiger Anwesenheit eines aktiven Mediums und von Kerbstellen nicht eine Verstärkung, sondern sogar eine Schwächung statt.

Daraus folgt für die Praxis, daß für Stahlteile, die in flüssigen Medien periodisch belastet werden, Kerbstellen weniger gefährlich sind.

Die in flüssigen Medien erfolgende Herabsetzung des Einflusses einer Spannungskonzentration an Makrokerben (ringförmige Einschnitte) im Vergleich zu den in Luft gemessenen Werten wird dadurch erklärt, daß unter Einfluß des Mediums eine große Zahl von Kerben neu entsteht, die zu einer Entspannung der Probe führen. Tatsächlich vergrößert sich, wie oben nachgewiesen wurde, die Zahl der

Daueranrisse durch die Einwirkung eines korrosiven Mediums. Diese große Zahl von Rissen setzt zweifelsohne die Wirkung einzelner spezieller Spannungsspitzen herab.

Die in flüssigen Medien gemessene Vergrößerung der Dauerfestigkeit einer abgedrehten Probe im Vergleich zu einer geschliffenen läßt sich dadurch erklären,

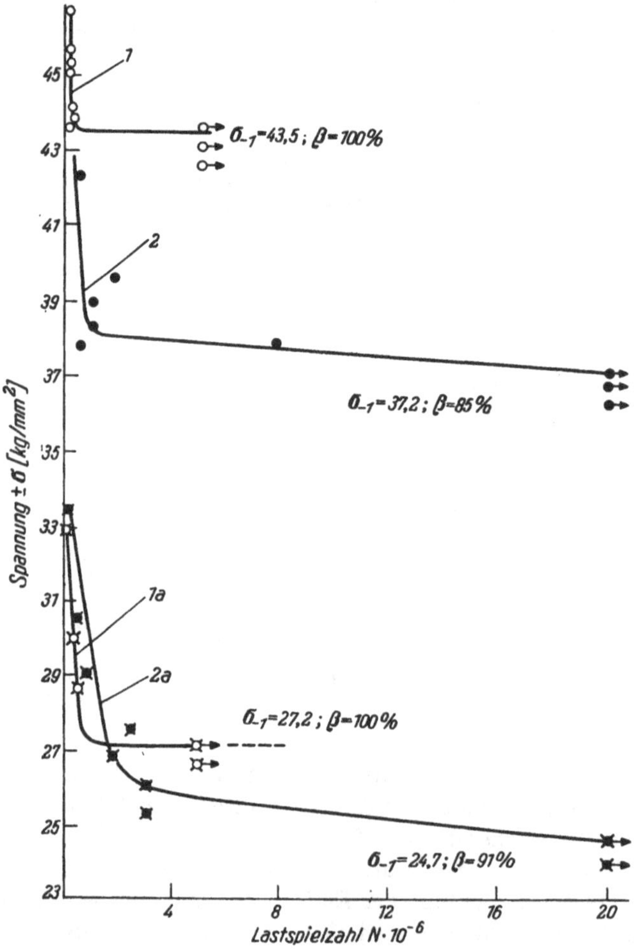

Abb. 97. Ermüdungskurven von Proben ohne und mit Kerbstellen aus Stahl 40 X in folgenden Medien: *1* und *1a* — in Luft; *2* und *2a* — in Wasser

daß sich die Oberflächenschicht von abgedrehtem Stahl in einem günstigeren Spannungszustand befindet. Beim Abdrehen von metallischen Oberflächenschichten bleiben gewöhnlich Eigendruckspannungen übrig, während beim Schleifen besonders Eigendehnungsspannungen auftreten. Deshalb sind die Entwicklungsbedingungen für die Adsorptions- und Korrosionsermüdung auf geschliffenen Oberflächen sehr viel günstiger als auf den abgedrehten.

5. Der Einfluß der Frequenz der Spannungsänderung auf die Dauerfestigkeit von Stahl in flüssigen Medien

Über den Einfluß der Frequenz der Spannungsänderung auf die Dauerfestigkeit von Stahl existiert keine einheitliche Auffassung, soweit es sich um eine im inaktiven Medium (Luft) beanspruchte Probe handelt [72]. Über die Beeinflussung der Dauerfestigkeit von Stahl durch die Frequenz der Spannungsänderung bei einer Belastung im korrosionsaktiven Medium liegen keine ausführlichen Daten vor. In modernen Maschinen hängen die nach der Amplitude wichtigen Lastspielfrequenzen mit den Umdrehungszahlen dieser Maschinen zusammen und liegen in einem Bereich bis etwa 100 Hz. Bei diesen Frequenzen werden gewöhnlich auch die Ermüdungsprüfungen von Metallen ausgeführt. Die zu den Grundschwingungen gehörenden Oberschwingungen können eine Frequenz bis zu 1000 Hz und höher besitzen. Jedoch werden sie normalerweise bei den Ermüdungsprüfungen nicht mehr berücksichtigt, da sie nur sehr kleine Amplituden haben. Der Einfluß hoher Frequenzen mit nur kleinen Amplituden, die der Grundschwingung überlagert sind, ist bisher noch nicht untersucht worden.

Bei der Verformung eines periodisch belasteten Körpers gehen in den verschieden orientierten Kristalliten des Metalles sowohl mikroelastische als auch mikroplastische Verformungen vor sich. Beide Formen der Mikroverformung werden beobachtet, und zwar schon bei sehr kleinen Amplituden. Bekanntlich ist die Ausbreitungsgeschwindigkeit einer elastischen Verformung in dem Kristallit eines Metalles gleich der Schallgeschwindigkeit, während plastische Verformungen sich sehr viel langsamer ausbreiten und außerdem von den Erscheinungen der Verfestigung und der Erholung begleitet werden.

Der Erholungsprozeß ist ein sekundärer Prozeß; er ist dem Verfestigungsprozeß entgegengerichtet und führt zur Beseitigung der bei der Verfestigung erzeugten Störstellen des Gitters, d. h. er vermindert die Zahl der inneren Grenzflächen und ebnet die gebildeten Ultramikrorisse wieder ein. Jeder Erholungsprozeß kann in drei Stadien eingeteilt werden: Das erste ist das kürzeste, es klingt beim Entlasten mit Schallgeschwindigkeit ab und ist mit dem teilweisen Verschwinden der elastischen Spannungen im Kristallit verbunden. Das zweite Stadium ist von längerer Dauer und besteht in der allmählichen Abnahme der inneren Grenzflächen, die während der Verformung entlang der Gleitflächen gebildet werden, und in einer Einebnung der Ultramikrorisse, die unter Einfluß der wirkenden Spannungen in den Kristalliten der Probenoberfläche in Erscheinung treten. Das dritte Stadium ist von sehr langer Dauer und besteht in einem weiteren allmählichen Abbau der Energie der gittergestörten Stellen und in der Wiederherstellung der während der Verformung gestörten zwischenatomaren Verbindung [21].

Deshalb muß auch eine Vergrößerung der Lastspielfrequenz, die zu einer Zunahme der Verformungsgeschwindigkeit führt, die Verfestigung erhöhen und die Möglichkeit der Erholung vermindern; beide Faktoren müssen zu einer Erhöhung der Dauerfestigkeit des Stahls führen. Jedoch muß man hierbei die bei jeder Frequenzerhöhung eintretende Temperaturzunahme berücksichtigen, die in entgegengesetzter Richtung wirkt.

Bei den im inaktiven Medium (Luft) ausgeführten Untersuchungen zur Bestimmung des Einflusses der Lastspielfrequenz auf die Dauerfestigkeit des Stahls wurden stets nur die summarischen Wirkungen der angeführten Faktoren berücksichtigt.

Die nach Literaturwerten gezeichneten Kurven der Abb. 98 zeigen, daß eine Frequenz bis zu etwa 1000 Hz für alle untersuchten Metalle keinen Einfluß auf die Dauerfestigkeitsgrenze ausübt. Bei einer weiteren Zunahme der Frequenz wird dagegen ein mehr oder weniger großer Anstieg beobachtet.

Die Untersuchungen des Einflusses der Frequenz, mit der die Spannung geändert wird, auf die Dauerfestigkeit von Stahlproben wurden von uns in grenzflächenaktiven Medien durchgeführt. Zur Erzeugung eines periodischen Belastungsprozesses dienten Maschinen, die eine reine Biegung der Probe bei symmetrischer Spannungsänderung bewirkten [73]. Die aus verschiedenen Stählen her-

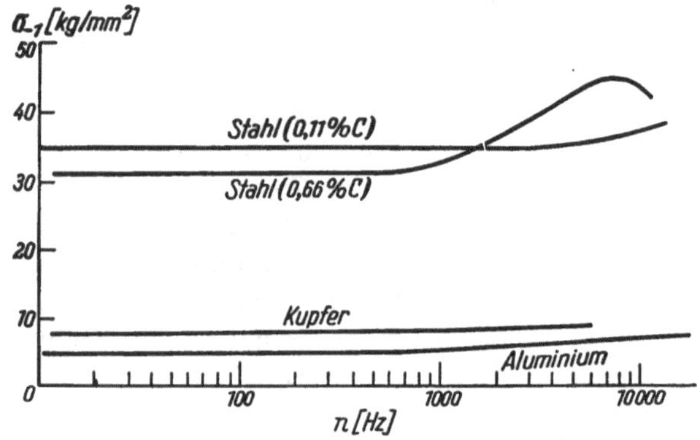

Abb. 98. Der Einfluß der Frequenz der Spannungsänderung auf die Dauerfestigkeitsgrenze von kohlenstoffhaltigem Stahl, von Kupfer und Aluminium

gestellten zylindrischen Proben hatten einen Durchmesser von 7,62 mm und wurden in dem entsprechenden Medium, das sich in einer Wanne befand, bei den Frequenzen 300, 1500, 3000 und 10000 Belastungsfolgen pro Minute geprüft. Die Messungen wurden in einer 2%igen wäßrigen Isoamylalkohollösung, in einer 2%igen Ölsäurelösung in dem Öl MC und die Kontrollprüfungen in Luft durchgeführt.

Für die Untersuchungen wurden folgende Lastspielzahlen zugrunde gelegt: in Luft $5 \cdot 10^6$, im Öl MC + 2% $C_{17}H_{33}COOH$ $10 \cdot 10^6$ und in Wasser +2% $C_5H_{11}OH$ $20 \cdot 10^6$. Bei den Prüfungen schwankte die Temperatur im Bereich von 35° bis 40°.

Die von uns durchgeführten Untersuchungen zeigten, daß in den verwendeten Medien die Dauerfestigkeitsgrenze um so stärker herabgesetzt wird je niedriger die Frequenz der Spannungsänderung ist. Dieser Effekt ist aus Abb. 99 zu ersehen, in der der Einfluß der Frequenz der Spannungsänderung auf die Verringerung der Dauerfestigkeitsgrenze des Stahls dargestellt ist; das Diagramm hat die Koordinaten $\beta - n$, wobei n die Zahl der Belastungsperioden pro Minute ist.

Wie aus der Abbildung zu ersehen ist, wurde die stärkste Erniedrigung der Dauerfestigkeitsgrenze bei den kleinsten verwandten Frequenzen erhalten. Unter diesen Bedingungen erreichte die Erniedrigung der Dauerfestigkeitsgrenze im aktivierten Öl (Kurve *2*) einen Wert von 8% und in einer 2%igen wäßrigen Lösung von Isoamylalkohol für geschliffene Proben einen Wert von 35% (Kurve *3*). Bei den höchsten Frequenzen ($n = 10000$/Minute) wurde im aktivierten Öl keine durch Adsorption bedingte Erniedrigung der Dauerfestigkeitsgrenze festgestellt, dagegen wurde in einer wäßrigen Lösung von Isoamylalkohol die Dauerfestigkeitsgrenze für geschliffene Proben bis zu 7,5% erniedrigt. Ein analoges Verhalten zeigten auch grobbearbeitete Proben (gedrehte Proben, die eine der 4. Klasse ent-

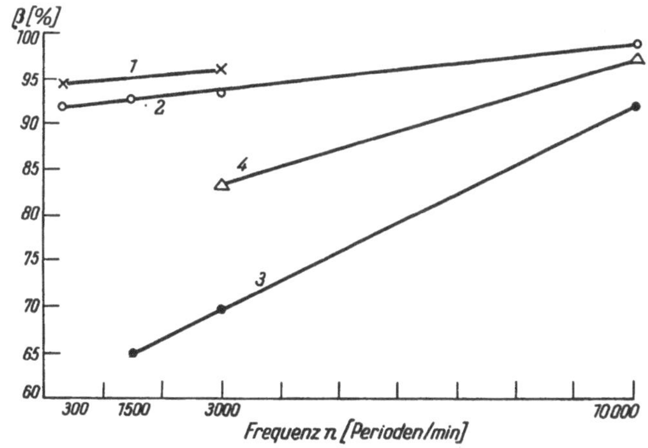

Abb. 99. Der Einfluß der Frequenz der Spannungsänderung auf die Grenze der Dauerfestigkeit von Stahl 20 X unter Bedingungen der Adsorptionsermüdung *1* — im Öl MC; die Probenoberflächen hatten die Bearbeitungsstufe 9 (geschliffen); *2* — im Öl MC + 2% Ölsäure; die gleiche Oberfläche; *3* — in Wasser + 2% Isoamylalkohol; die gleiche Oberfläche; *4* — in Wasser + 2% Isoamylalkohol; die Probenoberfläche hatte die Bearbeitungsstufe 4 (abgedreht)

sprechende Oberflächengüte besaßen, Kurve *4*), wobei der allgemeine Effekt der Erniedrigung der Dauerfestigkeitsgrenze für diesen Fall am kleinsten war.

Der Einfluß der Frequenz der Spannungsänderung auf die begrenzte Dauerfestigkeit des Stahls ist in dem untersuchten Frequenzbereich nicht sehr groß.

Auf Grund dieser Untersuchungen kann man den Schluß ziehen, daß die Frequenz der Spannungsänderung in grenzflächenaktiven Medien (in dem Frequenzbereich, der am häufigsten in der Technik anzutreffen ist) die Dauerfestigkeit des Stahls beeinflußt. Dieser Einfluß äußert sich in einer Herabsetzung der Dauerfestigkeit mit Abnahme der Frequenz, d. h. in einer Vergrößerung des Adsorptionseffektes, der eine Erniedrigung der Festigkeit bewirkt.

Bei hohen Frequenzen können die grenzflächenaktiven Stoffe nicht in die Ultramikrorisse eindringen, die durch den Dehnungsprozeß entstehen. Beim Übergang von Dehnungs- zu Druckspannungen schließen sich die Ultramikrorisse und verhindern dadurch das Eindringen von grenzflächenaktiven Stoffen. Das erklärt auch die Tatsache, daß die untersuchte Kurve für die Abhängigkeit des Adsorptionseffektes von der Verformungsgeschwindigkeit (Abb. 28) in dem untersuchten Frequenzintervall abfällt, wenn man vom Maximum des Effektes ausgeht.

Der Einfluß der Frequenz auf die Dauerfestigkeit im korrosiven Medium wurde an weichem Stahl 20X (Perlit–Ferrit-Struktur) in destilliertem Wasser ($p_H = 6$) bei den Frequenzen $n = 2000$, 3000 und 10000 Perioden/Minute untersucht. Die Lastspielzahl war $20 \cdot 10^6$. Als Kriterium für den Einfluß des korrosiven Mediums auf die Dauerfestigkeit von Stahl diente der Koeffizient der zyklischen Dauerfestigkeit des entsprechenden Mediums. In Abb. 100 ist ein Diagramm dargestellt,

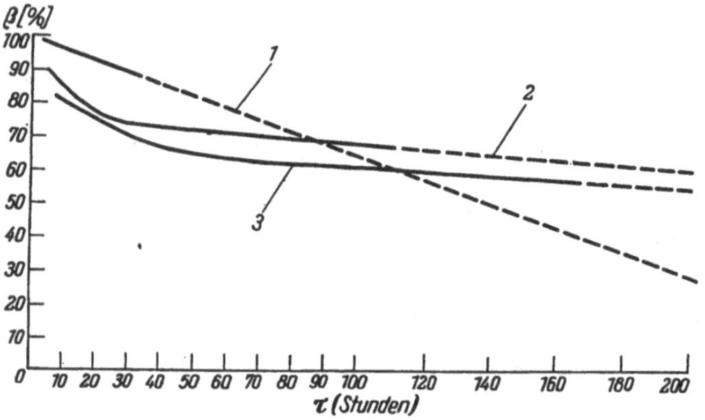

Abb. 100. Der Einfluß der Frequenz der Spannungsänderung auf die Dauerfestigkeit von Stahl 20 X unter Bedingungen der Korrosionsermüdung *1* – Frequenz: $n = 10000$ Perioden/Minute; *2* – Frequenz: $n = 3000$ Perioden/Minute; *3* – Frequenz: $n = 2000$ Perioden/Minute

das die Abhängigkeit der im Korrosionsmedium ausgeführten Belastung von der Zeit wiedergibt, in der das korrosive Medium auf die Stahlprobe einwirkt (τ Stunden). Daraus ist zu ersehen, daß bei kleinem τ die Herabsetzung der Dauerfestigkeit bei hohen Frequenzen geringer als bei niedrigeren Frequenzen ist, ganz analog zu den Messungen in grenzflächenaktiven Medien. Bei einer längeren Einwirkungszeit des korrosiven Mediums auf die Proben tritt eine Veränderung ein, weil die Geschwindigkeit, mit der die Dauerfestigkeit erniedrigt wird, bei hohen Frequenzen größer ist als bei kleinen Frequenzen. Je höher die Frequenz ist, um so höher ist auch der Neigungswinkel der Kurve, d. h., um so höher ist die Geschwindigkeit der Erniedrigung der Dauerfestigkeitsgrenze.

Diese Erscheinung wird dadurch erklärt, daß bei kleinem τ die Erniedrigung der Dauerfestigkeit vor allem durch Einfluß der Adsorption bestimmt wird, während mit zunehmendem τ die Korrosionserscheinungen immer mehr in den Vordergrund treten, die bei hohen Frequenzen sehr viel stärker ausgeprägt sind. Die hohe Frequenz führt zu einer schnelleren Zerstörung der Oxidhäutchen, die die Korrosionsprozesse behindern.

6. Die Veränderungen der Grenzdämpfung des Stahls in verschiedenen Medien

Es ist bekannt, daß neben der Ermüdungsgrenze auch die Grenzdämpfung eine wichtige Kenngröße bei Dauerschwingversuchen darstellt. Diese tritt als charakteristischer Widerstand des Metalles bei Dauerschwingbeanspruchung in Erscheinung [74] und befähigt die Metalle, Schwingungen zu dämpfen. Gemessen wird sie durch die irreversible Energie, die bei einer Belastungsperiode von der Volumeinheit der Metallprobe aufgenommen wird.[1]) Weil die Bedeutung der Grenzdämpfung für den Maschinenbau sehr groß ist, ist auch die Frage von besonderem Interesse, in welcher Weise grenzflächenaktive Stoffe, die fast immer auf der Oberfläche eines periodisch belasteten Metalles in Form einer Schicht von Schmiermitteln, Schmutz usw. anzutreffen sind, auf dieses Metall einwirken.

Die Grenzdämpfung hängt mit der inneren Reibung im Metall zusammen, die wiederum mit der Schwingungsdämpfung in Beziehung steht.

Im inaktiven Medium, z.B. in Luft[2]), geht die Dämpfung der Schwingungen einer Stahlprobe auf Grund des Energieverlustes vor sich, der mit der mikroplastischen Verformung einzelner Kristallite eines polykristallinen Aggregats, d. h. mit den nichtelastischen Erscheinungen, der Hysteresis und der elastischen Nachwirkung verbunden ist.

Im grenzflächenaktiven Medium sind die Erscheinungen der Hysteresis und der elastischen Nachwirkung stärker ausgeprägt (Abschn. 1, Kap. IV), folglich kann man hier eine schnellere Dämpfung der Schwingungen erwarten.

Die zur Untersuchung kommenden Proben aus dem Stahl IIIX–15 sind entweder geschliffen oder poliert und werden vor der Untersuchung sorgfältig mit Aktivkohle behandelt und darauf mit Benzin gereinigt. Danach werden einige Proben mit einer dünnen Schicht aus einer Mischung von 90% Solidol und 10% Ölsäure versehen. Anschließend wurde diese mit Watte abgewischt, so daß auf der Probe nur ein sehr dünner Film des grenzflächenaktiven Mediums zurückblieb. Dadurch blieb die Masse der Probe konstant und die Dämpfung wurde nicht wie in einem zähen Medium beeinflußt. Die so vorbereiteten Proben wurden auf der Maschine von Malaschenko Schwingungen von etwa 300 Hz ausgesetzt. Nach Abschalten der erregenden Kräfte wurden die Dämpfungskurven mit Hilfe einer optischen Vorrichtung photographisch registriert. Aus den Amplituden dieser Kurven wurde für n Amplituden das mittlere logarithmische Dekrement des Abklingvorganges

$$\vartheta = \ln A_i - \ln A_{i+n}/n$$ [3])

---

[1]) Zum besseren Vergleich der Metalleigenschaften bezieht man die Grenzdämpfung auf die Energie der maximalen elastischen Verformung, die auf das Metall bei der periodischen Belastung übertragen wird. Die hierdurch erhatene Größe wird als Grenzdämpfung oder als Zerstreuungskoeffizient ψ für die periodische Belastung bezeichnet. Dieser Koeffizient ist gleich

$$\psi = \Delta E/E \approx 2\delta ,$$

wobei E die maximale Energie der elastischen Verformung, ΔE der irreversibel verloren gegangene Teil der Energie und δ das logarithmische Dekrement für die Schwingungsdämpfung ist.

[2]) Der Energieverlust zur Überwindung des Luftwiderstandes kann vernachlässigt werden.

[3]) Der Wert n wurde mit 40 bis 100 angenommen, weil das Dekrement der Dämpfung für den im gehärteten Zustand geprüften Stahl IIIX–15 sehr klein ist und deshalb eine genaue Ausmessung der Amplituden bei kleinem n nicht möglich ist.

berechnet, wobei A die bei der Dämpfung gemessene Amplitude darstellt. Die Berechnungen zeigten, daß bei gegebener Frequenz für geschliffene und polierte Proben aus Stahl IIIX-15 das logarithmische Dekrement der Schwingungsdämpfung sowohl für freie als auch für die mit grenzflächenaktiven Stoffen bedeckten Oberflächen praktisch gleich ist. Daraus folgt, daß bei kurzzeitiger Einwirkung grenzflächenaktiver Stoffe auf den periodischen Belastungsvorgang von Metallen praktisch kein Einfluß auf die Dämpfung ausgeübt wird.

Es ist bekannt, daß für das Eindringen grenzflächenaktiver Stoffe in die ultramikroskopischen Risse eine gewisse Zeit erforderlich ist. Deshalb wurde von uns

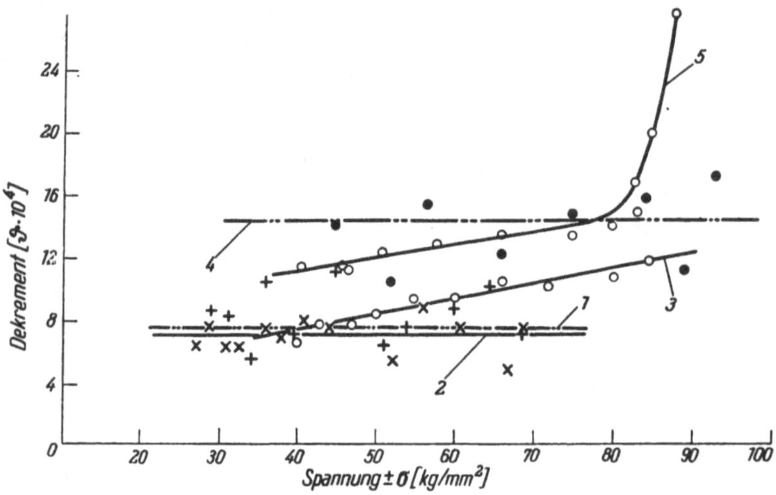

Abb. 101. Einfluß grenzflächenaktiver Stoffe auf die Dämpfung von Schwingungen für Stahl IIIX-15 *1* — in Luft, untrainiert, $\sigma_{max} < \sigma_{-1}$; *2* — in grenzflächenaktivem Medium, untrainiert, $\sigma_{max} < \sigma_{-1}$; *3* — in grenzflächenaktivem Medium, Zahl der Trainierungsperioden $N_T = 10^6$; $\sigma_{max} > \sigma_{-1}$; *4* — in Luft, Zahl der Trainierungsperioden $N_T = 4{,}3 \cdot 10^6$; $\sigma_{max} > \sigma_{-1}$; *5* — in grenzflächenaktivem Medium, Zahl der Trainierungsperioden $N_T = 1{,}3\ 10^6$; $\sigma_{max} > \sigma_{-1}$

der Einfluß grenzflächenaktiver Stoffe auf die Dämpfung nach einer längeren periodischen Belastung der Stahlproben in diesem Medium untersucht. Proben aus Stahl IIIX-15 wurden für die Versuche in der oben beschriebenen Weise vorbereitet und auf der Maschine von Malaschenko belastet. Die angelegten Amplituden entsprachen Spannungen, die gleich groß wie die Ermüdungsgrenze waren, oder etwas darüber bzw. darunter lagen.

Die Dauer der Belastung war bei gegebener Amplitude verschieden und wurde nach der Zahl der Perioden N_T (Zahl der Trainierungsperioden) bewertet. Einige Proben wurden so lange belastet, bis die Eigenfrequenz stark (sprungartig) abfiel, was auf die Bildung der ersten Zerstörungserscheinungen (Lockerung des Gefüges bzw. das Entstehen von Rissen) hinwies und zu einer Änderung der Härte der

Probe führte.[1]) Nach einer bestimmten Zahl von Belastungsfolgen N_T wurden die erregenden Kräfte abgeschaltet, die Dämpfung aufgenommen und das sich aus der Kurve ergebene Dekrement der Dämpfung berechnet.

Die Ergebnisse der Versuche sind in Tabelle 21 und in den Abbildungen 101 und 102 angeführt.

Aus den mitgeteilten Daten ist zu ersehen, daß grenzflächenaktive Stoffe nur bei längerer Schwingbeanspruchung der Proben in dem betreffenden Medium die Dämpfung der Schwingungen beeinflussen. Liegen die einwirkenden Spannungen in der Nähe der Dauerfestigkeitsgrenze, so wird bei längerer Schwingbeanspruchung in Gegenwart grenzflächenaktiver Stoffe einerseits eine Abhängigkeit des Dekrements der Dämpfung von der Amplitude und andererseits eine Vergrößerung des logarithmischen Dekrementes der Dämpfung beobachtet (Abb. 101, Kurven *3* und *5*).

Die Versuche zeigten, daß in Luft das Dekrement der Dämpfung für gehärteten Stahl praktisch konstant bleibt und innerhalb weiter Grenzen von der Schwingungsamplitude unabhängig ist. Zum Unterschied von der im grenzflächenaktiven

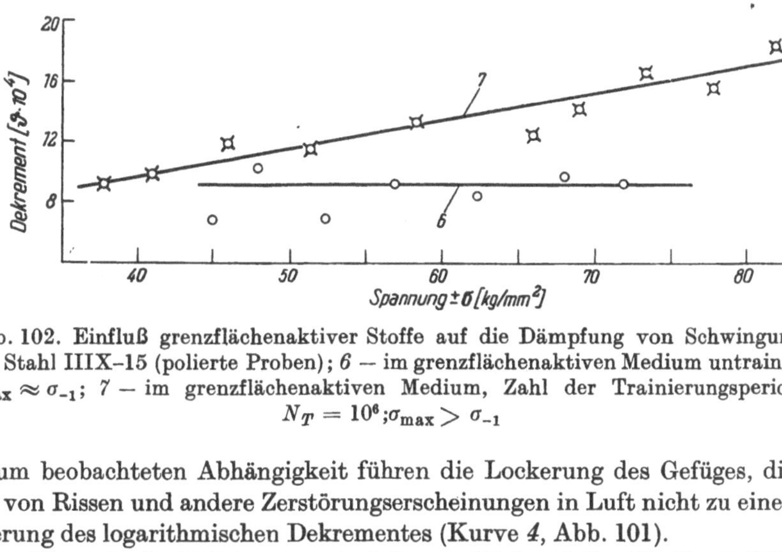

Abb. 102. Einfluß grenzflächenaktiver Stoffe auf die Dämpfung von Schwingungen für Stahl IIIX-15 (polierte Proben); *6* — im grenzflächenaktiven Medium untrainiert, $\sigma_{\max} \approx \sigma_{-1}$; *7* — im grenzflächenaktiven Medium, Zahl der Trainierungsperioden $N_T = 10^6$; $\sigma_{\max} > \sigma_{-1}$

Medium beobachteten Abhängigkeit führen die Lockerung des Gefüges, die Bildung von Rissen und andere Zerstörungserscheinungen in Luft nicht zu einer Vergrößerung des logarithmischen Dekrementes (Kurve *4*, Abb. 101).

Diese Versuche bestätigten erneut, daß grenzflächenaktive Stoffe erheblich die Ermüdungszerstörung beschleunigen. Wie aus Tabelle 22 (Versuche 4 und 5) zu ersehen ist, beschleunigen grenzflächenaktive Stoffe die Bildung der ersten Risse,

[1]) Während der Schwingbeanspruchung wurden in der Maschine von Malaschenko geringe Änderungen der Frequenz beobachtet (normalerweise lagen sie in den Grenzen bis zu einem Hz und konnten mit einer Genauigkeit von einigen Zehntel Hz bestimmt werden). Es war deshalb möglich, einen Generator zu benutzen, der die Dämpfung unter Resonanzbedingungen registrierte. Beim Entstehen des ersten Risses erreichte der Abfall der Eigenfrequenz 4 bis 6 Hz (z. B. von 289 auf 283 Hz). Diese Methode wurde zur Prüfung von gehärtetem Stahl IIIX-15 angewandt, der eine sehr steile Resonanzkurve besaß. So ließen sich beliebige Änderungen der Härte der Probe bestimmen.

und zwar traten diese nach Ablauf von $1,3 \cdot 10^6$ Belastungsfolgen auf, während in Luft die ersten Risse erst nach $4,3 \cdot 10^6$ Folgen in Erscheinung traten.

Tabelle 22

Schwingungsdämpfung von Stahl III–15 in grenzflächenaktivem Medium (a. M.)

	Nr. des Versuches						
	1	2	3	4[1]	5[1]	6	7
	Die Güte der Oberflächen der Proben						
	geschliffen					poliert	
	Medium						
	Luft	a. M.	a. M.	Luft	a. M.	a. M.	a. M.
Zahl der Perioden bei Trainierung N_T	0	0	10^6	$4,3 \cdot 10^6$	$1,3 \cdot 10^6$	0	10^6
Amplitude $2\,A$	52,0	53,0	65,5	74,0	66,0	55,0	65,0
$\sigma_{\max}$ [kg/mm²]	71	72	89	101	90	75	88
$K_0 = \sigma_{\max}/\sigma_{-1}$	0,75	0,93	1,14	107	1,15	0,99	1,13
$\vartheta \cdot 10^4$	7,3	7,1	6,45	14,3	11,32	8,9	9,12
relative Dauerfestigkeit $\psi \cdot 10^4$	14,6	14,2	12,9	28,6	22,64	19,6	18,24

[1]) Die Proben wurden bis zum starken Abfall der Eigenfrequenz belastet.

Bei längerer Schwingungsbeanspruchung der Proben dringen die anwesenden grenzflächenaktiven Stoffe in die ultramikroskopischen Risse ein und beschleunigten dadurch das Wachstum dieser Risse und überführen sie in die sogenannten Daueranrisse. Solche Proben besitzen eine erhöhte innere Reibung. Außerdem verhinderten die Adsorptionsschichten das Schließen der Mikrorisse, und dadurch nehmen die dämpfenden Eigenschaften des Stahls zu, genau wie in Gußeisen vorliegende Risse, die mit Graphit gefüllt sind, die dämpfende Eigenschaften erhöhen.

Die durchgeführten Untersuchungen zeigten, daß grenzflächenaktive Stoffe sowohl die innere Reibung als auch die Grenzdämpfung des Metalles beeinflussen, wobei dieser Einfluß zu einer Vergrößerung der inneren Reibung und der Grenzdämpfung führt. Jedoch tritt er nur nach längerer Schwingbeanspruchung auf bzw. nur dann, wenn die grenzflächenaktiven Stoffe im Verlauf der vorangegangenen Verformung merkbare irreversible Änderungen an dem Probestück hervorgerufen haben.

7. Der Einfluß von Eigenspannungen auf die Adsorptions- und Korrosionsermüdung von Stahl

Der Hauptvorgang bei der Zerstörung von Metallen durch Ermüdung in einem beliebigen Medium ist die Bildung von Daueranrissen während der Schwingbeanspruchung. Die Faktoren, die die Bildung von Daueranrissen begünstigen und deren weiteres Wachstum erleichtern, werden die Dauerfestigkeit der Metalle herabsetzen; umgekehrt werden die Faktoren, die die Bildung dieser Risse erschweren und ihre Entwicklung verzögern, das Anwachsen der Dauerfestigkeit fördern. Der Einfluß adsorptions- und korrosionsaktiver Medien auf die Dauerfestigkeit von Metallen hängt davon ab, in welchem Maße das Entstehen der plastischen Verschiebungen in den am stärksten belasteten Kristalliten bzw. in den Kristalliten mit geringster Festigkeit gewährleistet ist und inwieweit das Wachstum der Hauptdaueranrisse in der Oberflächenschicht der Probe möglich ist. Hierbei muß betont werden, daß der Einfluß des korrosiven Mediums auf die Dauerfestigkeit nur dann eine Rolle spielt, wenn die Korrosion an der inneren Oberfläche der neugebildeten Daueranrisse eintritt. Die Richtigkeit dieser Aussage folgt aus der bekannten Erscheinung, daß anodische Polarisation periodisch belasteter Proben die Korrosion der äußeren Oberfläche um ein Vielfaches erhöht, die Dauerfestigkeit jedoch nicht herabsetzt. Ebenfalls ist bekannt, daß Druckspannungen, die in der Oberflächenschicht der Probe durch Auswalzen bzw. durch Schlag erzeugt werden, zwar die allgemeine Korrosion vergrößern, die Dauerfestigkeit des Metalles im Korrosionsmedium jedoch erhöhen.

Deshalb wird ein beliebiger Faktor, der die Verschiebungsbildung in den Oberflächenkristalliten des Metalles bei Einwirkung äußerer Spannungen erschwert, gleichzeitig die Entwicklung der Adsorptions- und Korrosionseffekte, d. h. die Herabsetzung der Dauerfestigkeit, hemmen. Zu dieser Gruppe von Faktoren zählen in erster Linie die Eigendruckspannungen in der Oberflächenschicht des Metalles, die entweder durch mechanische Bearbeitung der Oberfläche oder auf andere Weise (thermische Behandlung, Nitrierung usw.) erzeugt werden. Diese überlagern sich mit den äußeren Spannungen und können dadurch den symmetrischen Spannungsverlauf in einen asymmetrischen unter Bildung einer mittleren Druckspannung verwandeln. Die periodischen Dehnungsspannungen werden hierbei herabgesetzt oder ganz und gar aufgehoben, das erschwert die Ausbildung von Verschiebungen in den Kristalliten und verringert die Wahrscheinlichkeit der Entstehung von Mikrorissen, in deren Innern bekanntlich die Prozesse der Adsorptions- und Korrosionsermüdung stattfinden.

Beim Vorhandensein von Druckspannungen in der Oberflächenschicht sind zwei Fälle möglich: erstens, die Eigendruckspannungen sind größer oder gleich den angreifenden Dehnungsspannungen. In diesem Fall bilden sich keine Mikrorisse aus, und in Übereinstimmung damit werden keine Adsorptions- und Korrosionseffekte beobachtet. Diese Schlußfolgerung wird insbesondere durch die Versuche von Sawerin [75] bestätigt, in denen die Dauerfestigkeit von Stahl bei periodisch einwirkendem Druck sowohl in Luft als auch in Wasser gleich groß gefunden wurde. Im zweiten Fall sind die Eigendruckspannungen kleiner als die angreifenden periodischen Dehnungsspannungen; wie erwartet, wurde die Dauerfestigkeit von Stahl durch Adsorptions- und Korrosionserscheinungen herabgesetzt, allerdings nur in geringem Maße.

Eigendehnungsspannungen verstärken im Gegensatz zu Eigendruckspannungen die Adsorptions- und Korrosionsermüdung. Durch die Überlagerung mit den äußeren periodischen Dehnungsspannungen wird die Zahl der „aktiven" ultramikroskopischen Risse erhöht. Der Prozeß der Verschiebungsbildung, der Verminderung der Festigkeit und der Bildung von Daueranrissen beginnt früher und ist wesentlich intensiver als bei Abwesenheit dieser Eigenspannungen. Mit dem Entstehen von Eigenspannungen sind gewöhnlich makroskopische und mikroskopische Veränderungen der Oberflächenschicht des Metalles verbunden, wie z. B. die Veränderung der Form, der Abmessungen und der Orientierung der Kristallite (die Bildung einer Textur) und Strukturänderungen des Metalles. Alle diese Faktoren haben zweifellos einen Einfluß auf die Entwicklung der Ermüdungsprozesse, die entscheidende Rolle bei der Adsorptions- und Korrosionsermüdung spielen jedoch die Eigenspannungen selbst.

Der Einfluß von Eigendruckspannungen und von Eigendehnungsspannungen auf die Dauerfestigkeit wurde besonders gründlich von Kudrjazew untersucht. Auf den günstigen Einfluß von Eigendruckspannungen auf die Korrosionsermüdung wurde auch in den Arbeiten von Fippel und anderen hingewiesen. Der Einfluß der Eigenspannungen auf den Adsorptionseffekt, der die Zerstörung periodisch belasteter Proben erleichtert, wurde von uns im grenzflächenaktiven Medium (in Öl MC, das mit 2% Ölsäure aktiviert wurde) untersucht. Hierzu dienten Stahlproben mit Eigendehnungsspannungen, die durch elektrolytische Vernickelung, und Stahlproben mit Eigendruckspannungen, die durch Walzen der Oberfläche erzeugt wurden [76].

Es ist bekannt, daß bei der Vernickelung in der Oberflächenschicht Eigendehnungsspannungen auftreten, die Werte von 40 bis 50 kg/mm² erreichen können. Die Vernickelung wird häufig angewendet, um Stahlteile gegen Korrosion zu schützen. Die Untersuchungen von Kudrjazew [70] zeigten, daß die Vernickelung keinen Einfluß auf die statischen mechanischen Eigenschaften des Werkstückes hat. Die Festigkeitsgrenze, die Fließgrenze, die Dehnung und der Querdruck werden praktisch nicht verändert. Jedoch erniedrigt die Vernickelung auf Grund der Einwirkung von Eigendehnungsspannungen die Dauerfestigkeit des Stahls in Luft. Die Vernickelung ist deshalb eine geeignete Methode, um in Stahlproben Eigendehnungsspannungen zu erzeugen, um deren Einfluß auf die durch Adsorption hervorgerufene Herabsetzung der Dauerfestigkeit zu untersuchen.

Stahlproben aus dem Stahl 20 X (Perlit–Ferrit-Struktur) wurden bis zur Bearbeitungsstufe 9 geschliffen und mit einer 10 μ dicken Nickelschicht versehen. Die Prüfungen wurden mit der Maschine NU bei 3000 Belastungsfolgen pro Minute ausgeführt. Die Ergebnisse dieser Prüfung sind in Abb. 103 dargestellt.

Die durch Vernickelung erzeugten Dehnungsspannungen setzten die Grenze für die Dauerfestigkeit des Stahls 20 X in Luft um 7% (Kurve *2*) herab. Grenzflächenaktive Stoffe verringerten die Grenze der Dauerfestigkeit nicht vernickelter Proben ebenfalls um 7% (Kurve *3*). Der gleichzeitige Einfluß der Vernickelung und des grenzflächenaktiven Mediums bewirkte eine Erniedrigung der Dauerfestigkeitsgrenze um 20% (Kurve *4*). Die Eigendehnungsspannungen in der Oberflächenschicht des Stahls vergrößern den Adsorptionseffekt und bewirken eine Herabsetzung der Dauerfestigkeit um das dreifache.

Bekanntlich werden durch Auswalzen einer Probe ein oberflächliches Verschweißen des Metalls und bedeutende Tangential- und Eigendruckspannungen erzeugt, wobei die letzteren Werte von 60 bis 65 kg/mm² erreichen können.

In unserem Laboratorium wurde von ISCHTSCHENKO [76] der Stahl 40 X untersucht. Die Proben wurden bis zur Bearbeitungsstufe 9 entsprechenden Oberflächengüte geschliffen und mit einer Vorrichtung gewalzt, die in ZNIITMASCH[1]) beschrieben ist. Durch den Walzvorgang wurde ein oberflächliches Verschweißen mit einer Tiefe von 0,08 mm erzeugt[2]). Die Prüfungen wurden in Luft, in Öl MC, das mit 2% Ölsäure aktiviert war, und in destilliertem Wasser durchgeführt. Die Ergebnisse sind in Tabelle 23 zusammengestellt.

Wie aus Tabelle 23 zu ersehen ist, wird bei ungewalzten Proben unter Einfluß eines grenzflächenaktiven Mediums die Dauerfestigkeitsgrenze um 5% und unter

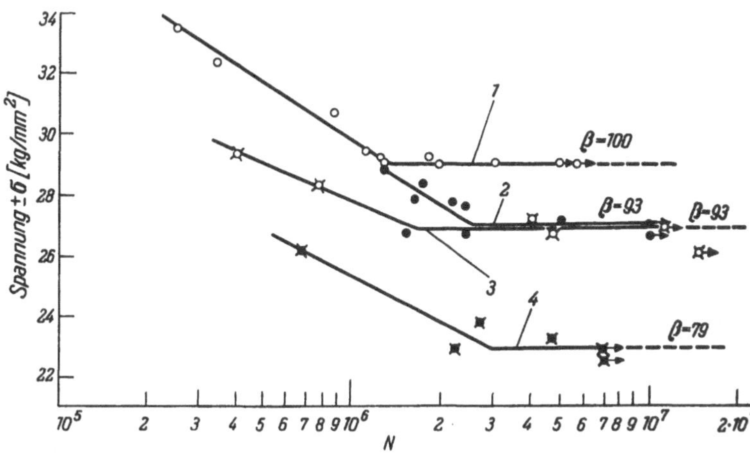

Abb. 103. Der Einfluß der Vernickelung auf die Dauerfestigkeit von Stahl 20 X. *1* – in Luft, geschliffene Proben; *2* – in Luft, vernickelte Proben; *3* – im Öl MC + 2% Ölsäure; geschliffene Proben; *4* – im Öl MC + 2% Ölsäure; vernickelte Proben

Einfluß eines korrosiven Mediums (Lastspielzahl $N = 20 \cdot 10^6$) um 27% erniedrigt. Durch Walzen wurde die Grenze der Dauerfestigkeit in Luft im Vergleich zur ungewalzten Probe um 11% erhöht. Sowohl in grenzflächenaktiven als auch in korrosiven Medien fand keine Erniedrigung der Dauerfestigkeit mehr statt. Die Dauerfestigkeit einer gewalzten Stahlprobe ist in diesen Medien größer als die einer ungewalzten Probe in Luft.

Die Versuche bestätigten nicht nur die bekannte Tatsache, daß Eigendehnungsspannungen in Metallproben, die in Luft periodisch belastet werden, großen Schaden anrichten, sondern zeigten darüber hinaus, daß der Schaden noch größer ist,

[1]) Daten für den Walzvorgang: Druck auf die Walze 20 kg; Durchmesser der Walze 28 mm; Radius des Profils der Walze 5 mm; Drehgeschwindigkeit der Probe 190 U/min; Vorschub 0,095 mm/Umdrehung; Zahl der Durchgänge 2.

[2]) Diese wurde nach der Methode des schrägen Schnittes bestimmt.

Tabelle 23

Einfluß des oberflächlichen Verschweißens auf die Adsorptions- und Korrosionsermüdung von Stahl 40 X[1])

Zustand der Proben	in Luft		in aktiviertem Öl MC		in destilliertem Wasser	
	Dauerfestigkeitsgrenze α_{-1} [kg/mm²]	β [%]	Dauerfestigkeitsgrenze σ_{-1} [kg/mm²]	β [%]	Dauerfestigkeitsgrenze σ_{-1} [kg/mm²]	β [%]
ungewalzt	36,9	100	35,2	95	26,9	73
gewalzt	41,0	111	41,0	111	40,3	109

[1]) Bei der Bestimmung der Dauerfestigkeitsgrenze betrug die Lastspielzahl in Luft $5 \cdot 10^6$, in aktiviertem Öl 10^7 und in Wasser $2 \cdot 10^7$.

wenn Metallproben mit Eigendehnungsspannungen in grenzflächenaktiven Medien periodisch belastet werden. Im letzten Fall führt die Anwesenheit von Eigendehnungsspannungen zu einem erheblichen Abfall der Dauerfestigkeit, der um vieles größer ist, als sich aus der Additivität beider Faktoren ergeben würde. Außerdem zeigten die Versuche, daß Eigendruckspannungen in der Oberflächenschicht eines Metalles nützlich sind, weil sie bei der periodischen Belastung in Luft und noch ausgeprägter, in grenzflächenaktiven Medien eine starke Erhöhung der Dauerfestigkeit hervorrufen. Druckspannungen schalten die Adsorptions- und Korrosionsermüdung praktisch aus und stellen daher ein wirksames Mittel zur Bekämpfung der Adsorptions- und Korrosionsermüdung dar.

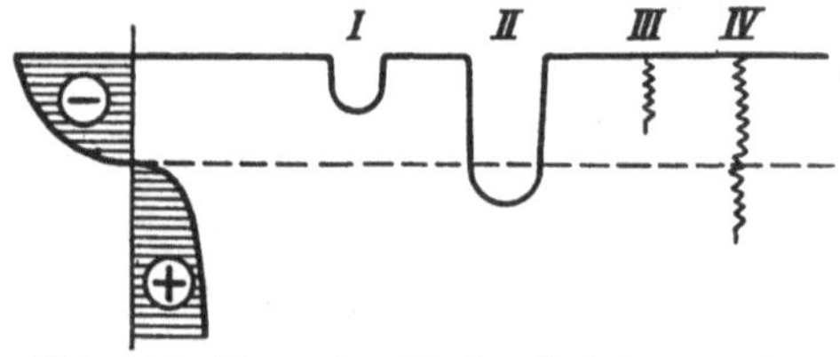

Abb. 104. Form der Kerben bei Anwesenheit von Eigenspannungen (nach Kudrjawzew)

Eigenspannungen der ersten Art, die in der Oberflächenschicht des Metalles wirksam sind, gleichen sich im Volum des gesamten Probestückes aus. Deshalb treten bei Anwesenheit von Druckspannungen in der Oberflächenschicht in jedem Fall Dehnungsspannungen in den tiefer liegenden Schichten auf.

Nach Kudrjawzew [75] lassen sich die Stellen höherer Spannung in vier Gruppen einteilen (Abb. 104). Für uns sind die Spannungsanhäufungen der Gruppen III und IV besonders interessant, da sie die Form von Rissen besitzen. Die Spannungsspitzen der Gruppe III setzen die Dauerfestigkeit des Stahles nicht herab, weil die Tiefe der Risse kleiner als das Gebiet mit Druckspannungen ist; übertrifft aber die Tiefe der Risse die Zone der Druckspannungen, wie es bei den Spannungsspitzen der Gruppe IV der Fall ist, tritt eine Herabsetzung der Dauerfestigkeit des untersuchten Stahles auf. Hieraus folgt, daß der Effekt der Erhöhung der Dauerfestigkeit bei Anwesenheit von Druckspannungen nur dann in Erscheinung tritt, wenn das Gebiet der Druckspannungen noch tiefer in das Innere der Probe hineinreicht als die an der Oberfläche befindlichen Risse; im anderen Falle wird dagegen nicht der geringste Effekt beobachtet. Die Tiefe der ultramikroskopischen Risse, deren keilartige Wirkung durch aktive flüssige Medien zu einer verstärkten Adsorptions- und Korrosionsermüdung führt, ist nicht sehr groß, und in Verbindung damit muß jede Technologie, die die Oberfläche verfestigt, günstig auf die Dauerfestigkeit des Stahls in flüssigen Medien einwirken, auch wenn die unter Druckspannungen stehende Oberflächenschicht nur eine geringe Tiefe besitzt. Zu diesen technologischen Prozessen gehören: Walzen, das Kugelstrahlen, die Oberflächenhärtung, die Nitrierung, die Bearbeitung durch Schneiden bei entsprechender Anordnung usw.

Die Walz- und Kugelstrahlmethode liefern besonders hohe Eigendruckspannungen. Zu den wichtigsten Methoden der Oberflächenhärtung, die zu einer Erhöhung der Verschleißfestigkeit von Maschinenteilen führen, gehören die Anwendung hochfrequenter Ströme und die Erhitzung des Werkstückes durch Gasbrenner. Jedoch kommt es auf die richtige Führung des Prozesses an. Ist z. B. die Oberfläche des Werkstückes gleichmäßig gehärtet, so wird dadurch die Dauerfestigkeit des Stahls bei der Beanspruchung in Luft erheblich heraufgesetzt, und bei Beanspruchung in Wasser tritt keine Korrosionsermüdung auf.[1]) Die Nitrierung einer Metalloberflächenschicht ist ebenfalls eine wirksame Methode zur Bekämpfung der Korrosion und Korrosionsermüdung von Stahl. Wie durch die Untersuchungen von Rjabtschenkow [77] gezeigt wurde, erhöhte eine kurzzeitige Nitrierung eines kohlenstoffhaltigen Stahls dessen Dauerfestigkeit bei einer Beanspruchung in einer 3%igen Kochsalzlösung um das zwei- bis dreifache, während die Dauerfestigkeitsgrenze für die Beanspruchung in Leitungswasser um 40 bis 50% höher lag als die in Luft bestimmte Dauerfestigkeitsgrenze eines nicht nitrierten Stahles.

Der günstige Einfluß der Nitrierung auf die Dauerfestigkeit in korrosiven Medien wird dadurch erklärt, daß in der nitrierten Schicht erhebliche Eigendruckspannungen auftreten, die einen Wert von 30 bis 40 kg/mm² erreichen. Weiterhin besitzt die nitrierte Oberfläche stark ausgeprägte korrosionshemmende Eigenschaften.

8. Der Maßstabsfaktor bei Prozessen der Adsorptions- und Korrosionsermüdung

Bei der Lösung der Aufgabe, das Gewicht der Maschinen herabzusetzen, liegt eine Möglichkeit in der richtigen Anwendung des Maßstabeffektes, um die jeweils zulässigen Spannungen zu bestimmen. Da in fast allen Fällen belastete Maschinenteile in flüssigen Medien, z. B. in Schmierfetten (die Adsorptionsermüdung hervorrufen) und in Wasser (das Korrosionsermüdung hervorruft), beansprucht werden, hat die Frage des Einflusses der absoluten Abmessungen von Maschinenteilen auf die Dauerfestigkeit unter gleichzeitiger Einwirkung von Adsorptions- und Korrosionsermüdung eine große praktische Bedeutung.

[1]) Zum Beispiel wurde durch Oberflächenhärtung des Stahls 40 X die Dauerfestigkeit bei der Beanspruchung in Luft um 100% erhöht, während für einen anderen Stahl die unter Bedingungen der Korrosionsermüdung gemessene Festigkeit bei der Beanspruchung in einer 3%igen Kochsalzlösung durch Oberflächenhärtung um 10 bis 35,8 kg/mm² heraufgesetzt wurde.

Die Untersuchungen über den Einfluß der absoluten Abmessungen auf die Dauerfestigkeit von Stahl wurden gewöhnlich in Luft ausgeführt. Dabei zeigte sich, daß mit der Vergrößerung der absoluten Abmessungen einer Stahlprobe deren Dauerfestigkeitsgrenze in der Regel herabgesetzt wurde. So erzielte z. B. Dawydenkow [78] allein dadurch eine Erniedrigung der Dauerfestigkeitsgrenze von 23 auf 12 kg/mm², daß er den Durchmesser der zu prüfenden Proben von 7,5 auf 170 mm erhöhte.

Angaben über den Einfluß der Dimensionen eines Metallstückes auf dessen Dauerfestigkeit bei gleichzeitiger Einwirkung einer periodischen Belastung und eines korrosiven Mediums lagen nur in geringem Maße vor und waren z. T. widersprechend. Zur Erklärung des Einflusses des Maßstabeffektes auf Maschinenteile, die in flüssigen Medien durch periodische Spannungen beansprucht werden, wurden in unserem Laboratorium von Karlaschow Versuche durchgeführt, mit dem Ziel, die Dauerfestigkeitsgrenze von Stahl in neutralen (z. B. Luft), in grenzflächenaktiven und in korrosiven Medien zu bestimmen. Als Bewertungskriterium für den Maßstabsfaktor wurde der sogenannte Koeffizient des Maßstabsfaktors $\varepsilon = \sigma^{i}_{-1}/\sigma^{16}_{-1}$ 100% verwendet, wobei σ^{i}_{-1} die Dauerfestigkeitsgrenze einer Probe von i mm Durchmesser (für ein gegebenes Medium) und σ^{16}_{-1} die Dauerfestigkeitsgrenze der Standardprobe mit einem Durchmesser von 16 mm für das gleiche Medium ist.

Die Untersuchungen wurden mit Proben aus Stahl 20 X (Perlit–Ferrit-Struktur) durchgeführt.

Aus Stäben mit einem Durchmesser von 75 mm wurden drei Serien von Proben mit dem Durchmesser von 16, 32 und 40 mm hergestellt. Bei der Herstellung der Proben wurde streng darauf geachtet, daß die Proben in ihrer Geometrie ähnlich waren, d. h., daß bei allen Probendurchmessern das Verhältnis zwischen dem freien und dem eingespannten Probenteil an der gefährlichen Querschnittsstelle konstant blieb. Alle Proben wurden durch Drehen und nachfolgendes Schleifen bearbeitet; die letzten Späne wurden bei äußerst kleinem Vorschub und sehr geringer Schneidtiefe abgedreht.

Die Untersuchungen der Proben wurden mit der im Institut für Baumechanik der Akademie der Wissenschaften der UdSSR entwickelten „Konsolmaschine" durchgeführt. Mit diesem Gerät konnte man bei einer Belastungsfrequenz von 2000 Perioden in der Minute Proben mit verschiedenen Durchmessern prüfen. Die Proben wurden in mit Ölsäure aktivierten Öl MC und in Wasser gemessen. Die flüssigen Medien (Öl und Wasser) wurden tropfenweise dem Ort der Probe zugeführt, wo der Bruch zu erwarten ist. Die Lastspielzahl war in Luft $N = 5 \cdot 10^6$, in aktiviertem Öl $N = 10^7$ und in Wasser $N = 2 \cdot 10^7$ Perioden. Die Oberfläche der Proben wurde vor Versuchsbeginn mit Benzin gewaschen und mit Aktivkohle abgerieben, um das Fett zu entfernen.

Die in Tabelle 24 dargestellten Ergebnisse zeigen, daß die Dauerfestigkeitsgrenze von Proben, die in flüssigen grenzflächen- und korrosionsaktiven Medien periodisch belastet werden, gegenüber Luft erniedrigt wird.

Aus Tabelle 24 ist weiter zu ersehen, daß der Koeffizient β, der den Einfluß des Mediums auf die Dauerfestigkeit des Stahls charakterisiert, mit zunehmendem Durchmesser der Probe sowohl im grenzflächenaktiven als auch im korrosiven

Tabelle 24
Einfluß der Medien und der Probengröße auf die Dauerfestigkeit von Stahl 20 X

Medium	Koeffizienten	Durchmesser der Proben in mm		
		16	32	40
Luft	σ_{-1} [kg/mm²]	27,0	25,3	24,5
	β [%]	100	100	100
	ε [%]	100	93,7	90,7
Öl MC	σ_{-1} [kg/mm²]	24,8	24,0	23,5
	β [%]	92,0	95,0	96,0
	ε [%]	100	96,4	94,5
Wasser	σ_{-1} [kg/mm²]	12,5	14,3	15,7
	β [%]	46,2	56,5	64,0
	ε [%]	100	114	126

Medium vergrößert wird, wobei eine besonders starke Zunahme im korrosiven Medium auftritt. Hieraus folgt, daß der Einfluß des Mediums bei zunehmendem Durchmesser der Probe immer kleiner wird, oder anders ausgedrückt, daß der Einfluß des Mediums auf die Dauerfestigkeit des Stahls um so stärker ist, je größer das Verhältnis der unter Einwirkung des Mediums stehenden Oberfläche zum Querschnitt der Probe ist. In Abb. 105 ist ein Diagramm dargestellt, das den Einfluß des Mediums in Abhängigkeit von der Probengröße wiedergibt. In Luft wird der Koeffizient des Maßstabsfaktors ε mit Zunahme der absoluten Probengröße immer kleiner; im aktivierten Öl, d. h. unter Bedingungen der Adsorptionsermüdung, erfolgt ebenfalls eine Abnahme von ε mit Zunahme der Probengröße, jedoch langsamer als in Luft, dagegen bei

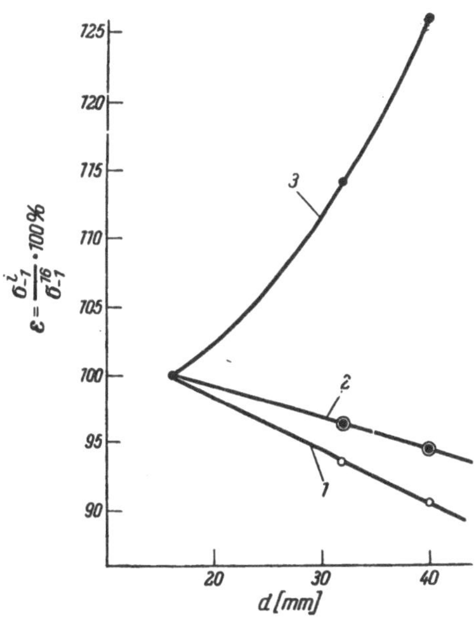

Abb. 105. Der Maßstabseffekt: *1* — im neutralen Medium (Luft); *2* — im grenzflächenaktiven Medium (Öl MC + 2% Ölsäure); *3* — im korrosiven Medium (Wasser)

Korrosionsermüdung wächst ε mit Zunahme der Probengröße. Die für den Stahl 20 X erhaltenen Ergebnisse zeigen, daß der Einfluß der absoluten Probengrößen auf die Ermüdung des Stahls für die einzelnen Medien unterschiedlich ist.

9. Der Mechanismus der Adsorptions- und Korrosionsermüdung von Metallen

Der Zerstörungsprozeß eines Metalles bei Dauerschwingbeanspruchung (die Ermüdung von Metallen) ist ein komplizierter Prozeß, bei dem in den einzelnen Kristalliten eine wiederholte mikroplastische Verformung vor sich geht.

Eine wiederholte mikroplastische Verformung führt zunächst zur Verfestigung der besonders aufgelockerten Kristallite. Bei weiterer Verformung verliert das Metall die Fähigkeit zur Verfestigung, und nach Afanasjew führen dann die Verschiebungen zur Bildung von Rißstellen, d. h. zum Entstehen der ersten Daueranrisse.

Die Gebiete, in denen das Metallgitter am stärksten aufgelockert ist, liegen vor allem längs der Gleitebenen. Hier entwickeln sich in erster Linie die Vorstufen der Daueranrisse, die als Ergebnis wiederholter Verformung bei der Schwingbeanspruchung entstehen. Die Oberflächenkristallite besitzen die günstigsten Bedingungen zur Verschiebungsbildung, da sie nicht von allen Seiten von unregelmäßig orientierten Nachbarkristalliten umgeben sind. Sie lockern sich deshalb schneller als die übrigen, so daß in der Regel die durch Ermüdung bedingte Zerstörung des Metalles an der Oberfläche beginnt.

Den gesamten Prozeß der Bildung und Entwicklung von Daueranrissen kann man in drei Stufen zerlegen, von denen jede einzelne Stufe eine besondere Rolle bei diesem Prozeß spielt. Die erste Stufe ist charakterisiert durch das Auftreten plastischer Verschiebungen und durch die hierbei vor sich gehende Verfestigung, die zweite Stufe ist die Auflockerung des Gitters nach Überschreitung der maximalen Verfestigkeit, und die dritte Stufe ist die Bildung von Daueranrissen im Gebiet der Auflockerung und das weitere Wachstum dieser Risse auf Kosten der Spannungskonzentration am Ende des Risses.

Im wesentlichen bleibt dieses Schema auch bei Anwesenheit grenzflächenaktiver Stoffe erhalten. Jedoch läuft der Vorgang der Ermüdungszerstörung in diesem Fall sehr viel schneller ab, was vor allem auf eine bedeutende Verkürzung der ersten Stufe zurückzuführen ist.

Auf Grund der Adsorption der aktiven Komponenten des Mediums an der Grenzfläche des periodisch beanspruchten Metalles wird bei gegebener Amplitude (und bei maximaler Spannung) die Bildung plastischer Verschiebungen erleichtert und deren Zahl außerordentlich erhöht. Dadurch ist die Fähigkeit des Metalles zur Verfestigung schon bei einer kleineren Periodenzahl erschöpft, und die zweite Stufe der Ermüdungszerstörung, die Auflockerung des Gitters nach Überschreitung der maximalen Verfestigung, tritt bereits viel früher ein. Im weiteren Verlauf dringt unter Einfluß der Kapillarkräfte das umgebende flüssige Medium in die gebildeten Mikrorisse ein. Jedoch noch vor der vollständigen Auffüllung der Risse mit Flüssigkeit lösen sich von der Oberfläche des Meniskus die grenzflächenaktiven Moleküle und wandern durch Oberflächendiffusion an den Wänden entlang weiter in das Innere der Risse hinein. Diese Migration in das Innere der Risse läuft gegenüber dem Einsaugvorgang der Flüsisgkeit mit viel höherer Geschwindigkeit ab. Werden schließlich die Adsorptionsschichten durch sterische Hinderung im Innern des Mikrorisses an der weiteren Wanderung gehemmt, so üben sie auf die Wände einen Druck aus und versuchen sie auseinanderzuschieben und weiter in das Innere des Metalles einzudringen [15]. Die Größe des Flächendruckes der Adsorptionsschicht wird durch die bei der Adsorption erfolgende Abnahme der freien Oberflächenenergie bestimmt. Außerdem ist an den Öffnungen der von DERJAGUIN entdeckte Spaltdruck der solvatisierten Flüssigkeitsschichten wirksam. Die Abstoßungskräfte dieser Schichten sind um so größer, je kleiner die Zwischenschichtdicke ist; folglich spielen sie bei der periodischen Belastung immer dann eine bedeutende Rolle, wenn die Dehnungsspannungen in Druckspannungen übergehen.

Die Solvationsschichten in den Öffnungen der Mikrorisse setzen dem Zusammendrücken einen Widerstand entgegen, der um so größer ist, je dünner das Flüssigkeitshäutchen ist. Die Adsorptionsschichten in den tiefer gelegenen (bzw. engeren) Teilen der Risse zusammen mit den Solvatschichten an den Öffnungen der Risse begünstigen deren Wachstum bei der periodischen Belastung und zwar auf Grund des Flächendruckes der Adsorptionsschichten während der Dehnungsperiode und während der Druckperiode durch den Spaltdruck der solvatisierten Adsorptionsschichten, der das Schließen der Risse verhindert. Zu den adsorptionsbedingten Faktoren, die eine Herabsetzung der Dauerfestigkeit bewirken, gehören also die Erleichterung der Verschiebungsbildung und das Anwachsen der Zahl der Verschiebungen in den am stärksten beanspruchten Kristalliten der Oberfläche, der Flächendruck der Adsorptionsschichten in der Tiefe der Daueranrisse und der Spaltdruck dünner solvatisierter Adsorptionsschichten an den Öffnungen der Mikrorisse. All diese Faktoren hängen infolge der großen Wanderungsgeschwindigkeit der adsorbierten Moleküle praktisch nicht von der Zeit ab, in der der Ermüdungsprozeß bei einer gegebenen Belastungsfrequenz fortschreitet. Die Abhängigkeit dieser Faktoren von der Zeit kann nur bei einer Änderung der Frequenz beobachtet werden und hängt mit den allgemeinen Gesetzmäßigkeiten des Adsorptionseffektes zur Erleichterung der Verformung zusammen, die von uns bei der Untersuchung von Metalleinkristallen aufgestellt wurden (Kapitel 2, Abschnitt III).

Die Unabhängigkeit der adsorptionsbedingten Faktoren, die die Dauerfestigkeit herabsetzen, von der Zeit, mit der das Metall in dem gegebenem Medium bei gegebener Frequenz und Amplitude belastet wird, bedingt die Form der Adsorptionsermüdungskurve. Und zwar besitzt diese eine deutlich ausgeprägte Dauerfestigkeitsgrenze, die für das aktive Medium stets niedriger liegt als für ein inaktives Medium (z. B. in Luft).

Ganz andere Verhältnisse herrschen im korrosiven Medium, in dem man es nur mit einer bedingten Dauerfestigkeitsgrenze zu tun hat und für das der Zeitfaktor bei gegebener Frequenz und Amplitude eine sehr wichtige, ja sogar entscheidende

Rolle spielt. Es existieren zur Erklärung des Mechanismus der Korrosionsermüdung zahlreiche Hypothesen. Zum Teil liefern sie interessante und richtige Erklärungen für Einzelerscheinungen, die bei der Korrosion beobachtet werden, doch erweisen sie sich bei der Erklärung anderer Erscheinungen als unrichtig.

Die für die Korrosionsermüdung aufgestellten Kurven haben eine charakteristische Form, die sich deutlich von der Form der gewöhnlichen und der Adsorptionsermüdungskurven unterscheidet. Über die Erscheinungen der Korrosionsermüdung liegen jedoch nur wenige Untersuchungsergebnisse vor, so daß über die Frage der bei der Korrosion auftretenden Ermüdungsgrenze unterschiedliche Auffassuugen vorhanden sind.

Einige Autoren nehmen an, daß im korrosiven Medium mit zunehmender Einwirkungszeit und Lastspielzahl in diesem Medium die Dauerfestigkeit von Stahl ständig abnimmt; andere Autoren sind wiederum der Meinung, daß zwar eine bedeutende Erniedrigung der Dauerfestigkeit mit zunehmender Lastspielzahl erfolgt, daß jedoch für Stahl in dem Intervall zwischen 10 bis 50 Millionen Belastungsperioden die Ermüdungskurven sich asymptotisch einer parallel zur Abszissenachse verlaufenden Geraden nähern.

Der erste Standpunkt stützt sich darauf, daß unter Einfluß der Korrosion mit zunehmender Verweilzeit des Metalles im aggressiven Medium selbst bei den kleinsten Spannungen noch Ermüdungszerstörung beobachtet wird oder anders ausgedrückt, daß bei Korrosionsermüdung der untersuchte Stahl stets nur eine begrenzte Dauerfestigkeit besitzt.

Der zweite Standpunkt gründet sich auf dem Vergleich der Ermüdungszerstörung in korrosiven Medien mit dem Mechanismus, der bei Anwesenheit von Kerben, d. h. bei hohen lokalen Spannungskonzentrationen, angenommen wird. Es ist bekannt, daß selbst bei den schärfsten Einschnitten in Stahlproben es nicht gelingt, die Ermüdungsgrenze unter den Wert von 8 kg/mm^2 herabzusetzen. Geht man von dieser Tatsache aus, so kann man annehmen, daß in korrosiven Medien bei hinreichend langer Prüfdauer sich die wahre Ermüdungsgrenze einstellt.

Von uns wurden in Wasser Dauerschwingversuche an weichem Stahl (20 X, Perlit–Ferrit-Struktur) durchgeführt. Diese zeigten, daß nur zu Beginn der Prüfungen die Dauerfestigkeit sehr stark abfällt. Dieser starke Abfall der Dauerfestigkeit in korrosiven Medien wurde von uns bis zu Lastspielzahlen von $20 \cdot 10^6$ beobachtet, während bei noch höheren Lastspielzahlen die Erniedrigung der Dauerfestigkeit sich stark verlangsamte [53]. Aus diesem Versuch läßt sich der Schluß ziehen, daß Kurven der Korrosionsermüdung in der Tat keine wahre Dauerfestigkeitsgrenze haben, unter der bekanntlich die maximale Spannung verstanden wird, die das Metall bei einer noch so großen Zahl von Belastungsperioden ohne Zerstörung aushält. Zieht man jedoch die äußerst geringe Erniedrigung der Dauerfestigkeit des Stahls bei einer größeren Zahl von Belastungsperioden in Betracht, so ist es gerechtfertigt, eine bedingte Grenze der Korrosionsermüdung bei einer hinreichend großen Lastspielzahl zu definieren. Hierbei ist es notwendig, die Zahl der Perioden, die Eigenschaften des Mediums, den Charakter des Spannungszustandes und die Frequenz anzugeben. Die bei der periodischen Belastung auftretende Wechselspannung (Schwingbreite der Spannung) beeinflußt nicht den Verlauf der allgemeinen Korrosion, sie ruft aber die sog. „innere" Korrosion hervor (darunter versteht man die Korrosionsvorgänge, die in den Mikrorissen während der Ermüdung stattfinden. Die zwischenkristalline und innerkristalline Korrosion sind Spezialfälle der „inneren" Korrosion). Wie unsere Untersuchungen gezeigt haben, erzeugt die innere Korrosion an der Oberfläche des Metalles eine große Zahl von (in der Hauptsache innerkristallinen) Mikrorissen, in denen Oxydationsprodukte enthalten sind. Im inaktiven Medium ist die Zahl der unter Einfluß der Wechselspannung entstehenden Mikrorisse sehr viel kleiner und hängt von der Größe der periodischen Überlastung ab. Bei kleinen Koeffizienten kann oft nur ein Daueranriß ermittelt werden. Zum Unterschied hiervon wird im korrosiven Medium, selbst wenn der Koeffizient der periodischen Überlastung gleich 1 ist (die angenommene Grenze der Dauerfestigkeit betrug $N = 20 \cdot 10^6$), der untersuchte Metallkörper vollständig mit Mikrorissen bedeckt, die senkrecht zur Richtung der angreifenden Spannung ausgerichtet sind [48].

Von Rjabtschenkow [80] wurde der Einfluß eines angelegten Katoden- und Anodenpotentials auf den Prozeß der Korrosionsermüdung untersucht. Eine katodische Polarisierung schützt bekanntlich vor Korrosion. Bei den Prüfungen in 0,1 n-Lösungen von KCl verringerten sich bei katodischer Polarisierung die Abnahme der Dauerfestigkeit und der Gewichtsverlust einer Stahlprobe. Die Ermüdungskurven hatten in diesem Fall die Form der Adsorptionsermüdungskurven.

Sehr interessante Resultate wurden bei anodischer Polarisation erhalten. Die allgemeine Korrosion wuchs in diesem Fall bedeutend an (der Gewichtsverlust vergrößerte sich um das zwölffache), während die Dauerfestigkeit in der Elektrolytlösung beinahe ebenso groß war, wie bei den ohne anodische Polarisation durchgeführten Messungen. Die von Rjabtschenkow erzielten Ergebnisse haben eine große Bedeutung, weil sie zeigen, daß eine Steigerung der elektrochemischen Korrosionswirkung den Prozeß der Korrosionsermüdung nicht beeinflußt.

In Übereinstimmung mit der von Akimow [81] entwickelten Theorie der Korrosionsermüdung entstehen auf der Oberfläche des Metalles örtliche Korrosionsstellen, an deren Boden infolge der Spannungskonzentration ein höheres positives Potential entsteht als an den Wänden oder den äußeren Oberflächen des Metalles. Deshalb wird der Boden der Korrosionsstellen zur Anode, wodurch die weitere Korrosion und die Vertiefung der Korrosionsstellen gefördert werden. Der Korrosionsprozeß wächst so lange an, bis unter Einfluß der Schwingbeanspruchung die wachsende Spannungskonzentration in einer betrachteten Stelle des Metalles die Größe der Fließgrenze übertrifft und es zur Bildung von Daueranrissen kommt.

Diese Auffassung erklärt viele Erscheinungen der Korrosionsermüdung, jedoch lassen sich nicht alle Effekte befriedigend erklären, z. B. die bevorzugte Bildung der innerkristallinen Risse und ihre Vielzahl, der Einfluß des Spannungszustandes, die Schutzwirkung von Eigenspannungen, deren Anwesenheit die allgemeine Korrosion verstärkt, die Tatsache, daß bei Verstärkung des elektrochemischen Korrosionsvorganges durch Anlegen eines Anodenpotentials die Korrosionsermüdung nicht beeinflußt wird, und verschiedene andere Erscheinungen.

Die Unzulänglichkeit der bestehenden Theorien der Korrosionsermüdung hängt damit zusammen, daß in allen Theorien die auch bei Korrosionsprozessen unbedingt eine Rolle spielenden Adsorptionserscheinungen (Adsorption von Wasser und Elektrolyten) völlig vernachlässigt wurden und daß man bisher die Korrosionsermüdung allein durch chemische und elektrochemische Erscheinungen zu klären versuchte. Jedoch liegt heute bereits ein umfassendes experimentelles Material vor, aus dem hervorgeht, daß die Adsorptionserscheinungen bei der Herabsetzung der Dauerfestigkeit von Metallen eine wichtige Rolle spielen. Das zeigt die Einseitigkeit, mit der bisher das Problem der Korrosionsermüdung behandelt wurde.

Zur Lösung dieses Problems muß man deshalb sowohl die Korrosionserscheinungen als auch die Adsorptionserscheinungen berücksichtigen, da letztere auch im korrosiven Medium wirksam sind.

Den an der Oberfläche des Metalles ablaufenden Korrosionsprozessen gehen in jedem Fall Adsorptionsprozesse voraus. Denn jedes korrosive Medium wirkt auch als grenzflächenaktives Medium im Sinne einer Adsorptionseinwirkung auf die mechanischen Eigenschaften des Metalles. Folglich ist die erste Stufe der Korrosionseinwirkung auf die Dauerfestigkeit des Metalles der Adsorptionseffekt. Dieser besteht in der Herabsetzung der Dauerfestigkeitsgrenze auf Grund der Zunahme der Zahl der Verschiebungen, in einer Herabsetzung der Fließgrenze und in einer Erleichterung der Bildung von Daueranrissen. Erst in den folgenden Stufen dringt das Korrosionsmedium in die Mikrorisse ein und erzeugt in ihnen Korrosionsprodukte, die in der Regel das Volum des Metalles, aus dem sie entstanden sind, übertreffen. Die Adsorptionserscheinungen werden in dieser Phase von den Korrosionserscheinungen völlig überdeckt. Die Korrosion ruft infolge der spaltenden Wirkung der Korrosionsprodukte zusätzliche Spannungen im Innern der Risse hervor und fördert damit das weitere Wachstum der Daueranrisse. Die Menge der Korrosionsprodukte wächst mit der Zeit an und hängt von den aggressiven Eigenschaften des Mediums und der Korrosionsbeständigkeit des Metalles ab. Die Stärke des Korrosionsprozesses im Innern der Risse nimmt mit der Zeit ab. Folglich wird die Wachstumsgeschwindigkeit der Korrosionsspannungen und zusammen damit auch der Grad der Erniedrigung der Dauerfestigkeit herabgesetzt.

Die Korrosionsspannungen stellen ebenfalls einen Faktor bei der Herabsetzung der Dauerfestigkeit im Korrosionsmedium dar, der davon abhängt, wie lange sich der periodisch belastete Körper in dem betreffenden Medium befindet.

Die Erscheinungen der Adsorptionsermüdung schaffen also stets die Voraussetzungen für den Ablauf des Korrosionsprozesses, der entweder in den Adsorptionsdaueranrissen oder in den unter Einfluß der Adsorptionsermüdung gebildeten ultramikroskopischen Rissen und in dem gelockerten Gefüge des Metalles vor sich geht. Somit wird die Korrosionsermüdung durch einen elektrochemischen Prozeß hervorgerufen, und zwar läuft dieser in einem periodisch belasteten Metallkörper ab, dessen Struktur durch einen vorangegangenen Adsorptionsvorgang und durch den sich anschließenden Adsorptionsermüdungsprozeß gelockert worden ist.

Sowohl die zur Herabsetzung der Dauerfestigkeit führende Korrosion als auch die Adsorption und die abkühlende Wirkung bedingen zusammen die Form der Korrosionsermüdungskurve. Wird der Korrosionsfaktor durch Passivierung der im Innern der Mikrorisse befindlichen Oberfläche ausgeschaltet (z. B. durch Adsorption von Isoamylalkohol, was bei den oben beschriebenen Versuchen bereits erwähnt wurde), so geht die Korrosionsermüdungskurve in die Adsorptionsermüdung über. Unterdrückt man durch Einwirkung von Druckspannungen die Ausbildung von Mikrorissen an der Oberfläche bzw. schaltet man den Adsorptionsfaktor bei der Prüfung des Probestückes aus, so gehen die Kurven der Adsorptions- und Korrosionsermüdung in die normalen Kurven über, die die in Luft gemessene Ermüdung wiedergeben, wenn man den Abkühlungsfaktor hierbei unberücksichtigt läßt.

Bei der Korrosionsermüdung laufen also stets zwei Prozesse ab: 1. der Startprozeß, der in der adsorptiven Erleichterung der Bildung von Mikrorissen während der Schwingbeanspruchung, 2. der Folgeprozeß, der als eigentlicher Korrosionsprozeß (elektrochemische Korrosion) im Innern schon gebildeter Risse abläuft und deren weiteres Wachstum fördert. Nach diesen Darlegungen kann man den Mechanismus der Korrosionsermüdung als einen adsorptionselektrochemischen Prozeß ansehen.

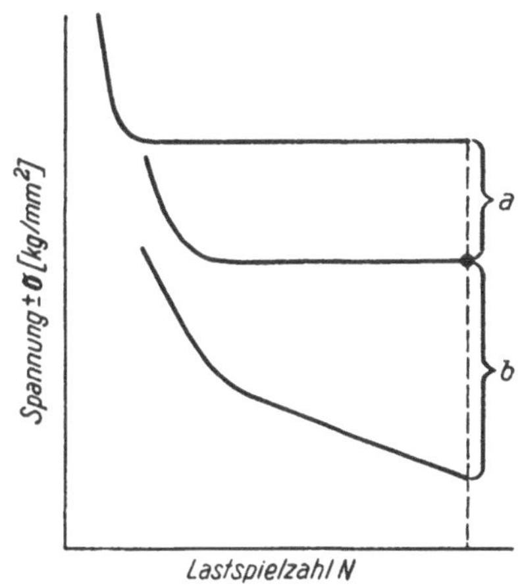

Abb. 106. Schema der Herabsetzung der Dauerfestigkeit von Stahl in adsorptionsaktiven und korrosiven Medien, *a* — Herabsetzung unter Einfluß des Adsorptionseffektes *b* — Herabsetzung unter Einfluß des Korrosionseffektes

Der dargelegte Mechanismus der Korrosionsermüdung ist in Abb. 106 veranschaulicht, in der schematisch der Einfluß des umgebenden Mediums auf die Dauerfestigkeit des Stahls dargestellt ist. Die Herabsetzung der Dauerfestigkeit im Korrosionsmedium besteht a) in einer Erniedrigung unter Einfluß des Adsorptionseffektes, b) in einer Erniedrigung unter Einfluß des Korrosionseffektes.

Nach dem zugrunde gelegten Schema wird es auch verständlich, warum beim Anlegen eines Anodenpotentials eine Verstärkung der allgemeinen Korrosion eintritt, ohne daß gleichzeitig die Ermüdungskorrosion beschleunigt wird. Die Verstärkung des Korrosionsprozesses beeinflußt nämlich so gut wie gar nicht den Effekt der Adsorptionsermüdung. Außerdem verändert die allgemeine Potentialerhöhung in der Probenoberfläche nicht die zwischen dem Boden und den Wänden eines Risses herrschende Potentialdifferenz und hat deshalb auch keinen Einfluß auf die Entwicklung der bei der Ermüdung entstehenden Mikrorisse.

Es wurde bereits bemerkt, daß bei der Korrosionsermüdung (wie auch bei der Adsorptionsermüdung) bevorzugt innerkristalline Risse gebildet werden. Das erklärt sich daraus, daß diese Risse im Innern der Kristallite durch Verschiebungen entstehen, nachdem der Verfestigungsvorgang sein Maximum erreicht hat. Die beträchtliche Vergrößerung der Zahl der bei der Korrosionsermüdung entstehenden Risse im Vergleich zu den in Luft entstehenden Rissen erklärt sich aus der Vergrößerung der Zahl der Gleitpakete bei der Verformung im grenzflächenaktiven Medium.

Die von uns dargestellten Besonderheiten bei der Bildung von Korrosionsermüdungsrissen erklärt sich aus der Eigenart des Adsorptionseffektes: Dieser Effekt kann nur bei solchen Mikrorissen in Erscheinung treten, deren Wachstum unter Einfluß der jeweils wirkenden Spannungen möglich ist. So erklärt sich z. B. die Schutzwirkung der an der Oberfläche herrschenden Druckspannungen aus der Tatsache, daß diese den Adsorptionsermüdungsprozeß außerordentlich erschweren; ebenso erklärt sich die geringere Herabsetzung der Dauerfestigkeit im Korrosionsmedium durch Verdrillung im Vergleich zur Biegung bei einem Drehprozeß.

Die passivierende Wirkung einiger grenzflächenaktiver Stoffe, die in dem korrosiven Medium gelöst sind, stimmt gut mit der oben dargelegten Auffassung überein. Die passivierende Wirkung zeigt, daß die Adsorption der Moleküle des grenzflächenaktiven Stoffes noch vor Beginn des Korrosionsprozesses eintritt. Die Korrosionsprozesse laufen mit großer Intensität an solchen Metalloberflächen ab, die mit ultramikroskopischen Rissen bedeckt sind. Jedoch werden durch Adsorption von typisch grenzflächenaktiven Stoffen (z. B. von Isoamylalkohol) diese Oberflächen hydrophob, weil im flüssigen Medium die Kohlenwasserstoffreste des grenzflächenaktiven Stoffes durch die orientierte Adsorption die Oberfläche wasserabstoßend machen und dadurch die Geschwindigkeit herabsetzen, mit der die Korrosionsprozesse im Innern der ultramikroskopischen Risse ablaufen.

KAPITEL VII

Physikalisch-chemische Erscheinungen beim Pressen und Sintern von Metallpulvern

Eines der wichtigsten Probleme in der Pulvermetallurgie ist die Entstehung und das Wachstum von Kontaktoberflächen zwischen den Teilchen des Pulvers bei Preß- und Sinterprozessen. Dieses Problem ist deshalb besonders wichtig, weil die Größe und Eigenart der Kontaktoberfläche zwischen den Teilchen des Metallpulvers fast alle mechanischen und physikalisch-chemischen Eigenschaften des fertigen, aus einer Komponente bestehenden metallkeramischen Produktes bestimmen. In Abhängigkeit von der Größe und Eigenart der Kontaktoberfläche können diese Eigenschaften innerhalb weiter Grenzen variieren, was zu den spezifischen Eigenschaften der Pulvermetalle gehört. In hohem Maße hängt hiervon die Bearbeitungsfähigkeit und die Güte dieser Metalle ab.

Bei plastischen Metallen, wie bei Kupfer, Eisen und anderen Metallen, wird durch Pressen die Kontaktoberfläche vergrößert. Hierbei spielt die plastische Verformung der Teilchen eine wesentliche Rolle, da sie das Wachstum dieser Kontaktoberfläche fördert. Die gleiche Rolle spielt die plastische Verformung bei der Sinterung, jedoch führt sie bei diesem Prozeß in der ersten Phase — bei verhältnismäßig niederen Temperaturen — zur Verkleinerung der Kontaktoberfläche. Während des Sinterungsprozesses treten auf Grund der verformenden Kräfte innere Spannungen auf, die vor allem durch den Pressvorgang entstehen und sich besonders an den Kontaktstellen lokalisieren. Unter der Wirkung dieser Spannungen setzen mit der Erhöhung der Temperatur im Metall Kriechprozesse ein, die normalerweise zur Sprengung einiger Kontaktstellen und zur Bildung neuer führen. Im weiteren Verlauf des Sinterungsprozesses spielen bei der Vergrößerung der Kontaktoberfläche folgende Prozesse die Hauptrolle: die Reduktion der Oxidhäute an der Oberfläche der Metallteilchen, die Wanderung der an der Oberfläche befindlichen Atome und die Sammelrekristallisation zwischen den Teilchen. Die am Anfang sich nur berührenden Teilchen gehen bei diesen Prozessen unter Bildung der metallkeramischen Produkte in das feste metallische Korngefüge über [82].

In der Regel werden in der Pulvermetallurgie metallkeramische Produkte hergestellt, die aus mehreren Komponenten bestehen. Beim Sintern (manchmal auch beim Pressen) finden dann chemische Wechselwirkungen zwischen den einzelnen Komponenten des Pulvergemenges statt, die zur Bildung neuer Phasen führen. Hierbei können sich die Phasen und Strukturumwandlungen in dem metallkeramischen Produkt in der Kinetik wesentlich von den ähnlich verlaufenden Umwandlungsvorgängen in den flüssigen Schmelzen unterscheiden. Die grundlegenden und für die metallkeramischen Produkte spezifischen Gesetzmäßigkeiten des Preßvorganges und der thermischen Behandlung der Metallpulver sind sowohl bei Systemen mit mehreren Komponenten als auch bei Einkomponentensystemen gleich. Man kann deshalb diese Gesetzmäßigkeiten an den einfacheren Einkomponentensystemen untersuchen. Typische Vertreter dieser Systeme, die auch in praktischer Hinsicht eine große Bedeutung erlangt haben, sind die Metallpulver von reinem Eisen und reinem Kupfer.

In den folgenden Abschnitten werden die beim Pressen und Sintern solcher Pulver erhaltenen Ergebnisse wiedergegeben, die vom allgemeinen physikalisch-chemischen Standpunkt aus von Interesse sind.

1. Physikalisch-chemische Erscheinungen beim Pressen von Metallpulvern

Unter den Technologen der Pulvermetalle besteht die weit verbreitete Meinung, daß die der Charge zugegebenen Schmiermittel beim Pressen nicht an der Verformung der Pulverteilchen teilnehmen, sondern lediglich die Reibung des Pulvers an der Preßform herabsetzen [82]. Der Grund hierfür liegt vor allem darin, daß die Schmiermittel bisher nach empirischen Vorschriften hergestellt wurden, ohne daß auf physikalisch-chemischem Wege die Zusammensetzung ermittelt wurde und die Wirkung der zugegebenen Komponenten bekannt war. Wie bereits weiter oben dargelegt wurde, kann in Wirklichkeit das Medium, in dem die Verformung eines Metalles vor sich geht, in beträchtlichem Maße am Verformungsprozeß teilnehmen und diesen bedeutend erleichtern, wenn in dem umgebenden Medium grenzflächenaktive Stoffe in optimaler Konzentration enthalten sind.

Die wichtigsten Gesetzmäßigkeiten der durch Adsorption bedingten Erleichterung der Verformung von Metallen bleiben auch bei den metallkeramischen Materialien in vollem Umfange gültig, da bekanntlich beim Pressen von Metallpulvern hauptsächlich die Oberflächenschichten der Metallteilchen verformt werden — eine besonders wichtige Vorbedingung für die Wirkung grenzflächenaktiver Stoffe.

In unseren Arbeiten wurden Eisenpulver (hergestellt durch Wirbelschichtreduktion, durch Reduktion von Schrott und elektrolytisch), Kupferpulver (durch Elektrolyse hergestellt) und Zinnpulver [83] untersucht. Als aktive Schmiermittel wurden in Übereinstimmung mit den vorherigen Arbeiten Lösungen von Ölsäure in Paraffinöl oder Benzol ausgewählt. Die Ölsäure wurde in Paraffinöl oder in Benzol in einer solchen Konzentration gelöst, daß eine monomolekulare Bedeckung der gesamten Oberfläche des zu pressenden Pulvers gewährleistet war. Verwendet man als Lösungsmittel Paraffinöl, so führt der Preßvorgang notwendigerweise zur feuchten Methode, weil vor dem Einschütten des Pulvers in die Preßform der Überschuß des Paraffinöls nicht mehr entfernt werden kann. Ist es erforderlich, die leichte Schüttfähigkeit des Pulvers zu erhalten, benutzt man Lösungen von Ölsäure in Benzol mit nachfolgender Verdampfung des Lösungsmittels.

In Tabelle 25 und 26 sind die beim Pressen von Eisen- und Kupferpulver erzielten Ergebnisse zusammengestellt. Der zweiseitige Preßvorgang wurde in zylindrischen Matrizen mit einem Durchmesser von 12 mm durchgeführt. Die

Tabelle 25

Die Änderung der Porosität von Eisenpulvern beim Pressen in verschiedenen Medien

Preßdruck [kg/mm²]	Porosität des Preßlings [%]					
	ohne Schmiermittel			mit Schmiermittel (aktiv)		
	wirbelschicht-reduziertes Eisen	Elektrolyteisen	reduzierter Schrott	wirbelschicht-reduziertes Eisen	Elektrolyteisen	reduzierter Schrott
10	42	—	—	36	—	—
20	34	36	42	30	30	39
30	27	27	36	23	23	32
40	21	23	31	17	20	28
50	18	20	28	13	16	25

Tabelle 26

Die Änderung der Porosität von Kupferpulvern beim Pressen in verschiedenen Medien

Schüttgewicht des Kupferpulvers 1,62 g/cm³

Preßdruck [kg/mm²]	Porosität des Preßlings [%]				
	ohne Schmiermittel		mit Schmiermittel		
		Paraffinöl	Ölsäure in Paraffinöl	Benzol	Ölsäure in Benzol
20	36	35	33	35	34
25	30	29	27	29	27
30	26	26	22	25	21
40	21	20	16	20	15

Preßtiefe betrug 6 bis 8 mm. Analoge Resultate wurden auch für Zinn erhalten. Aus der Tabelle ist zu entnehmen, daß die Adsorptionsschicht der Ölsäure den zur Erreichung einer bestimmten Porosität erforderlichen Preßdruck erheblich herabsetzt. Diese starke Erniedrigung des Preßdruckes kann man nicht durch Erniedrigung des Reibungskoeffizienten, der an den Wänden der Preßform auftritt, erklären. Diese Auffassung wird auch dadurch bestätigt, daß der Einfluß grenzflächenaktiver Stoffe mit Vergrößerung des Preßdruckes, d. h. mit Zunahme der plastischen Verformung in den Pulverteilchen, anwächst. Der Verdichtungseffekt ist also nicht bei den kleinsten Drücken, bei denen die Pulverteilchen sich noch relativ leicht verschieben lassen, sondern bei den größten Drücken am stärksten ausgeprägt. Bei einem Druck von 40 bis 50 kg/mm² wird die Porosität von wirbelschichtreduziertem Eisen um 23 bis 33%, für Kupfer um 16 bis 29% und für

Zinn um 30 bis 40% herabgesetzt. In diesem Zusammenhang sei darauf hingewiesen, daß das aus Schrott reduzierte Eisenpulver in Anwesenheit von aktiven Schmiermitteln bei den gleichen Preßdrücken eine bedeutend kleinere Dichtezunahme (8 bis 10%) erfährt, da dieses Pulver viel geringere plastische Eigenschaften besitzt.

Zweifelsohne findet bei plastischen Metallen eine adsorptive Erleichterung der Eigenverformung an der Oberfläche von Pulverteilchen statt. Hierbei wird die Packungsdichte erhöht, und folglich wächst auch die innere Kontaktoberfläche zwischen den Teilchen. Dieser Effekt übertrifft stets den Effekt der Erniedrigung der Reibung des Pulvers an den Wänden der Preßform und die der Pulverteilchen untereinander. Das ist daraus ersichtlich, daß mit Zunahme des Preßdruckes auch die effektive Wirkung des Schmiermittels anwächst und daß andererseits diese Zunahme auch bei zunehmenden Preßkörperdimensionen zu beobachten ist, während hierbei der Einfluß der Reibung an den Wänden praktisch auf Null zurückgeht.

Die beim Pressen erfolgende Zunahme der inneren Kontaktoberfläche wurde auch unmittelbar durch Messungen der elektrischen Leitfähigkeit von Kupfer- und Eisenpulvern verfolgt [84, 85]. In Tabelle 27 sind die für die verschiedenen Medien beim Pressen von elektrolytisch hergestelltem Kupferpulver gemessenen elektrischen Leitfähigkeiten λ angegeben. Nach diesen Werten wird in Gegenwart eines aktiven Schmiermittels (Lösung von Ölsäure in Paraffinöl oder in Benzol) die elektrische Leitfähigkeit gepreßter Pulver bedeutend erhöht, d. h., als Ergebnis der Erleichterung der plastischen Verformung der Teilchen wächst die Kontaktoberfläche sehr viel schneller als bei Abwesenheit aktiver Schmiermittel.

Tabelle 27

Änderung der elektrischen Leitfähigkeit beim Pressen in verschiedenen Medien. Durchmesser D der elektrolytisch hergestellten Kupferteilchen ~ 40 μ

P [kg/mm²]	ohne Schmiermittel		Paraffinöl		Lösung von Ölsäure in Paraffinöl		Ölsäure aus Benzol	
	λ [$\Omega^{-1}\cdot cm^{-1}$]	$\frac{\lambda}{P}$	λ [$\Omega^{-1}\cdot cm^{-1}$]	$\frac{\lambda}{P}$	λ [$\Omega^{-1}\cdot cm^{-1}$]	$\frac{\lambda}{P}$	λ [$\Omega^{-1}\cdot cm^{-1}$]	$\frac{\lambda}{P}$
100	0,6	0,006	$8\cdot 10^{-5}$	$8\cdot 10^{-7}$	132	1,32	5	0,05
167	14,4	0,09	6	0,04	230	1,40	46	0,28
333	104,6	0,30	94	0,28	445	1,30	185	0,55
500	203	0,40	195	0,40	765	1,50	385	0,77
830	338	0,40	324	0,39	1380	1,66	615	0,77
1250	518	0,40	485	0,39	2000	1,60	935	0,74
1670	665	0,40	605	0,36	2630	1,58	1140	0,68
2080	796	0,38	775	0,37	—	—	1540	0,74
3350	1330	0,40	1340	0,40	5000	1,50	2500	0,79
4150	1720	0,41	1750	0,41	5720	1,38	3120	0,75
5000	2260	0,45	2260	0,45	7720	1,55	4350	0,87

Weiterhin geht aus den Werten hervor, daß beim Pressen von Kupferpulver das Verhältnis der elektrischen Leitfähigkeit zum Preßdruck in dem relativ großen Druckgebiet von 500 bis 5000 kg/mm² konstant bleibt. Bekanntlich wird eine solche Gesetzmäßigkeit immer dann beobachtet, wenn mit der Zunahme der Kontaktoberfläche gleichzeitig auch die Zahl der Kontaktstellen anwächst [86]. In dem vorliegenden Fall halten wir es für wahrscheinlicher, daß die lineare Abhängigkeit zwischen λ und P darauf beruht, daß der Kontakt zwischen den Pulverteilchen über die Oxidschichten hergestellt wird und daher der Übergangswiderstand die entscheidende Rolle spielen muß. Tatsächlich ergab eine einfache Rechnung, bei der das vereinfachte Modell einer dichten Kugelpackung zugrunde gelegt wurde, für den elektrischen Widerstand eines Preßlings den Ausdruck

$$R = \frac{\varrho_s \cdot b \cdot l_p}{\pi \cdot a^2 \cdot N \cdot d},$$

wobei b die Dicke der Oxidschicht, ϱ_s deren spezifischer Widerstand, N die Zahl der Teilchen im Querschnitt, l_p die einer gegebenen Spannung P entsprechende Preßtiefe und d der mittlere Durchmesser der als Kugel angenommenen Teilchen ist. Aus der plastischen Verformung an den Kontaktstellen folgt

$$F = P_m \cdot \pi \cdot a^2 \cdot N,$$

wobei P_m die Fließgrenze ist. Dann ist

$$R = \varrho_s \frac{b \cdot P_m \cdot l_p}{F \cdot d} = \varrho_s \frac{b \cdot P_m \cdot l_p}{P \cdot s \cdot d}$$

und

$$\varrho = \varrho_s \frac{b \cdot P_m}{P \cdot d},$$

woraus

$$\lambda / P = \text{const}$$

folgt. Wie aus Tabelle 28 zu entnehmen ist, nimmt die Kontaktoberfläche in Gegenwart aktiver Schmiermittel besonders stark zu beim Pressen von elektrolytisch hergestellten Eisenpulvern.

Tabelle 28

Änderung der elektrischen Leitfähigkeit beim Pressen in verschiedenen Medien. Durchmesser D der elektrolytisch hergestellten Eisenteilchen ~ 30 µ

P [kg/mm²]	Ohne Schmiermittel		Paraffinöl		Lösung von Ölsäure in Paraffinöl		Ölsäure aus Benzol	
	λ [Ω^{-1} cm^{-1}]	$\lambda/\sqrt{P}$	λ	$\lambda/\sqrt{P}$	λ	$\lambda/\sqrt{P}$	λ	$\lambda/\sqrt{P}$
500	35	1,60	38	1,73	1168	52	90	4
830	45	1,61	52	1,80	1580	55	127	4,9
1170	53	1,60	58	1,72	1920	56	156	4,5
1500	58	1,53	69	1,81	2250	58	190	4,9
2800	68	1,54	81	1,79	2650	59	255	5,6
2500	73	1,52	93	1,80	2920	58	306	6,1
3350	82	1,52	102	1,86	3380	63	382	6,1
4150	89	1,46	112	1,81	3640	58	440	7,0
5000	96	1,44	124	1,80	3960	56	495	7,0

Beim Pressen von Eisenpulvern wird stets die Gesetzmäßigkeit $\lambda/\sqrt{P} = \text{const}$ beobachtet. Diese Beziehung wird dadurch erklärt, daß durch den langsamen Abbau der Oxidschichten und durch die Zunahme von rein metallischen Kontakten der Widerstand geschwächt wird.

Aus den Werten der Tabellen 27 und 28 folgt, daß eine Lösung von Ölsäure in Paraffinöl einen viel stärkeren Einfluß ausübt als Ölsäure, die aus benzolischer Lösung auf die Pulveroberfläche aufgetragen wird und durch Verdampfen des Lösungsmittels in reiner Form auf der Oberfläche zurückbleibt. Diese Erscheinungen stimmen gut mit dem in vorangegangenen Arbeiten beschriebenen Effekt überein, in denen der Einfluß der Ölsäurekonzentration auf die adsorptive Erleichterung der Verformung von Metallen untersucht wurde. Im allgemeinen ist die Wirkung aktiver Schmiermittel bei hohen Preßdrücken stärker ausgeprägt als bei niederen Drücken, woraus sich der Schluß ziehen läßt, daß der Schmiereffekt (die Herabsetzung des Koeffizienten für die Reibung von Teilchen an den Wänden der Preßform) nur eine untergeordnete Rolle spielt, während die Erleichterung der plastischen Verformung von Pulverteilchen den Haupteffekt darstellt.

Bei den Untersuchungen des Einflusses aktiver Schmiermittel auf die elastische Ausdehnung der Preßlinge nach ihrer Entnahme aus der Matrize („elastische Nachwirkung") stellt sich heraus, daß hierbei die aktiven Schmiermittel eine bedeutende Rolle spielen und die Größe der elastischen Ausdehnung stark herabsetzen. In Tabelle 29 sind Werte für die elastische Ausdehnung von Kupfer- und Zinnpreßlingen zusammengestellt, die bei den verschiedenen Drücken gepreßt

Tabelle 29

Relaxation der elastischen Spannungen in verschiedenen Medien

Preßdruck [kg/mm^2]	elastische Ausdehnung in %		
	ohne Schmiermittel	in Paraffinöl	in einer Lösung von Ölsäure in Paraffinöl
	Kupfer (Schüttgewicht: 1,62 g/cm^3)		
25	1,15	1,10	0,25
40	1,20	1,10	0,35
	Zinn (Schüttgewicht: 1,2 g/cm^3)		
5	0,91	0,88	0,12
10	0,96	0,89	0,08

wurden. Die Herabsetzung der elastischen Ausdehnung beim Pressen mit aktiven Schmiermitteln stimmt völlig mit den oben erläuterten grundlegenden Gesetzmäßigkeiten der Einwirkung grenzflächenaktiver Stoffe auf die Verformung von Metallen überein. Bei Anwesenheit grenzflächenaktiver Stoffe tritt eine stärkere Relaxation der elastischen Spannungen durch Übergang der elastischen in die plastische Verformung ein.

Gerade dieser Umstand führt zu einer beträchtlichen Herabsetzung der elastischen Ausdehnung von Preßlingen, dem deshalb eine besondere Bedeutung bei der Herstellung von Maßpreßlingen zukommt. Außerdem führt eine starke elastische Ausdehnung zum Bruch der Preßlinge und bedingt einen großen Ausschuß der Halbfabrikate. Durch Zugabe von grenzflächenaktiven Schmiermitteln zu der betreffenden Charge wurde der dadurch bedingte Bruch fast vollständig vermieden.

Bei der Verwendung von aktiven Schmiermitteln kommt es auf der Oberfläche der Pulverteilchen zur Ausbildung einer festen Adsorptionsschicht von Ölsäure, wodurch die Widerstandsfähigkeit des Metallpulvers gegenüber Korrosion erhöht wird. Analoge Wirkungen zeigen auch wäßrige Seifenlösungen, die von uns als aktive Schmiermittel eingesetzt wurden. Wäßrige Seifenlösungen wirken schwächer als Ölsäure auf die adsorptive Erleichterung der Verformung ein, dafür besitzen sie aber eine größere Korrosionsschutzwirkung, was von Lewin und Pomosow ausgenutzt wurde, um Kupferpulver vor Korrosion zu schützen [87]. Der Korrosionsschutz von Metallpulvern ist eines der wichtigsten Probleme, die die Pulvermetallurgie zu lösen hat. Infolge des höheren Zerteilungsgrades und der größeren Aktivität pulverförmiger Metalle laufen bei ihnen Korrosionsprozesse mit viel größerer Intensität ab als bei kompakten Metallen. Die bekannten Methoden des Korrosionsschutzes liefern entweder keine befriedigenden Ergebnisse, oder aber sie verändern die für die metallkeramische Technologie wichtigen Eigenschaften des Metallpulvers.

Die in verschiedenen Medien an Kupferpulvern durchgeführten Korrosionsprüfungen zeigten, daß hierbei die Feuchtigkeit als entscheidender Faktor auftritt und daß Korrosionsprozesse ausschließlich an der Grenzfläche: Pulverteilchen -flüssige Phase ablaufen. Deshalb ist zum Schutz der Metallpulver vor Korrosion die Anwendung von aktiven Schmiermitteln angezeigt, da diese auf der Oberfläche der Metallteilchen festgebundene hydrophobe Adsorptionsschichten bilden [87].

2. Physikalisch-chemische Erscheinungen beim Sintern von Metallpulvern

Die thermische Bearbeitung von Metallpreßlingen, d. h. der Sinterprozeß, ist das wichtigste technologische Stadium des metallkeramischen Produktionsprozesses. Die Sinterung bestimmt ganz besonders alle physikalisch-chemischen Eigenschaften des metallkeramischen Produktes, in erster Linie aber die mechanische Festigkeit, die unmittelbar von der Größe und dem Charakter der Kontaktoberfläche abhängt.

Beim Pressen der Mehrzahl aller Metallpulver gelingt es nicht, ein genügend festes Produkt zu erhalten, was vor allem auf die Anwesenheit von Oxidschichten und anderen Schichten zurückzuführen ist, die die Oberfläche der Metallteilchen bedecken und die Ausbildung metallischer Kontakte verhindern. Dieser Kontakt kann beim Pressen nur an solchen Stellen erzeugt werden, an denen die Oberfläche der Schicht beschädigt ist. Die Zahl und Größe dieser Stellen ist jedoch klein, so daß beim Pressen kein genügend festes Produkt entstehen kann. Nur bei Metallen, die eine niedrige Rekristallisationstemperatur besitzen (z. B. Blei), gelingt es, durch Pressen eine relativ hohe Festigkeit an den Kontaktstellen zu erhalten, da hier schon bei Zimmertemperatur ein im Wesen „heißer" Preßvorgang stattfindet.

Beim Sintern haben drei Prozesse bei der Bildung der Kontaktoberfläche zwischen den Metallteilchen entscheidende Bedeutung: die Relaxation der inneren Spannungen, die beim Pressen entstehen und an den Kontaktstellen lokalisiert sind, die Reduktion der Oxidschichten und die Oberflächen- und Volumdiffusion der Metallatome, die zu einer Einebnung des Teilchenprofils, zur Sammelrekristallisation und zur Verkleinerung des Porenvolumens führt. Die Rolle und die Bedeutung jedes dieser Prozesse ändern sich mit der Sintertemperatur.

Bei relativ niedrigen Temperaturen überwiegen die beiden ersten Prozesse, während die Diffusionsprozesse nur bei hohen Temperaturen mit genügender Geschwindigkeit ablaufen.

Mit der Zunahme der Temperatur wird in erster Linie die Relaxation der Restspannungen verstärkt. Bereits bei Temperaturen von 100 bis 150° können bei Metallen, wie z. B. Kupfer und Eisen, an Stellen erhöhter Spannungskonzentration (die inneren Spannungen an den Kontaktstellen) plastische Verschiebungen in Verbindung mit der Erniedrigung der Fließgrenze auftreten (Kriechen des Metalles bei erhöhter Temperatur). Mit weiterer Zunahme der Temperatur geht eine Relaxation der Restspannungen hauptsächlich auf Kosten der im Innern der Teilchen ablaufenden Rekristallisation vor sich (die stets der Sammelrekristallisation zwischen den Teilchen vorangeht) und führt zur Bildung einer neuen Mikrostruktur, deren Strukturelemente bereits völlig frei von inneren Spannungen sind.

Eine große Bedeutung für die Untersuchung der Gesetzmäßigkeiten, die mit der thermischen Behandlung von Kupferpulvern zusammenhängen, besitzen elektrische Leitfähigkeitsmessungen. Kontaktstellen zwischen den Teilchen des Pulvers sind die einzigen Stellen, durch die eine elektrische Stromleitung erfolgt. Deshalb ist die elektrische Leitfähigkeit eine eindeutige Funktion für die Größe und den Charakter der Kontaktoberfläche. Die mit Hilfe der Leitfähigkeitsmessungen erzielten Erfolge beim Studium der Reibungs- und Verschleißprobleme sind hauptsächlich mit der großen Empfindlichkeit dieser Methode verbunden, mit der sie auf kleinste Änderungen der Größe und des Charakters der Kontakte anspricht, das ist auch besonders wichtig für das Studium der Sinterprozesse von Metallen [85].

In Abb. 107 sind typische Diagramme für die Sinterung von Kupferpulvern in verschiedenen Medien mit den Koordinaten R (elektrischer Widerstand) und T (Temperatur) dargestellt. Verfolgt man die mit Zunahme der Temperatur vor sich gehende Veränderung des elektrischen Widerstandes, so lassen sich drei ausreichend scharf begrenzte Temperaturgebiete der Sinterung unterscheiden.

In dem ersten Temperaturgebiet, bei etwa 100 bis 150°, nimmt der Widerstand des Preßlings mit der Erwärmung zu, wobei der Temperaturkoeffizient des Widerstandes

$$\alpha = \frac{1}{R} \cdot \frac{dR}{dT} = 1 - 10^{-3} - 2 \cdot 10^{-3}\,\text{Grad}^{-1}$$

beträgt und damit bedeutend kleiner als der normale Temperaturkoeffizient des Kupfers ist ($\alpha = 4{,}3 \cdot 10^{-3}$ Grad^{-1}).

Zum richtigen Verständnis dieser Abweichung muß man berücksichtigen, daß in dem betreffenden Temperaturgebiet der elektrische Widerstand der Preßlinge zum größten Teil nicht durch die Eigenschaften des Metalles (Kupfer), sondern durch den Übergangswiderstand an den Kontaktstellen bestimmt wird. Mit Zunahme der Temperatur muß dieser Widerstand abnehmen, und zwar auf Grund der Wärmeausdehnung der Teilchen, bei der die kleinsten Poren unter Vergrößerung der Kontaktoberfläche verschlossen werden, und auf Grund des negativen Temperaturkoeffizienten des Widerstandes der Oxidschichten.

Wenn man dennoch eine Zunahme des Widerstandes der Preßlinge bei der Erwärmung beobachtet, so beruht das darauf, daß die Relaxation der Eigenspannungen mit Temperaturerhöhung ebenfalls stark ansteigt. Wie BALSCHIN durch direkte Versuche nachgewiesen hat [88], tritt dadurch eine Verringerung der Zahl der Kontaktstellen und damit eine starke Abnahme der Kontaktoberfläche ein.

Deshalb kann man das erste Stadium beim Sintern von Kupferpulvern das Relaxationsstadium nennen, da in dieser Stufe die Relaxation der beim Pressen entstandenen Eigenspannungen vorherrscht. Das zweite beim Sintern auftretende Stadium ist im $R(T)$-Diagramm der Abb. 107 sehr scharf ausgeprägt und reicht von 100 bis 150° bis 400 bis 500°. Sehr charakteristisch für diesen Zustand ist der starke Abfall des Widerstandes mit der Erhöhung der Temperatur.

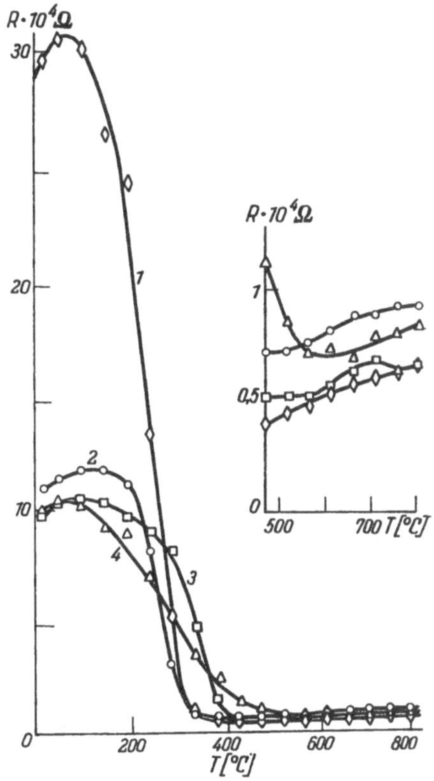

Abb. 107. Sinterkurven von Kupferpulvern, *1* – der Preßvorgang wurde in einer Lösung von Ölsäure in Benzol ausgeführt; *2* – trockener Preßvorgang; *3* – der Preßvorgangwurde in einer Lösung von Ölsäure in Paraffinöl ausgeführt; *4* – Preßvorgang in reinem araffinöl

Obgleich im zweiten Stadium der Sinterung die Relaxation der inneren Spannungen noch zunimmt und zu einer Verkleinerung der Kontaktoberfläche führt (erst bei einer Temperatur von 400 bis 500° sind diese praktisch abgeklungen, also in der Nähe der oberen Temperaturgrenze des betrachteten Gebietes), spielen diese Prozesse im Vergleich zu den in diesem Gebiet neu hinzukommenden physikalisch-chemischen Erscheinungen eine ganz untergeordnete Rolle. Dazu gehört vor allem die Reduktion der Oxidschichten an der Oberfläche der Metallteilchen. Dadurch ändert sich der Charakter der Kontaktflächen durch Übergang des nichtmetallischen Kontaktes in den metallischen [89].

Bestätigt werden diese Auffassungen durch die Ergebnisse, die beim Sintern von Preßlingen aus Kupferpulver mit verschiedenen Oxidmengen gesammelt wurden. In Preßlingen mit etwa 2% Sauerstoff wurde im zweiten Stadium der Sinterung der Widerstand um das 22- bis 25fache herabgesetzt, während bei der Sinterung von Preßlingen mit 0,2% Sauerstoff der Widerstand nur um das 5- bis 6fache erniedrigt wurde. Stellt man dem noch die Ergebnisse gegenüber, die beim Sintern von Gold [90] erhalten wurden, bei dem bekanntlich keine Oxidschichten vorhanden sind und bei dem tatsächlich keine Widerstandsänderung festgestellt werden konnte, so wird die entscheidende Rolle der Oxidschichtreduktion im zweiten Stadium des Sinterpozesses offenkundig. Durch das Studium des Sinterungsvorganges von Kupfer bei niedrigen Temperaturen wurde es möglich, den Mechanismus der Bildung des metallischen Kontaktes bei der Reduktion der Oxidschichten aufzuklären. Dieser Mechanismus besteht in der Bildung von metallischen Brücken zwischen den Pulverteilchen an Kontaktstellen, die zuvor mit Oxid bedeckt waren. Diese Brücken werden im Metallmikroskop bei 1500-1500facher Vergrößerung bereits bei 300° sichtbar und werden mit wachsender Temperatur in ihren Abmessungen ständig größer. Die Bildung und das rasche Wachstum dieser Brücken finden in dem gleichen Temperaturintervall statt, in dem bei der Sinterung ein starker Abfall des elektrischen Widerstandes des Preßlings beobachtet wird [42].

Bei der Reduktion der Oxide wird bekanntlich die Beweglichkeit der Metallatome bedeutend erhöht. Die Beweglichkeit der Metallatome im Augenblick der Reduktion entspricht einer Temperatur, die weitaus höher liegt als jene, bei der der Reduktionsprozeß vor sich geht. Diese erhöhte Beweglichkeit wird durch den stark gelockerten Zustand hervorgerufen, in dem sich die Atome im Augenblick der Reduktion bzw. des Zerfalls der Oxidstruktur befinden. Auf Grund der hohen Beweglichkeit wandern die Metallatome so lange auf der Oberfläche, bis sie einen Ort finden, der einer minimalen freien Energie entspricht. Eine solche Lage ist vor allem der metallische Kontakt zwischen den Teilchen, der bei dem vorangegangenen Preßvorgang oder von selbst im Augenblick der Reduktion der Oxide entsteht.

Bei der Reduktion der Oxide wird also bei relativ niedrigen Temperaturen der Sinterung die zuvor recht große Kontaktoberfläche durch neue Kontaktstellen ersetzt, die in Form von Brücken den Zusammenhalt der Pulverteilchen herstellen. Jedoch wird hierbei auch der Charakter des Kontaktes verändert: Aus dem nichtmetallischen Kontakt über die Oxidschicht wird der rein metallische Kontakt.

Es ist möglich, daß bei der Bildung der Brücken auch die Gasphase eine gewisse Rolle spielt, und zwar in dem Sinne, daß an den energiereichsten Stellen der Metallteilchen das Metall (oder sein Oxid mit fortschreitender Reduktion) verdampft und an Orten mit geringerer Energie, in erster Linie also an den Kontaktstellen, wieder kondensiert.

Zur genaueren Erklärung des Mechanismus der Bildung von metallischen Kontakten und des Einflusses der Reduktion der Oxide auf der Bildung und Vergrößerung der metallischen Kontaktoberfläche bei der Sinterung wurden von uns

Abb. 108. Elektronenmikroskopische Aufnahme eines Oberflächenelementes einer aufgedampften Kupferschicht. Vor der Erwärmung. Vergrößerung 12000fach

Abb. 109a. Elektronenmikroskopische Aufnahme eines Oberflächenelementes einer Kupferschicht. Nach dreistündiger Erwärmung im Vakuum bei 500°. Vergrößerung 12000fach

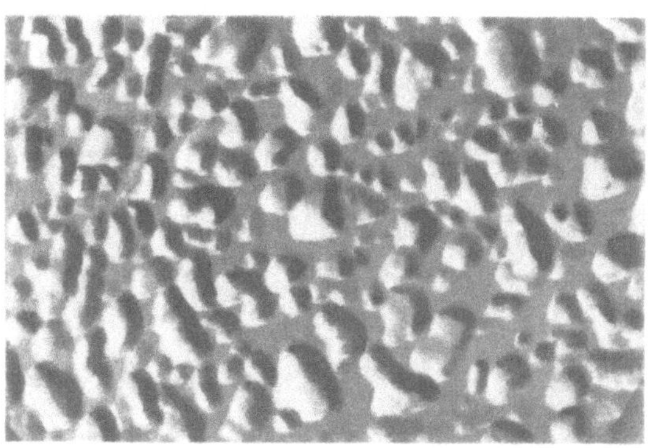

Abb. 109b. Dieselben Bedingungen wie in Abb. 109a, jedoch ein anderer Oberflächenausschnitt

Abb. 110a. Elektronenmikroskopische Aufnahme eines Oberflächenelementes einer mit einer dünnen Oxidschicht versehenen Kupferschicht. Nach einstündiger Erwärmung im Vakuum bei 400°

Abb. 110b. Dieselben Bedingungen wie in Abb. 110a, jedoch ein anderer Oberflächenausschnitt

Modelluntersuchungen bei erhöhter Temperatur an Oberflächen von Metallteilchen, die mit einer Oxidschicht bedeckt waren und sich in einer reduzierenden Atmosphäre befanden, durchgeführt. Als Untersuchungsobjekt wurde Kupfer verwendet. Durch Aufdampfung im Vakuum wurde eine Kupferschicht mit einer Dicke von 400 bis 500° auf einen Objektträger aufgetragen. Die Mikrostruktur dieser Schicht wie auch die Mikrostruktur anderer Kupferproben, die weiter unten noch beschrieben werden, wurde mit Hilfe eines Elektronenmikroskops nach dem Quarzabdruckverfahren bei 1200facher Vergrößerung untersucht.

In Abb. 108 ist die Mikrostruktur der Ausgangsschicht von oxidfreiem Kupfer dargestellt. Hier gelingt es nicht, die ursprünglichen Kristallite sichtbar zu mamachen, deren Abmessungen wahrscheinlich unter der Auflösungsgrenze eines Quarzabdruckes ($\approx$ 150 Å) liegen. Erwärmt man diese Kupferschicht auf etwa 500°, setzt eine Kristallisation ein, die bei längerer Dauer (bis zu 3 Stunden) die Mikrostruktur völlig verändert, wie aus Abb. 109a und 109b zu ersehen ist.

In Abb. 109a ist die bei der Rekristallisation entstandene Mikrostruktur abgebildet. Zum Unterschied zu der in Abb. 109b angeführten Struktur, deren Elemente ohne Gesetzmäßigkeit sind, kann jene als die wahre Struktur betrachtet werden. Beide Strukturen werden auf ein und derselben Probe an Stellen beobachtet, die sich in der Dicke unterscheiden. Je dünner die Kupferschicht, um so wahrscheinlicher ist die Bildung der wahren Mikrostruktur und umgekehrt. Die Ursachen für die Bildung der in Abb. 109 dargestellten Mikrostruktur beim Erwärmen des Kupfers ist noch nicht völlig aufgeklärt. Man vermutet, daß das mit der Aggregation der wahren Elemente der Mikrostruktur zusammenhängt, die ursprünglich bei der Erwärmung entstehen. Für beide Mikrostrukturen gleich ist eine relativ hohe Dispersität der durch Rekristallisation neu gebildeten Kristallite.

Völlig andere Verhältnisse treten dann auf, wenn man vor der Erwärmung der Kupferschicht diese mit einer dünnen Oxidschicht überzieht. In Abb. 110a und 110b sind Aufnahmen von anoxydierten Kupferschichten wiedergegeben, die in einer reduzierenden Atmosphäre (oder im Vakuum) bei 400° 1 Stunde lang erwärmt wurden. Der Oxydationsgrad konnte dadurch gemessen werden, daß man die verschiedene Lichtdurchlässigkeit einer anoxydierten Kupferschicht bestimmte. Danach betrug die Dicke der Oxydationsschicht etwa 50 bis 100 Å, d. h. etwa $^1/_5$ bis $^1/_{10}$ der Dicke der gesamten Kupferschicht (für Kupferpulver entspricht eine 100 Å dicke CuO-Schicht einem Sauerstoffgehalt von 0,2 bis 0,3%).

Die bei der Rekristallisation in einer reduzierenden Atmosphäre entstehende Mikrostruktur einer schwach anoxydierten Kupferschicht ist vor allem durch die Anwesenheit grober Kristallite charakterisiert. Außerdem liegt der Beginn der Rekristallisation bei 350 bis 400°, also um 100 bis 150° tiefer als beim oxidfreien Kupfer. Bei Anwesenheit einer Oxidschicht wird also die Temperaturschwelle für die Rekristallisation bedeutend herabgesetzt und die Mikrostruktur völlig verändert (es entstehen grobe Kristallite, die an Ordnung, Größe und Abmessung die bei der Rekristallisation von oxidfreiem Kupfer auftretenden Kristalle übertreffen). Die Ursache hierfür muß man in dem Reduktionsprozeß der Oxidschichten suchen, durch den die an der Oberfläche befindlichen Metallatome bei dem Abbau der Oxidstruktur eine hohe Beweglichkeit erhalten, im Einklang mit den obigen Ausführungen. Die Bildung von groben Kristallen auf der Oberfläche des Kupfers durch die Reduktion der Oxidschichten deutet auf die Natur der Brücken hin, wie von uns bei niederen Sinterungstemperaturen beobachtet wurden. Diese Brücken sind nichts anderes als die größten Kristalle, die beim Erwärmen in der reduzierenden Atmosphäre auf der Oberfläche der Teilchen des Kupferpulvers entstehen und bei sehr starker Vergrößerung bereits im gewöhnlichen Metallmikroskop sichtbar zu machen sind. Das zweite Stadium der Sinterung kann man also als das Stadium der Ausbildung des metallischen Kontaktes zwischen den Teilchen betrachten, als Ergebnis der Reduktion der Oxidschichten.

Eine bedeutende Rolle spielen im zweiten Stadium der Sinterung grenzflächenaktive Stoffe, die beim Pressen in Form aktiver Schmiermittel zugegeben wurden. Obwohl diese Stoffe bei den in Frage kommenden Temperaturen fast völlig verbrennen, wird hierbei eine höhere Konzentration der reduzierenden Wirkung erzielt und dadurch die Reduktionsgeschwindigkeit der Oxidschichten vergrößert. Der Einfluß des aktiven Schmiermittels kommt in den R(T)-Kurven der Abb. 107 in einem stärkeren Abfall des Widerstandes zum Ausdruck. Außerdem wird das Minimum des Widerstandes (bzw. Maximum der elektrischen Leitfähigkeit) schon bei niedrigeren Temperaturen erreicht, als sie normalerweise beim Arbeiten ohne Schmiermittel gefunden werden.

Das dritte Stadium der Sinterung von Kupferpreßlingen beginnt nach dem R(U)-Diagramm bei Temperaturen zwischen 400 bis 500° und reicht bis zu sehr hohen Temperaturen in der Nähe des Schmelzpunktes. Dieses Stadium wird dadurch charakterisiert, daß der elektrische Widerstand stetig zunimmt, wobei der Temperaturkoeffizient des Widerstandes fast mit dem des gegossenen Kupfers übereinstimmt. Die Zunahme der Kontaktoberfläche als Ergebnis der Sammelrekristallisation zwischen den Teilchen hat in diesem Stadium keinen wesentlichen Einfluß mehr auf den elektrischen Widerstand, weil die Größe der am Ende des zweiten Stadiums gebildeten metallischen Kontaktoberfläche so stark angestiegen ist, daß der Preßling in seinen elektrischen Eigenschaften sich kaum noch von einem gegossenen Metallstück unterscheidet. Jedoch ist die mechanische Festigkeit der Kontaktstellen sehr klein und erst im dritten Stadium der Sinterung erreicht diese einen hinreichend hohen Wert. Das ist aus Abb. 111 zu entnehmen, in der die Widerstandsänderung beim Abkühlen der auf verschieden hohe Temperaturen erwärmten Kupferpreßlinge dargestellt ist. Die beim Abkühlen gemessenen Temperaturkoeffizienten des elektrischen Widerstandes haben folgende Werte: $\alpha_{200} = 0{,}0013$; $\alpha_{300} = 0{,}0023$; $\alpha_{500} = 0{,}0038$; $\alpha_{700} = 0{,}0043$.

Aus dem Verlauf der Koeffizientenkurve läßt sich der Schluß ziehen, daß bei niederen Sinterungstemperaturen (bis 500°) die beim Erwärmen gebildeten Kontaktstellen oft reversibel abnehmen. Anscheinend hängt dieser Effekt damit zusammen, daß die beim Erwärmen geschlossenen Mikroporen sich beim Abkühlen wieder öffnen und daß in geringem Umfang nur schwach ausgebildete metallische Kontaktstellen sich wieder lösen. Von 500° an aufwärts nimmt die Festigkeit der

Kontaktstellen außerordentlich schnell zu, und bei 700° unterscheidet sich der Temperaturkoeffizient des Widerstandes von dem normalen für kompaktes Kupfer gemessenen Wert nicht mehr, d. h., es hat sich eine Kontaktoberfläche mit hinreichend hoher Festigkeit und rein metallischem Charakter gebildet.

Die beim Sintern von Eisenpulvern durch elektrische Leitfähigkeitsmessungen gefundenen Gesetzmäßigkeiten unterscheiden sich geringfügig von den für Kupferpulver geltenden Gesetzmäßigkeiten, und zwar weichen diese vor allem im ersten Stadium der Sinterung voneinander ab. Genau genommen, fehlt bei Eisenpreßlingen das erste Stadium der Sinterung in der bei Kupferpreßlingen beobachteten Form vollständig. Die Erklärung ist in der Höhe der inneren Spannungen zu suchen, die beim Pressen in den Eisenpulverteilchen entstehen. Bei den röntgenologischen Untersuchungen des Spannungszustandes stellte sich heraus, daß Eisenpulver beim Pressen relativ schwach verfestigt werden und die inneren Spannungen in den Preßlingen weitaus kleiner sind als in den Kupferproben. In dem Bereich von Zimmertemperatur bis 100 bis 150° wird deshalb beim Erwärmen von gepreßtem Eisenpulver nicht die beim Kupfer gefundene Zunahme, sondern sogar ein Abfall des Widerstandes beobachtet. Dieser ist jedoch ziemlich gering und ist sowohl auf das Schließen der Poren als auch auf den negativen Temperaturkoeffizienten des Widerstandes von Eisenoxid zurückzuführen.

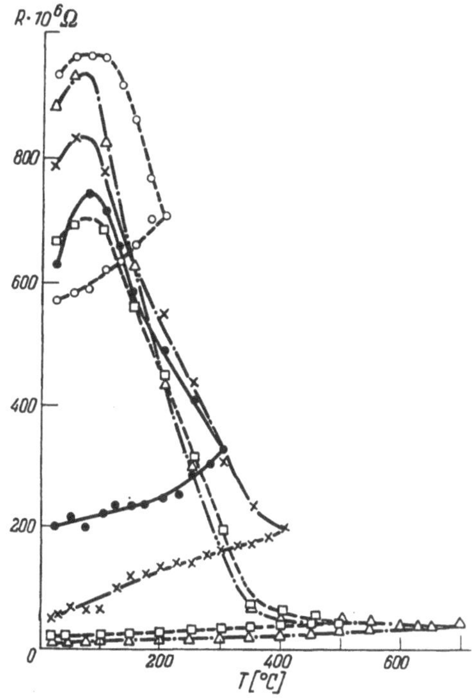

Abb. 111. Veränderung des Widerstandes von Preßlingen aus Kupferpulver beim Abkühlen

Das zweite Stadium der Sinterung, in dem es zur Ausbildung der metallischen Kontakte kommt, ist für beide Metallpulver völlig analog. Allerdings wird beim Eisen der Abschluß des zweiten Stadiums schon bei niedrigeren Temperaturen, etwa bei 400°, erreicht, d. h. die obere Temperaturgrenze des zweiten Stadiums liegt sehr viel tiefer. Im dritten Stadium unterscheiden sich die beiden Pulversorten nicht. Bei der Sinterung von Metallpulvern lassen sich im Reaktionsablauf also drei Stadien unterscheiden, die in verschiedener Weise an der Bildung der mechanischen und physikalisch-chemischen Eigenschaften des fertigen Produktes beteiligt sind: das Relaxationsstadium, das Stadium, in dem es zur Ausbildung von metallischen Kontakten kommt, und schließlich das Stadium, in dem durch Prozesse der Sammelrekristallisation die metallischen Kontaktstellen eine starke

Verfestigung erfahren. Das erste Stadium der Sinterung tritt nur bei solchen Metallen auf, die bei der Verformung erheblich verfestigt werden, die beiden folgenden Stadien sind hingegen bei allen in der Praxis angewandten Metallpulvern vorhanden. Für das Verständnis der Vergrößerung der spezifischen Oberfläche von Metallpulvern, die wiederholt einer Oxydation und Reduktion unterworfen werden, spielen ebenfalls die Gesetzmäßigkeiten eine bedeutende Rolle, die die Bildung metallischer Kontakte beschreiben. Die Zunahme der spezifischen Oberfläche hängt in diesem Fall mit der Bildung größerer Kristalle auf der Oberfläche der Teilchen zusammen, wodurch die Mikrorauhigkeit der Oberfläche bedeutend erhöht wird.

SCHLUSSWORT

Wie das vorliegende Forschungsmaterial gezeigt hat, wirkt ein Medium durch mannigfaltige physikalisch-chemische Einflüsse auf die Prozesse der Verformung und Zerstörung der Metalle ein. Dieser Problemkreis hat sich in letzter Zeit so stark entwickelt, daß ein völlig neues Wissenschaftsgebiet entstanden ist — ein Grenzgebiet zwischen der Molekularphysik, der Physik des festen Körpers, der physikalischen und der Kolloidchemie. Man kann dieses hauptsächlich in der UdSSR entwickelte Gebiet als ein großes Teilgebiet der physikalisch-chemischen Mechanik betrachten, das vor allem die Beziehungen zwischen den mechanischen Eigenschaften fester Körper und deren chemischen Eigenschaften, ihrem Aufbau und den Eigenschaften des äußeren Mediums berücksichtigt, in dem die Zerstörungs- und Deformationsprozesse ablaufen.

In den letzten Jahren hat die Untersuchung des physikalisch-chemischen Einflusses des umgebenen Mediums auf die Verformungs- und Bruchprozesse bedeutende Fortschritte gemacht, wobei zahlreiche neue Anwendungsgebiete dieses Wissenschaftszweiges erschlossen wurden. So wurde z. B. in den Arbeiten von ASLANOWA [91] gezeigt, daß eine in Gegenwart grenzflächenaktiver Stoffe ausgeführte längere Belastung von Silikatgläsern, die bei Zimmertemperatur elastisch-plastische Eigenschaften besitzen, zu einer beträchtlichen Herabsetzung der Festigkeit dieser Gläser führt und daß diese eine deutlich ausgeprägte elastische Nachwirkung und die Erscheinung des Kriechens zeigen. Diese Untersuchungen wurden an Glasfäden mit einem Durchmesser von 3 bis 60 μ in einer Wasserdampfatmosphäre, in Wasser größter Reinheit und in wäßrigen Lösungen grenzflächenaktiver Substanzen ausgeführt, die gegenüber Glasoberflächen chemisch indifferent sind. Hierbei wurde gezeigt, daß die Adsorptionseffekte nicht mit den chemischen Einwirkungen aggressiver Stoffe auf die Glasoberfläche zusammenhängen. Man war der Meinung, daß diese Adsorptionseffekte mit kleiner werdenden Probendimensionen (Durchmesser des Fadens) ständig zunehmen. Bei Glasfasern mit einem kleineren Durchmesser als 3 bis 2 μ verschwinden jedoch die Adsorptionseffekte praktisch vollständig. Man führt diese Erscheinung darauf zurück, saß solche Fäden in ihrer Oberflächenschicht eine sehr geringe Zahl von Defektstellen besitzen, die ja bekanntlich den Bruch der Probe auslösen. Außerdem findet natürlich eine erhebliche „Maßstabsverfestigung" dieser dünnen Fäden statt.

OROWAN [92] stellte fest, daß die Dauerfestigkeit auch für Glasproben mit großem Durchmesser im aktiven Medium (Wasser) stark herabgesetzt wird. Diese

Erscheinung läßt sich nur durch einen Adsorptionseffekt erklären, der eine lawinenartige Entwicklung von Oberflächenrissen zur Folge hat, die einen Bruch auslösen, wenn die untersuchte Probe längere Zeit belastet wird. Unter diesen Bedingungen kann auf Grund der adsorptiven Einwirkung des Mediums die sog. Dauerfestigkeit um das doppelte herabgesetzt werden, d. h., daß eine Probe, die mit halber Zerreißspannung gedehnt wird, dennoch bei genügend langer Versuchsdauer (einige Stunden oder sogar Tage) bricht. Die Festigkeit von Glasproben mit großem Durchmesser hängt bei kurzzeitiger Belastung praktisch nicht von der Anwesenheit eines aktiven Mediums ab, nur bei genügend dünnen Glasfäden tritt eine Erniedrigung der Festigkeit auf, die jedoch bedeutend kleiner als bei Dauerversuchen ist.

LOGGINOW [9] im Institut für physikalische Chemie der Akademie der Wissenschaften der UdSSR zeigte, daß Glimmerkristalle (als Blättchen) bei längerer Belastung im Vakuum oder in trockener Luft sich praktisch wie elastisch-spröde Körper verhalten. In Wassser, besonders aber in einer wäßrigen Lösung grenzflächenaktiver Stoffe, beobachtet man eine beträchtliche und langsam (im Laufe einiger Tage) zunehmende Verformung und eine elastische Nachwirkung. Weiter konnte gezeigt werden, daß unter Einfluß der reversiblen Adsorption von Wasser und Elektrolyten sowohl bei polykristallinen als auch bei einkristallinen elastisch-spröden Gipsproben eine lawinenartige Zunahme des Kriechens selbst bei kleinen Belastungen erfolgt, die zum Bruch der Probe führt. Damit erklärt sich auch die bekannte Erscheinung, daß in feuchter Luft Gipsbausteine die gefährliche Erscheinung des Kriechens zeigen.

In diesem Zusammenhang soll noch einmal darauf hingewiesen werden, daß die Anwesenheit von Adsorptionseffekten bei der Prüfung des Kriechens, der Dauer- und Ermüdungsfestigkeit die Bestätigung liefert, daß dem Vorgang des Eindringens grenzflächenaktiver Stoffe in die sich entwickelnden Oberflächendefekte (die an der Phasengrenze des festen Körpers bei langsamer Lockerung der Struktur an stark gestörten Stellen entstehen) eine große Bedeutung zukommt.

Wie bereits in Kapitel IV ausgeführt wurde, versuchte der englische Physiker ANDRADE, ausgehend von unseren Ergebnissen, daß die Geschwindigkeit des Kriechens von Kadmiumeinkristallen mit oxydierter Oberfläche durch den Adsorptionseffekt bedeutend erhöht wird, alle Adsorptionseffekte, die bei der Verformung im grenzflächenaktiven Medium zu einer schnelleren Zerstörung des Werkstücks führen, auf die Anwesenheit einer Oxidschicht zurückzuführen, da er zuvor nachgewiesen hatte, daß die Anwesenheit von Oxidschichten das Fließen des Metalles verlangsamt. Durch spätere Arbeiten von ROSCHANSKI [42] und OSTROWSKI [94, 95] wurde der wahre Charakter des Einflusses der Oxidschichten auf die Größe des Adsorptionseffektes aufgeklärt. ROSCHANSKI konnte zeigen, daß im Anfangsstadium der Dehnung eines Metalleinkristalles ringförmige Risse der dünnen Oxidschicht an Stellen auftreten, an denen Spannungsspitzen lokalisiert sind, d. h. an denen eine hohe Spannungskonzentration in der Oberflächenschicht vorliegt. So erzeugt die Anwesenheit einer dünnen Oxidschicht in der Oberflächenschicht des verformten Einkristalles einen Spannungszustand, der den

Adsorptionseffekt günstig beeinflußt. Weiter wurde von ihm gezeigt, daß ausgeprägte Adsorptionseffekte, die zu einer Erhöhung der Kriechgeschwindigkeit führen, auch dann beobachtet werden, wenn bei der Untersuchung im Vakuum die Adsorption der grenzflächenaktiven Stoffe aus der Dampfatmosphäre und Zinneinkristalle erfolgt, deren Oberfläche zuvor durch Glimmentladung (in sehr verdünnter Wasserstoffatmosphäre) vollkommen oxidfrei erhalten wurde. Wie im Kapitel III bereits gezeigt wurde, nehmen die Adsorptionseffekte mit Abnahme der Länge der zu dehnenden Probe zu und erreichen bei hinreichend kurzen Proben, die einem unnatürlichen Spannungszustand entsprechen, große Werte. Die Anwesenheit einer dünnen Oxidschicht auf der Oberfläche der Probe ruft an Rißstellen hohe Spannungsspitzen beim Dehnen hervor und vergrößert selbst bei langen Proben die Adsorptionseffekte in starkem Maße. Von Ostrowski wurde gezeigt, daß diese Wirkung nur bei Anwesenheit ziemlich dünner Oxidschichten auftritt: Beim Dehnen von Einkristallen mit vorgegebener konstanter Geschwindigkeit zeigen die an der Oberfläche oxydierten Proben auch bei sehr kleinen Geschwindigkeiten die bekannten Effekte, während bei Einkristallen mit oxidfreien Oberflächen diese Effekte nur dann auftreten, wenn man im Bereich der optimalen Geschwindigkeit arbeitet. Mit wachsender Dicke der Oxidschichten werden die Adsorptionseffekte immer kleiner und gehen nach Überschreitung einer Grenzdicke praktisch auf den Wert Null zurück, weil die Oxidschichten in zunehmendem Maße die Metalleinkristalle vor der Einwirkung der grenzflächenaktiven Substanzen abschirmen. Wie schon ausgeführt, wurden die elektrokapillaren Effekte an Kadmiumeinkristallen genauer untersucht und dabei die Abhängigkeit der Fließgrenze dieser Einkristalle von dem Potentialsprung an der Phasengrenze Metall-Elektrolytlösung gemessen. Es ergab sich völlige Analogie zu den klassischen Elektrokapillarkurven für die Grenzflächenspannung von geschmolzenen Metallen, z. B. Quecksilber und Gallium. Diese Untersuchungen lieferten erneut einen Beweis dafür, daß die Adsorptionseffekte die Verformung von Kadmium erleichtern und gerade für reine Metalloberflächen ein Charakteristikum sind. Diese von uns entwickelten Auffassungen werden durch Arbeiten von Masing und Mitarbeitern [41, 43] in jeder Hinsicht bestätigt. Die Genannten hatten sich vor allem mit den Adsorptionseffekten von Blei-, Zinn-, Zink-, Kadmium-, Silber-, Gold- und Platinkristallen von ein- und polykristalliner Natur beschäftigt, die in wäßrigen Lösungen unter Bedingungen des elektrokapillaren Effektes und in unpolaren mit grenzflächenaktiven Substanzen versetzten Kohlenwasserstoffen untersucht wurden. T. Bowden und D. Tabor [96] haben für die Grenzreibung von Metalloberflächen (Platin) in wäßriger Elektrolytlösung eine Abnahme des Reibungskoeffizienten entlang der Elektrokapillarkurve festgestellt. Dieser Effekt hängt offenbar mit dem Spaltdruck der elektrischen Doppelschicht zusammen, die einen unmittelbaren Kontakt der festen Oberflächen verhindert. Offensichtlich hängt diese Erscheinung eng mit dem Adsorptions- und insbesondere mit dem Elektrokapillareffekt zusammen, der die Verformung erleichtert bzw. die Festigkeit der Metalle herabsetzt. Die in unserem Laboratorium von Wenström durchgeführten Arbeiten haben gezeigt, daß die Herabsetzung der Reibung durch

Adsorptionsschichten mit Schmiereigenschaften zwischen den festen Oberflächen der Erniedrigung der Festigkeit durch Adsorptionseffekte analog ist. Wie bereits erwähnt, wurden von WENSTRÖM bei der Dispersion oder der plastischen Verformung von Metallen, Graphit und einigen Sulfiden Elektrokapillarkurven der Herabsetzung der Härte durch die Dämpfung eines Pendels gemessen [33].

Diese Untersuchungen [97] wurden in engem Kontakt mit dem Akademiemitglied FRUMKIN und den Mitarbeitern seines Institutes durchgeführt. Hierbei wurde eine neue Methode zur Bestimmung des Potentials des elektrokapillaren Nullpunktes entwickelt, des Potentials, bei dem die Oberfläche des Metalles ungeladen ist.

BOCKRIS und PARRY JONES [98] führten entsprechende Messungen an Kupfer, Nickel, Kadmium und Blei aus und erhielten dabei eine Abhängigkeit, die der Elektrokapillarkurve analog ist. Die von BOCKRIS gemessene Dämpfung eines Pendels kam durch die Reibung zweier fester Körper und nicht durch die Verformung oder Dispergierung, d. h. bei genügend kleinen Spannungen in der metallischen Oberflächenschicht, zustande, so daß die von ihnen bestimmten elektrokapillaren Effekte durch den Einfluß des Mediums auf die äußere Reibung erklärt werden müssen und nicht durch Verformung und Zerstörung der festen Oberfläche. Zur Beschreibung des Pendelvorganges diente die Größe der relativen Geschwindigkeitsabnahme für die Dämpfung der Pendelamplitude $-\frac{1}{a}\cdot\frac{da}{d\tau}$, während der Kehrwert dieses Ausdruckes von uns als die Pendelhärte definiert wurde:

$$H = -\frac{1}{\frac{1}{a}\cdot\frac{da}{d\tau}}.$$

Bei höherer Pendellast oder bei einer schärferen Schneide mit kleinerer Kontaktfläche, z. B. bei Verwendung rauher Glaskugeln, liegt die Hauptursache der Dämpfung in der Verformung und Zerstörung der Oberfläche des Metalles. Die Härte H oder deren Herabsetzung unter Einfluß der Adsorption oder der unter Bildung einer Ionendoppelschicht erfolgenden Aufladung der Oberfläche sind hierbei die bestimmenden Faktoren. In Analogie zu diesen Erscheinungen kann man unmittelbar den Schluß ziehen, daß die durch den Adsorptionseffekt bedingte Herabsetzung der Oberflächenfestigkeit der Metalle zu einer Vergrößerung des Verschleißes führt, wenn Reibungsvorgänge unter Einwirkung grenzflächenaktiver Stoffe (Schmiermittel) unter Bedingungen hoher örtlicher Drucke bzw. bedeutender Tangentialspannungen stattfinden, die in der Oberflächenschicht entstehen [99]. Die Erhöhung des Verschleißes ist aber kein schädlicher, sondern sogar ein nützlicher Effekt und wird in der Praxis zur Beschleunigung der Bearbeitungsvorgänge (Bearbeitung von Maschinenteilen und anderen Gegenständen) und zur schnelleren Beseitigung von ungeglätteten Stellen auf Reibflächen verwandt, die hohe örtliche Druckspannungen hervorrufen. Als Ergebnis dieses Verschleißes und der daraus resultierenden Glättung der Oberflächen nimmt die wahre Kontaktoberfläche ständig zu, während die Normal- und Tangentialspannungen in den Oberflächenschichten stark zurückgehen. Unter diesen Bedingungen ist die Wirkung eines grenzflächenaktiven Mediums auf die Metalloberflächen eine normale Schmierwirkung, die zu einer Herabsetzung des Reibungswiderstandes und des Verschleißes der sich reibenden Oberflächen führt.

SCHREINER hat wiederholt darauf hingewiesen, daß die Größe des Adsorptionseffektes bei sonst gleichen Bedingungen durch den Charakter und durch die Intensität des Spannungszustandes der Oberflächenschicht eines gegebenen festen Körpers bestimmt wird [24]. Dadurch, daß diese wichtige Tatsache unberücksichtigt blieb, gelangten viele Autoren zu falschen Auffassungen [100]. So versuchten z. B. zahlreiche Forscher, den Adsorptionseffekt der Herabsetzung der Härte unter gleichen Bedingungen zu bestimmen, unter denen normalerweise Härteprüfungen ausgeführt werden, nämlich durch Eindrücken eines Körpers in Form einer Kugel, eines Konus oder einer Pyramide. Unter diesen Bedingungen werden jedoch in der Oberfläche bedeutende Druckspannungen erzeugt, die bekanntlich die Entwicklung der schwachen Stellen (Mikrorisse) und folglich auch der Adsorptionseffekte verhindern. Der Einfluß des Mediums auf die Verformungsprozesse wird dadurch kleiner und geht unter Bedingungen eines allseitig wirkenden Druckes ganz auf den Wert Null zurück. Die größten Adsorptionseffekte werden dagegen dann beobachtet, wenn in der Oberflächenschicht des festen Körpers starke Dehnungsspannungen vorherrschen.

Die zur Erleichterung der Verformung führenden Adsorptionseffekte begünstigen das Fließen des Metalles in dünnen Oberflächenschichten und führen zu einer hohen Qualität der bearbeiteten Oberfläche und beim Polieren zur Bildung einer einwandfreien Beilbyschicht. Dies hat insofern große Bedeutung bei der Bearbeitung von Metallen durch Druck und Schneiden, als bei diesen Prozessen die Anwendung grenzflächenaktiver Schmiermittel günstigere Bearbeitungsbedingungen schafft.

Diese kurze Übersicht zeigt, daß durch die Arbeiten auf dem Gebiet des Einflusses grenzflächenaktiver Medien auf die Verformungsprozesse von Metallen zahlreiche neue wichtige Gebiete erschlossen wurden, die vor allem im Bereich der physikalischen Chemie, der Physik der festen Körper wie auch auf vielen Gebieten der Praxis zu fruchtbaren Ergebnissen führten.

LITERATUR

[1] Rehbinder, P. A., Vortrag auf dem VI. Physikerkongreß. Moskau 1928; Z. Physik **72** (1931) 91; Journ. techn. Phys. **778** (1932) 332; Westnik d. Akad. d. Wiss. d. UdSSR **8—9** (1940) 5. (П. А. Ребиндер, Доклады на VI съезде физиков. М., 1928; ЖТФ **7/8**, 332 (1932); Вестник АН СССР **8—9**, 5 (1940)).

[2] Rehbinder, P. A., Jubiläumsband d. Akad. d. Wiss. d. UdSSR anläßlich des 30. Jahrestages der Oktoberrevolution. Bd. **1** (1947) 123. (П. А. Ребиндер, Юбилейный сборник АН СССР к XXX-летию Октябрьской революции. Изд. АН СССР, 1, 123 (1947)).

[3] Alexandrow, A. P., und Jurkow, S. N., Die Erscheinungen des spröden Bruches. Probleme der modernen Physik, IX, GTTI, Moskau/Leningrad 1933. (А. П. Александров и С. Н. Журков, Явление хрупкого разрыва. Проблемы новейшей физики, вып. IX, ГТТИ, М.—Л., 1933).

[4] Derjagin, B. W., Reibung und Schmierung. GTTI, 1937. (Б. В. Дерягин, Трение и смазка. ГТТИ, 1937).

[5] Derjagin, B. W., und Kussakow, M. M., Isw. Omen Akad. d. Wiss. d. UdSSR, Gruppe Chem. **5** (1936) 771. (Б. В. Дерягин и М. М. Кусаков, Изв. ОМЕН АН СССР, серия хим., **5**, 771 (1936)).

[6] Danilow, W. M., Röntgenographische Analyse von Flüssigkeiten. Gostechisdat, 1936; Frenkel, J. I., Kinetische Theorie der Flüssigkeiten. Dtsch. Verl. d. Wiss., Berlin 1957 (Übers. a. d. Russ.). (В. М. Данилов, Рентгенографический анализ жидкостей. Гостехиздат, 1936; Я. И. Френкель, Кинетическая теория жидкостей, Изд. АН СССР, 1945).

[7] Lichtman, W. I., und Maslennikow, B. M., Ber. d. Akad. d. Wiss. d. UdSSR **67** (1949) 1. (В. И. Лихтман и Б. М. Масленников, ДАН СССР **67**, 1 (1949)).

[8] Obreimow, I. W., und Schubnikow, L. W., Proc. Roy. Soc. **25** (1924) 31.

[9] Kusnezow, W. D., Physik des festen Körpers, Bd. **2**. Tomsk 1941. (В. Д. Кузнецов, Физика твердого тела, 2. Томск 1941).

[10] Schmid, E. und Boas, W., Die Plastizität von Kristallen. GONTI, 1938. (Е. Шмид и В. Боас, Пластичность Кристаллов. ГОНТИ, 1938).

[11] Chalmers, E., Proc. Roy. Soc. **156** (1936) 427.

[12] Philippoff, Koll. Z. **71** (1935) 1; Viskosität der Kolloide. Berlin 1942.

[13] Trapeznikow, A. A., Koll. Journ. **12** (1950) 67; Trapeznikow, A. A., und Fedotowa, W. A., Ber. d. Akad. d. Wiss. d. UdSSR **82** (1952) 1. (А. А. Трапезников, Колл. ж., **12**, 67 (1950); А. А. Трапезников и В. А. Федотова, ДАН СССР **82**, 1 (1952)).

[14] Rehbinder, P. A., Lichtman, W. I., und Maslennikow, B. M., Ber. d. Akad. d. Wiss. d. UdSSR **32** (1941) 2; Lichtman, W. I., und Rehbinder, P. A., Ber. d. Akad. d. Wiss. d. UdSSR **32** (1941) 2. (П. А. Ребиндер, В. И. Лихтман и Б. М. Масленников, ДАН СССР **32**, 2 (1941); В. И. Лихтман и П. А. Ребиндер, ДАН СССР **32**, 2 (1941)).

[15] Rehbinder, P. A., und Lichtman, W. I., Ber. d. Akad. d. Wiss. d. UdSSR **56** (1947) 7. (П. А. Ребиндер и В. И. Лихтман, ДАН СССР **56**, 7 (1947)).
[16] Rehbinder, P. A., und Wenstrom, E. K., Isw. OMEN Akad. d. Wiss. d. UdSSR, Serie Physik **4–5** (1937) 531. (П. А. Ребиндер и Е. К. Венстрем, Изв. ОМЕН АН СССР, серия физ., **4—5**, 531 (1937)).
[17] Andrade, E., und Roscoe, R., Proc. Roy. Soc. **49** (1937) 152.
[18] Rehbinder, P. A., und Schreiner, L. A., Gorni Journal **8–9** (1938) 16. (П. А. Ребиндер и Л. А. Шрейнер, Горный журнал **8—9**, 16 (1938)).
[19] Frimer, A. I., und Pupko, S. L., Ber. d. Akad. d. Wiss. d. UdSSR **57** (1947) 7. (А. И. Фример и С. Л. Пупко, ДАН СССР **57**, 7 (1947)).
[20] Lichtman, W. I., Frimer, A. N., und Pupko, S. L., Ber. d. Akad. d. Wiss. d. UdSSR **58** (1947) 5. (В. И. Лихтман, А. И. Фример и С. Л. Пупко, ДАН СССР **58**, 5 (1947)).
[21] Lichtman, W. I., Rehbinder, P. A., und Janowa, L. P., Ber. d. Akad. d. Wiss. d. UdSSR **56** (1947) 8. (В. И. Лихтман, П. А. Ребиндер и Л. П. Янова, ДАН СССР **56**, 8 (1947))
[22] Dawydenkow, N. N., Dynamische Metallprüfungen. Verl. Oborongis, 1936; Fridman, J. B., Mechanische Eigenschaften von Metallen. Verl. Oborongis, 1952. (Н. Н. Давиденков, Динамические испытания металлов, 2-ое изд Оборонгиз, 1936; Я. Б. Фридман, Механические свойства металлов. Оборонгиз, 1952).
[23] Ujik, G. W., Isw. OTN Akad. d. Wiss. d. UdSSR **10** (1948) 371. (Г. В. Ужик, Изв. ОТН АН СССР **10**, 371 (1948)).
[24] Rehbinder, P. A., Schreiner, L. A., und Jigatsch, K. F., Die Herabsetzung der Härte beim Bohren. Verl. d. Akad. d. Wiss. d. UdSSR, 1944; Schreiner, L. A., Die Härte spröder Körper. Akad. d. Wiss. d. UdSSR, 1949. (П. А. Ребиндер, Л. А. Шрейнер и К. Ф. Жигач, Понизители твердости в бурении. Изд. АН СССР, 1944; Л. А. Шрейнер, Твердость хрупких тел. Изд. АН СССР, 1949).
[25] Lichtman, W. I., und Wenström, E. K., Ber. d. Akad. d. Wiss. d. UdSSR **66** (1949) 5. (В. И. Лихтман и Е. К. Венстрем, ДАН СССР **66**, 5 (1949)).
[26] Stepanow, A. W., Journ. exp. theor. Phys. **17** (1947) 7. (А. В. Степанов, ЖЭТФ **17**, 7 (1947)).
[27] Lichtman, W. I., und Sakostschikowa, E. P., Ber. d. Akad. d. Wiss. d. UdSSR **66** (1949) 4. (В. И. Лихтман и Е. П. Закощикова, ДАН СССР **66**, 4 (1949)).
[28] Nadai, A., Die Theorie der Plastizität. Gostechisdat, 1948. (А. Надаи, Сб. Теория пластичности. Гостехиздат, 1948).
[29] Lichtman, W. I., Ber. d. Akad. d. Wiss. d. UdSSR **72** (1950) 6. (В. И. Лихтман, ДАН СССР **72**, 6 (1950)).
[30] Rehbinder, P. A., und Segalowa, E. E., Ber. d. Akad. d. Wiss. d. UdSSR **71** (1950) 1 (П. А. Ребиндер и Е. Е. Сегалова, ДАН СССР **71**, 1 (1950)).
[31] Kusnezow, W. D., Physik des festen Körpers. Bd. 4, Tomsk 1947. (В. Д. Кузнецов, Физика твердого тела **4**. Томск 1947).
[32] Taubman, A. B., Ber. d. Akad. d. Wiss. d. UdSSR **74** (1950) 4. (А. Б. Таубман, ДАН СССР **74**, 4 (1950)).
[33] Rehbinder, P. A., und Wenström, E. K., Journ. phys. Chem. **19** (1945) 1; Acta physicochim. UdSSR **11** (1944) 417; Ber. d. Akad. d. Wiss. d. UdSSR **68** (1949) 2. (П. А. Ребиндер и Е. К. Венстрем, ЖФХ **19**, 1 (1945); ДАН СССР **68**, 2 (1949)).
[34] Karpatschew, S. S., und Stromberg, A. W., Acta physicochim. UdSSR **12** (1940).
[35] Frumkin, A. N., und Gorodezkaja, A. B., Z. phys. Chem. **15** (1928) 136.
[36] Wenström, E. K., und Rehbinder, P. A., Journ. phys. Chem. **26** (1952) 12. (Е. К. Венстрем и П. А. Ребиндер, ЖФХ **26**, 12 (1952)).

[37] KEMSLEY, D. S., Nature **163** (1949) 381.
[38] REHBINDER, P. A., und LICHTMAN, W. I., Ber. d. Akad. d. Wiss. d. UdSSR **69** (1949) 2; SAKOSTSCHIKOWA, E. P., Ber. d. Akad. d. Wiss. d. UdSSR **95** (1954) 3. (П. А. Ребиндер и В. И. Лихтман, ДАН СССР **69**, 2 (1949); Е. П. Закощикова, ДАН СССР **95**, 3 (1954)).
[39] ANDRADE, E., Nature **164** (1949) 536.
[40] ANDRADE, E., und RANDALL, R., Nature **164** (1949) 1127; ANDRADE, E., RANDALL, R., und MAKIN, M., Proc. Roy. Soc. **63** (1950) 712.
[41] PFÜTZENREUTER, A., und MASING, G., Z. Metallkunde **42** (1951) 361.
[42] ROSCHANSKI, W. N., und REHBINDER, P. A., Ber. d. Akad. d. Wiss. d. UdSSR **91** (1953) 1. (В. Н. Рожанский и П. А. Ребиндер, ДАН СССР **91**, 1 (1953)).
[43] KLINKENBERG, W., LÜCKE, K., und MASING, G., Z. Metallkunde **44** (1953) 362.
[44] LICHTMAN, W. I., und REHBINDER, P. A., Ber. d. Akad. d. Wiss. d. UdSSR **57** (1947) 1 (В. И. Лихтман и П. А. Ребиндер, ДАН СССР **57**, 1 (1947)).
[45] WEILER, S. J., und SCHREINER, L. A., Ber. d. Akad. d. Wiss. d. UdSSR **68** (1949); Journ. techn. Phys. **19** (1949) 1, 84; WEILER, S. J., SCHREINER, L. A., und REHBINDER, P. A., Ber. d. Akad. d. Wiss. d. UdSSR **73** (1950) 3; WEILER, S. J., und EPIFANOW, G. I., Ber. d. Akad. d. Wiss. d. UdSSR **92** (1953) 3. (С. Я. Вейлер и Л. А. Шрейнер, ДАН СССР **68**, 2 (1949); ЖТФ **19**, 1, 84 (1949); С. Я. Веилер, Л. А. Шрейнер и П. А. Ребиндер, ДАН СССР **73**, 3 (1950); С. Я. Вейлер и Г. И. Епифанов, ДАН СССР **92**, 3 (1953)).
[46] REHBINDER, P. A., Isw. OMEN Akad. d. Wiss. d. UdSSR, Serie Chemie **5** (1936) 630. (П. А. Ребиндер, Изв. ОМЕН АН СССР, серия хим. **5**, 630 (1936)).
[47] AMFITEATROWA, T. A., und JAMPOLSKI, B. J., Ber. d. Akad. d. Wiss. d. UdSSR **82** (1952) 5. (Т. А. Амфитеатрова и Б. Я. Ямпольский, ДАН СССР **82**, 5 (1952)).
[48] AMFITEATROWA, T. A. und JAMPOLSKI, B. J., Ber. d. Akad. d. Wiss. d. UdSSR **84** (1952) 2. (Т. А. Амфитеатрова и Б. Я. Ямпольский, ДАН СССР **84**, 2 (1952)).
[49] LJUBIMOWA, T. J., und REHBINDER, P. A., Ber. d. Akad. d. Wiss. d. UdSSR **63** (1948) 2; LJUBIMOWA, T. J., SCHREINER, L. A., und REHBINDER, P. A., Ber. d. Akad. d. Wiss. d. UdSSR **58** (1948) 6. (Т. Ю. Любимова и П. А. Ребиндер, ДАН СССР **63**, 2 (1948); Т. Ю. Любимова, Л. А. Шрейнер и П. А. Ребиндер, ДАН СССР **58**, 6 (1948)).
[50] LJUBIMOWA, T. J., Journ. techn. Phys. **12** (1950) 331. (Т. Ю. Любимова, ЖТФ **12**, 331 (1950)).
[51] NOWOKRESTSCHENOW, P. D., MARKOWA, N. E., und REHBINDER, P. A., Ber. d. Akad. d. Wiss. d. UdSSR **68** (1949) 3. (П. Д. Новокрещенов, Н. Е. Маркова и П. А. Ребиндер, ДАН СССР **68**, 3 (1949)).
[52] ODING, I. A., Strukturmerkmale bei der Ermüdung von Metallen zur Ermittlung der Ursachen von Maschinenschäden. Verl. Akad. d. Wiss. d. UdSSR, 1949. (И. А. Одинг, Структурные признаки усталозти металлов, как средство установления причин аварий машин. Изд. АН СССР, 1949).
[53] KARPENKO, G. W., Ber. d. Akad. d. Wiss. d. UdSSR **87** (1952) 4. (Г. В. Карпенко, ДАН СССР **87**, 4 (1952)).
[54] KARPENKOW, G. W., Ber. d. Akad. d. Wiss. d. UdSSR **77** (1951) 5; **79** (1951) 2; Ber. d. Akad. d. Wiss. d. Ukr. SSR (1951) Nr. 2. (Г. В. Карпенко, ДАН СССР **77**, 5 (1951): **79**, 2 (1951); ДАН УССР, 2 (1951)).
[55] MALASCHENKO, S. W., Informationen aus dem Institut für Baumechanik d. Akad. d. Ukr. SSR, Nr. 4, Verl. Akad. d. Ukr. SSR 7 (1940). (С. В. Малашенко, Информационные материали Института строитель ной механики АН УССР, № 4. Изд. АН УССР, 7, 1940).
[56] KOROWSKI, S. J., Ber. d. Akad. d. Wiss. d. UdSSR **59** (1948) 8. (Ш. Я. Коровский, ДАН СССР **59**, 8 (1948)).

[57] Karpenko, G. W., Istschenko, I. G., und Malinowskaja, I. A., Ber. d. Akad. d. Ukr. SSR **5** (1952) 13. (Г. В. Карпенко, И. Г. Ищенко и И. А. Малиновская, ДАН УССР **5**, 13 (1952)).
[58] Karpenko, G. W., Ber. d. Akad. d. Ukr. SSR **3** (1949) 21. (Г. В. Карпенко, ДАН УССР **3**, 21 (1949)).
[59] Kudrjawzew, I. W., ZNIITMASCH **24** (1949). (И. В. Кудрявцев, ЦНИИТМАШ **24**, (1949)).
[60] Karpenko, G. W., Ber. d. Akad. d. Wiss. d. UdSSR **73** (1950) 6. (Г. В. Карпенко, ДАН СССР **73**, 6 (1950)).
[61] Taubman, A. B., Journ. phys. Chemie **1** (1930) 567. (А. Б. Таубман, ЖФХ **1**, 567 (1930)).
[62] Karpenko, G. W., Ber. d. Akad. d. Ukr. SSR **6** (1949) 11; Veröffentlichungen aus dem Institut für Baumechanik d. Akad. d. Ukr. SSR. Verl. d. Akad. d. Ukr. SSR, 1953. (Г. В. Карпенко, ДАН УССР **6**, 11 (1949); Сб. трудов Института строительной механики АН УССР. Изд. АН УССР, 1953).
[63] Papok, K. K., und Ragosin, N. A., Brennstoffe und Öle für die Flugzeugindustrie. Gostechisdat, 1940. (К. Ки. Папок и Н. А. Рагозин, Авиационные топлива и Масла. Гозтехиздат, 1940).
[64] Rjabtschenkow, A. W., Die Korrosions-Ermüdungs-Festigkeit von Stahl. Maschgis, 1953. (А. В. Рябченков, Коррозионно-усталостная прочность стали. Машгиз, 1953).
[65] Afanasjew, N. N., Journ. techn. Phys. **10** (1944) 638. (Н. Н. Афанасьев, ЖТФ **10**, 638 (1944)).
[66] Karpenko, G. W., Wissenschaftliche Berichte d. Instituts für Maschinenbau und Automatisation d. Akad. d. Wiss. d. Ukr. SSR **2** (1953) 1. (Г. В. Карпенко, Научные записки ин-та машиноведения и автоматики АН УССР **2**, 1 (1953)).
[67] Moore, H., Metals a. Alloys **7** (1936) 237.
[68] Gough, H., Die Ermüdung von Metallen. ONTI, 1935. (Г. Гаф, Усталость Металлов. ОНТИ, 1935).
[69] Lichtman, W. I., Ergebnisse der Physik. Wissensch. **39** (1949) 3. (В. И. Лихтман, Успехи физич. наук **39**, 3 (1949)).
[70] Samochozki, A. I., Die Ermüdung von Eisen- und Nichteisenmetallen. Gostechisdat, 1940. (А. И. Самохоцкий, Усталость черных и цветных металлов. Гостехиздат, 1940).
[71] Sammelband. Einige Fragen zur Ermüdungsfestigkeit von Stahl. Maschgis, 1953. (Сборник. Некоторые вопросы усталостной прочности стали. Машгиз, 1953).
[72] Ujik, G. W., Methoden zur Prüfung von Metallen und Maschinenteilen auf Dauerfestigkeit. Maschgis, 1948. (Г. В. Ужик, Методы испытаний металлов и деталей машин на выносливость. Машгиз, 1948).
[73] Karpenko, G. W., Ber. d. Akad. d. Wiss. d. UdSSR **87** (1952) 5. (Г. В. Карпенко, ДАН СССР **87**, 5 (1952)).
[74] Oding, I. A., Strukturmerkmale für die Ermüdung von Metallen. Maschgis, 1949. (И. А. Одинг, Структурные признаки усталости металлов. Машгиз, 1949).
[75] Sawerin, M. M., ZNIITMASCH **24** (1949) 7; Kudrjawzew, I. W., Innere Spannungen als Festigkeitsreserve im Maschinenbau. Maschgis, 1951. (М. М. Саверин, ЦНИИТМАШ **24**, 7 (1949); И. В. Кудрявцев, Внутренние напряжения, как резерв прочности в машиностроении. Машгиз, 1951).
[76] Istschenko, I. G., Ber. d. Akad. d. Wiss. d. Ukr. SSR **6** (1952) 8; Karpenko, G. W., und Istschenko, I. G., Wissenschaftliche Berichte d. Inst. für Maschinenkunde und Automatisation d. Akad. d. Wiss. d. Ukr. SSR **2** (1953) 1. (И. Г. Ищенко, ДАН УССР **д**, 8 (1952); Г. В. Карпенко и И. Г. Ищенко, Научные записки ин-та машиноведения и автоматики АН УССР **2**, 1 (1953)).

[77] Rjabtschenkow, A. W., Probleme der Korrosion von Schiffsteilen. Verl. d. Akad. d. Wiss. d. UdSSR, 1951. (А. В. Рябченков, Сб. Проблемы морской коррозии. Изд. АН СССР, 1951).
[78] Dawydenkow, N. N., Die Ermüdung von Metallen. Verlag d. Wiss. d. Ukr. SSR, 1949. (Н. Н. Давиденков, Усталость металлов. Изд. АН СССР, 1949).
[79] Karpenko, G. W., und Karlaschow, A. W., Ber. d. Akad. d. Wiss. d. UdSSR **92** (1953) 3; Karlaschow, A. W., Wissenschaftliche Berichte d. Inst. für Maschinenkunde und Automatisation d. Akad. d. Wiss. d. Ukr. SSR **2** (1953) 1. (Г. В. Карпенко и А. В. Карлашов, ДАН СССР **92**, 3 (1953); А. В. Карлашов, Научные заоиски ин-та машиноведения и автоматики АН УССР **2**, 1 (1953)).
[80] Rjabtschenkow, A. W., ZHIITMASCH **31** (1950) 5. (А. В. Рябченков, ЦНИИТМАШ **31**, 5 (1950)).
[81] Akimow, G. W., Theorie und Methoden zur Untersuchung der Korrosion von Metallen. Verl. d. Akad. d. Wiss. d. UdSSR, 1945. (Г. В. Акимов, Теория и методы исследования коррозии металлов. Изд. АН СССР, 1945).
[82] Balschin, M. J., Pulvermetallurgie. Metallurgisdat, 1948. (М. Ю. Бальшин, Порошковое металловедение. Металлургиздат, 1948).
[83] Lichtman, W. I., und Rehbinder, P. A., Ber. d. Akad. d. Wiss. d. UdSSR **70** (1950) 5; Korowski, P. J., Ber. d. Akad. d. Wiss. d. Let. SSR, Nr. 10 (1952) 167. (В. И. Лихтман и П. А. Ребиндер, ДАН СССР **70**, 5 1950): П. Я. Коровский, Изв. АН Латв. ССР, № 10 (63), 167 (1952)).
[84] Lichtman, W. I., und Nasarow, L. T., Ber. d. Akad. d. Wiss. d. UdSSR **78** (1951) 4. (В. И. Лихтман и Л. Т. Назаров, ДАН СССР **78**, 4 (1951)).
[85] Lichtman, W. I., und Nasarow, L. T., Journ. techn. Phys. **22** (1952) 4. (В. И. Лихтман и Л. Т. Назаров, ЖТФ **22**, 4 (1952)).
[86] Holm, R., Electrical contact. Upsala 1946.
[87] Lewin, A. I., und Pomosow, A. W., Ber. d. Akad. d. Wiss. d. UdSSR **72** (1950) 6. (А. И. Левин и А. В. Помозов, ДАН СССР **72**, 6 (1950)).
[88] Balschin, M. J., Metallkeramik. Metallurgisdat, 1938. (М. Ю. Бальшин, Металлокерамика. Металлургиздат, 1938).
[89] Lichtman, W. I., Ber. d. Akad. d. Wiss. d. UdSSR **71** (1951) 2. (В. И. Лихтман, ДАН СССР **71**, 2 (1951)).
[90] Trzebiatowsky, W., Z. phys. Chem. **20** (1934) 75.
[91] Aslanowa, M. S., und Rehbinder, P. A., Ber. d. Akad. d. Wiss. d. UdSSR **96** (1954) 2; Aslanowa, M. S., Ber. d. Akad. d. Wiss. d. UdSSR **95** (1954) 6. (М. С. Асланова и П. А. Рebиндер, ДАН СССР **96**, 2 (1954); М. С. Асланова, ДАН СССР **95**, 6 (1954)).
[92] Orowan, T., Nature **154** (1944) 341.
[93] Logginow, G. I., und Rehbinder, P. A., Ber. d. Akad. d. Wiss. d. UdSSR **30** (1941) 6; Logginow, G. I., und Elinson, M. P., Materialien und Konstruktionen in der modernen Architektur **2** (1948) 95. (Г. И. Логгинов и П. А. Ребиндер, ДАН СССР **30**, 6 (1941); Г. И. Логгинов и М. П. Элинзон, Материалы и конструкции в современной архитектуре **2**, 95 (1948)).
[94] Lichtman, W. I., und Ostrowski, W. S., Ber. d. Akad. d. Wiss. d. UdSSR **93** (1953) 1. (В. И. Лихтман и В. С. Островский, ДАН СССР **93**, 1 (1953)).
[95] Ostrowski, W. S., und Lichtman, W. I., Ber. d. Akad. d. Wiss. d. UdSSR **96** (1954) 3. (В. С. Островский и В. И. Лихтман, ДАН СССР **96**, 3 (1954)).
[96] Bowden, T., und Tabor, D., Eigenschaften der metallischen Oberflächen. Inst. Metals (1953); siehe auch Übersetzung des Artikels „Reibung und Grenzschmierung", Verlag für fremdsprachige Literatur, Moskau 1953. (См. также сб. перевод статей [Трение и граничная смазка , ИЛ, М., 1953)

[97] Lichtman, W. I., und Rehbinder, P. A., Nachr. d. Akad. d. Wiss. d. UdSSR, Serie Physik, **17** (1953) 3, 313. (В. И. Лихтман и П. А. Ребиндер, Изв. АН СССР, серия физ. **17**, 3, 313 (1953)).
[98] Bockris, J., und Jones, Parry, Nature **171** (1953) 4360.
[99] Rehbinder, P. A., und Petrowa, N. N., St. cb. Reibung und Verschleiß in Maschinen. I, Verl. d. Akad. d. Wiss. d. UdSSR, 1939. (П. А. Ребиндер и Н. Н. Петрова, Ст. в сб. Трение и износ в маши нах, I, изд. АН СССР, 1939).
[100] Screiner, L. A., Journ. phys. Chem. **28** (1954) 3, 558. (Л. А. Шрейнер, ЖФХ **28**, 3, 558 (1954)).
[101] Rehbinder, P., und Lichtman, V., Proceed. 2 nd Intern. Congress Surface Activity. London 1957, S. 563.

ANHANG I

Zur Reologie von Metallen in grenzflächenaktiven Medien[1])

Bei der Bearbeitung und Verformung verhalten sich plastische Metalle wie ein zähes Medium. Die Kenntnis der reologischen Eigenschaften eines Metalles kann deshalb äußerst nützlich sein, insbesondere bei den Untersuchungen des Fließens und der Dauerfestigkeit. Der Aufbau der Metalle gestattet, diese nach der Klassifikation von P. A. REHBINDER [1] in das Struktursystem mit kompakter Kristallstruktur einzuordnen. Solche Strukturen sowie auch ihre einzelnen Elemente besitzen plastische Eigenschaften, sie sind befähigt zu plastischen Formveränderungen und besitzen eine hohe Zähigkeit bei kleinen Spannungen. Die Viskosität fällt in einem engen Spannungsintervall plötzlich ab, das der praktischen Fließgrenze entspricht.

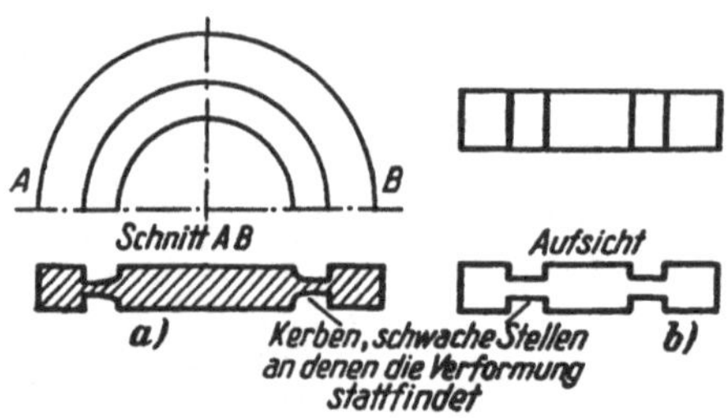

Abb. 112. Schema der untersuchten Proben, Querschnitt von AB, Aufsicht, Einschnürungen, schwache Stellen, an denen die Deformation abläuft

Die Kenntnisse über die wichtigste reologische Größe der Metalle — die effektive Zähigkeit $\eta = P/d\varepsilon/d\tau$ — sind sehr widersprechend [2]. Bei der Bestimmung dieser Größe wurden Werte erhalten, die um einige Größenordnungen schwanken. Die Anwendung der NEWTONschen Gleichung, wie auch der BINGHAMschen Gleichung (d. h. die Berechnung der Kriechgrenze P_0), führt nicht zu positiven Resultaten, da während der Verformung im Metall Vorgänge ablaufen, die deren mechanische Eigenschaften verändern, insbesondere die Lage der Kriechgrenze. Letztere wächst mit steigendem Verformungsgrad an. Bei der Berechnung der Zähigkeit werden hingegen P_0-Werte verwendet, die bei geringen Spannungen bestimmt wurden und damit einem geringen Verformungsgrad entsprechen.

Zur Aufklärung der reologischen Gesetzmäßigkeiten und des Einflusses einiger physikalisch-chemischer Faktoren auf das reologische Verhalten wurde von uns das Kriechen von polykristallinen Zinn- und Bleiproben unter Bedingungen eines nahezu reinen Schubs untersucht. Die Formen der untersuchten Proben sind in Abb. 112 dargestellt.

Die unter gleichbleibender Spannung aufgenommenen Fließkurven eines Metalles (die Spannung bleibt konstant, da während der Verformung die Fläche, auf

[1]) W. S. OSTROWSKI, W. I. LICHTMAN, Journal für Kolloidchemie **20** (1958) 640.

die die Kraft einwirkt, in jedem Fall bis zum Auftreten von Daueranrissen sich nicht verändert) lassen sich in drei Gebiete einteilen: 1. das Gebiet der augenblicklich bedingten Verformung die in einem Zeitraum von etwa einer Sekunde abläuft; 2. das Gebiet des unbegrenzten Kriechens, dessen Geschwindigkeit allmählich abnimmt; 3. das Gebiet des konstanten Kriechens, das mit gleichbleibender, sehr geringer Geschwindigkeit $v_m = d\varepsilon/d\tau$ erfolgt. Hierbei ist ε die Verformung relativ zur Schubbeanspruchung. Die Abnahme der Verformung ist bedeutend geringer als die augenblickliche Verformung. Das bedeutet, daß während des plastischen Fließens auch eine Relaxation der elastischen Spannungen stattfindet.

Das Gebiet des unbegrenzten Kriechens ist relativ klein; darauf folgt das Gebiet des konstanten Kriechens mit sehr geringer Geschwindigkeit. Die Kriechkurven für Blei sind in Abb. 113 dargestellt; die Kurven *4* und *5* beziehen sich auf die

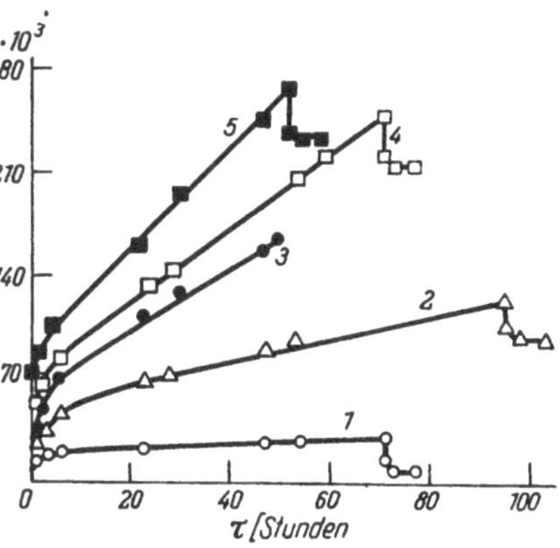

Abb. 113. Kriechkurven für Blei bei Spannungen von *1* – 0,095; *2* – 0,15; *3* – 0,20; *4* und *5* – 0,26 kg/mm²

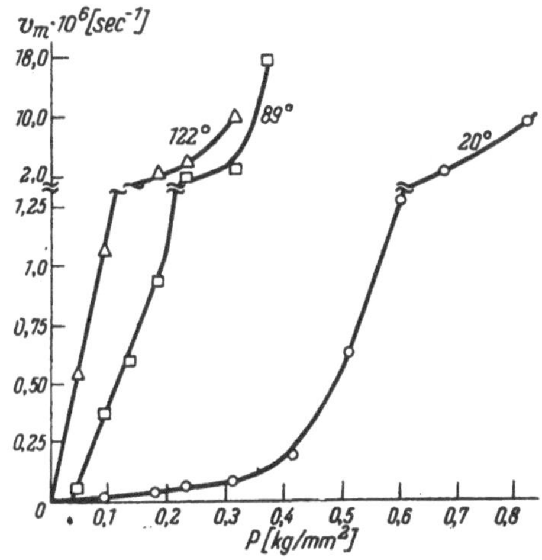

Abb. 114. Abhängigkeit der Geschwindigkeit des konstanten Fließens von Zinn von der Spannung bei verschiedenen Temperaturen

gleiche Spannung, die Kurve *5* entspricht dem Kriechen im grenzflächenaktiven Medium. Wie aus der Neigung der Kurven in Abb. 113 zu sehen ist, wächst die Geschwindigkeit des konstanten Kriechens mit der Erhöhung der Spannung. In Abb. 114 sind Fließkurven für Zinn dargestellt. Bei kleinen Spannungen besitzt die bei 20 °C aufgenommene Fließkurve einen Abschnitt mit einer linearen Abhängigkeit zwischen der Spannung P und der Geschwindigkeit des konstanten Fließens v_m. Durch Extrapolation dieses Kurventeils erhält man einen Schnittpunkt P_0 mit der Abszissenachse, der als die Kriechgrenze unter den gegebenen Versuchsbedingungen angesehen werden kann. Mit steigender Spannung hört der lineare Teil der Kurve auf, und v_m beginnt mit Zunahme von P immer stärker anzuwachsen, bis sich die Fließkurven bei genügend hohen Spannungen asymptotisch einer geraden Linie parallel der Ordinatenachse nähert. Der Schnittpunkt dieser Linie mit der Abszissenachse liefert den Punkt P_M, der als Fließgrenze im

„BINGHAMschen Gebiet“ angesehen werden kann. Für dieses Gebiet ist das Produkt $\eta\, v_m = P_m$ praktisch konstant. Bei unseren Versuchen nähern wir uns weitgehend diesem Gebiet. Aus der reologischen Kurve kann man die effektive Zähigkeit eines Metalles berechnen, diese verändert sich jedoch mit der Spannung ständig und kann deshalb nicht als physikalisches Charakteristikum eines Metalles dienen. Die Berechnung der Zähigkeit für den bei konstanter Geschwindigkeit ablaufenden Fließprozeß ergibt unter Berücksichtigung der Fließgrenze eine konstante plastische Zähigkeit, die die Eigenschaften eines Metalles im Gebiet hinreichend kleiner Spannungen, dem Gebiet der linearen Abhängigkeit zwischen v_m

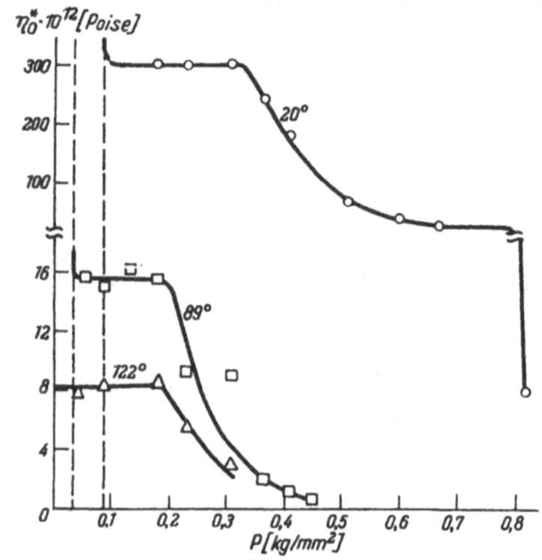

Abb. 115. Abhängigkeit der plastischen Zähigkeit des Zinns von der Spannung bei verschiedenen Temperaturen

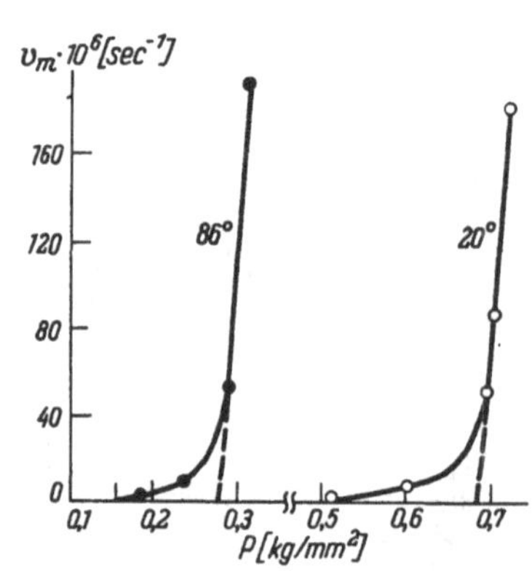

Abb. 116. Fließkurven für Zinn im Gebiet sehr hoher Spannungen

und P, bestimmt (Abb. 115). Im Gebiet hoher Spannungen ist die Spannung des Schnittpunktes $P_m = \eta\, v_m$ konstant [3].

Die Untersuchung des Kriechens bei Schubbeanspruchung von Zinn oder Blei wurde bei verschiedenen Temperaturen und im grenzflächenaktiven Medium durchgeführt. In Abb. 114 sind Fließkurven von Zinn bei 89° und 122 °C dargestellt. Wie aus Abb. 114 zu ersehen ist, bleibt der Kurvenverlauf auch bei hohen Temperaturen der gleiche, d. h., im Gebiet geringer Spannungen sind die Größen v_m und P linear voneinander abhängig. Der Übergang vom linearen Teil der Fließkurve zum gekrümmten wird bei um so niedrigeren Spannungen beobachtet, je höher die Temperatur des Versuches ist. Die Fließkurven verändern sich also im Gebiet kleiner Spannungen stetig mit Erhöhung der Temperatur. Die Kriechgrenze wird ständig niedriger, und oberhalb einer gewissen Temperatur wird sie Null. Dementsprechend wird auch die hohe plastische Zähigkeit (η_0*) verringert (Abb. 115, Tab. 30) wobei das Gebiet des steilen Abfalls der Zähigkeit (die praktische Fließgrenze) bei immer niedrigeren Spannungen liegt. Die in Abb. 116 dargestellten Kurven geben die Abhängigkeit v_m von P im Gebiet hoher

Spannungen bei 20° und 86 °C wieder. Bei diesen Temperaturen wird ein starkes Anwachsen der Geschwindigkeit in einem engen Intervall der Spannungsänderung beobachtet. Für dieses Gebiet ist deshalb die BINGHAMsche Gleichung anwendbar: $P - P_m = \eta_1^* v_m$ oder $\eta - \eta_1^* = P_m/v_m$; wenn $\eta_1^* \ll \eta$, dann gilt aber $\eta\, v_m = P_m$. Folglich kann ein Metall auch bei erhöhter Temperatur durch eine sehr große plastische Zähigkeit im Gebiet niedriger Spannungen und durch die Spannung des Schnittpunktes im Gebiet hoher Spannungen charakterisiert werden.

Tabelle 30

$\eta_0^* \cdot 10_n^{-12}$ [Poise]	Temperatur [°C]	Medium
	Zinn	
300	20	Luft
15,6	89	Luft
8,2	122	Luft
232	20	grenzflächen-aktives Medium
	Blei	
265	20	
15,9	86	
13,2	116	

Es war interessant, den Einfluß grenzflächenaktiver Stoffe auf den Verlauf der Fließkurve genau zu untersuchen. Als grenzflächenaktives Medium diente eine 0,2%ige Lösung von Ölsäure in Paraffinöl. Paraffinöl selbst zeigte keine Wirkungen auf die mechanischen Eigenschaften von Zinn und Blei, wie in Kontrollversuchen gezeigt wurde. Das grenzflächenaktive Medium beeinflußt den Verlauf der Kriechkurven wesentlich. Die Geschwindigkeit des konstanten Fließens wächst an, und die gesamte Dehnungskurve liegt oberhalb der in Luft bei der gleichen Belastung gemessenen Dehnungskurve, d. h., die Fließkurve ist im Diagramm längs der Spannungsachse nach links verschoben, und zwar in Richtung geringer Spannungen. Bei einer vorgegebenen Spannung ist also die Fließgeschwindigkeit im grenzflächenaktiven Medium höher als in Luft (Abb. 117, Kurve *2*). Die lineare Abhängigkeit im Gebiet kleiner Spannungen bleibt jedoch erhalten. Die Kriechgrenze wird dabei erheblich herabgesetzt. Die sehr hohe plastische Zähigkeit wird ebenfalls, allerdings nur unbedeutend erniedrigt (Abb. 117, Kurve *4*).

Die Wirksamkeit des grenzflächenaktiven Mediums kann man durch das Verhältnis der Differenz der Geschwindigkeiten des konstanten Fließens im grenzflächenaktiven Medium und in Luft zur konstanten Geschwindigkeit in Luft in Prozenten bewerten: $E = 100 \cdot (v_{ma} - v_m)/v_m$. Das grenzflächenaktive Medium führt zur Ausbildung von Maxima, wenn man E in Abhängigkeit von P aufträgt, und zwar bei Spannungen von 400 g/mm² für Zinn und 480 g/mm² für Blei. Der maximale Einfluß des grenzflächenaktiven Mediums wird in dem Spannungsintervall wirksam, das im oberen Grenzgebiet der konstanten plastischen Zähigkeit liegt (Abb. 118). Die Größe des Effektes ist bei Blei (275%) annähernd doppelt so hoch wie bei Zinn (150%). Diese Daten stimmen gut mit den Ergebnissen überein, die bei früheren an diesen Metallen ausgeführten Untersuchungen erhalten

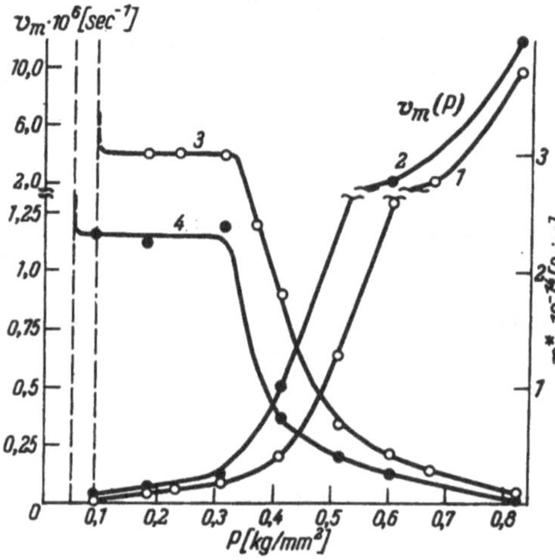

Abb. 117. Fließkurven und Kurven der plastischen Zähigkeit in Luft (*1*, *3*) und grenzflächenaktivem Medium (*2*, *4*)

wurden (siehe oben). Es ist bemerkenswert, daß in unserem Fall recht kompakte Proben im Vergleich zu den anderen Versuchen untersucht wurden. Ein Vergleich der Wirkung grenzflächenaktiver Stoffe auf Proben mit unterschiedlichem Verhältnis von S/V zeigt Tabelle 31 (S ist die Oberflächengröße und V das Volumen

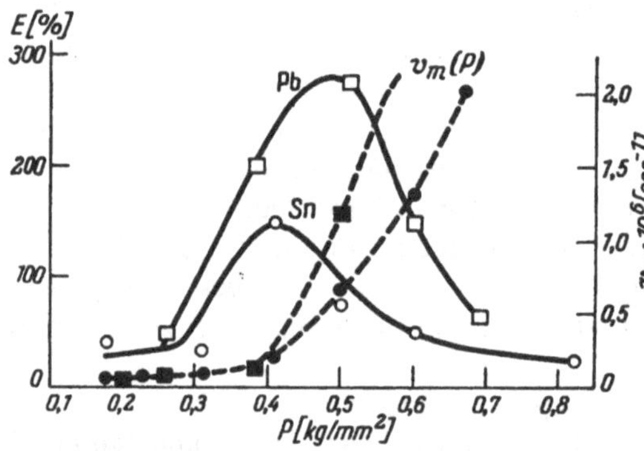

Abb. 118. Die Wirksamkeit eines grenzflächenaktiven Mediums

der Probe). Daraus ist ersichtlich, daß das Verhältnis der Oberflächengröße zum Volumen bei unseren Proben achtmal geringer ist als bei solchen, mit denen andere Autoren die Mehrzahl ihrer Versuche ausführten. Wie jedoch aus Tab. 2 hervorgeht, bleibt die Größe des Effektes praktisch konstant.

Tabelle 31

Die Abhängigkeit der Wirkung eines grenzflächenaktiven Mediums vom Verhältnis S/V für Zinnproben

Form der Probe	zylindrisch		durch Schub beanspruchte Probe	
	$d = 0{,}5$ mm (Einkristall)	$d = 2$ mm	eben Abb. 1b	kreisförmig Abb. 1a
S/V [cm^{-1}]	82	20	13	8
E [%]	190	–	150	150

Zusammenfassend kann festgestellt werden, daß bei kleinen Spannungen oberhalb der Kriechgrenze die plastische Zähigkeit einen konstanten, von der Spannung unabhängigen sehr hohen Wert besitzt. Bei sehr hohen Spannungen bedingt der steile Abfall der plastischen Zähigkeit mit der Zunahme der Schubgeschwindigkeit die Unabhängigkeit der Spannung am Schnittpunkt von der Deformationsgeschwindigkeit. Durch grenzflächenaktive Stoffe werden das Kriechen von Zinn und Blei beträchtlich erleichtert und die Kriechgrenze und die hohe plastische Zähigkeit erniedrigt. Der maximale Adsorptionseffekt entspricht dem Intervall der Schubspannung, das im oberen Grenzgebiet konstanter Zähigkeit liegt.

Literatur

[1] Rehbinder, P. A., Plenarvortrag auf der tektonisch-physikalischen Konferenz, Moskau 1957. (П. А. Ребиндер, Тезисы докладов на тектонофизической конференции, М., 1957; Коллоидн. ж. **20**, 5 (1958)).

[2] Kusnezow, W. D., Physik fester Körper, Bd. 4. Tomsk 1947. (В. Д. Кузнецов, Физика твердого тела, т. 4. Томск 1947).

[3] Lichtman, W. I., und Ostrowski, W. S., Ber. d. Akad. d. Wiss. d. UdSSR **119** (1958) Nr. 3. (В. И. Лихтман и В. С. Островский, ДАН СССР **119**, вып. 3 (1958)).

ANHANG II

Oberflächenerscheinungen während der Verformung und beim Bruch von Metallen[1])

Grenzflächenaktive Stoffe üben einen starken Einfluß auf die Verformungs- und Bruchvorgänge von Metallen aus. Die Adsorption kann auf verschiedene Weise erfolgen: Die Adsorptionsschichten können sich durch Anlagerung eines grenzflächenaktiven Stoffes aus dem umgebenden Medium unmittelbar auf den äußeren Oberflächen des Körpers bilden, oder diese Schichten können auf den inneren Mikrooberflächen (an den Wänden der Mikrorisse) entstehen, und zwar durch das schnelle Eindringen der grenzflächenaktiven Moleküle in das Innere des Körpers durch Oberflächendiffusion entlang der Korngrenzen, der Versetzungen oder durch Strukturfehler [4, 5, 11, 15, 16, 18]. Lineare und zweidimensionale Strukturfehler mit einem Überschuß der freien Energie sind bevorzugte Stellen, an denen die Adsorption der grenzflächenaktiven Moleküle eintritt, die von der äußeren Oberfläche oder aus dem Inneren des Körpers kommen. Das verändert das Verhalten dieser Defekte bei der Verformung des Körpers, z. B. ihre Beweglichkeit, oder fördert ihr Wachstum unter Ausbildung großer freier Oberflächen [15, 19].

Die durch die Adsorption bedingten Änderungen der mechanischen Eigenschaften eines festen Körpers haben keine Beziehung zu den Korrosionsvorgängen (einschließlich der zwischenkristallinen Korrosion in polykristallinen Körpern), da sie durch chemisch inaktive Medien bzw. durch Zusätze hervorgerufen werden, die nur in äußerst kleinen Mengen zugegen sind [5, 11]. Bei diesen Effekten spielen auch Lösungsvorgänge keine entscheidende Rolle, da die untersuchten Körper in den gegebenen Medien entweder vollständig unlöslich waren oder auch (wenn ein dünner geschmolzener Metallbelag als Medium dient) ihre Löslichkeit gering war und diese infolge der geringen Masse des Belages nicht zu einer wesentlichen Veränderung des Verhaltens der Körper führen kann. Hervorzuheben ist die Tatsache, daß die beschriebenen Effekte echte Oberflächenvorgänge sind und nicht mit der Anwesenheit von Oxidschichten auf der Oberfläche der Proben zusammenhängen. Die Oxidschichten können nur einen untergeordneten Einfluß ausüben [5, 20].

Die durch den Adsorptionseffekt bedingte Veränderung der mechanischen Eigenschaften eines Festkörpers hängt von einer Reihe physikalisch-chemischer Faktoren ab, vor allem von dem Grad der Grenzflächenaktivität eines gegebenen Mediums gegenüber dem betrachteten Körper [6, 11—14], d. h. von der absoluten Erniedrigung der freien Grenzflächenenergie durch den Adsorptionsprozeß. Zu-

[1]) W. J. Lichtman, E. D. Schtschukin, Fortschritte der Chemie (russ.) **29** (1960) 1260.

sammen damit üben die Versuchsbedingungen, insbesondere die Temperatur und die Geschwindigkeit der Verformung, einen sehr großen Einfluß auf diese Erscheinungen aus [10, 21—24]. Bei Änderung dieser Faktoren kann sich die Wirkung grenzflächenaktiver Stoffe auf die Verformung und die Festigkeit von Metallen in ganz verschiedener Weise äußern [13, 14, 24]. So kann z. B. ein grenzflächenaktives Medium einen festen Körper (metallische Probe) plastifizieren; dadurch erniedrigen sich die Fließgrenze und der Verfestigungskoeffizient beim Dehnen mit konstanter Geschwindigkeit oder es vergrößert sich die Kriechgeschwindigkeit bei Untersuchungen mit konstanter Belastung [5, 23, 24]. In anderen Fällen führt die Adsorption, insbesondere bei sehr plastischen Körpern (Metalleinkristalle), zu einer extremen Sprödigkeit bei starker Erniedrigung der Festigkeit [11, 12, 22, 25]. Unter bestimmten Bedingungen kann ein fester Körper unter Einfluß eines stark grenzflächenaktiven Mediums die Neigung zur spontanen Dispergierung in kleine Teilchen von kolloidaler Größe zeigen [6, 11—14].

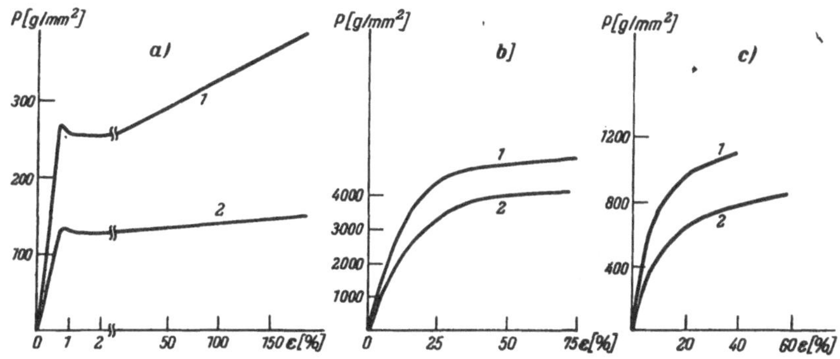

Abb. 119. Dehnungskurven von Einkristallen: *a* — Zinn im inaktiven Medium (Kurve *1*) und in 0,2%iger Ölsäurelösung (Kurve *2*) [5]; *b* — Aluminium im inaktiven Medium (Kurve *1*) und in 0,3%iger Palmitylalkohollösung (Kurve *2*) [5]; *c* — Blei im inaktiven Medium (Kurve *1*) und in 0,2%iger Palmitinsäurelösung (Kurve *2*) [10]

Der Einfluß der Adsorption auf die Verformungs- und Festigkeitseigenschaften fester Körper wird bei der Druck- und spanabhebenden Bearbeitung von Metallen sowie bei deren Feinmahlung praktisch genutzt [26, 27, 23, 7, 8].

Die Erscheinung, daß Metalleinkristalle unter dem Einfluß organischer grenzflächenaktiver Stoffe eine größere Plastizität erhalten, wurde in einer Reihe von Arbeiten beschrieben [3—5, 9]. Es wurden gewöhnlich verdünnte Lösungen verschiedener gesättigter und ungesättigter Fettalkohole und Fettsäuren und einige ihrer Derivate (Ölsäure, Palmitinsäure, Palmitylalkohol usw.) in unpolaren Kohlenwasserstoffen als Lösungsmittel (z. B. Paraffinöl) verwandt. Dehnungsversuche an Zinn-, Aluminium- und Bleieinkristallen wurden sowohl mit konstanter Geschwindigkeit mit dem Gerät von Polanyi als auch mit konstanter Belastung durchgeführt. Im 1. Fall zeigt sich der Einfluß des Mediums in einer starken (fast zweifachen) Erniedrigung der Fließgrenze (oder der Bruchspannung des Kristalls) und des Verfestigungskoeffizienten (Abb. 119), im 2. Fall ein Anwachsen der Geschwindigkeit des plastischen Fließens um einige 100%. Unter dem Einfluß der Adsorption änderte sich auch der Charakter der Gleitspuren auf der Kristalloberfläche; besonders ausgeprägt ist dieses Verhalten bei Zinneinkristallen, die die eigentümliche Erscheinung der Dispergierung der Gleitbezirke beim Dehnungsvorgang im aktiven Medium zeigten [5].

In einer Reihe von Arbeiten wurde der Effekt, daß Metalle unter Einfluß grenzflächenaktiver Stoffe plastifiziert werden, in Abhängigkeit von der Natur der polaren Gruppe und von der Konzentration der grenzflächenaktiven Stoffe eingehend untersucht [5, 31]. Die allgemeinen Gesetzmäßigkeiten des Einflusses grenzflächenaktiver Stoffe auf die Verformung von Metallen wurde in Abhängigkeit von den molekularen Eigenschaften und dem chemischen Bau dieser Stoffe aufgeklärt.

Als äußeres Medium dienten Oktan, Benzol, Wasser mit und ohne Zusatz (im Konzentrationsbereich von 0 bis 100%) von grenzflächenaktiven Stoffen, wie Fettsäuren, Alkohole und Amine, Äther, Halogen- undSchwefelderivate, als seifenähnliche kolloide Elektrolyte Natriumsalze der Cetylbenzolsulfonsäure und Dialkylsulfobernsteinsäure und die Schmiermittel: Sulfonal $C_{16}H_{33}C_6H_4SO_3Na$, das Aerosol OT ($C_8H_{17}OOC{\cdot}CH_2 \cdot CHSO_3Na \cdot COO \cdot C_8H_{17}$) und Aerosol MA ($C_6H_{13}OOC \cdot CH_2 \cdot CHSO_3Na \cdot COO \cdot C_6 H_3$.) Die Lösungsmittel wurden sorgfältig von polaren Zusätzen befreit und die grenzflächenaktiven Stoffe durch mehrmaliges Destillieren oder Umkristallisieren gereinigt.

Untersuchungen wurden an Zinn- und Bleieinkristallen ausgeführt. Der Einfluß des aktiven Mediums wurde aus der relativen Verformung (Dehnung) der Probe im grenzflächenaktiven Medium ε im Vergleich zu der im inaktiven Medium (reines Lösungsmittel) ε_0 unter gleichen Bedingungen bestimmt, d. h. durch die Größe $\delta\varepsilon = \left((\varepsilon - \varepsilon_0)/\varepsilon_0\right) 100\% = f(c)$, und zwar durch Verfolgung des Kriechprozesses an Einkristallen in Lösungen verschiedener Konzentrationen.

Die Lösungen grenzflächenaktiver Stoffe in Kohlenwasserstoffen (Oktan und Benzol) zeigen bezüglich ihrer Wirksamkeit in allen Fällen ein mehr oder weniger stark hervortretendes Konzentrationsmaximum. Mit Erhöhung der Konzentration der Lösungen wird das Maximum schnell erreicht, die Wirkung nimmt dann wieder bis zu einen kleinen Wert ab, der dem reinen grenzflächenaktiven Stoff ($c = 100\%$) entspricht.

Wie aus Tabelle 32 zu ersehen ist, sind die maximale Größe des Effektes $\delta\varepsilon_m$ bei Zinneinkristallen und die optimale Konzentration der grenzflächenaktiven Komponente (c_m) in charakteristischer Weise mit den molekularen Eigenschaften der aktiven Komponente verbunden. Die Größe des Effektes im Kohlenwasserstoffmedium wird ausschließlich durch die Natur der polaren Gruppen der grenzflächenaktiven Stoffe bestimmt. Der stärkste Adsorptionseffekt zeigt sich in Lösungen von Fettsäuren und Alkoholen in Oktan, wobei das Maximum in beiden homologen Reihen annähernd gleich ist und etwa 120 bis 125% erreicht.

Einen beträchtlichen Adsorptionseffekt zeigen auch Aerosol OT und Oktylamin: $\delta\varepsilon_m = 95$ und 102%. Einen weit geringeren Effekt geben Verbindungen mit schwach polaren Gruppen, z. B. komplizierte Äther-, Halogen- und Schwefelver-

Tabelle 32

Werte für das Maximum der Erhöhung der Plastizität und der entsprechenden Konzentration der grenzflächenaktiven Komponente für verschiedene organische grenzflächenaktive Stoffe

Medium	$\delta\varepsilon_m$, %	C_m, Mol/kg	Medium	$\delta\varepsilon_m$, %	C_m, Mol/kg
Lösungsmittel Oktan:			Laurylchlorid	33	2,30
Propionsäure	123	0,59	Propylmerkaptan	48	2,22
Kaprylsäure	122	0,12	Aerosol OT	95	0,044
Stearinsäure	126	0,0071	Lösungsmittel Benzol:		
Ölsäure	190	0,0065	Propionsäure	120	3,90
n-Propylalkohol	120	1,68	Lösungsmittel Wasser:		
Dodezylalkohol	118	0,20	n-Propylalkohol	49	4,10
Oktylamin	102	0,42	Aerosol OT	kein Maximum	
Methyllaurat	38	1,50	Aerosol MA	kein Maximum	
			Solfanol	kein Maximum	

bindungen, bei denen $\delta\varepsilon_m$ folgende Werte besitzt: 38% bei Methyllaurat, 33% bei Laurylchlorid und 48% bei Propylmerkaptan.

Andererseits hängt die größte Verformung im Konzentrationsmaximum in keiner Weise von der Länge der Kohlenwasserstoffkette der grenzflächenaktiven Moleküle ab. Unabhängig von der Stellung des Homologen in der Reihe der Fettsäuren bleibt der Wert $\delta\varepsilon_m$ mit 122 bis 125% unverändert; in der Reihe der Fettalkohole ist das Verhalten ähnlich. Dieses Ergebnis stimmt auch mit dem Verhalten der als Lösungsmittel verwendeten Kohlenwasserstoffe, insbesondere des Oktans, überein, die sich gegenüber Zinn als inaktive Medien erweisen. Wirkt die Länge der Kohlenwasserstoffkette sich auch nicht auf die maximale Größe des Adsorptionseffektes aus, so gehorchen andererseits die Konzentrationen C_m, bei denen die Lösungen der grenzflächenaktiven Stoffe ein Maximum der Wirkung zeigen, einer der TRAUBEschen Regel analogen Abhängigkeit, der Koeffizient jedoch ist kleiner. Wie aus Tabelle 1 zu ersehen ist, sind in der Reihe Propion-, Kapryl-, Stearin-Säure die entsprechenden Konzentrationswerte 0,59; 0,12 und 0,0071 Mol/kg, die mit jeder CH_2-Gruppe um den Faktor 1,3 bis 1,4 abnehmen.

Die bestimmende Rolle der polaren Gruppen der grenzflächenaktiven Stoffe auf die Kriechvorgänge bei der Verformung von Metalleinkristallen in Kohlenwasserstoffmedien wird besonders anschaulich durch die hohe Wirksamkeit der ungesättigten Verbindungen wie z. B. Ölsäure. Im Vergleich zur Stearinsäure wächst $\delta\varepsilon_m$ von 126 auf 190% an. Auf analoge Weise erhöht die Einführung einer Doppelbindung in einen Fettalkohol dessen Aktivität außerordentlich stark; bei Alkylalkohol wächst sie im Vergleich zum Propylalkohol von 120 auf 182% an.

Die Wirksamkeit grenzflächenaktiver Stoffe hängt entscheidend von den molekularen Eigenschaften der Lösungsmittel ab. Beim Ersatz des Oktans durch Benzol verschiebt sich die Konzentration einer Propionsäurelösung, die eine maximale Wirkung hervorruft, von $C_m = 0{,}59$ mol/kg auf $C_m = 3{,}9$ mol/kg, d. h., sie erhöht sich um den Faktor 6,5, wobei die absolute Größe des Effektes sich nicht verändert. In wäßrigen Lösungen, z. B. Propylalkohol, verschiebt sich durch die Wechselwirkung der polaren Gruppen nicht nur die dem Wirkungsmaximum entsprechende Konzentration C_m (c 1,6 bis 4,10 mol/kg), sondern gleichzeitig fällt auch die Höhe des Effektes stark ab, und zwar von 120 auf 49%. Hieraus folgt, daß in diesem Fall der Effekt durch den Einfluß des Lösungsmittels Wasser mitbestimmt wird, das gegenüber Zinn als aktives Medium wirkt und selbst einen Effekt von etwa 16% liefert.

Analoge Gesetzmäßigkeiten werden auch beim Blei beobachtet. Die angeführten experimentellen Werte, die den Effekt der Erhöhung der Plastizität von Metallen in Abhängigkeit von der Zusammensetzung des äußeren Mediums veranschaulichen, bestätigen nicht nur die reine Adsorptionsnatur des Effektes, sondern zeigen auch, daß der Einfluß grenzflächenaktiver Stoffe nach Gesetzmäßigkeiten erfolgt, die bei der Adsorption an flüssigen Phasengrenzen beobachtet werden. Es konnte gezeigt werden [32], daß bei der Adsorption aus Kohlenwasserstofflösungen an der wäßrigen Phasengrenze die Oberflächenaktivität der organischen Moleküle hauptsächlich bestimmt wird durch die Arbeit beim Übergang aus der Lösung in die Phasengrenze und durch die polare Gruppe. Der Einfluß der Kohlenwasserstoffkette, die mit einer Lösungsmittelsolvatschicht verbunden ist, kann vernachlässigt werden. Diese Messungen wurden mit den in Wasser unlöslichen höheren Homologen der grenzflächenaktiven Stoffe durchgeführt. Dadurch wurde die Verteilung zwischen den beiden Phasen und starke Solubilisierungseffekte vermieden. Für die Verformung von Zinn und Blei in organischen grenzflächenaktiven Medien ist gerade die vollständige Unempfindlichkeit gegenüber den Kohlenwasserstoffen charakteristisch. Das zeigt die Analogie zwischen der Adsorption aus Kohlenwasserstofflösungen an der wäßrigen Phasengrenze einerseits und an der metallischen Phasengrenze andererseits.

Vergleicht man die Isothermen der Grenzflächenspannung in Abhängigkeit von der Konzentration $\Delta\delta = f(c)$ an der Phasengrenze Oktan-Wasser mit den Isothermen $\delta\varepsilon = f(c)$, die bei der Einwirkung grenzflächenaktiver Stoffe auf Zinn und Blei gemessen wurden, so ergeben sich völlig gleichartige Gesetzmäßigkeiten für den Einfluß der adsorptionsaktiven Stoffe auf die freie Energie der flüssigen Grenzflächen und auf die Erleichterung der Verformung von Metalleinkristallen.

Diese Gesetzmäßigkeiten sind:

a) Man kann die grenzflächenaktiven Stoffe entsprechend der Wirksamkeit ihrer polaren Gruppe in folgende Reihe einordnen:

$$\mathrm{COOH} \approx \mathrm{OH} > \mathrm{NH_2} \gg \mathrm{S} \approx \mathrm{COOR} > \mathrm{Cl}.$$

b) Die Deformationsaktivität wächst entsprechend der TRAUBEschen Regel in den homologen Reihen mit demselben kleinen Koeffizienten von 1,2 bis 1,3 an wie die Oberflächenaktivität im Oktan (Koeffizient (1,1 bis 1,2) [32].

c) Doppelbindungen verhalten sich in den Kohlenwasserstoffketten der grenzflächenaktiven Molekeln wie schwache polare Gruppen und erhöhen deshalb die Oberflächenaktivität des Stoffes stark.

Die Oberflächenaktivität organischer Verbindungen wird im Vergleich zum Oktan in stärker polarem Benzol stark erniedrigt, und dementsprechend ist auch die Verformungsaktivität von Lösungen grenzflächenaktiver Stoffe in Benzol niedriger als in Oktan. In einem polaren Lösungsmittel, wie z. B. Wasser, wird die Verformungsaktivität der grenzflächenaktiven Stoffe stark erniedrigt. Diese Verringerung der Wechselwirkungsenergie zwischen den adsorbierten Molekeln und der Metalloberfläche wird bedingt durch die Herabsetzung der Oberflächenaktivität in der wäßrigen Phase infolge Hydratation und Polarisierung der aktiven Gruppe.

Diese Ergebnisse beweisen, daß Versuche anderer Autoren [35–37], den Einfluß eines grenzflächenaktiven Mediums auf die Verformung von Metallen durch rein chemische Erscheinungen zu erklären, völlig unbegründet sind.

Es sei jedoch darauf hingewiesen, daß die angeführten Daten noch nicht die Ursachen für das Auftreten von Maxima bei den Plastizitätsisothermen ausreichend erklären können. In einer Reihe von Arbeiten [5, 10, 23, 24] wurde auch die durch das äußere Medium bedingte Erhöhung der Plastizität in Abhängigkeit von Temperatur und Verformungsgeschwindigkeit untersucht.

Um den Mechanismus der Einwirkung grenzflächenaktiver Stoffe auf die Erhöhung der Plastizität zu verstehen, müssen folgende Aspekte berücksichtigt werden [14]:

1. Ist die normale Diffusion großer organischer Moleküle in das Innere des Metalles unmöglich, dringen diese über die Strukturfehler (entlang der Wände der Mikrorisse) durch Oberflächendiffusion in das Metall ein. Diesem Effekt liegt eine reine Oberflächenwechselwirkung der Probe mit dem Medium zugrunde, die in einer Erniedrigung der freien Energie σ der Probenoberfläche unter dem Einfluß der reversiblen Adsorption aus dem umgebenden Medium besteht.

2. Im Verhältnis zum Wret der freien Oberflächenenergie der untersuchten Metalleinkristalle ($\sim$ 500–1000 erg/cm²) ist deren Erniedrigung in den angegebenen Versuchen bei der Adsorption organischer Stoffe nicht groß; sie liegt etwa in der Größenordnung von einigen 10 erg/cm², d. h., sie übersteigt nicht 10% des Ausgangswertes von σ.

3. Der mit der Erhöhung der Plastizität verbundene Effekt wird normalerweise nur in bestimmten Bereichen der Temperatur und Verformungsgeschwindigkeit beobachtet [10]; er wird demzufolge von einem thermisch aktivierten Prozeß hervorgerufen. Einer gegebenen Temperatur entspricht bezüglich des Effektes eine optimale Verformungsgeschwindigkeit (Abb. 120). Da das plastische Fließen eines Kristalles durch das Wandern von Versetzungen in den Gleitebenen zustande kommt und dieser Vorgang von der Oberfläche ausgeht und andererseits der mit der Erhöhung der Plastizität verbundene Effekt ebenfalls durch reine Oberflächenerscheinungen hervorgerufen wird, muß die Hauptursache des beobachteten Effektes offensichtlich in der Wechselwirkung der Versetzungen mit der freien Kristalloberfläche bestehen [13, 14, 16, 19].

Liegt ein thermodynamisch instabiler Fehler mit überschüssiger freier Energie vor, so hat die Versetzung die Tendenz, an die Kristalloberfläche zu wandern. Die

Anwendung der Theorie der Elastizität erlaubt es, die Kraft, mit der eine parallel zur Oberfläche liegende Stufenversetzung zur Oberfläche gezogen wird, abzuschätzen. Diese Kraft (die sogenannte spiegelbildliche Kraft) ist umgekehrt proportional dem Abstand von der Oberfläche, d. h., sie wird durch ein sich nur schwach logarithmisch änderndes Potential bestimmt [38]. Gleichzeitig ist die Versetzung (d. h. das Auslaufen einer Verschiebung in der gegebenen Gleitebene) mit dem Erscheinen einer kleinen Stufe verbunden, deren Breite durch den im Versetzungspunkt der Gleitebene in der Normalrichtung zur Versetzungslinie aufgestellten Vektor angegeben wird. Die Schaffung neuer Oberflächenstufen erfordert einen Arbeitsaufwand von $\leq b^2\sigma$, wobei b der Vektor der Versetzung ist (einzelne Translation). Die Ausdehnung der Potentialschwelle in das Innere des Kristalles beträgt etwa nur die Halbwertsbreite der Versetzung (in der Größenordnung einiger b), d. h., das Potential fällt nach dem Inneren sehr steil ab. Da sie in unmittelbarer Nähe von der Oberfläche als wirkende Kraft eine Dislokation am Austreten hindert, kann sie die nach außen ziehende „spiegelbildliche Kraft" übertreffen [19]. Wir betrachten an der Versetzungslinie der aktiven Gleitebene einen gewissen Punkt M, in dem der Vektor der Versetzung senkrecht zur Kontur ist und die Versetzungsstufe die maximale Breite von b erreicht. Beim plastischen Fließen eines Kristalles gehen in 1 Sekunde durch diesen Punkt v Versetzungen. Überqueren sie das Gebiet des Punktes M, bildet sich bei jeder Versetzung eine neue Oberfläche von $\approx b^2$, die eine freie Energie $\approx b^2\sigma$ besitzt. Diese Größe ist offensichtlich die Aktivierungsenergie des Prozesses, wenn keine äußeren Spannungen wirken. Die Gleichgewichtsbedingung für die Zahl der ankommenden und austretenden Versetzungen im Punkt M kommt in folgender Gleichung zum Ausdruck:

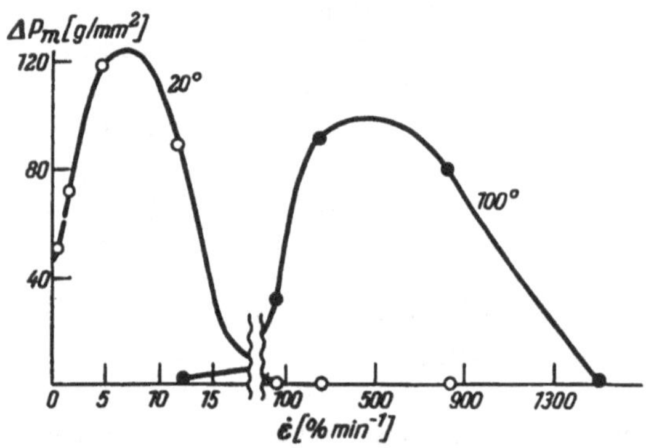

Abb. 120. Die Abhängigkeit des Adsorptionseffektes von der Dehnungsgeschwindigkeit $\dot{\varepsilon}$ für Zinneinkristalle bei verschiedenen Temperaturen [10]; die Größe des Effektes ΔP_m stellt den Unterschied der Fließgrenzen im inaktiven und im aktiven Medium dar

$$v = \nu \exp\,(-\,U/kT),$$

wobei $\nu \approx 10^{12} - 10^{13}\,s^{-1}$ bzw. die DEBEY-Frequenz der Gitterschwingungen ist. Die Größe U ist gleich $b^2\sigma$ abzüglich der Arbeit der äußeren Kräfte A. Die Existenz der beobachteten Potentialschwelle entspricht dann einer oberen Temperaturgrenze, die durch die folgende Temperaturbeziehung bestimmt wird: $T_1 = b^2\sigma/k \ln \nu/v$. Bei $T > T_1$ erfordert das Austreten einer Versetzung zur Kristalloberfläche keine bedeutenden zusätzlichen Kräfte; bei niedrigen Temperaturen ist die Arbeit äußerer Kräfte notwendig. Ist A sehr klein, so kann man erwarten, daß besonders in der Nähe von T_1 selbst eine geringe Erniedrigung von σ sich wesentlich auf die plastischen Eigenschaften eines Kristalles auswirkt, wobei A auf Null abfällt. Hier ist $T_{opt} \approx T_1$, d. h., der Effekt der Erhöhung der Plastizität hat bei jener optimalen Temperatur ein Maximum.

Der in die Betrachtung eingeführte Parameter v wird durch die Verformungsgeschwindigkeit und durch deren Ungleichförmigkeit im Mikrobereich (durch die Begrenzung der Verschiebungen in nur einzelnen Gleitlinien) bestimmt. Bei einer statistischen Orientierung der Kristalle kann dieser Parameter annähernd durch folgenden Ausdruck: $v \approx \dot{\varepsilon}hu/b$ abgeschätzt werden [15, 18, 29]; hierbei ist $\dot{\varepsilon}$ die relative Dehnungsgeschwindigkeit und h der mittlere Abstand zwischen den Gleitlinien. Der die Ungleichförmigkeit der Deformation im Mikrobereich bestimmende Faktor v stellt das Verhältnis der Gesamtzahl der Gleitlinien zu der Zahl der aktiven in jedem gegebenen Moment dar (im allgemeinen kann der Wert der Größe hu in ziemlich weiten Grenzen schwanken, z. B. von 10^{-1} bis 10^{-3} cm).

So hängt die für die Erhöhung der Plastizität optimale Temperatur in dem betrachteten Modell mit der Verformungsgeschwindigkeit durch folgenden Ausdruck zusammen [14]:

$$T_{opt} \approx b^2\sigma/k \ln (\nu\, b/\dot{\varepsilon}\, hu)\,. \tag{1}$$

Bei $\dot{\varepsilon} = 10\%\ \text{min}^{-1}$ beträgt das logarithmische Glied im Nenner ~ 20 bis 25, und beim Einsetzen von $b = 3 \cdot 10^{-8}$ cm und $\sigma = 10^3$ erg/cm^2 erhält man für die Aktivierungsenergie den Wert von etwa $\sim 0{,}5$ bis 0,6 eV; das bedeutet, daß unter den angegebenen Bedingungen $T_{opt} \sim 300°$ K ist; eine Erhöhung von $\dot{\varepsilon}$ um 2 Größenordnungen führt zu einer Verschiebung von T_{opt} auf annähernd 400° K.

Dieses Ergebnis stimmt gut mit den experimentellen Daten für die Erniedrigung der Fließgrenze von Zinn [10] überein (Abb. 120); entsprechend besitzt der Adsorptionseffekt ein Maximum, wenn die Dehnungsgeschwindigkeit bei Zimmertemperatur $\dot{\varepsilon} = 5$ bis $10\%\ \text{min}^{-1}$ und bei 100° $\dot{\varepsilon} \sim 500\%\ \text{min}^{-1}$ ist. Für den Effekt der Erhöhung der Plastizität sind die oberflächennahen Versetzungen (mit nur einem Befestigungspunkt) besonders wichtig, da deren Spannung zu Beginn des Vorganges bedeutend niedriger ist als bei solchen mit zwei Befestigungspunkten [39]. Es ist bekannt, daß ein dünnes auf die Oberfläche eines Einkristalles aufgetragenes Häutchen mit polykristalliner Struktur wie auch eine legierte dünne Oberflächenschicht die Fließgrenze einer Probe durch Blockierung dieser Stellen bedeutend zu erhöhen vermögen [40—42]. Dagegen ist bei einer Erniedrigung von σ eine Erhöhung der Aktivität der oberflächennahen Stellen und damit eine Herabsetzung der Fließgrenze zu erwarten. Führt die Wechselwirkung mit der Oberfläche zu einem fortschreitenden Auswandern einer Versetzung über das zweite unbefestigte Ende einer Versetzungslinie, d. h. zur Bildung einer Stufe auf der Oberfläche, so bleibt die Beziehung (1) gültig, der Parameter v behält dieselbe Größenordnung und gibt die Zahl der in der Sekunde erfolgenden Umläufe der oberflächennahen Stelle an (Versetzungsspirale, [38]).

Das betrachtete Modell kann jedoch nicht unmittelbar auf Vorgänge angewendet werden, die zu einer Erhöhung der Plastizität von Metalleinkristallen unter dem Einfluß geschmolzener metallischer Überzüge bei erhöhten Temperaturen und sehr geringen Dehnungsgeschwindigkeiten führen [23, 24] (siehe weiter unten). In diesem Fall haben die in die Beziehung (1) eingehenden Parameter (Aktivierungsenergie und Schwingungsfrequenz) eine etwas andere physikalische Bedeutung und Größe. Es ist nicht ausgeschlossen, daß hier die Wechselwirkung der Versetzung mit den Oberflächenfehlern, die die einzelnen Punkte an der Stufe der Gleitebene blockieren, eine wichtige Rolle spielt. Die Potentialschwelle liegt dabei höher und wird durch einen anderen Ausdruck bestimmt, sie bleibt nach vorigem jedoch wirksam und ist stark abhängig von σ.

Der Mechanismus der Einwirkung eines grenzflächenaktiven Mediums hängt möglicherweise auch mit dem Entstehungsprozeß von Versetzungsquellen zusammenhängen. Die Frage nach der Entstehung der Quellen und noch mehr des Einflusses der Größe σ auf diesen Prozeß ist jedoch noch nicht vollständig geklärt.

Es zeigt sich, daß der für die Erhöhung der Plastizität bestimmende Effekt für sich kompliziert und vielgestaltig ist, obwohl er nur einen der Effekte darstellt, die unter Einfluß grenzflächenaktiver Stoffe auf die mechanischen Eigenschaften des Festkörpers beobachtet werden. So ist der Effekt mit dem ganzen Spektrum der Aktivierungsenergien verbunden und wird in verschiedenen Bereichen der Temperaturen und Verformungsgeschwindigkeiten beobachtet.

Organische Stoffe sind nur schwach grenzflächenaktiv. Wie oben bereits angeführt wurde, erniedrigen sie die freie Oberflächenenergie bei der Adsorption nur um einige 10 erg/cm². Wie von Rehbinder und seinen Mitarbeitern gezeigt wurde, können Schmelzen anderer, leichtschmelzbarer Metalle (wahrscheinlich sogar auch einige Salze und andere Verbindungen) gegenüber Metallen stark aktive Medien sein [6, 11, 12, 22, 25]. In diesem Zusammenhang sind die Arbeiten von Kischkin und Potak besonders interessant [43—46], in denen der Adsorptionscharakter der unter Einfluß von leichtschmelzbaren Metallschmelzen beobachteten Erniedrigung der Festigkeit von Metallen bestätigt wird.

Die Gesetzmäßigkeiten der Einwirkung stark grenzflächenaktiver Stoffe auf die Verformung und die Festigkeitseigenschaften von Einkristallen verschiedener Metalle wurde in einer Reihe von Arbeiten untersucht, die in den letzten Jahren in der Abteilung für disperse Systeme im Institut für physikalische Chemie der Akademie der Wissenschaften der UdSSR und am Lehrstuhl für Kolloidchemie der Moskauer Universität ausgeführt wurden. Wie in diesen Arbeiten gezeigt wurde, kann die Anwesenheit stark grenzflächenaktiver Stoffe sogar eine qualitative Veränderung der mechanischen Eigenschaften eines Metalles bewirken. So wirkt z. B. ein stark plastischer Metalleinkristall, der sich um 100% deformieren läßt, spröde, und seine Festigkeit wird stark herabgesetzt. Einen derartigen Einfluß übt ganz besonders geschmolzenes Zinn auf Einkristalle von Zink und Kadmium aus [11, 12], weiterhin Quecksilber auf Einkristalle von Zink [22, 47 bis 50] und auf Zinn [21, 22, 24, 51] und flüssiges Gallium auf Zink [17, 25], Kadmium [25] und Zinn [52].

Die zur Untersuchung dienenden Einkristalle von Metallen wurden nach der Methode der „Zonenkristallisation" [53] aus sehr reinen Präparaten (die Reinheit lag zwischen 99,99 und 99,999%) gezüchtet. Zur Erforschung des Einflusses von Zusätzen wurden in einigen Fällen technische Materialien oder reine Metalle mit geringen Beimischungen eines anderen Metalles verwendet [49, 50]. Die Proben hatten einen Durchmesser von 0,5 bis 1 mm und schwankten stark in ihrer kristallographischen Orientierung. Das grenzflächenaktive Metall trug man auf die Oberfläche der Proben als dünne Deckschicht auf (gewöhnlich in der Dicke einiger Mikron) entweder elektrolytisch [11, 12] oder auf chemischem Wege durch Niederschlagen aus einer Salzlösung [22, 47—50] oder durch mechanische Verfahren [25, 52]. Die Dehnung der Proben wurde mit und ohne Deckschicht in einem weiten Bereich von Temperatur und Verformungsgeschwindigkeit durchgeführt, sowohl in der Apparatur nach POLANYI, wie auch bei konstanter Belastung. Die wichtigsten Ergebnisse, die bei diesen Versuchen erhalten wurden, bestehen in folgendem:

Bei Temperaturen oberhalb des Schmelzpunktes des Eutektikums (Metall–Deckschicht) führt die Anwesenheit einer dünnen geschmolzenen Schicht eines grenzflächenaktiven Metalles zu einer äußerst starken Erniedrigung der Plastizität und Festigkeit der Probe (Abb. 121). Selbst der Charakter des Bruches verändert sich; so wird ein in Luft plastischer Körper spröde bei Anwesenheit einer grenzflächenaktiven Deckschicht. So dehnen sich Zinkeinkristalle, die bei Zimmertemperatur gewöhnlich um 100% verformt werden können, zu einem dünnen Band aus und zerreißen, indem sie sich verjüngen, bei Spannungen von ≈ 5 kg/mm². Nach Amalgamierung zeigen die Einkristalle eine Erniedrigung der größten Verformung auf 10% und brechen bereits bei Spannungen von ~ 200 g/mm² (und niedriger). Dabei liefern sie eine spiegelnde Bruchfläche in der Spaltebene (0001) [22, 47—50]. Eine analoge Wirkung auf die größte Verformung und auf die Bruchspannung von Zink- und Kadmiumeinkristallen zeigt geschmolzenes Zinn. Bei hinreichend hohen Verformungsgeschwindigkeiten wirkt Quecksilber auf Zinneinkristalle in gleicher Weise ein [21, 22, 24, 51].

Flüssiges Gallium ist in bezug auf Zink anscheinend ein noch stärker grenzflächenaktives Medium als Zinn und Quecksilber. Die maximale Verformung erreicht in diesem Fall nur einige Prozente oder Bruchteile von Prozenten [25].

Besonders interessant ist das System Kadmium–Gallium [25]: Es ist bekannt, daß Kadmiumeinkristalle selbst bei äußerst niedrigen Temperaturen und hohen Verformungsgeschwindigkeiten sehr plastisch sind und keine Bruchstücke mit ausgeprägten Spaltflächen liefern, daß jedoch beim Auftragen von Gallium dieselben Einkristalle bei Zimmertemperatur und relativ niedriger Dehnungsgeschwindigkeiten ($\approx 200\% \cdot \mathrm{min}^{-1}$) als spröde Körper brechen und eine Spiegelfläche in der Basisebene zeigen.

Die versprödende Wirkung grenzflächenaktiver Metallschmelzen hängt wesentlich von der Temperatur und der Verformungsgeschwindigkeit ab [11, 12, 15, 19, 21, 22, 51]. Hervorzuheben ist die Tatsache, daß bei Erniedrigung der Temperatur unter den Schmelzpunkt des Eutektikums Metall–Deckschicht der angegebene Effekt allmählich verschwindet, weil die Beweglichkeit der grenzflächenaktiven Atome abnimmt und damit die Oberflächendiffusion zu den neu gebildeten Ober-

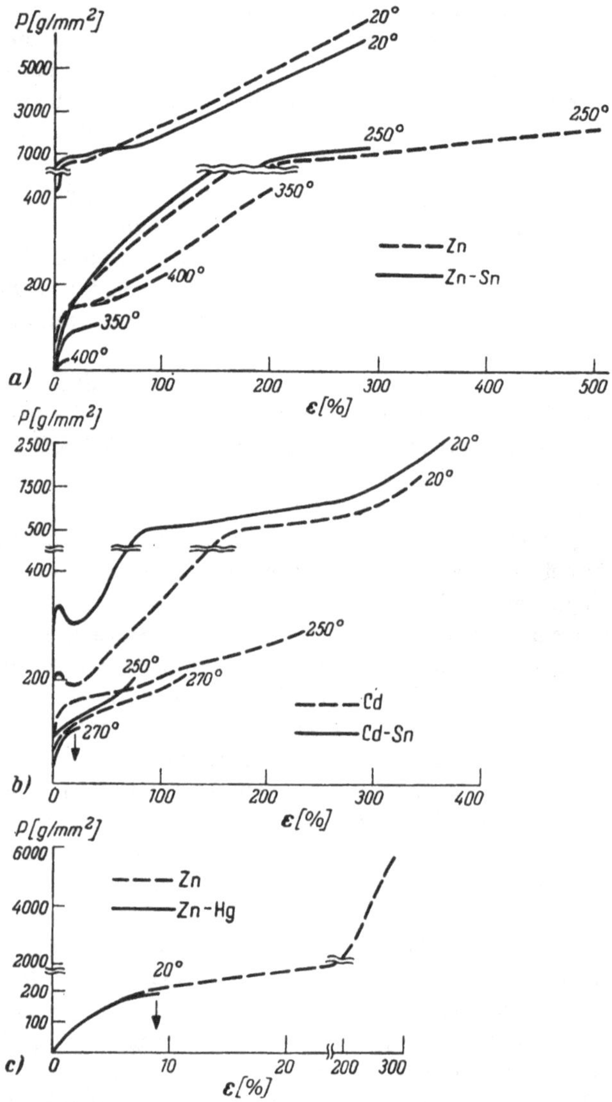

Abb. 121. Die Abhängigkeit der wahren Dehnungsspannung P von der relativen Längenänderung (Dehnung) ε; a — für Zinkeinkristalle ohne und mit einer Zinndeckschicht. Anfangsorientierung der Kristalle $\chi_0 = 44°$, Dehnungsgeschwindigkeit $\dot{\varepsilon} = 15\%\ \mathrm{min}^{-1}$ [12]; b — für Kadmiumeinkristalle ohne und mit einer Zinndeckschicht; Anfangsorientierung der Kristalle $\chi_0 = 39°$, Dehnungsgeschwindigkeit $\dot{\varepsilon} = 15\%\ \mathrm{min}^{-1}$ [12]; c — für Zinkeinkristalle ohne und mit Quecksilberdeckschicht. Anfangsorientierung der Kristalle $\chi_0 = 48°$, Dehnungsgeschwindigkeit $\dot{\varepsilon} = 15\%\ \mathrm{min}^{-1}$ [15]

flächen unmöglich wird. In diesem Fall liegt eine untere Temperaturgrenze des Versprödungseffektes vor.

Gleichzeitig gibt es auch eine obere Temperaturgrenze, deren Lage für ein gegebenes Paar Metall–Deckschicht bedeutend stärker von der Geschwindigkeit der Verformung abhängt. So werden bei Verwendung von amalgamiertem Zink bei gewöhnlichen Dehnungsgeschwindigkeiten von 10% min^{-1} die Plastizität und normale Festigkeit durch Erhöhung der Temperatur z. B. auf $T_c \approx 150°$ (Abb. 122) wiederhergestellt. In dem relativ engen Temperaturbereich des Übergangs von $\Delta T \approx 40 - 50°$ wird eine eigentümliche „Teilsprödigkeit" beobachtet, wenn die Probe, die mit tiefen halbgeöffneten Rissen bedeckt ist, eine mehr oder weniger ausgeprägte Verformbarkeit zeigt. Bei Verringerung der Verformungsgeschwindigkeit verschiebt sich der Übergangsbereich von der Sprödigkeit zur Plastizität

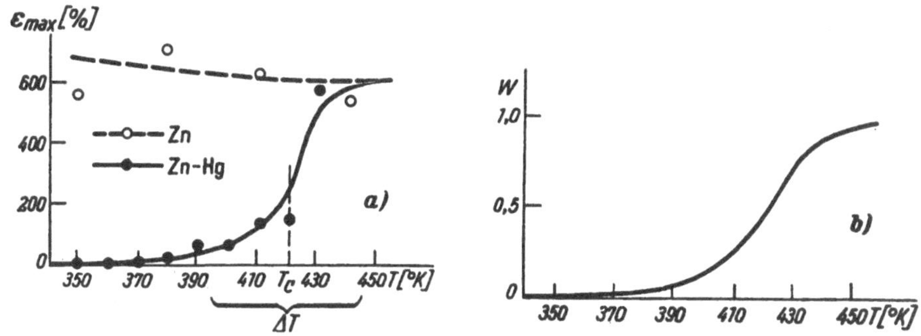

Abb. 122. a — Abhängigkeit der bis zum Bruch gemessenen maximalen Dehnung $_{max}$, von der Temperatur für Zinkeinkristalle ohne und mit Quecksilberdeckschicht für $\chi_0 = 45°$, $\dot{\varepsilon} = 15\%\ \text{min}^{-1}$; b — theoretisch errechnete Abhängigkeit der Wahrscheinlichkeit des plastischen Fließens von der Temperatur für amalgamierte Einkristalle [15, 22]

in Richtung niedriger Temperaturen. Die Anwesenheit von Legierungsbestandteilen im Einkristall wirkt in entgegengesetzter Richtung, d. h., sie führt zu einer Erhöhung der Übergangstemperatur T_c.

Im System Zink–Zinn tritt der Versprödungseffekt bei einer Dehnungsgeschwindigkeit von 10% min^{-1} zwischen der Schmelztemperatur der Deckschicht und der des Zinks auf [11, 12] (mit anderen Worten, die Übergangstemperatur T_c liegt höher als letztere). Darüber hinaus wächst im betrachteten System mit Erhöhung der Temperatur die Wirksamkeit der Deckschicht sogar an (siehe unten). Bei Verringerung der Geschwindigkeit bis auf $10^{-4}\ \text{min}^{-1}$ verschwindet jedoch die Sprödigkeit im gesamten Temperaturbereich (d. h. die Übergangstemperatur T_c liegt unterhalb des Schmelzpunktes der Deckschicht, aber in diesem Bereich ist der Belag schon fest, und der Effekt tritt nicht mehr auf.

Im System Zinn–Quecksilber ist die versprödende Wirkung des Belages auf den aus sehr reinem Metall gezüchteten Einkristall stark ausgeprägt und bei Zimmertemperatur nur bei sehr hohen Dehnungsgeschwindigkeiten (bei etwa 10^5 bis $10^6\%\ \text{min}^{-1}$) gut reproduzierbar. Sind die Verformungsgeschwindigkeiten nicht sehr groß, liegt die Übergangstemperatur T_c bei Null Grad oder niedriger (s.

Abb. 123). Die Besonderheit der Lage von T_e ist damit verbunden, daß die versprödende Wirkung des Quecksilbers auf Zinneinkristalle bei Zimmertemperatur durch den Reinheitsgrad des Zinns sehr empfindlich beeinflußt wird.

Zur Aufklärung des Mechanismus der versprödenden Wirkung eines geschmolzenen Belages spielen folgende Punkte eine besondere Rolle:

1. Die Erniedrigung der freien Oberflächenenergie an der Grenze zwischen dem Metall und seiner gesättigten Lösung in dem anderen flüssigen Metall kann sehr bedeutend sein [6, 11, 12, 14], etwa mehrere 100 erg/cm².
2. Handelt es sich um die Ausbildung von Bruchrissen im Innern des Kristalles, liegt ein Volumeneffekt vor, der ein schnelles Eindringen der grenzflächenaktiven Atome zu den Oberflächen der inneren Mikrolöcher durch Diffusionsvorgänge über die Strukturfehler des Kristalles bewirkt [14, 15].

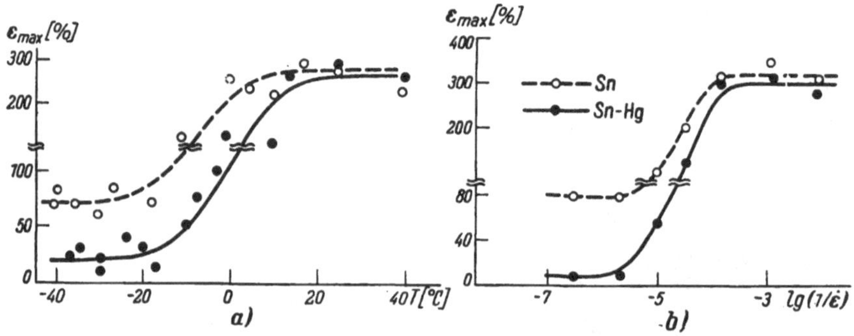

Abb. 123. *a* — Die Abhängigkeit der bis zum Bruch gemessenen Dehnung $\varepsilon_{\max}$ von der Temperatur für Zinneinkristalle ohne und mit einer Quecksilberdeckschicht bei $\dot{\varepsilon}$ = const. *b* — Die Abhängigkeit ε von der Dehnungsgeschwindigkeit $\dot{\varepsilon}$ bei T = const [21, 51]

3. Der Effekt tritt praktisch sofort nach Aufbringen der Deckschicht auf den Einkristall auf; folglich ist die normale Volumendiffusion nicht der bestimmende Faktor.
4. Bei entsprechender Verformungsgeschwindigkeit wird der Effekt in einem breiten Temperaturbereich beobachtet, und zwar vom Schmelzpunkt der Deckschicht (genauer des Eutektikums Metall–Deckschicht T_m bis zum Schmelzpunkt des Grundmetalles T_M bzw. bis zur Übergangstemperatur T_M. Innerhalb dieses Bereiches hängt dieser Effekt nicht von der Temperatur ab. Das spricht dafür, daß der durch die Anwesenheit der Deckschicht hervorgerufene Sprödbruch selbst kein thermisch aktivierter Prozeß ist.[1])

[1]) Die Erhöhung des Effektes mit der Temperatur ist im System Zink–Zinn (bei gewöhnlichen Dehnungsgeschwindigkeiten und relativ hohen Temperaturen) wahrscheinlich mit einem starken Anwachsen der Löslichkeit von Zink und Zinn und demzufolge mit einer weiteren Abnahme der freien Oberflächenenergie an der Grenze Metall–Schmelze verbunden. Tatsächlich nähern sich die Bedingungen an der Phasengrenze bei sehr hohen Konzentrationen des Grundmetalles im Metall der flüssigen Deckschicht den Bedingungen an der Phasengrenze Metall–Schmelze im Einkomponentensystem. Im letzten Fall erreicht die freie Energie der Grenzfläche nur einige 10 erg/cm².

5. Der Übergang vom spröden zum plastischen Verhalten bei Anwesenheit einer Deckschicht (besonders im System Zink–Quecksilber) hat eine große Ähnlichkeit mit einem analogen Übergang ohne Deckschicht durch Erniedrigung der Temperaturen; dieser letzte Übergang stellt gewissermaßen die obere Grenze der natürlichen Kaltbrüchigkeit dar, zum Unterschied von der erzwungenen Kaltbrüchigkeit, bei der die obere Grenze unter Einfluß des grenzflächenaktiven Mediums in Richtung höherer Temperaturen verschoben ist. Man kann annehmen, daß unter sonst gleichen Bedingungen die Lage dieser oberen Grenze in erster Linie nur durch einen einzigen Parameter, durch die freie Oberflächenenergie σ [21] bestimmt wird.

Zur Aufklärung des Mechanismus der versprödenden Wirkung eines stark grenzflächenaktiven Mediums auf Metallkristalle ist es notwendig, zunächst den Mechanismus des Sprödbruches dieser Einkristalle bei Abwesenheit eines solchen Mediums zu analysieren. Es ist erforderlich, die Bedingungen des Überganges vom spröden zum plastischen Verhalten bei Anwesenheit der Deckschicht mit den analogen bei sehr reinen Metallen auftretenden Bedingungen zu vergleichen.

In letzter Zeit werden für das System Zink –Quecksilber sehr genaue Werte gemessen [22, 42, 47—50]. Diese Daten werden zur Beurteilung des Mechanismus der versprödenden Wirkung eines Mediums benutzt.

In einer Reihe von Arbeiten wurde eindeutig gezeigt, daß sogar bei sehr niedrigen Temperaturen der über die Spaltfläche laufende Sprödbruch von Zinkeinkristallen nicht absolut spröde ist, und zwar in dem Sinne, daß dem Bruch immer eine gewisse plastische Verformung vorausgeht [47—50, 54, 55]. Bei der Temperatur des flüssigen Stickstoffs und gewöhnlichen Verformungsgeschwindigkeiten von $\sim 10\%\ \text{min}^{-1}$ liegt die maximale kristallographische Verschiebung a_c für Proben mit einem Durchmesser von $L_0 \sim 1$ mm zwischen einigen Prozenten und einigen 10 Prozenten, und zwar in Abhängigkeit von der Ausgangsorientierung des Kristalles (des Winkels χ_0 zwischen der Probenachse und der Gleitfläche (0001), die in diesem Fall mit der Spaltfläche zusammenfällt). In ihrem charakteristischen Verlauf ist die Abhängigkeit a von χ_0 für den Bruch von Zinkeinkristallen bei der Temperatur des flüssigen Stickstoffs gerade entgegengesetzt der bei gewöhnlichen Temperaturen (ohne Deckschicht) gemessenen. Im ersten Fall fällt a_c mit Zunahme von χ_0 stark ab, während im zweiten Fall einem großen Winkel χ_0 auch eine große kristallographische Verschiebung a_c entspricht (Abb. 124).

Das Sohnkesche Gesetz, das aussagt, daß bei verschieden orientierten Einkristallen Sprödbruch bei Erreichen einer bestimmten in der Spaltfläche wirkenden Normalspannung $p_c = \text{const}$ eintritt, läßt sich für den Sprödbruch von Zinkeinkristallen bei Temperaturen des flüssigen Stickstoffs nicht anwenden. Namentlich bei Vergrößerung des Winkels χ_0 wächst der Wert p_c stark an (Abb. 125a), während die Werte der im Moment des Zerreißens erreichten Bruchspannungen τ_c wesentlich herabgesetzt werden (annähernd umgekehrt proportional der Zunahme von p_c). Völlig gleiche Gesetzmäßigkeiten werden auch beim Bruch amalgamierter Zinkeinkristalle bei Zimmertemperatur (Abb. 125b) beobachtet, die Werte p_c und τ_c sind dabei mehr als zweimal niedriger. Analoge Gesetzmäßigkeiten gelten auch für den Bruch von Einkristallen des Zinks und Kadmiums bei Anwesenheit von flüssigen Gallium [22].

Es ist bekannt, daß die experimentell bestimmte Bruchspannung an den Spaltflächen p_c um einige Größenordnungen geringer ist als der sogenannte theoretische Wert $p_{\text{theor}} \sim (E\sigma/b)^{1/2}$, der bei Berechnung der zwischenatomaren Kräfte für ideale störungsfreie Kristallgitter mit Hilfe verschiedener Theorien erhalten wurde. Hierbei ist E der YOUNGsche Modul, σ die spezifische freie Oberflächenenergie und b die Gitterkonstante. Dieser große Unterschied der Werte beruht normalerweise auf der Anwesenheit verschiedener Strukturfehler und vor allem von Mikrorissen im Realkristall. Ungültigkeit des SOHNKEschen Gesetzes und die beobachtete Abhängigkeit der Größen a_c, p_c und t_c von χ_0 für den Sprödbruch von Zinkeinkristallen gestatten einen weiteren Schritt zur Deutung des Mechanismus des Sprödbruches und zur Präzisierung der Rolle von p und τ [30].

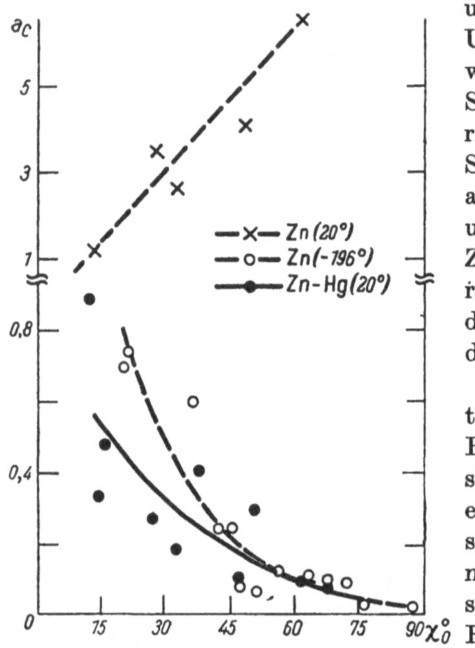

Abb. 124. Die Orientierungsabhängigkeit der maximalen kristallographischen Verschiebung a für Zinkeinkristalle ohne und mit Quecksilberdeckschicht. χ_0 ist der Ausgangswinkel zwischen der Basisfläche und der Probenachse [47—50]

Man kann annehmen, daß beim plastischen Fließen unter der Wirkung der Bruchspannung Defekte entstehen und sich ausweiten, und die beim Erreichen einer bestimmten Größe und einer entsprechenden Höhe der Normal-(Dehnungs-)Spannung kritisch werden, d. h., sie führen zu einem makroskopischen Bruchriß, der sich über den ganzen Kristall ausweitet.

In diesem Fall muß man beim Bruchvorgang wenigstens zwei hauptsächliche Stadien unterscheiden: Das Stadium A, das bei der plastischen Verformung dem Erscheinen der kritischen Risse vorausgeht (und wahrscheinlich wieder in verschiedene Etappen zerfällt), und das Stadium B, in dem ein oder mehrere nebeneinanderliegende verschmelzende kritische Risse sich mehr oder weniger schnell über die ganze Probe ausbreiten. Beim Sprödbruch, der selbst äußerst schnell verläuft, ist der Anfang des Stadiums B sehr deutlich zu erkennen.

Im Stadium A spielt die Schubspannung und die durch sie hervorgerufene plastische Verformung die Hauptrolle. Die Tatsache, daß die plastische Verformung des Kristalles sowohl räumlich (im Kristallvolumen) als auch zeitlich sich immer äußerst ungleich entwickelt, ist hierbei von besonderer Bedeutung. Die räumliche Ungleichförmigkeit der Verformung besteht darin, daß diese auf wenige Gleitlinien (oder Zonen) beschränkt ist, daß jene Linien sich nur auf einzelne Kristallbezirke ausdehnen (dieser Vorgang führt zur Anhäufung von unvollständigen lokalen Verschiebungen im Kristall), daß Korn- und Blockbildung im Kristall auftritt, daß verformte und durchgebogene Bereiche, doppelte Phasengrenzen und Zwischenschichten entstehen. Die zeitliche Ungleichmäßigkeit der Verformung drückt sich darin aus, daß zu verschiedenen Zeiten Gleitlinien auftreten, daß Beschleunigungen und Verzögerungen des Prozesses bis zum plötzlichen Auftreten schneller sprunghafter Verformungen unterschiedlich erfolgen usw.

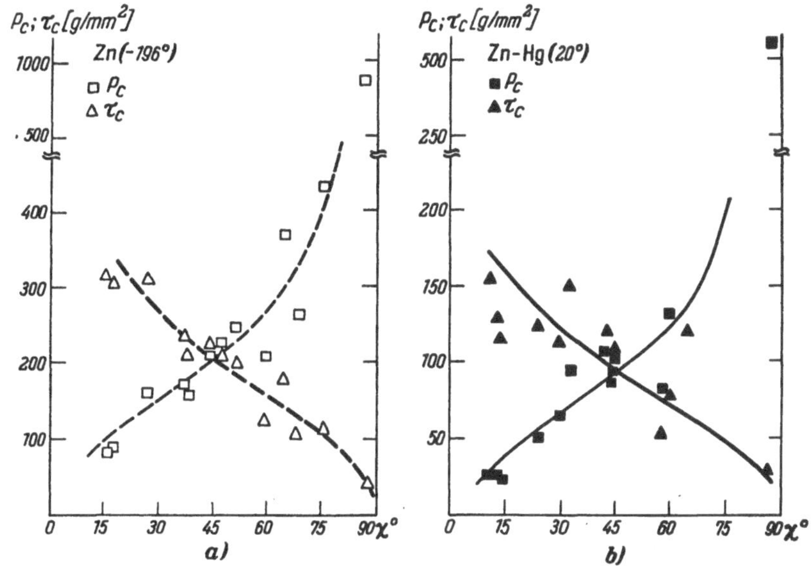

Abb. 125. Die Orientierungsabhängigkeit der normalen (p_c) und Schubspannung (τ_c) für Zinkeinkristalle; *a* — ohne Deckschicht bei Temperaturen des flüssigen Stickstoffs, *b* — mit einer Quecksilberdeckschicht bei Zimmertemperatur. χ ist der Winkel zwischen der Basisfläche und der Probenachse im Moment des Bruches, Reinheit des Materials — 99,999 und 99,99% Zink [15, 30, 49, 50]

Die Ungleichförmigkeit der Verformung im Mikrobereich ist eng mit den beim plastischen Fließen ablaufenden Versetzungen verbunden. Örtliche Verformungen können sehr hohe relative Werte erreichen und zu erheblichen örtlichen Störungen des Kristallgitters führen, weiterhin zu einer starken Lockerung der Bindungen im Gitter in einem mehr oder weniger großen Bereich (d. h. zur Bildung von amikroskopischen Daueranrissen mit unterschiedlicher effektiver Abmessung), zur Bildung neuer Blockierungen (Hindernisse für die Verschiebungsbildung), von Blockgrenzen (der Dislokationsnetze), von unvollständigen Versetzungen, von Packungsfehlern, von doppelten Grenzschichten und dergleichen. Durch die Ungleichförmigkeit der Verformung im Mikrobereich, insbesondere durch unvollständige Verschiebungen, die sich nicht über den ganzen Kristallquerschnitt ausdehnen (d. h. durch Versetzungsanhäufungen in einer oder in einer Reihe beieinanderliegender Gleitebenen) und sich vor den verschiedenen Blockierungen in der Gleitebene festsetzen, treten starke örtliche Spannungskonzentrationen auf, die bedeutend die angelegte Schubspannung übertreffen [15, 19, 30, 56, 57]. Diese hohen örtlichen Spannungen können ihrerseits zum Entstehen und allmählichen Anwachsen von Mikrorissen, den sogenannten amikroskopischen Gleichgewichtsrissen, führen, die den Bruchvorgang im späteren Stadium auslösen (Gleichgewicht bedeutet hier, daß die Größe des betrachteten Fehlers c bei einer bestimmten Höhe der angelegten Spannung im Stadium A noch nicht ihren kritischen Wert erreicht, bei dem der Fehler sich momentan in Form eines Daueranrisses über den ganzen Kristall ausdehnt).[1])

Der Charakter des amikroskopischen Bruchrisses und der Grad seiner Entwicklung (effektive Größe c) hängen in den verschiedenen Etappen des Stadiums A wesentlich von der Natur des Kristalles und von den Verformungsbedingungen ab. Findet ein einfacher Gleitvorgang in der Basisebene eines Zinkeinkristalles bei niedrigen und auch bei gewöhnlichen Temperaturen statt, so gehen im ersten Anfangsstadium der Verformung, d. h. bei kleinen Werten der Verschiebung a

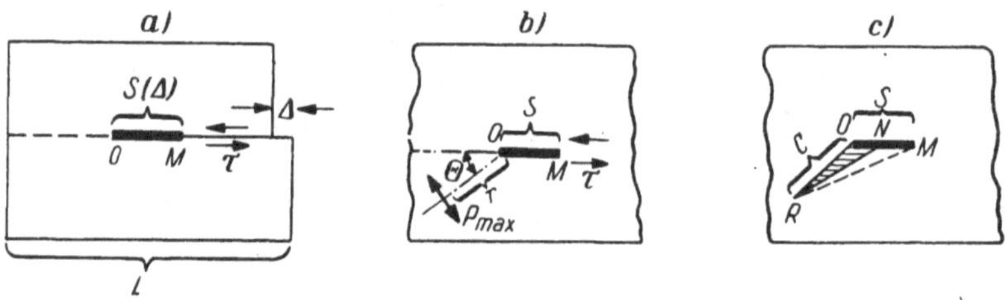

Abb. 126. a — Entstehung einer unvollständigen lokalen Verschiebung in der Gleitebene; b — die Konzentration der Normalspannung in der Umgebung der unvollständigen lokalen Verschiebung; c — Entstehen eines Mikrorisses im Gebiet der maximalen Konzentration von Dehnungsspannungen [30]

und der Spannung τ die örtlichen Verformungen und die hohen Spannungen nur äußerst langsam zurück.[2]) Hierfür läßt sich folgendes Schema verwenden.

Im Kristall möge unter Wirkung der Schubspannung τ in der Gleitebene eine Verschiebung von der Größe Δ ablaufen, die sich jedoch nicht über den ganzen Querschnitt des Kristalles auf Grund der Anwesenheit einer bestimmten festen Blockierung O auf der Gleitebene ausdehnt (Abb. 126).[3]) Das Hauptgebiet, in dem die Verschiebung lokalisiert ist, erstreckt sich über den Bereich $MO = S$ entlang der Gleitebene.

---

[1]) Das soll nicht bedeuten, daß der Spalt reversible Eigenschaften besitzt; bei Beseitigung der Spannung bleibt dieser im allgemeinen natürlich erhalten.

[2]) Es ist hervorzuheben, daß dies auch nur in einer Gleitzone stattfinden könnte, denn auch in diesem Bereich läuft die Bildung amikroskopischer Daueranrisse bis zur kritischen Größe ab.

[3]) Als Blockierung für die oben behandelten horizontalen Dislokationsreihen, die sich in einer oder in einigen nahe beieinander liegenden Gleitebenen befinden, können im Einkristall unvollständige Versetzungen, vertikale Versetzungsstufen (geneigte Grenzen mit geringer Winkelorientierung) usw. dienen.

Die Größe s hängt offensichtlich von der Ausgangsverschiebung Δ ab, die von der im gegebenen Moment erreichten spezifischen plastischen Gesamtverschiebung a bestimmt wird. Dabei ist vom Standpunkt der Deutung der Bruchursache in erster Linie die unter den gegebenen Bedingungen maximal mögliche Größe $s_{max} = L$ besonders interessant. Im gut ausgebildeten Kristall ist $L = 0$. Man muß annehmen, daß in der ersten Etappe des Stadiums A die Größen Δ und L mit Vergrößerung der Verschiebung a monoton wachsen, und zwar anfangs sehr schnell, dann jedoch immer langsamer. Diese Etappe (A') wird durch einen hohen Verfestigungskoeffizienten und durch die Häufung von relativ hoher elastischer Energie im Störgebiet des Kristalles charakterisiert. Bei einer bestimmten kri-

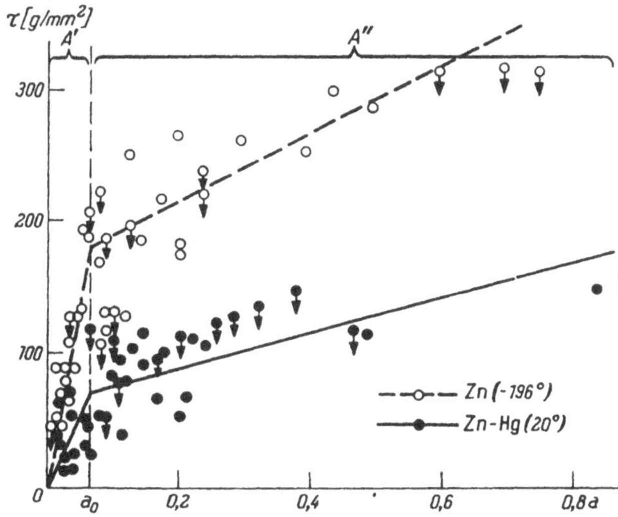

Abb. 127. Die Abhängigkeit der Schubspannungen τ von der kristallographischen Verschiebung a für verschieden orientierte Zinkeinkristalle ohne (bei der Temperatur des flüssigen Stickstoffs) und mit Quecksilberdeckschicht (bei Zimmertemperatur). Die mit kleinen Pfeilen versehenen Punkte entsprechen dem Augenblick des Bruches, die geknickten Linien entsprechen dem Mittelwert der Kurven $\tau(a)$. Die Reinheit des Materials beträgt 99,999 und 99,99% Zink [49, 50]

stallographischen Verschiebung ($a = a_0$), die der Deformationskurve der Schubspannung τ_0 entspricht, kommt die Bildung unvollständiger Verschiebungen zum Stillstand und geht, da ihre elastischen Felder, die die Verschiebungsbildung in den gegebenen Gleitlinien blockieren, sich immer stärker ausprägen, bei genügend hohen Schubspannungen in andere Kristallquerschnitte über, die für den weiteren Gleitvorgang günstiger sind und nicht so feste Blockierungen enthalten. Wahrscheinlich kann L dabei einen Wert erreichen, der in der Größenordnung des Durchmessers des Einkristalles L_0 liegt. Der Verschiebung a_0, bei der die Etappe A' aufhört, entspricht auf der Deformationskurve des Einkristalles eine charakteristische Biegung (Abb. 127). Die nun folgende Etappe A'', in der sich die maximale Ungleichförmigkeit der Verschiebung bedeutend langsamer verändert, wird durch eine merkliche Abnahme des Verfestigungskoeffizienten charakterisiert.

Das Spannungsfeld um den betrachteten Fehler mit der Ausdehnung $MO = s(\Delta)$ kann man mit dem elastischen Feld einer Kerbstelle der Länge s, die parallel zur angelegten Schubspannung liegt, vergleichen. Nach der Elastizitätstheorie [57, 66] liegen die maximalen Dehnungsspannungen dabei entlang der Linie, die zur Fläche der Kerbstelle um den Winkel Θ geneigt ist und auf der sie die Größe $p_{\max} \sim \tau(s/r)^{1/2}$ erreichen; r ist hier der Abstand eines vorgegebenen Punktes vom Scheitelpunkt der Kerbstelle.

Im Gebiet der maximalen Spannungskonzentration möge ein Riß NOR der Länge c entstehen (s. Abb. 126). Dadurch wird die sehr hohe Spannungskonzentration in der Fläche $\approx c\, s$ beseitigt. Bei Abwesenheit des Risses war die elastische Energiedichte im Gebiet des Intervalles MO gleich $w = p^2/2E \approx \tau^2 s/2\,E\,r = w(r)$. Die Abnahme der Energie bei der Bildung des Risses (bezogen auf die Einheit der Länge senkrecht zur Zeichenebene) beträgt annähernd $(\tau^2 s^2/2\,E) \cdot \ln (c/r_0)$. Hierbei ist die untere Integrationsgrenze r_0 (in der Größe einiger b) dadurch gegeben, daß die Gesetze der Elastizitätstheorie in unmittelbarer Nähe des Punktes Null ihre Gültigkeit verlieren. b ist die Translationskonstante des Gitters.

Gleichzeitig erfordert die Bildung eines Risses einen Arbeitsaufwand von $\sim 2\,c\,\sigma$ zur Schaffung der neuen freien Oberfläche. Der Gesamtzuwachs der Energie beträgt dann $\Delta W = 2\,c\,\sigma - (\tau^2 s^2/2\,E)\cdot\ln (c/r_0)$. Die Funktion $\Delta W(c)$ hat das Minimum bei $\partial(\Delta W)/\partial c = 2\,\sigma - \tau^2 s^2/2\,E\,c = 0$. Daraus folgt, daß bei einer Anhäufung unvollständiger Verschiebungen in der Gleitebene des Kristalls im Intervall $s = s(\Delta)$ ein keilförmiger Gleichgewichtsriß der Größe $c \approx \tau^2 s^2/4\,E\,\sigma$ entstehen kann. Da die maximal mögliche Länge c von Interesse ist, muß man in den erhaltenen Ausdruck $s_{\max} = L(a) < L_0$ einsetzen.

Ein vollständig analoger Ausdruck für c kann in der Ausdrucksweise der Versetzungstheorie erhalten werden, da die Bildung der unvollständigen Verschiebung Δ offensichtlich nichts anderes ist als die Bildung der Versetzungsanhäufung $n = \Delta/b$. Tatsächlich ist $n \approx \pi(1 - \mu) \cdot L\,\tau/G \cdot b$, wobei G der Schubmodul und μ die Poissonsche Zahl ist [58]; in Übereinstimmung hiermit entsteht beim Zusammenfließen von n Versetzungen ein Riß der Länge:

$$c \approx n^2 \cdot G \cdot b^2/8\,\pi(1 - \mu)\,\sigma, \text{ bzw. } c \approx \big(\pi(1 - \mu)/8\big)\,(\tau^2 L^2/G\,\sigma).$$

Man darf somit annehmen, daß beim Anlegen einer Schubspannung τ in der Gleitebene des Kristalles ein Gleichgewichtsriß in einer Größe bis zu $c = \beta\,\tau^2 L^2/E\,\sigma$ entstehen kann. Hierin unterscheidet sich der dimensionslose Koeffizient β in der Größenordnung nicht stark von 1, und L steigt in der ersten Etappe des Stadiums A gleichmäßig von Null bis zu einem bestimmten Endwert an, der sich in seiner Größenordnung dem Kristalldurchmesser L_0 um so mehr nähert, je größer die Verschiebung a_0 in der gegebenen Etappe A' ist.[1])

---

[1]) Eine sehr grobe Abschätzung von a_0 kann auf folgende Weise vorgenommen werden. Da $\Delta/s \sim \tau/G$ ist, hat die Maximalgröße $\Delta_{\max}$ bei $s \sim L_0$ den Wert von $L_0\,\tau/G \sim 10^{-5}$ cm (Anhäufung von einigen 100 Dislokationen); andererseits übertrifft am Ende der Etappe A' der Wert $\Delta_{\max}$ wahrscheinlich nicht sehr viel die Größe $a_0\,h$, in der h der Abstand zwischen den Gleitlinien ist. Nimmt man an, daß $a_0 \sim \Delta_{\max}/h$ ist, so erhalten wir für $h \sim 10^{-3}$ und $a_0 \sim 10^{-2}$, was in der Größenordnung annähernd mit den Versuchsdaten übereinstimmt (vgl. Abb. 127).

Den allerersten Moment für das Entstehen eines amikriskopischen Risses, der noch keine völlig ausgebildete freie Oberfläche besitzt, kann man als einen Prozeß der Vereinigung der ersten Versetzungen der Anhäufung unter Bildung eines sehr kleinen Versetzungskernes betrachten [15, 19, 65]. Wahrscheinlich können solche Kerne schon bei sehr geringem τ und a auch für das Eindringen grenzflächenaktiver Atome in das Kristallinnere eine große Rolle spielen. Mit der Zunahme von τ entwickelt sich allmählich der Gleichgewichtsmikroriß mit der Größe $c = c(\tau)$. Beim Zink wechseln sich dabei die in der Basisebene liegenden Risse mit den in der Prismenebene liegenden ab. Am Ende des Vorganges dehnt sich der Riß etwa in der Richtung der Basisebene aus [14, 15, 30].

In dem bisher betrachteten dem Bruchvorgang vorausgehenden Stadium A spielen die Schubspannungen und die Ungleichförmigkeiten der plastischen Verformung die Hauptrolle. Im Stadium B, das beim Sprödbruch von äußerst kurzer Dauer ist, kommt die entscheidende Rolle den Normalspannungen zu. Das Stadium B tritt bei einer Verschiebung a_0 ein, wenn die Größe der Normalspannung p zur Ebene des Risses (im gegebenen Fall zur Ebene (0001)) groß genug ist, den Riß in die kritische Ungleichgewichtsform überzuführen, d. h. bei $p_c(c) = \alpha(E\sigma/c^{1/2},)$ wobei α ein dimensionsloser Koeffizient ist, der sich wenig von 1 unterscheidet [15, 59].

Durch Einsetzen des für die maximal mögliche Spaltgröße gefundenen Wertes $c(\tau)$ in den Ausdruck $p_c(c)$ erhält man statt des SOHNKEschen Gesetzes die neue Beziehung [29]

$$p_c \tau_c = K^2; \qquad K = \gamma' \sqrt{E\sigma/L} = \gamma \sqrt{G\sigma/L}\,, \tag{2}$$

in der die dimensionslosen Koeffizienten γ und γ' in der Größenordnung um 1 liegen. Es ist $K =$ const im Stadium A'' und wächst an, wenn $a_c < a_0$ ist. Die erhaltene Beziehung kann als „Bedingung für die Konstanz des Produktes aus Normal- und Schubspannungen" beim Sprödbruch charakterisiert werden. Unter Berücksichtigung der geometrischen Beziehungen $\tau_c = P_c \sin\chi, \cos\chi,\ p_c = P_c \sin^2\chi$ und $p_c/\tau^c = \operatorname{tg}\chi$, in denen P_c die wahre Dehnungsspannung ist und χ der Neigungswinkel der Basisfläche zur Probenachse im Moment des Bruches erhält man

$$p_c = K\sqrt{\operatorname{tg}\chi}; \qquad \tau_c = K\sqrt{\operatorname{ctg}\chi}; \qquad P_c = K \sin^{-3/2}\chi \cos^{-1/2}\chi\ ^{1)} \tag{3}$$

[1]) Im betrachteten Schema wurden die Abmessungen der Gleitebenen gleich dem Durchmesser der Einkristalle gesetzt, der in Wirklichkeit nur die kleine Achse der Gleitebene ist, die die Form einer Ellipse hat; das bedeutet genau genommen, daß sich die Gleichungen (2) und (3) auf die Ausdehnung einer ungleichförmigen Verschiebung entlang der kleinen Ellipsenachse beziehen, d. h. auf die Anhäufungen von Schraubenversetzungen. Im Fall von Stufenversetzungen müßte man als Maximalgröße für das Gebiet, in dem sich die ungleichmäßige Verschiebung konzentriert, die große Ellipsenachse annehmen. Die Bedingungen (2) und (3) werden dann durch folgende Ausdrücke beschrieben:
$p_c \tau_c = K^2 \sin\chi_0;\ p_c = K \operatorname{tg}^{1/2}\chi \sin^{1/2}\chi_0$ und $\tau_c = K \operatorname{ctg}^{1/2}\chi \sin^{1/2}\chi_0$.
Durch diesen Sachverhalt können einige von der Bedingung $p_c \tau_c =$ const beobachtete Abweichungen, die besonders bei kleinen Winkeln χ auftreten, und die nicht unbeträchtlichen Streuungen der experimentellen Daten erklärt werden. Trotzdem zeigt die experimentelle Prüfung, daß die Bedingung $p_c \tau_c =$ const in erster Näherung vollständig erfüllt wird.

Sowohl beim Bruch reiner Zinkeinkristalle bei Temperaturen des flüssigen Stickstoffs[1]) als auch bei der Dehnung amalgamierter Einkristalle bei Zimmertemperatur (Abb. 128) [14, 15, 30, 47—50] wird die Beziehung (3) gut erfüllt.
Im ersten Fall wird aus den Versuchen ein Wert

$$K = (p_c \tau_c)^{1/2}_{\text{mittl.}} \equiv (P_c \sin^{3/2} \chi \cos^{1/2} \chi)_{\text{mittl.}} = 209 \text{ g/mm}^2$$

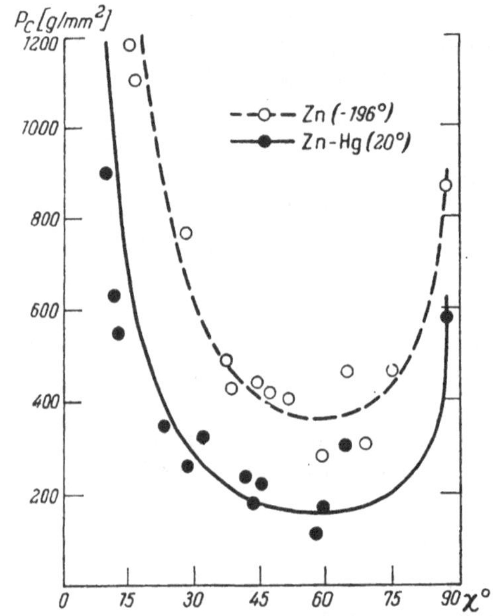

Abb. 128. Die Orientierungsabhängigkeit der wahren Bruchspannungen P_c für Zinkeinkristalle ohne (bei Temperaturen des flüssigen Stickstoffs) und mit Quecksilberdeckschicht (bei Zimmertemperatur); die Kurven entsprechen der Bedingung $P_c \tau_c = \text{const.}$ Die Reinheit des Materials beträgt 99,999 % und 99,999 % Zink [49, 50]

und im zweiten Fall 95 g/mm² erhalten; das entspricht nach Gleichung (2) einer Herabsetzung der freien Oberflächenenergie des Zinks bei Anwesenheit von Quecksilber bis etwa

$$\sigma_{\text{Zn-Hg}} = \sigma_{\text{Zn}}/(K_{\text{Zn}}/K_{\text{Zn-Hg}})^2 \sim 10^3/(209-95)^2 \sim 200 \text{ erg/cm}^2.$$

Die gute Übereinstimmung der experimentellen Werte P_c für verschieden orientierte Einkristalle in der Bedingung (3) zeigt, daß der Prozeß der Bildung der Ungleichförmigkeit in der Hauptsache schon abgeschlossen und $L \approx \text{const}$ war, wenn bei den Versuchen der Bruch bei $a_c > a_0$ eintrat. Die Spannungs-Verformungskurven haben tatsächlich in fast allen Fällen ein mehr oder weniger ausgeprägtes Stadium A''. Kommt es schon bei sehr geringen Verformungen, d. h. bei $a_c < a_0$, zum Bruch, wie es in Versuchen [55] mit Zinkeinkristallen von einem Durchmesser von 6 mm für extreme Orientierungen von $\chi > 60°$ geschah, so wird das Stadium A nicht erreicht, und man erhält für die Spannung P_c einen größeren Wert als aus der Beziehung (3) folgt, und die Werte $(p_c \tau_c)^{1/2}$ wachsen stetig mit einer Verringerung von a_c [49, 50].

Die Untersuchungen der Gesetzmäßigkeiten beim Sprödbruch legierter Zinkeinkristalle [49, 50] zeigten, daß auch in diesem Fall die Beziehung $p_c \tau_c = \text{const}$

[1]) Nach Gleichung (2) ist $K \sim L^{1/2}$; nähert sich der Wert L im Stadium A'' in der Größenordnung dem Durchmesser des Einkristalles L_0, und stellt er bei gegebenem Reinheitsgrad des Materials einen bestimmten Teil von L_0 dar, kann man annehmen, daß $K \sim L_0^{-1/2}$ ist. Diese Beziehung wird beim Sprödbruch von Zinkeinkristallen bei erniedrigten Temperaturen [49, 50] sowohl in unseren Versuchen [47, 50] als auch durch die Meßwerte anderer Autoren [54, 55] bestätigt.

in einem weiten Bereich der Orientierungen beim Bruch von Proben ohne Deckschicht bei -196° sowie auch beim Bruch amalgamierter Proben bei Zimmertemperatur gültig bleibt (in beiden Fällen erfolgte der Bruch, wie erwartet, im Stadium A''. In beiden Fällen nimmt auch die Festigkeit mit Erhöhung des Gehaltes an Beimischungen in gleicher Weise zu (siehe Tabelle 33); gleichzeitig nimmt die Größe der Verschiebung a_0, die der charakteristischen Biegung der Verformungskurve entspricht (d. h. die Ausdehnung des Stadiums A') ab.

Tabelle 33

Experimentelle Werte der Größe K und der charakteristischen Verschiebung a_0, die dem Wendepunkt auf der Kurve $\tau(a)$ entspricht, für Zinkeinkristalle verschiedener Reinheit ohne eine (bei Temperaturen des flüssigen Stickstoffs) und mit einer Quecksilberdeckschicht (bei Zimmertemperatur) [49]

Reinheitsgrad des Zinks	Durchmesser der Proben L_0, mm	$K = (Pf \sin^{3/2} \chi \cos^{1/2} \chi)_{\text{mittl.}}$ g/mm²		a_0, %	$\frac{a_0}{a_0^1}$	$f = \frac{K'^2 Z'_0}{K^2 Z_0}$ bei -196°
		nicht amalgamiert, bei -196°	amalgamiert, bei 20°			
Zn 99,999%	$0{,}9 = L'_0$	$209 = K'$	92/97	$6 \div 7 = a'$	1	1
Zn 99,99%	0,54					
Zn + 0,2% Cd	0,9	316	153	3	~0,5	0,72
Zn techn.	0,54	263	124	$2 \div 3$	~0,4	0,63
Zn + 0,5% Cd		361	230	2	~0,3	0,5

Es ist bekannt, daß unter sonst gleichen Bedingungen Legierungen sich gleichförmiger verformen als reine Metalle. Gleichzeitig ist auch deren Verfestigungskoeffizient bedeutend höher. Hieraus folgt, daß das Wachstum von lokalen Verschiebungen in Legierungen mit geringerer Geschwindigkeit abläuft und bei kleineren Werten von a_0 stehen bleibt als im Fall reiner Kristalle. So werden bei vergleichbarem Durchmesser Legierungen durch einen geringeren Wert L im Stadium A'' charakterisiert, was die Angaben in Tabelle 2 bestätigen.

Hervorzuheben ist die Tatsache, daß auch für legierte Proben bei Zunahme von K die Werte K für amalgamierte bei Zimmertemperatur untersuchte Kristalle annähernd doppelt so groß (oder mehr) sind wie die erniedrigten Werte von K für Proben ohne Deckschicht, die bei -196° gedehnt wurden.

Die Auffassungen, daß die freie Energie der beim Bruch amalgamierter Zinkeinkristalle neu entstehenden Oberflächen bedeutend herabgesetzt wird, stimmen gut mit den Versuchsangaben überein und erklären die starke Herabsetzung der Plastizität und der Festigkeit der genannten Einkristalle. Das beschriebene Schema läßt sich offensichtlich auch zur Analyse anderer Systeme Metall–Deckschicht z. B. von Zink–Zinn, Kadmium–Gallium usw., anwenden.

Vergleicht man die untersuchten Systeme Metall–Deckschicht mit binären Schmelzdiagrammen, so erscheint es möglich, eine halbempirische Gesetzmäßigkeit aufzustellen, die angibt, ob das gegebene Metall M_1 im Vergleich zu einem schwerschmelzbaren Metall M_2 stark grenzflächenaktiv sein wird oder nicht [17]. Die durch Adsorption bedingte Erniedrigung der Festigkeit, die einer bedeutenden Erniedrigung von σ entspricht, tritt immer dann ein, wenn M_1 ein kleines, aber endliches Gebiet der Löslichkeit im festen Zustand im Metall M_2 besitzt. Dementsprechend wird der Effekt nicht beobachtet, wenn dieses Gebiet sich stärker ausdehnt oder wenn es ganz und gar fehlt.

Wie oben bereits erwähnt wurde, verschiebt die Anwesenheit einer geschmolzenen stark grenzflächenaktiven Deckschicht wesentlich die Grenze der Kaltbrüchigkeit in Richtung höherer Temperaturen. Für nicht amalgamierte Zinkeinkristalle wird der Übergang von der Sprödigkeit zur Plastizität bei normalen Dehnungsgeschwindigkeiten etwa bei $-50°$ [60] beobachtet. Bei dieser Temperatur verläuft der Erholungsprozeß bereits mit einer solchen Geschwindigkeit, daß die Ungleichmäßigkeit der Verformung (Versetzungsanhäufungen) und die hohen Spannungskonzentrationen abnehmen und zu einer Verminderung der Abmessungen c der amikroskopischen Gleichgewichtsrisse bei gleicher Höhe der Schubspannungen τ führen, und die Kröße K beginnt zu wachsen. Gleichzeitig führt die Erniedrigung des Verfestigungskoeffizienten dazu, daß die Größe $(p\tau)^{1/2}$ ihren kritischen Wert (den neuen erhöhten Wert K) nur bei einer sehr hohen Verformung erreicht.[1]) Die Verformbarkeit wächst stark an, und als Folge kann ein Sprödbruch nicht mehr stattfinden.

In Gegenwart eines stark grenzflächenaktiven Mediums (amalgamiertes Zink) nimmt die Abmessung des amikroskopischen Spaltes $c(\tau)$ bei gleicher Höhe von τ zu, andererseits fällt der kritische Wert der Normalspannung $P_e(c)$ bei gleicher Größe von c. Dieses Verhalten führt entsprechend der Gleichung (2) zu einer Herabsetzung von K (proportional der Wurzel aus σ). Unter Bedingungen normaler und erhöhter Temperaturen kann $(p\tau)^{1/2}$ sogar schon in frühen Verformungsstadien (solange die Bruchspannungen nicht eine Größe erreichen, bei der die Aktivierungsenergie für den Abbau der Blockierungen der Versetzungen aufgebracht wird) die kritische Größe erreichen (der Wert K ist in diesem Fall stark erniedrigt), wobei es zum Sprödbruch kommt. Bei einer weiteren Erhöhung der Temperatur (im System Zink–Quecksilber bis etwa $\sim 150°$ bei Dehnungsgeschwindigkeiten von $\sim 10\%\,\mathrm{min}^{-1}$) ist der Verfestigungskoeffizient bereits so klein und der Erholungsprozeß schon derart schnell, daß auch bei starker Herabsetzung des Wertes σ die amikroskopischen Gleichgewichtsspalte viel zu klein sind und zu langsam wachsen, als daß sie in frühen Stadien der Verformung sich zu kritischen Spalten entwickeln könnten. Der Wert K wird in diesem Bereich wieder etwas erhöht und wird infolge des sehr niedrigen Verfestigungskoeffizienten erst nach einer sehr starken Dehnung erreicht, d. h., der amalgamierte Einkristall erhält plastische Eigenschaften. In den Arbeiten [15] und [19] ist eine annähernd quantitative Analyse der Übergangsbedingungen von der Sprödigkeit zur Plastizität

[1]) Wesentlich ist hierbei, daß hohe Schubspannungen vorliegen: Die Abnahme der Ungleichmäßigkeiten der Verformung geht dann besonders schnell vor sich (die Aktivierungsenergie zur Überwindung der Blockierungen von Versetzungen wird durch die Arbeit wesentlich erniedrigt, die von der angelegten Spannung aufgebracht wird).

bei An- und Abwesenheit eines stark grenzflächenaktiven Mediums auf der Grundlage der Versetzungstheorie gegeben, und zwar unter Berücksichtigung der Entstehung von Anhäufungen und der Überwindung von Blockierungen durch die Versetzungen. Als Kriterium der Verformbarkeit eines Einkristalles in Abhängigkeit von T, $\bar{\varepsilon}$ und σ wurde eine Beziehung abgeleitet. Die hiernach abgeschätzten Werte für die Übergangstemperatur T_c und die Breite des Übergangsintervalles ΔT decken sich vollständig mit den erhaltenen experimentellen Daten (s. Abb. 122). So haben sowohl die natürliche als auch die erzwungene Grenze der Kaltbrüchigkeit anscheinend allgemeinen Charakter, und nur der starke Unterschied von σ bestimmt deren relative Lage auf der Temperaturskala.[1])

Unter diesem Gesichtspunkt ist das System Kadmium–Gallium besonders interessant: Eine natürliche Grenze der Kaltbrüchigkeit wird im allgemeinen hier nicht beobachtet.

Die spezifische Wirkung der geschmolzenen Deckschicht zeigt sich auch oberhalb der Grenze der erzwungenen Kaltbrüchigkeit (bei ausreichend hohen Temperaturen oder sehr geringen Dehnungsgeschwindigkeiten) und kann dabei in zwei wesentlich verschiedenen Formen auftreten.

So wird an Hand des Systems Zink–Zinn durch Kriechversuche [23] bei sehr geringen Geschwindigkeiten von $\sim 10^{-4}\,\mathrm{min}^{-1}$ gezeigt, daß in Gegenwart einer geschmolzenen Deckschicht die Kriechgeschwindigkeit merklich ansteigt (vgl. Tabelle 34). Diese plastifizierende Wirkung ist mit der analogen Wirkung organischer grenzflächenaktiver Stoffe zu vergleichen (s. oben); unter anderen Verformungsbedingungen wurde sie jedoch durch den Versprödungseffekt überdeckt. Eine analoge Erscheinung wird bei kleinen Kriechgeschwindigkeiten auch im System Zink–Quecksilber [24] (Abb. 129) beobachtet.

Tabelle 34

Die Geschwindigkeiten des konstanten Kriechens bei Zinkeinkristallen ohne ($\dot{\varepsilon}_0$) und mit einem Zinnbelag ($\dot{\varepsilon}$) [23]

Temperatur, °C	P [g/mm²]	$\dot{\varepsilon}_0$ [min⁻¹]	$\dot{\varepsilon}$ [min⁻¹]	$\dot{\varepsilon}/\dot{\varepsilon}_0$
200	76	$0{,}7 \cdot 10^{-4}$	$0{,}2 \cdot 10^{-4}$	0,3
280	51	$1{,}7 \cdot 10^{-4}$	$10 \cdot 10^{-4}$	6,0
350	19	$1{,}0 \cdot 10^{-4}$	$15 \cdot 10^{-4}$	15,0

Bei hinreichend hohen Kriechgeschwindigkeiten (in Abwesenheit des Versprödungseffektes) bewirkt jedoch das auf Zinkeinkristalle aufgetragene Quecksilber eine verfestigende Wirkung, d. h., der Verfestigungskoeffizient wird erhöht (Abb. 129). Ein ähnlicher Effekt hängt wahrscheinlich mit der normalen legierenden Wirkung des Quecksilbers zusammen, der bei gegebener Verformungsgeschwindigkeit nur bis zu einer oberen Temperaturgrenze beobachtet wird (diese

[1]) Als zusätzlicher Faktor ist wahrscheinlich die legierende Wirkung des Quecksilbers anzusehen: Beim Übergang von Zimmertemperatur zu erhöhten Temperaturen fällt der Verfestigungskoeffizient amalgamierter Einkristalle wesentlich langsamer als bei nichtamalgamierten ab. Hierdurch wird die versprödende Wirkung der Deckschicht verstärkt.

wird bestimmt durch die Aktivierungsenergie der Wechselwirkung der Versetzungen im Zink mit den Quecksilberatomen). Dementsprechend wird bei gegebener Temperatur der Verfestigungseffekt nur bei nicht zu kleinen Dehnungsgeschwindigkeiten beobachtet, im entgegengesetzten Fall überwiegt der Effekt der Plastifizierung. Die legierende Wirkung des Quecksilbers auf Zinkeinkristalle zeigt sich in gewissem Grade auch unterhalb der Grenze der erzwungenen Kaltbrüchigkeit (die Erhöhung des Verfestigungskoeffizienten unterstützt in diesem Fall nur den Versprödungseffekt). Der Verfestigungseffekt des Quecksilbers wird besonders bei niedrigen Temperaturen deutlich, wenn die Deckschicht fest ist und keine Adsorptionseffekte mehr auftreten [19, 42].

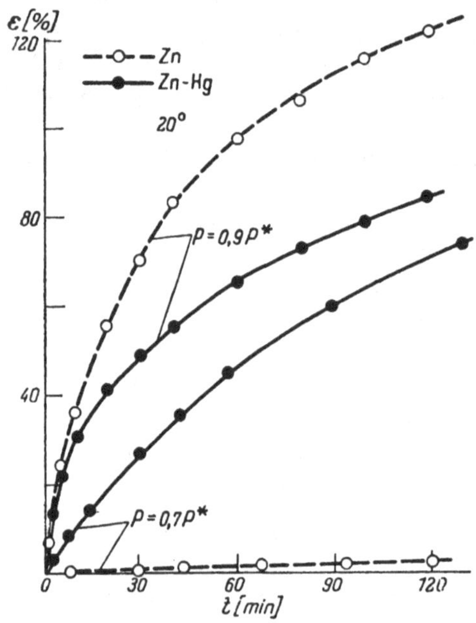

Abb. 129. Kriechkurven von Zinkeinkristallen bei Zimmertemperatur ohne und mit Quecksilberdeckschicht. Die Spannungen betragen das 0,7- und 0,9fache des Wertes der Fließgrenze; $\chi_0 \sim 45°$ [24]

Es konnte gezeigt werden, daß bei einer sehr starken Herabsetzung der freien Oberflächenenergie der feste Körper bei geringer echter Löslichkeit im gegebenen Medium eine spontane Dispergierung in kolloidale Teilchen mit den Abmessungen von $\sigma_m\,10^{-6}$ cm erfahren kann, d. h. in der Größenordnung von Mikroblöcken der betreffenden Struktur. Die Entwicklung dieser Vorstellungen zeigte, daß die Größe σ bis auf einige Zehntel erg/cm² herabgesetzt werden muß, wenn die durch Schaffung der neuen großen Oberfläche bedingte Erhöhung der freien Energie des Systems durch das Anwachsen der Entropie des Systems kompensiert werden soll [13, 14].[1])

In dieser Arbeit wird ein kinetisches und thermodynamisches Kriterium für die spontane Dispergierung eines Körpers gegeben und gezeigt, daß der Prozeß bedeutend erleichtert wird (und eine geringere Herabsetzung von σ fordert), wenn die freie Energie der inneren Oberflächen der festen Körper im Ausgangszustand, d. h. die elastische Energie der Korngrenzen und andere Strukturfehler, im Anfangszustand mit in den Prozeß eingehen.

Wir betrachten einen Körper mit der linearen Abmessung L. Unter Vernachlässigung kleinerer Koeffizienten beträgt seine Oberfläche $A_0 \sim L^2$ und sein Vo-

[1]) In diesem Zusammenhang beanspruchen die Arbeiten VOLMERS [62] über die Theorie der lyophilen Kolloide besonderes Interesse, in denen für Emulsionen die Möglichkeit der Bildung thermodynamisch stabiler disperser Systeme bei äußerst niedrigen Werten der Grenzflächenenergie untersucht wird.

lumen gleich $V_0 \sim L^3$. Die Gesamtzahl der Mikrokörner, die sich auf der Oberfläche befinden, beträgt etwa $L^2/\delta^2{}_m$, und die Wahrscheinlichkeit der Loslösung für jeden einzelnen Block ist proportional $\nu \cdot \exp(-U_A/k\,T)$, wobei U_A die Aktivierungsenergie des Prozesses und ν die Frequenz der thermischen Schwingungen eines Korns ist.

In einer Sekunde entfernen sich dabei $q \approx (L^2/\delta_m^2) \cdot \nu \exp(-U_A/k\,T)$ Teilchen von der Oberfläche. Es wird angenommen, daß der Körper zur Dispergierung fähig ist, wenn der Zerkleinerungsprozeß in der Zeit $t^* \sim 1$ Jahr $= 3 \cdot 10^7$ Sekunden abgeschlossen ist. Dabei wird die mittlere Teilchenzahl, die sich in der Sekunde ablöst, durch folgenden Ausdruck wiedergegeben: $q^* \approx L^3/\delta_m^3\, t^*$. Dann kann die Wahrscheinlichkeit des Prozesses der Dispergierung oder, genauer gesagt, „das Maß der Dispergierung des Körpers" nach folgender Beziehung bestimmt werden:

$$M_D = q/q^* = (\nu\, t^*\, \delta_m/L) \cdot \exp(-U_A/k\,T)\,.$$

Die Tendenz zur Dispergierung entspricht der Beziehung $M_D \gtrsim 1$, oder was dasselbe ist, der Beziehung Di $\lesssim 1$, wobei das dimensionslose Kriterium Di gleich

$$\mathrm{Di} = U_A/k\,T \ln(\nu\, t^*\, \delta_m/L) \tag{4}$$

ist. Im allgemeinen wird die Aktivierungsenergie des Prozesses U_A durch die Arbeit der Bildung einer neuen Oberfläche bestimmt unter Abzug 1. der Arbeit der äußeren Kräfte (oder der inneren elastischen Felder, bedingt durch die lokale Spannungskonzentration in der Umgebung der Fehler) und 2. des Gliedes $T\Delta S$, wobei ΔS der Zuwachs der Entropie eines Teilchens bei seinem Übergang in die kolloide Lösung ist. Im vorliegenden Fall soll die Dispergierung jedoch in Abwesenheit äußerer Kräfte spontan vor sich gehen. Vernachlässigt man den Energieanteil der inneren elastischen Felder, so wird die Entropie das ausschlaggebende Glied. In 1. Näherung kann man dann die Größe U_A abschätzen, die im vorliegenden Fall in der Form $U_A \sim \sigma\,\delta_m^2$ geschrieben werden kann. Als Bedingung für die spontane Dispergierung folgt daraus in 1. Näherung die Beziehung

$$\mathrm{Di}_0 = \sigma\,\delta_m^2/k\,T \ln(\nu\, t^*\, \delta_m/L) \leqq 1\,. \tag{5}$$

Das logarithmische Glied im Nenner läßt sich leicht abschätzen, wenn man von folgender Überlegung ausgeht. Die Schwingungsfrequenz ν wird größenordnungsmäßig von dem Wert δ_m und der Schallgeschwindigkeit c_{Schall} bestimmt: $\nu \sim c_{\mathrm{Schall}}/\delta_m$. Folglich ist

$$\ln(\nu\, t^*\, \delta_m/L) = \ln(c_{\mathrm{Schall}}\, t^*/L) = \ln(10^5 \cdot 3 \cdot 10^7/1) \approx 30^{13}\,.$$

Die Abschätzung der Größe t^* wie der Größe L ist relativ einfach. Bei Zimmertemperatur führt die Gleichung (5) zu der Beziehung $\sigma \leqq 4 \cdot 10^{-14} \cdot 30/\delta_m^2$ oder annähernd zu $\sigma \leqq 10^{-12}\,\delta_m^2$ erg/cm². Dies bedeutet, daß in der oben entwickelten Vorstellung der Körper fähig ist, in Teilchen von $\delta_m \sim 10^{-6}$ cm zu dispergieren, wenn σ bis auf den Wert 1 erg/cm² oder noch weiter herabgesetzt wird.

Die erhaltene Beziehung sagt jedoch nur etwas über die Kinetik des Prozesses aus, wenn dieser thermodynamisch möglich ist. Ist z. B. der Dispergierungsprozeß thermodynamisch sehr günstig, wird er bei Erfüllung der Ungleichung (5) mit genügend hoher Geschwindigkeit ablaufen.

Betrachtet man die qualitative Änderung der freien Energie des Systems ΔF bei der in einer Flüssigkeit erfolgenden Dispergierung des festen Körpers in Teilchen von kolloidalen Abmessungen, so ist $\Delta F = \sigma \Delta A - T \Delta S$, wobei ΔA der Zuwachs der freien Oberflächen der Teilchen und ΔS die Erhöhung der Entropie des Systems ist. Vernachlässigt man wie oben die kleinen Werte, so ist $\Delta A \sim n\, \delta_m^2$, wobei $n = V_0/\delta_m^3$ die Zahl der kolloiden Teilchen in der Lösung ist.

Sind N_1 Mole des festen Stoffes in N_2 Molen Flüssigkeit kolloidal gelöst, ist die Entropie der Mischung gleich

$$\Delta S = -k\, N_L (N_1 + N_2) \left\{ \left(N_1/(N_1 + N_2)\right) \cdot \ln \left(N_1/(N_1 + N_2)\right) + \right.$$
$$\left. + \left(N_2/(N_1 + N_2)\right) \cdot \ln \left(N_2/(N_1 + N_2)\right) \right\},$$

wobei N_L die LOSCHMIDTsche Zahl ist. Ist $N_1 \ll N_2$, gilt $\Delta S = +k\, N_L\, N_1 \times \times \{\ln (N_2/N_1) + 1\}$. Das Produkt $N_L\, N_1$ ist im gegebenen Fall die Zahl der Teilchen n der festen Phase; das logarithmische Glied ist wenig veränderlich und beträgt etwa 10 bis 15. So erhält man für ΔS die Beziehung $\Delta S \approx (10 \div 15)\, n\, k$. Für die Veränderung der freien Energie gilt $\Delta F = n \sigma \delta_m^2 \div n(10-15)\, k\, T$; diese Größe wird negativ, wenn

$$\sigma \leqq (1 \div 015) \cdot kT/\delta_m^2, \tag{6}$$

ist, was bei Zimmertemperatur etwa bei $\sigma \leqq 0{,}5 \cdot 10^{-12}/\delta_m^2$ erg/cm² eintritt. Damit die Dispergierung zu Teilchen von $\delta_m \sim 10^{-6}$ cm thermodynamisch möglich ist, muß σ praktisch auf ein Zehntel erg/cm² herabgesetzt werden. Die strenge Gültigkeit der erhaltenen Beziehung, verglichen mit dem Ausdruck (4), rechtfertigt, den letzteren in der stark angenäherten Form (5) zu schreiben.

Aber auch die strenger gültige Beziehung (6) ist noch keine ausreichende Bedingung zur Beurteilung, ob der Prozeß thermodynamisch möglich ist. Bei sehr kleinem δ_m treten nämlich wesentliche Veränderungen im betrachteten System auf, wenn man auch das Gleichgewicht zwischen den kolloiden Teilchen und dem echt gelösten Stoff und gleichfalls die Anwesenheit elektrischer Ladungen auf der Oberfläche der Teilchen berücksichtigt. Wächst die Größe ΔF mit Erniedrigung von δ_m wieder an, so ist es möglich, daß im allgemeinen kein Minimum auftritt. Dann ist der kolloide Zustand unter den gegebenen Bedingungen nicht beständig. Es ist aber auch möglich, daß trotz der Nichterfüllung der Beziehung $\Delta F = 0$ ein Minimum mit positiven Vorzeichen existiert; dann ist der kolloide Zustand metastabil. Nur wenn die Bedingung $\Delta F = 0$ erfüllt wird, muß die Größe ΔF bei einem bestimmten noch kleineren δ_m ein Minimum mit negativem Vorzeichen haben, das einem stabilen Zustand entspricht.

Wesentliche Einschränkungen für die Möglichkeit zur Dispergierung ergeben sich durch die Mikrostruktur des gegebenen Festkörpers: Der Prozeß wird praktisch nicht stattfinden, wenn diese Struktur verglichen mit der thermodynamisch günstigen Größe δ_m übermäßig groß ist, oder wenn durch die Eigenart der zwischen den Blöcken der Mikrostruktur liegenden Fehler die grenzflächenaktiven Substanzen nur bis zu einer geringen Tiefe eindringen können. Trotzdem kann man

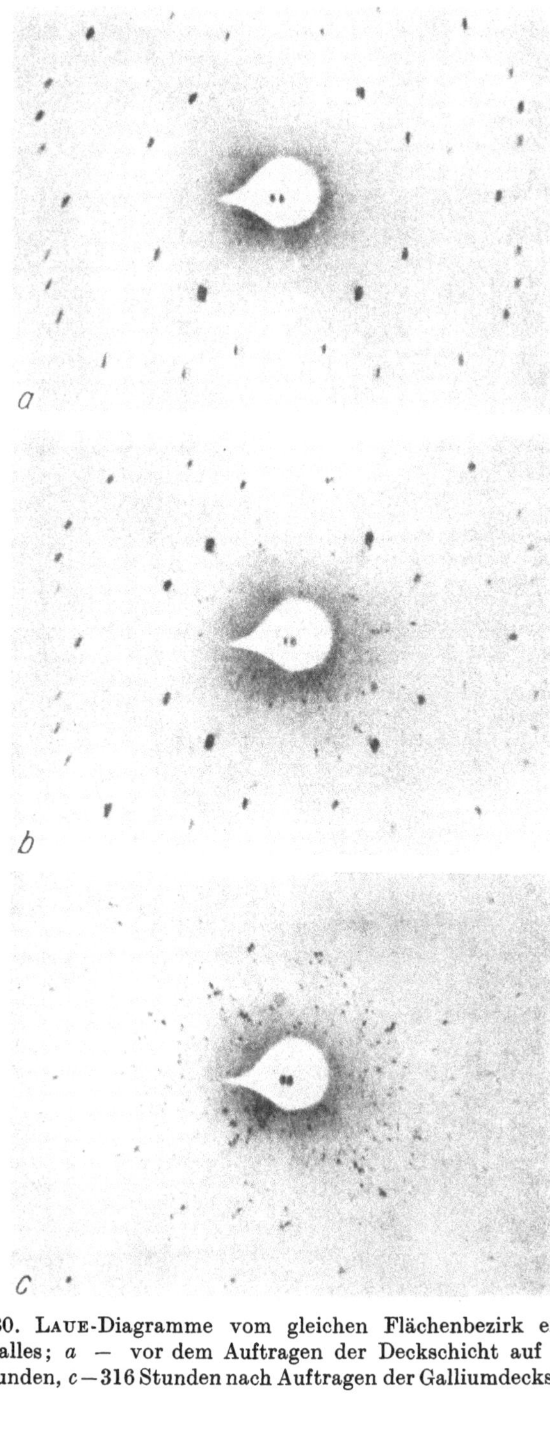

Abb. 130. LAUE-Diagramme vom gleichen Flächenbezirk eines Zinneinkristalles; *a* — vor dem Auftragen der Deckschicht auf die Probe, *b*—5 Stunden, *c*—316 Stunden nach Auftragen der Galliumdeckschicht [52]

im letzten Fall eine stufenweise fortschreitende Entwicklung der Oberflächen eines Teilchens δ_m^2 analog zu den in Arbeit [63] ausgeführten Untersuchungen beobachten. Es ist hervorzuheben, daß die Mikrostruktur kristalliner Körper nicht anders ist als die Versetzungsstruktur jener Körper; diese wird durch die Bedingungen festgelegt, unter denen der Einkristall oder das polykristalline Produkt entstanden ist, und weiterhin von plastischen Verformungen, denen der Körper ausgesetzt war. Berücksichtigt man andererseits, daß beim Zerfall des Körpers in kolloide Teilchen elastische Energie frei wird, die immer in einer Mikrostruktur mehr oder weniger stark gespeichert ist (in horizontalen Versetzungs-

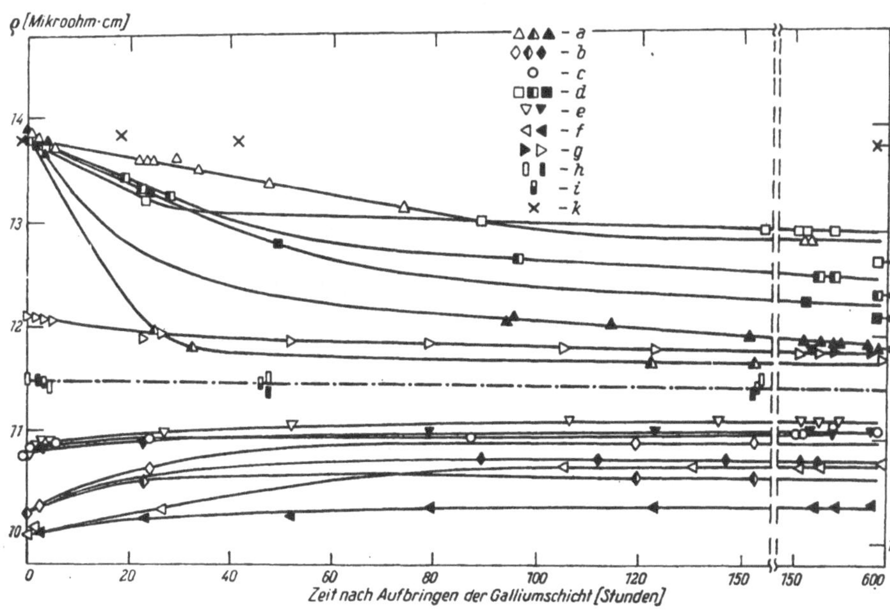

Abb. 131. Die Veränderung des spezifischen elektrischen Widerstandes ϱ verschieden orientierter Zinneinkristalle nach dem Auftragen einer Galliumdeckschicht. Die mit kleinen Pfeilen versehenen Punkte wurden nach 1800 bis 2100 Stunden erhalten [52]

Kristall	$\lambda°$ (001)	⌀ in mm	Kristall	$\lambda°$ (001)	⌀ in mm
a Sn–I/1, 2, 3	18°	0,520	*f* Sn–XI/11, 12	80	1,04
b Sn–II/1, 2, 3	75°	0,615	*g* Sn–XII/11, 12	45	1,04
c Sn–III/3	62,5	0,8	*h* Sn–XIII/1, 2	polykrist.	0,6
d Sn–V/1, 2, 4	20	0,583	*i* Sn–XIV/5	polykrist.	1,0
e Sn–X/11, 12	63	1,04	*j* Sn–V/3	20	0,58
Länge der Proben 21–24 mm			(ohne Galliumschicht)		

reihen, vertikalen Versetzungsnetzen usw.), so ergibt sich hieraus, daß die Bedingungen (4) und (6) für den Zerfall der Teilchen begünstigt werden.

Bei intensiver Bearbeitung von Metallen kann die Versetzungsdichte den Wert 10^{11} bis 10^{12} cm^2 erreichen, und entsprechend kann die gespeicherte elastische Energie auf einen Wert von 10^8 erg/cm^3 und mehr ansteigen. Das bedeutet aber, daß auf jeden Kristallbaustein mit der Abmessung von $\delta_m \sim 10^{-6}$ cm eine Energie von 10^{-10} erg fällt. Könnte diese gesamte elastische Energie zur Schaffung der neuen Oberfläche verwendet werden, so würde die Dispergierung schon bei relativ hohen Werten von $\sigma \sim 10$ erg/cm² und höher erfolgen.

Vielleicht nähern sich ihrem Charakter nach die sehr interessanten spezifischen Erscheinungen, die im System Zinn–Gallium [24, 64] zutage treten, dem hier betrachteten Fall, der durch eine starke Erniedrigung von σ gekennzeichnet ist.

Einige Stunden nach Auftragen des Galliums verlieren Zinneinkristalle vollständig die Festigkeit und Plastizität und zerfallen leicht in Pulver. Auf den LAUE-Diagrammen dieser Proben verschwinden die zu Anfang beobachteten Punkte (in Abwesenheit jeglicher äußerer mechanischer Einwirkungen) allmählich, und die Röntgendiagramme gehen in Aufnahmen über, die einem Polykristall entsprechen (Abb. 130), d. h., der Einkristall zerfällt in einzelne stark verschieden orientierte Kristallite. Dieses Ergebnis wird auch durch Bestimmung des elektrischen Widerstandes an Zinneinkristallen bestätigt (Abb. 131), die mit einer Galliumschicht versehen waren: Besitzen die Proben auf Grund ihrer Orientierung einen geringen Ausgangswiderstand (d. h. bei großen Winkeln λ (001) zwischen der tetragonalen Achse und der Probenachse), nimmt die Größe des Widerstandes im Laufe der Zeit zu, während bei Einkristallen mit hohem Ausgangswiderstand (die tetragonale Achse liegt nahezu in Richtung der Probenachse) der elektrische Widerstand nach dem Auftragen des Belages allmählich fällt. In beiden Fällen strebt die Größe des spezifischen Widerstandes einem Wert zu, der polykristallinem Zinn entspricht.

Da bei niedrigen Temperaturen die verschieden orientierten Kristallite über die dünnen Zwischenschichten des erstarrten Galliums fest miteinander verbunden sind, zeigen derartige Proben eine bedeutend höhere Festigkeit als das Ausgangsmaterial [52, 64].

Literatur

[1] REHBINDER, P. A., Vortrag auf dem 6. Kongreß russischer Physiker, Moskau 1928. (П. А. Ребиндер, Докцад на VI съезде русских физиков. М., 1928).

[2] REHBINDER, P., Ztschr. f. Phys. **72** (1931) 191.

[3] REHBINDER, P. A., Jubiläumssammelband der dreißigjährigen Großen Oktoberrevolution; herausgegeben von Akad. d. Wiss. d. UdSSR, **1** (1947) 129. (П. А. Ребиндер, Юбилейный сборник освященный 30 летию Великой Октябрьской социалистической революции. Изд. АН СССР **1**, 129 (1947)).

[4] LICHTMAN, W. I., und REHBINDER, P. A., Nachr. d. Akad. d. Wiss. d. UdSSR, Serie Phys., **17** (1953) 313. (В. И. Лихтман и П. А. Ребиндер, Изв. АН СССР, Сер. физ., **17**, 313 (1953)).

[5] LICHTMAN, W. I., REHBINDER, P. A., und KARPENKO, G. W., vorliegende Monographie.

[6] REHBINDER, P. A., Neue Probleme der physikalisch-chemischen Mechanik. Vortrag auf dem ständigen Kolloquium über feste Phasen von veränderlicher Zusammensetzung gemeinsam mit dem Moskauer Kolloid-Kolloquium (1956). (П. А. Ребиндер, Новые ироблемы физико-химической механики, Доклад на иостоянном коллоквиуме ио твердым фазам иеременного состава совм. с Моск. коллоидным коллоквиумом, 26. 1. 1956).

[7] REHBINDER, P. A., Nachr. d. Akad. d. Wiss. d. UdSSR, Serie Chemie, 1284 (1957). (П. А. Ребиндер, Изв. АН СССР, ОХН, 1957, 1284).

[8] LICHTMAN, V., und REHBINDER, P., Proc. of the 2-Intern. Congress of Surface Activity, London 1957, S. 492.

[9] LICHTMAN, W. I., Fortschritte der Physik **39** (1949) 371; **54** (1954) 587. (В. И. Лихтман, Уеи. физ. наук **39**, 371 (1949); **54**, 587 (1954)).

[10] LICHTMAN, W. I., REHBINDER, P. A., und JANOWA, L. P., Ber. d. Akad. d. Wiss. d. UdSSR **56** (1947) 827. (В. И. Лихтман, П. А. Ребиндер и Л. П. Янова, ДАН СССР **56**, 827 (1947)).

[11] REHBINDER, P. A., LICHTMAN, W. I., und KOTSCHANOWA, L. A., Ber. d. Akad. d. Wiss. d. UdSSR **111** (1956) 1278. (П. А. Ребиндер, В. И. Лихтман и Л. А. Кочанова, ДАН СССР **111**, 1278 (1956)).

[12] KOTSCHANOWA, L. A., LICHTMAN, W. I., und REHBINDER, P. A., Phys. Metall. und Metallkunde 8 (1959) 288. (Л. А. Кочанова, В. И. Лихтман и П. А. Ребиндер, Физ. металл. и металловед. **8**, 288 (1959)).

[13] STSCHUKIN, E. D., und REHBINDER, P. A., Allunionskonferenz über Kolloidchemie, Vortragsband, Akad. d. Wiss. d. UdSSR, Moskau 1958, S. 128. (Е. Д. щукин и П. А. Ребиндер, IV. Всесоюзная конференция по коллоидной химии, тезисы докл., Изд. АН СССР, М., 1958, стр. 128).

[14] STSCHUKIN, E. D., und REHBINDER, P. A., Koll. Journ. **20** (1958) 645. (Е. Д. щукин и П. А. Ребиндер, Колл. журн. **20**, 645 (1958)).

[15] LICHTMAN, W. I., und STSCHUKIN, E. D., Fortschritte der Physik **66** (1958) 213. (В. И. Лихтман и Е. Д. Щукин, Усп. физ. наук **66**, 213 (1958)).

[16] ROSCHANSKI, W. N., ebenda **65** (1958) 387. (В. Н. Рожанский, там же **65**, 387 (1958)).

[17] PERZOW, N. W., und REHBINDER, P. A., Ber. d. Akad. d. Wiss. d. UdSSR **123** (1958) 1068. (Н. В. Перцов и П. А. Ребиндер, ДАН СССР **123**, 1068 (1958)).

[18] STSCHUKIN, E. D., Die Untersuchung der Ungleichförmigkeiten der plastischen Deformation metallischer Einkristalle. Dissertation. Moskau 1957. (Е. Д. Щукин, Изучение неоднородностей иластическои деформации металлических монокристаллов, Диссертация. Москва, 1957).

[19] Stschukin, E. D., Ber. d. Akad. d. Wiss. d. UdSSR **118** (1958) 1105. (Е. Д. Щукин, ДАН СССР **118**, 1105 (1958)).
[20] Roschanski, W. N., und Rehbinder, P. A., Ber. d. Akad. d. Wiss. d. UdSSR **91** (1953) 129. (В. Н. Рожанский и П. А. Ребиндер, ДАН СССР **91**, 129 (1953)).
[21] Perzow, N. W., Gorjunow, J. W., Kotschanowa, L. A., und Lichtman, W. I., Ber. d. Akad. d. Wiss. d. UdSSR **128** (1959) 1003. (Н. В. Перцов, Ю. В. горюнов, Л. А. Кочанова и В. И. Лихтман, ДАН СССР **128**, 1003 (1959)).
[22] Roschanski, W. N., Perzow, J. W., Stschukin, E. D., und Rehbinder, P. A., Ber. d. Akad. d. Wiss. d. UdSSR **116** (1957) 769. (В. Н. Рожанский, Ю. В. Перцов, Е. Д. Щукин и П. А. Ребиндер ДАН СССР **116**, 769 (1957)).
[23] Labsin, W. A., und Lichtman, W. I., Ber. d. Akad. d. Wiss. d. UdSSR **121** (1958) 443. (В. А. Лабзин и В. И. Лихтман, ДАН СССР **121**, 443 (1958)).
[24] Perzow, N. W., und Gorjunow, J. W., Ing. Phys. Journ. **2** (1959) 3. (Н. В. Перцов и Ю. В. Горюнов, Инж. физ. журн. **2**, 3 (1959)).
[25] Gorjunow, J. W., Perzow, N. W., und Rehbinder, P. A., Ber. d. Akad. d. Wiss. d. UdSSR **127** (1959) 784. (Ю. В. Горюнов, Н. В. Перцов и П. А. Ребиндер, ДАН СССР **127**, 784 (1959)).
[26] Weiler, S. J., Lichtman, B. I., und Rehbinder, P. A., Ber. d. Akad. d. Wiss. d. UdSSR **110** (1956) 985. (С. Я. Вейлер, В. И. Лихтман и П. А. Ребиндер, ДАН СССР **110**, 985 (1956)).
[27] Weiler, S. J., und Lichtman, W. I., Journn. techn. Phys. **28** (1958) 2025. (С. Я. Вейлер и В. И. Лихтман, ЖТФ **28**, 2025 (1958)).
[28] Epifanow, G. I., Physikalische Grundlagen über den Einfluß eines äußeren Mediums auf Deformations- und Bruchvorgänge an Metallen bei Schneidprozessen, Dissertation, Moskau 1954. (Г. И. Епифанов, Физические основы влияния внешней зреды на процессы деформации и разрушения металлов при резании, Диссерта ция. Москва, 1954).
[29] Rehbinder, P. A., Physikalisch-chemische Mechanik. Verlag Wissenschaft, Moskau 1958. (П. А. Ребиндер, Физико-химическая механика. Изд. Знание, М., 1958).
[30] Stschukin, E. D., und Lichtman, W. I., Ber. d. Akad. d. Wiss. d. UdSSR **124** (1959) 307. (Е. Д. Щукин и В. И. Лихтман, ДАН СССР **124**, 307 (1959)).
[31] Taubman, A. B., und Wenström, E. K., Arbeiten der 3. Konferenz über Kolloidchemie, Verlag d. Akad. d. Wiss. d. UdSSR, Moskau 1956, S. 52. (А. Б. Таубман и Е. К. Венстрем, Труды 3-й конференции ио колпоидной химии. Изд. АН СССР, М., 1956, стр. 52).
[32] Taubman, A. B., Ber. d. Akad. d. Wiss. d. UdSSR **74** (1950) 759. (А. Б. Таубман, ДАН СССР **74**, 759 (1950)).
[33] Taubman, A. B., Ztschr. phys. Chem. **161** (1932) 129.
[34] Taubman, A. B., Journ. Phys. Chem. **26** (1952) 389. (А. Б. Таубман, ЖФХ **26**, 389 (1952)).
[35] Gogoberidse, D. B., Härte und Methoden ihrer Bestimmung. Maschgis, 1952. (Д. Б. Гогоберидзе, Твердость и методы ее измерения. Машгиз, 1952).
[36] Andrade, E. N. da C., Nature **164** (1949) 536, 1127.
[37] Andrade, E. N. da C., Randall, R., und Makin, M., Proc. Roy. Soc. **63** (1950) 712.
[38] Cottrell, A. Ch., Versetzungen und plastisches Fließen in Kristallen. Metallverlag 1958. (А. Х. Коттрелл, Дислокация и пластическое течение в кристаллах. Металлургиздат, 1958).
[39] Fisher, J. S., Trans. AIME, **194** (1952) 531.
[40] Lichtman, W. I., und Ostrowski, W. S., Ber. d. Akad. d. Wiss. d. UdSSR **93** (1953) 105. (В. И. Лихтман и В. С. Островский, ДАН СССР **95**, 105 (1953)).
[41] Greenough, G. W., und Ryder, D. A., Inst. Metals **84** (1956) 467.
[42] Brjuchanowa, L. S., und Stschukin, E. D., Ing. Phys. Journ. **1** (1958) 116. (Л. С. Брюханова и Е. Д. Щукин, Инж. физ. журн. **1**, 116 (1958)).

[43] KISCHKIN, S. T., NIKOLENKO, W. W., und PATNER, S. I., Journ. techn. Phys. **24** (1954) 1455. (С. Т. Кишкин, В. В. Николенко и С. И. Патнер, ЖТФ **24**, 1455 (1954)).

[44] KISCHKIN, S. T., und NIKOLENKO, W.W., Ber. d. Akad. d. Wiss. d. UdSSR **110** (1956) 1018. (С. Т. Кишкин и В. В. Ииколенко, ДАН СССР **110**, 1018 (1956)).

[45] POTAK, J. M., und STSCHEGLAKOW, I. M., Journ. techn. Phys. **25** (1955) 897. (Я. М. Потак и И. М. щеглаков, ЖТФ **25**, 897 (1955)).

[46] POTAK, J. M., Der Sprödbruch von Stahl und Stahlteilen. Verteidigungsverlag, 1954. (Я. М. Потак, Хрупкие разрушения стали и стальных деталей. Оборонгиз, 1954).

[47] LICHTMAN, B. I., KOTSCHANOWA, L. A., und BRJUCHANOWA, L. S., Ber. d. Akad. d. Wiss. d. UdSSR **120** (1958) 757. (В. И. Лихтман, Л. А. Кочанова и Л. С. Брюханова, ДАН СССР **120**, 757 (1958)).

[48] BRJUCHANOWA, L. S., KOTSCHANOWA, L. A., und LICHTMAN, W. I., FTT **1** (1959) 148. (Л. С. Брюханова, Л. А. Кочанова и В. И. Лихтман, ФТТ **1**, 1148 (1959)).

[49] KOTSCHANOWA, L. A., ANDREJEWA, I. A., und STSCHUKIN, E. D., Ber. d. Akad. d. Wiss. d. UdSSR **126** (1959) 1304. (Л. А. Кочанова, И. А. Андреева и Е. Д. Щукин, ДАН СССР **126**, 1304 (1959)).

[50] KOTSCHANOWA, L. A., ANDREJEWA, I. A., STSCHUKIN, E. D., und LICHTMAN, W. I., Ing. Phys. Journ. (russ.) **2** (1959) 45. (Л. А. Кочанова, И. А. Андреева, Е. Д. щукин и В. И. Лихтман, Инж. физ. журн. **2**, 45 (1959)).

[51] PERZOW, N. W., GORJUNOW, J. W., KOTSCHANOWA, L. A., und LICHTMAN, W. I., ebenda **2** (1959) 77. (Н. В. Перцов, Ю. В. Горюнов, Л. А. Кочанова и В. И. Лихтман, Там же **2**, 77 (1959)).

[52] GORJUNOW, J. W., PERZOW, N. W., STSCHUKIN, E. D., und REHBINDER, P. A., Ber. d. Akad. d. Wiss. d. UdSSR **128** (1959) 269. (Ю. В. Горюнов, Н. В. Перцов, Е. Д. щукин и П. А. Ребиндер, ДАН СССР **128**, 269 (1959)).

[53] LICHTMAN, W. I., und MASLENNIKOW, B. M., Ber. d. Akad. d. Wiss. d. UdSSR **67** (1949) 93. (В. И. Лихтман и Б. М. Масленников, ДАН СССР **67**, 93 (1949)).

[54] SCHMID, E., und BOAS, W., Die Plastizität von Kristallen. GONTI, 1938. (Е. Шмид и В. Боас, Пластичность кристаллов. ГОНТИ, 1938).

[55] DERUYTTÉRE, A., und GREENOUGH, G. B., J. Inst. Metals **84** (1956) 337.

[56] MOTT, N. F., Proc. Roy. Soc. A **220** (1953) 1; J. Phys. Soc. Japan, **10** (1955) 650.

[57] STROH, A. N., Proc. Roy. Soc. A **223** (1954) 404; Phil. Mag. **2** (1957) 1; Phil. Mag. **3** (1958) 597.

[58] ESHELBY, J. D., FRANK, F. C., und NABARRO, F. R. N., Phil. Mag. **42** (1951) 351.

[59] GRIFFITH, A. A., Phil. Trans. Roy. Soc. A **221** (1920) 163.

[60] KOTSCHANOWA, L. A., ANDREJEWA, I. A., STSCHUKIN, E. D., und LICHTMAN, W. I., Internes Kolloquium zu Fragen der Hitzeverfestigung, Vortragsband. Kiew 1959, S. 48. (Л. А. Кочанова, И. А. Андреева, Е. Д. Щукин, В. И. Лихтман, Межинститутский семинар по жаропрочности, Тезисы докладов. Киев, 1959, стр.48).

[61] REHBINDER, P. A., Disc. Faraday Soc. **18** (1954) 151, 221.

[62] VOLMER, M., Ztschr. phys. Chem. **125** (1927) 151; A **155** (1931) 281.

[63] BARTENEW, G. M., Nachr. d. Akad. d. Wiss. d. UdSSR, S. Techn. Wiss. 1955, Nr. 9, 53. (Г. М. Бартенев, Изв. АН СССР, ОТН, 1955, №. 9, 53).

[64] STSCHUKIN, E. D., PERZOW, N. W., und GORJUNOW, J. W., Kristallographie **4** (1959) 887. (Е. Д. Щукин, Н. В. Перцов и Ю. В. Горюнов, Кристаллография **4**, 887 (1959)).

[65] ROSCHANSKI, B. N., Ber. d. Akad. d. Wiss. d. UdSSR **123** (1958) 648. (В. Н. Рожанский, ДАН СССР **123**, 648 (1958)).

[66] NEIBER, G., Spannungskonzentration. Staatl. techn. Verlag, 1947. (Г. Нейбер, Концентрация напряжений. Гостехиздат, 1947).

ANHANG III

Über den Mechanismus des Sprödbruches von Metallen[1])

Die in unserem Institut durchgeführten Arbeiten [1—5] haben gezeigt, daß bei Anwesenheit stark grenzflächenaktiver Medien, wie Schmelzen leichtschmelzbarer Metalle, die mechanischen Eigenschaften von Metallen grundlegend verändert werden: Die Plastizität nimmt stark ab (Grenze der Kaltbrüchigkeit verschiebt sich in Richtung höherer Temperaturen) und die Festigkeit wird bedeutend herabgesetzt. Diese Effekte stehen in voller Übereinstimmung mit unseren Vorstellungen über den Einfluß der Adsorption aus dem umgebenden Medium auf die mechanischen Eigenschaften des Festkörpers [6—9], da an der Grenze zwischen dem verformten Metall und seiner in einem anderen flüssigen Metall gesättigten Lösung eine beträchtliche Erniedrigung der freien Grenzflächenenergie hervorgerufen wird. Die Erniedrigung der Grenzflächenenergie wird bedingt durch das rasche Eindringen der grenzflächenaktiven Atome der Schmelze in das Innere der deformierten Metalle, und zwar in die verschiedenen einzelnen Mikroporen und Anfangsrisse, die während der Verformung aus Strukturdefekten entstehen und sich ausdehnen. Die Wirkung der Metallschmelze tritt momentan in Erscheinung; das zeigt, daß der Oberflächendiffusion der Atome der Schmelze in das Innere des verformten Metalles eine entscheidende Bedeutung zukommt; die Volumendiffusion spielt dagegen keine wesentliche Rolle. Die Versuche zeigen, daß die Gesetzmäßigkeiten der Verformung und des Sprödbruches von Metallen in Anwesenheit stark grenzflächenaktiver Metallschmelzen im Grunde auch in Abwesenheit des aktiven Mediums als solche erhalten bleiben, wenn der spröde Zustand erreicht wird, z. B. durch Herabsetzung der Temperatur [2, 3]. Da die grenzflächenaktive Metallschmelze bei der Verformung in das Innere des Metalles eindringt und sich in den einzelnen Strukturfehlern ansammelt, ist es möglich, diese Fehler schon in frühen Stadien der Verformung zu markieren. Auf diese Weise wird die Untersuchung des Sprödbruches von Metallen unter Verwendung aktiver Metallschmelzen bedeutend erleichtert.

Gerade auf diesen Fall beziehen sich die nachfolgenden experimentellen Daten, die bei Zimmertemperatur an amalgamierten Zinkeinkristallen erhalten wurden. Es erscheint jedoch notwendig, auch auf den allgemeinen Charakter der beschriebenen Gesetzmäßigkeiten hinzuweisen, da die Bedingungen des Sprödbruches

[1]) L. A. Kotschanowa, E. D. Schtschukin, W. I. Lichtman, Physik des Festkörpers. Band III, Nr. 3, 1961, S. 902.

bei den verschiedenen Kristallen unabhängig von der Methode, mit der der spröde Zustand erreicht wird, sehr ähnlich sind.

Die Untersuchung der Bedingungen des Sprödbruches beim Dehnen von Metalleinkristallen zeigt, daß im Verlauf der Verformung und des Bruches zwei Stadien zu unterscheiden sind: *A*) der mehr oder weniger langsame Prozeß der Bildung und des allmählichen Wachsens von Anfangsrissen im Gleichgewichtszustand[1]) an den Stellen mit hoher Spannungskonzentration, die durch ungleichartige plastische Verformung hervorgerufen wird und *B*) die schnelle über den ganzen Kristallquerschnitt erfolgende Ausweitung eines Risses (oder einiger nahe gelegener Risse, die untereinander verschmelzen), der den Gleichgewichtszustand überschritten hat [3, 4, 10].

Im Stadium *A* spielt die Hauptrolle die angelegte Schubspannung τ, unter deren Wirkung im Verlauf des plastischen Fließens eine ungleichartige Verformung abläuft; darunter fallen die unvollendeten Verschiebungen (Dislokationsanhäufungen) und die entsprechenden örtlichen Spannungskonzentrationen. Die 1. Stufe des Entstehens eines Mikrorisses kann man sich dabei als Verschmelzung einiger Dislokationen unter Bildung eines Keimes für einen Riß vorstellen. Mit dem Anwachsen von τ nehmen die Ungleichartigkeit der Verformung und die Spannungskonzentrationen zu, und aus dem Keimriß entwickelt sich ein Mikroriß im Gleichgewichtszustand, zu dem eine bestimmte Anzahl von verschmolzenen Dislokationen sich vereinigen. Hierdurch wird eine teilweise Abnahme der hohen Spannungen im angrenzenden Gebiet herbeigeführt.

Das Wachstum der Risse in diesem Stadium, das vom Auftreten neuer Dislokationen begleitet ist, kann nach verschiedenen Mechanismen ablaufen. Im Gebiet der stärksten Anhäufung von Dislokationen (in dieser Zone besitzen die Dehnungsspannungen sehr hohe Werte) kann sich ein Riß unter einen bestimmten Winkel Θ zur Gleitebene entwickeln, in der die Anhäufungen auftreten [3, 4, 10 bis 14]. Dabei ist ein Wechsel der mikroskopischen Rißbildung über verschiedene Flächen möglich. Unter diesen Bedingungen hat der Anfangsriß wellenförmige Konturen, im folgenden entwickelt sich jedoch eine Verschmelzungsfläche vorrangig weiter. Wenn die wirksame Gleitebene gleichzeitig die Verschmelzungsfläche ist, so ist bereits im Anfangsstadium der Winkel Θ klein, und im weiteren geht der Riß vollkommen in die oben genannte Gleitebene über (für Zink ist es die Basisfläche (0001)) (3). Wie ROSCHANSKI zeigte, ist es möglich, daß der Mikroriß von Anfang an ganz in der Ebene (0001) liegt. Zur Deutung der Ursache dieser Erscheinung kann man annehmen, daß ein Abfall der elastischen Beständigkeit des Materials auftritt, und zwar von der Seite der Anhäufung von Dislokationen her [15.]

Bei der Betrachtung dieser oder anderer konkreter Varianten des beschriebenen Modells geht man gewöhnlich von der einfachsten Form der Anhäufung von Dislokationen in einer Ebene aus, die nur durch eine Blockierung gehemmt wird.

[1]) Im Gleichgewichtszustand definieren wir die Risse, die sich unter den gegebenen Bedingungen nicht lawinenartig über den ganzen Kristall ausbreiten können (d. h. stabile, ungefährliche Risse). Derartige Risse können jedoch auch nach der Entlastung erhalten bleiben.

Wahrscheinlicher ist jedoch, daß bei der Bildung ungleichartiger Verschiebungen sehr hohe Spannungskonzentrationen durch einige (oder sogar viele) in benachbarten parallelen Ebenen verlaufende Dislokationsreihen des gleichen Typs (oder durch einen Überschuß der Dislokationen des einen Typs über die Zahl der Dislokationen eines anderen Typs) an den Grenzen eines mehr oder weniger breiten Systems benachbarter Gleitebenen erzeugt werden. Hierdurch kann die Lage der Dislokationen an den Häufungsstellen sehr verschieden sein. Diese kann durch das Vorhandensein einer großen Zahl von Blockierungen in den Gleitebenen bestimmt werden. Soweit in der Literatur ein Dislokationsschema für das Entstehen des Mikrospaltes entwickelt wurde, sind in der Beschreibung allerdings nur einzelne spezielle Modelle dieser Art zu finden [16—18].

Es wurden auch einige andere Fälle betrachtet, u. a. das Entstehen von Rissen bei der Wechselwirkung einer Reihe gleitender Dislokationen mit vertikal hierzu verlaufenden Dislokationsreihen [19, 20], bei der Wechselwirkung von Anhäufungen, die durch Überschneidung von Gleitebenen zustande kommen (Modell von Cottrell) usw. Die von uns beschriebene angenäherte quantitative Analyse [3, 10] der Entwicklung von Gleichgewichtsrissen beschränkt sich im wesentlichen nicht auf ein spezielles Modell, sie hat im Gegenteil universellen Charakter und behält unabhängig von dem konkreten Modell ihre Gültigkeit [21]. Nimmt man an, daß der Bereich einer unvollendeten Verschiebung die Ausdehnung s hat, so kann man sagen, daß unmittelbar in deren Umgebung die elastischen Spannungen eines Defektes durch die Größe $\tau(s/r)^{1/2}$ und die Dichte der elastischen Energie durch die Größe $W(V) \sim \tau^2 s/2\,E\,r$ charakterisiert wird (E — Elastizitätsmodul, r — Abstand des gewählten Punktes von einem variablen Punkt, der im Intervall s liegt; $s > r > r_0$, wobei r_0 ein Abstand von $\sim 10^{-7}$ cm ist, der die Gültigkeitsgrenze der Beziehungen der Elastizitätstheorie in unmittelbarer Nähe einer Dislokation angibt).

Bildet sich in der Gleitebene oder in einem bestimmten Winkel zu ihr ein Riß der Länge c, so werden die elastischen Spannungen in der nahen Umgebung dieses Spaltes abnehmen, oder, allgemein ausgedrückt, entlang seinem Intervall s in der Gleitebene in Abständen von der Größenordnung c auf der Seite des Intervalles s (die sich mit Größerwerden des Risses proportional seiner Länge c erhöhen). Der Energiegewinn beträgt annähernd

$$\iint w(r)\, d\,S \sim \tau^2\, s/2\,E \cdot s^2 \int\limits_{r_0}^{a\,c} dr/r = \tau^2\, s^2/E \ln a\,c/r_0$$

(a ist ein Koeffizient, der größenordnungsmäßig nicht sehr stark von 1 verschieden ist).[1])

Unter Berücksichtigung des Arbeitsaufwandes von $2\,c\,\sigma$ für die Bildung der neuen Oberfläche (σ ist die spezifische freie Oberflächenenergie) beträgt die allgemeine Änderung der Energie

$$\varDelta W\,(c) \approx 2\,c\,\sigma - \tau^2\, s^2/E \ln\,(a\,c/r_0)\ ;$$

[1]) Die Schlußfolgerung, daß der Energiegewinn vom Winkel unabhängig ist, stimmt mit dem Ergebnis von Stroh [12] überein, das von ihm für das konkrete Dislokationsmodell erhalten wurde.

sie hat ein Minimum, das der Größe des Gleichgewichtsrisses entspricht, $c \sim \tau^2 s^2/2 E \sigma$. Ein sehr großer Riß entsteht, wenn das Gebiet s den ganzen Querschnitt des Einkristalles L (oder ein Korn des Polykristalles) erfaßt; dann gilt

$$c_{\max} \tau^2 L^2/2 E \sigma = \beta \tau^2 L^2/G \sigma \,, \qquad (1)$$

wobei G der Schubmodul und β ein dimensionsloser Koeffizient in der Größenordnung von 1 ist.

Das Eintreten des Stadium B wird bestimmt durch die aufgewandte Normalspannung p: Der Kristall zerbricht, wenn p einen Wert erreicht, bei dem der am stärksten beanspruchte Riß den sogenannten Gleichgewichtszustand überschreitet, d. h. [4, 10, 22], wenn

$$p_c = \alpha (E \sigma/c_{\max})^{1/2} = \alpha' (G \sigma/c_{\max})^{1/2} \qquad (2)$$

wird. Vergleichen wir die Beziehungen (1) und (2), so ergibt sich, daß der Bruch der verschieden orientierten Einkristalle bei Erreichung eines bestimmten kritischen Verhältnisses zwischen der aufgewandten Normalspannung p_c und der Schubspannung τ_c eintritt (oder der maximalen kristallographischen Verschiebung a_c, die sich annähernd proportional zu τ_c mit der Orientierung der Einkristalle verändert [2, 23]. Diese Größen entsprechen nämlich annähernd der Bedingung, daß das Produkt [2, 4, 10, 23—25]

$$p_c \tau_c = \gamma^2 G \sigma/L \quad \text{konstant ist,} \qquad (3)$$

was durch Versuche bestätigt werden konnte (hier ist γ ein dimensionsloser Koeffizient, der nur wenig von 1 abweicht). Durch unsere Versuche wurde zum ersten Mal die Beziehung (1) unabhängig von der Beziehung (2) auf ihre Richtigkeit geprüft. Mit diesem Ziel wurden die beim Sprödbruch von Kristallen sich entwickelnden Risse mit dem Anwachsen der angelegten Schub- und Normalspannungen in Richtung der wirkenden Gleitebene untersucht. Als Untersuchungsobjekt dienten amalgamierte Zinkeinkristalle (Reinheit 99,99%) mit einem Durchmesser von 1 mm und einer Länge von 10 mm mit verschiedenen Neigungswinkeln χ_0 zwischen Basisfläche und Probenachse. Die Proben wurden mit konstanter Geschwindigkeit von 12% min^{-1} bei Zimmertemperatur in einer Achsenrichtung gedehnt. Bei diesem oder jenem Verformungsgrad ε (im Intervall von 1% bis zu Werten, die der Bruchgrenze des Kristalles nahekommen) wird der Dehnungsvorgang unterbrochen und hierdurch die Größe der Dehnungsspannung fixiert. Die Schub- und die Normalspannungen werden aus den Beziehungen $\tau_c = P_c \sin \chi_0 \cos \chi$, $p_c = P_0 \sin \chi_0 \sin \chi$ bestimmt, wobei P_0 die Dehnungsspannung ist bezogen auf den Anfangsquerschnitt, χ der Neigungswinkel der Basisfläche zur Probenachse bei gegebener Größe der Verformung. Aus den gedehnten Proben wurden Querschliffe mit einer Schlifffläche angefertigt, die senkrecht zu der Ebene (0001) des Einkristalles verläuft. Nach dem Polieren wurden die Schliffe mit 10%iger wäßriger Salpetersäure geätzt und unter dem Mikroskop untersucht. Auf allen untersuchten Schliffen beobachtete man Risse, die in der Ebene (0001) angeordnet waren. Für jeden Schliff wurde die Länge des größten Risses $c_{\max}$ bestimmt.

Zur Überprüfung der Abhängigkeit $c_{max}(\tau)$ wurde eine Reihe von Proben mit gleichem Winkel ($\chi_0 = 21°$) untersucht. Wie schon früher gezeigt wurde [2], ist bei solchen Proben die einem Sprödbruch vorausgehende maximale plastische Verschiebung bedeutend höher als bei Einkristallen mit einem großen Winkel χ_0. Bei Verwendung von Kristallen mit $\chi_0 = 21°$ war es möglich, das gesamte Verformungsintervall von 1 bis 22% zu untersuchen, das einer Zunahme von annähernd 50 bis zu 100 g/mm² entspricht. Auf Abb. 132 sind Mikroaufnahmen einiger Schliffe dargestellt; die Abhängigkeit von c_{max} von τ ist in Abb. 133 wiedergegeben. Sie zeigt, daß c_{max} in vollständiger Übereinstimmung mit Formel (1) linear mit dem Quadrat von τ ansteigt. Der Tangens des Neigungswinkels lautet

$$c_{max}/\tau^2 = 0{,}22 \cdot 10^{-4}\,\mathrm{mm^5/g^2} = 0{,}22 \cdot 10^{-15}\,\mathrm{cm^5/dyn^2}.$$

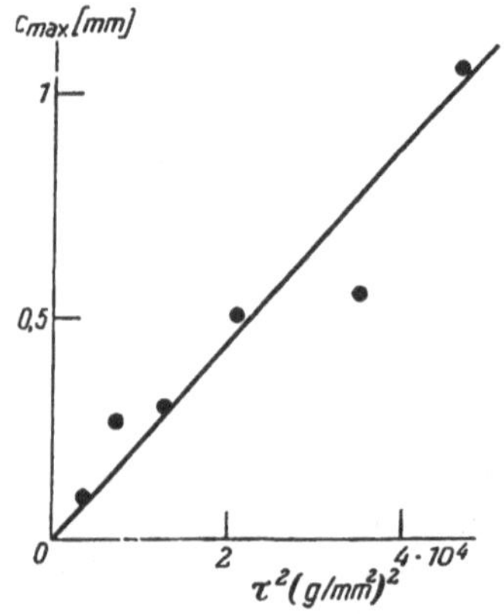

Abb. 133. Prüfung der Proportionalität zwischen c_{max} und τ^2

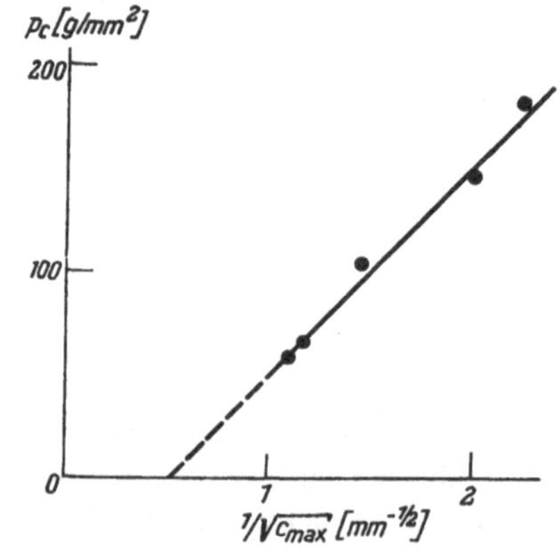

Abb. 134. Prüfung der Proportionalität zwischen p_c und $\frac{1}{\sqrt{c_{max}}}$

Setzt man für $G = 3 \cdot 10^{11}\,\mathrm{dyn/cm^2}$, $\sigma_{Zn-Hg} = 200\,\mathrm{erg/cm^2}$ [4, 24, 10] und für L den Durchmesser des Einkristalles $L_0 = 1$ mm, dann gilt übereinstimmend mit Formel (1) $c_{max}/\tau^2 = 0{,}17 \cdot 10^{-15}\,\mathrm{cm^5/dyn^2}$; hieraus ergibt sich für $\beta \simeq 1{,}3$. Zur Überprüfung der Beziehung von Griffits [2] wurde ein Teil der Proben mit verschiedenen Winkeln χ_0 zwischen 16 und 67° zum Zerreißen gebracht und jeweils der Wert p_c bestimmt. Bei einem anderen Teil gleicher Proben wurde die Dehnung bei 90 bis 95% der Zerreißspannung abgebrochen. Durch Anfertigung von Schliffen wurde die Größe c_{max} bestimmt. Abb. 134 zeigt, daß p_c linear mit Zunahme der Größe $c_{max}^{-1/2}$ ansteigt.[1]) Der Tangens des Neigungswinkels beträgt etwa $100\,\mathrm{g/mm^{3/2}} = 0{,}32 \cdot 10^7\,\mathrm{dyn/cm^{3/2}}$. Werden in die Gleichung (2) entsprechende Werte für G und σ eingesetzt, so erhält man $p_c c_{max}^{1/2} = \alpha' \cdot 0{,}77 \cdot 10^7\,\mathrm{dyn/cm^{3/2}}$, wobei $\alpha' \approx 0{,}4$ ist.

[1]) Genau gesagt, ist die Beziehung (2) nur unter der Bedingung $c - L$ richtig; in Verbindung damit kann die Kurve $pf = pf\,(c_{max}^{-1/2})$ nicht durch den Nullpunkt des Koordinatensystems gehen. Wenn die Länge des Risses die Länge der Gleitebene L_x erreicht, zerfällt die Probe bei $p = 0$.

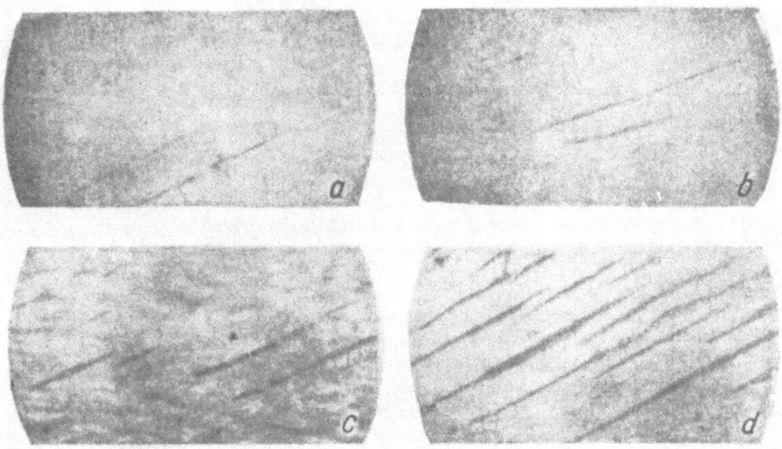

Abb. 132. Mikroaufnahmen von Querschliffen amalgamierter Zinkeinkristalle mit einer Anfangsorientierung von $\chi_0 = 21°$ in verschiedenen Stadien der Dehnung. Es ist eine große Zahl von Rissen zu sehen, die in der Basisebene liegen (40fach). Werte für die relativen Verlängerungen ε und für die Bruchspannungen τ betragen: $a - \varepsilon = 1{,}2\%$, $\tau = 59$ g/mm²; $b - \varepsilon = 2{,}2\%$; $\tau = 84$ g/mm²; $c - \varepsilon = 9{,}6\%$, $\tau = 145$ g/mm²; $d - \varepsilon = 22\%$, $\tau = 216$ g/mm²

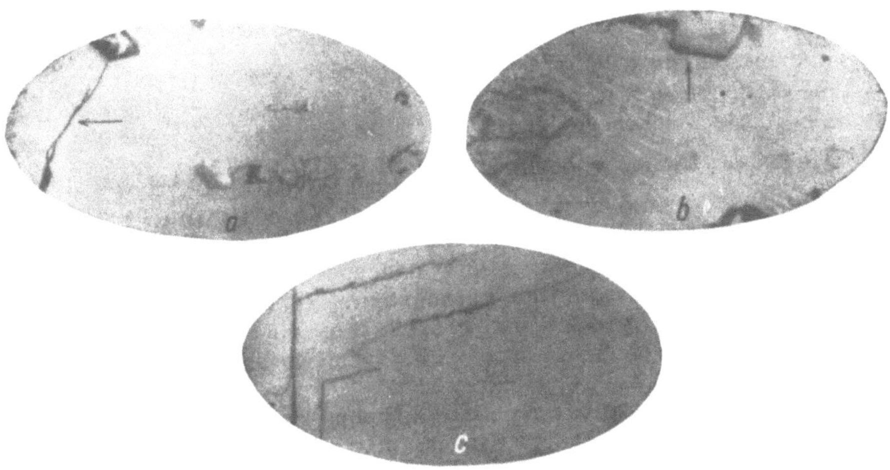

Abb. 135. Mikroaufnahmen der Basisfläche von Bruchstücken, die beim Bruch amalgamierter Zinkeinkristalle mit $\chi_0 = 30°$ erhalten wurden (40fach)

Die Resultate bestätigen demnach in guter Übereinstimmung den universellen Charakter des von uns schon früher [4, 10] vorgeschlagenen angenäherten quantitativen Schemas, das die Bildung von Daueranrissen beim Sprödbruch zu analysieren gestattet. Bei den Ergebnissen, die beim Sprödbruch amalgamierter Zinkeinkristalle entlang der Basisfläche (0001) erhalten wurden [2, 24], treten bemerkenswerte Schwankungen in der Zerreißspannung und entsprechend in der maximalen Verformung auf, die bis zum Eintreten des Bruches erreicht wird, obwohl die völlig identischen Proben den gleichen Neigungswinkel χ_0 zwischen der Basisebene und der Probenachse besaßen und die Proben aus ein und demselben langen Einkristall herausgeschnitten wurden. Bezeichnet man mit $P_{c\,\min}(\chi_0)$ die Minimal- und mit $P_{c\,\max}(\chi_0)$ die Maximalwerte für die beobachteten Dehnungsspannungen beim Bruch der Probe mit gegebenem χ_0, so zeigt sich, daß die relativen Schwankungen $P_{c\,\max} - P_{c\,\min}/P_{c\,\max}$ wesentlich mit Abnahme des Winkels χ_0 zunehmen; für Einkristalle mit $\chi_0 > 50°$ überschreitet der Wert der relativen Schwankung gewöhnlich 10% nicht, während für Proben mit $\chi_0 > 30°$ diese 25% und mehr beträgt. Stellt der Kristallquerschnitt mit dem Durchmesser L_0 als Gleitebene eine Ellipse mit den Achsen L_0 und $L_0/\sin \chi_0$ dar, unterscheiden sich Einkristalle mit großen Winkeln χ_0 wesentlich von Proben mit kleinen Winkeln χ_0 dadurch, daß bei den ersteren die Umrisse der Gleitebenen (0001) etwa kreisförmig sind, während bei den zweiten die Länge der Ebene (0001) in der Richtung der großen Ellipsenachse den Durchmesser der Probe merklich übertrifft. Man kann annehmen, daß auf Grund dieser geometrischen Besonderheit die Schwankungen für die Werte der Zerreißspannung bei kleinen Winkeln χ_0 anwachsen.

Zur Aufklärung dieser Frage wurde die Basisebene der Bruchstücke untersucht, die man beim Bruch einer großen Zahl von Proben amalgamierter Zinkeinkristalle erhalten hatte. Diese besaßen einen Durchmesser von $L_0 \sim 1$ mm und verschieden orientierte Winkel im Intervall von 20 bis 70° [26]. Nach dem Auftragen einer Quecksilberdeckschicht mit einer Dicke von 5 μ wurden die Proben bis zum Bruch einer gleichförmigen Dehnungsgeschwindigkeit von etwa 10% $\min^{-1}$ bei Zimmertemperatur ausgesetzt; hierbei wurden folgende Werte ermittelt: die maximale Verformung $\varepsilon_{\max}$, die es gestattet, den eigentlichen Neigungswinkel χ zwischen Basisebene und Probenachse zu bestimmen, und der beim Bruch gemessene Wert der wahren Dehnungsspannung $P_c = P_0(1 + \varepsilon_{\max})$ (P_0 ist die Bruchspannung bezogen auf den Anfangsquerschnitt).

Die mikroskopische Untersuchung der Bruchoberfläche zeigte, daß diese niemals völlig glatt ist. Bei entsprechend guter Kontrastbeleuchtung des Blickfeldes konnte man stets eine große Zahl von kleinen Stufen entdecken, die durch eine Reihe fortschreitender Übergänge des Bruchspaltes aus einer gegebenen Ebene (0001) in andere nahe gelegene parallele Ebenen bei der Ausdehnung des Spaltes über den gesamten Kristallquerschnitt hervorgerufen wird. Zwischen den zahlreichen sich nur schwach unterscheidenden Stufen, die sich mitunter merkwürdig verbiegen und in eigentümlicher Weise auf der Bruchfläche auseinanderstreben, ist scharf normalerweise eine (seltener einige) bedeutend tiefere „Haupt“-Stufe mit mehr oder weniger geradlinigen Konturen zu beobachten. Einige charakteristische Mikroaufnahmen von Bruchstücken, die von Proben mit einer Orientierung χ_0 von ca. 30° erhalten wurden, sind in Abb. 135 wiedergegeben, auf der die genannten Hauptstufen durch Pfeile angedeutet wurden. Das in Abb. 135a dargestellte Bild einer Bruchfläche wurde als Typ A bezeichnet. Hier befindet sich die Hauptstufe am stark gekrümmten Ende der Ellipse und liegt z. B. senkrecht zur Richtung der großen Achse. Im Gegensatz dazu wurde das in Abb. 135b dargestellte Bild einer Bruchfläche als Typ B bezeichnet; hier liegt die Hauptstufe am Ende der kleinen Ellipsenachse und verläuft annähernd senkrecht zur kleinen Achse. In Abb. 135c ist eine Mikroaufnahme eines Bruchstückes gemischten Typs angegeben.

Beim Vergleich der Werte für die Bruchspannungen P_c bezüglich des Charakters der erhaltenen Bruchflächen zeigte sich, daß der Minimalspannung P_c gewöhnlich ein Bruchstück vom Typ A und der Maximalspannung P_c ein Bruchstück vom Typ B entspricht. Weitergehende Untersuchungen zeigten, daß die Hauptstufe aller Wahrscheinlichkeit nach als der Entstehungsort eines Bruches angesehen werden kann.

Zur Deutung der erhaltenen Ergebnisse muß nach unserer Meinung von den oben dargelegten allgemeinen Vorstellungen über die Bildung von Daueranrissen an Stellen mit sehr hoher Spannungskonzentration ausgegangen werden, die durch ungleichartige plastische Verformung bedingt sind (Bildung von Dislokationsanhäufungen). Tatsächlich ergibt sich aus der Beziehung (3) der Ausdruck

$$(p_c\,\tau_c)^{1/2} = \mathrm{const}\cdot L^{-1/2}\ ,$$

in dem L das maximale Gebiet ist, in dem die ungleichartige plastische Verformung (insbesondere die unvollendete Verschiebung) lokalisiert ist. Nimmt man an, daß beim Bruch sich Bruchstücke vom Typ A der Ausdehnung L eines solchen Gebietes bilden, in dem die unvollendeten Verschiebungen vor der Blockierung liegen und in dem bei der Bildung des Risses die Hauptstufe entsteht, kann man eine Größe berechnen, die etwa der Länge der großen Ellipsenachse entspricht, d. h. $L_A - L_0/\sin\chi_0$. Entsteht beim Bruch ein Bruchstück vom Typ B, so gilt entsprechend $L_B - L_0$.

Hieraus folgt, daß für identische Proben mit gleicher Anfangsorientierung χ_0, die in einem Fall Bruchstücke vom Typ A und in anderem Fall Bruchstücke vom Typ B aufweisen, folgende Beziehung gelten muß:

$$\frac{(p_c\,\tau_c)_A^{1/2}}{(p_c\,\tau_c)_B^{1/2}} = \left(\frac{L_B}{L_A}\right)^{1/2} = \sin^{1/2}\chi_0$$

oder, da $(p_c\,\tau_c)^{1/2} \equiv P\sin^{3/2}\chi\cos^{1/2}\chi$ gilt,

$$\frac{(p_c\,\tau_c)_A^{1/2}}{(p_c\,\tau_c)_B^{1/2}} = \frac{(P_c\sin^{3/2}\chi\cos^{1/2}\chi)_A}{(P_c\sin^{3/2}\chi\cos^{1/2}\chi)_B} = \sin^{1/2}\chi_0\ . \tag{4}$$

Der Unterschied der Multiplikatoren $\sin^{3/2}\chi\cos^{1/2}\chi$ in den Fällen A und B ist darauf zurückzuführen, daß im Fall B sich der Kristall bis zu hohen Werten von $\varepsilon_{\max}$ dehnen läßt; in dem Maße, wie der Winkel χ mit zunehmender Verformung abnimmt, erhält man $\chi_B < \chi_A$. In dem betrachteten konkreten Bereich ist der

Unterschied der Werte χ_0 und ε_{max} jedoch relativ gering, und deshalb gilt in erster Näherung $P_c A / P_c B \approx \sin^{1/2} \chi_0$, oder mit anderen Worten, die relative Schwankungsbreite der Bruchspannungen gilt:

$$\frac{P_{c\,max} - P_{c\,min}}{P_{c\,max}} = \frac{P_{c\,B} - P_{c\,A}}{P_{c,\,B}} \approx 1 - \sin^{1/2} \chi_0 .$$

Entsprechende experimentelle Daten für 6 verschiedene Orientierungen χ_0 sind in Abb. 136 dargestellt, in der auf der Abszisse die Größe $\sin^{1/2} \chi_0$ und auf der Ordinate die Werte des linken Teils der Gleichung (4) aufgetragen wurden, d. h. das Verhältnis der Größe $(p_c \tau_c)^{1/2}$ für solche Kristalle mit gegebenem χ_0, die einerseits deutlich ausgeprägte Bruchstücke vom Typ A, andererseits deutlich Bruchstücke vom Typ B zeigten. Die gerade Linie in der Abb. 136 entspricht der aus Gleichung (4) berechneten theoretischen Geraden. Abb. 136 zeigt, daß die Beziehung (4) im Rahmen der Meßgenauigkeit des Einzelversuches (etwa 10%) in einem relativ großen Orientierungsbereich erfüllt ist. Somit lassen sich die Schwankungen der Werte P_c in Abhängigkeit von χ_0 tatsächlich durch die Unterschiede in den geometrischen Bedingungen erklären, die zu der ungleichartigen Verformung führen.

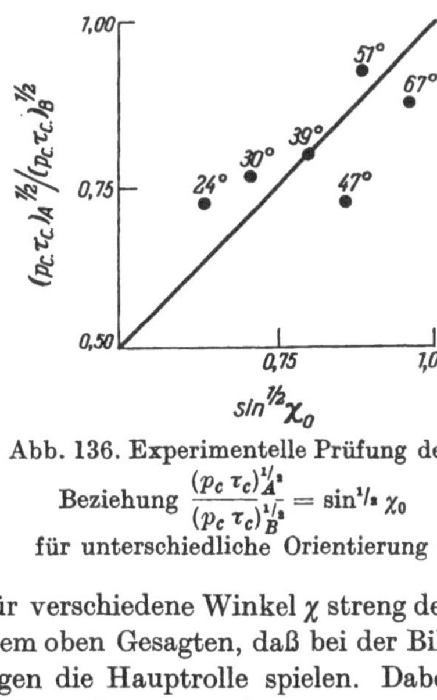

Abb. 136. Experimentelle Prüfung der Beziehung $\frac{(p_c \tau_c)_A^{1/2}}{(p_c \tau_c)_B^{1/2}} = \sin^{1/2} \chi_0$ für unterschiedliche Orientierung

Vom Standpunkt der Dislokationstheorie ist eine solche ungleichartige Verformung im Fall der Bildung eines Bruchstückes vom Typ A die Ursache für die Anhäufung von Stufenversetzungen, die annähernd parallel zur kleinen Ellipsenachse liegen und sich in einer Reihe entlang der großen Achse anordnen. (Entsprechende Überlegungen über die unterschiedliche Länge der Häufungen von Stufen- und Schraubenversetzungen wurden schon in anderen Arbeiten ausgesprochen [12, 27, 28].) Gehorchen unter den gegebenen Versuchsbedingungen die Bruchgrößen p und τ für verschiedene Winkel χ streng der Beziehung $(p_c \tau_c)^{1/2} = \text{const} = K$, so folgt aus dem oben Gesagten, daß bei der Bildung von Bruchspalten die Schraubversetzungen die Hauptrolle spielen. Dabei liefern die graphischen Darstellungen der Abhängigkeit p_c und τ_c von χ symmetrische Zweige, da $p_c = K \tan^{1/2}$ und $\tau_c = K \cot^{1/2} \chi$ ist. Ähnliche Bedingungen beim Bruch werden auch an Zinkeinkristallen bei niedrigen Temperaturen und an Zinkeinkristallen bei Zimmertemperatur beobachtet, wenn letztere mit Gallium verquickt werden [2–4, 21, 23, 24, 29]. Fällt die vorherrschende Rolle den Stufenversetzungen zu, so muß die Abhängigkeit der Bruchspannungen von der Orientierung in erster Näherung der Bedingung $(p_c \tau_c)^{1/2} K = \sin^{1/2} \chi_0$ gehorchen bzw. der Bedingung $p_c = K \tan^{1/2} \chi \sin^{1/2} \chi_0, \tau_c = K \cot^{1/2} \chi \sin^{1/2} \chi_0$. Hierbei steigt der Kurvenast $p_c(\chi)$ bedeutend steiler an, als der von $\tau_c(\chi)$ abfällt. Ähnliche Bedingungen liegen insbesondere beim Bruch von Kadmiumeinkristallen vor [23, 29], die mit Gallium verquickt sind. Für amalgamierte Zinkeinkristalle schwanken, wie oben schon ausgeführt wurde, die Ergebnisse ganz erheblich, sie liegen jedoch in einem Gebiet, das durch die zwei genannten Abhängigkeiten $(p_c \tau_c)^{1/2} = K \sin^{1/2} \chi_0$ und $(p_c \tau_c)^{1/2} = K$ begrenzt wird, die in Analogie zu vorigem als die Abhängigkeiten des Types A und des Types B bezeichnet werden können.

Die erhaltenen Ergebnisse bestätigen die Annahme, daß man bei Untersuchungen des Mechanismus des Sprödbruches das unterschiedliche Verhalten der Stufen- und Schraubenversetzungen in Betracht ziehen muß. Es ist bekannt, daß sich die Beweglichkeit der Stufen und Schraubenversetzungen verschiedentlich mit der Temperatur und der Verformungsgeschwindigkeit ändert [30]. In Verbindung damit kann man erwarten, daß unter den verschiedenen Verformungsbedingungen für den Typ A und den Typ B ähnliche Beziehungen erhalten werden. Man kann deshalb annehmen, daß die weitere Untersuchung der Normal- und Bruchspannungen beim Bruch von Kristallen eine Reihe einzelner Fragen aufzuklären gestattet, die vor allem mit der Abhängigkeit der Temperatur und der Verformungsgeschwindigkeit unter Bedingungen des Sprödbruches zusammenhängen [31].

Literatur

[1] REHBINDER, P. A., LICHTMAN, B. I., und KOTSCHANOWA, L. A., Ber. d. Akad. d. Wiss. d. UdSSR **111** (1956) 1278; KOTSCHANOWA, L. A., LICHTMAN, W. I. und REHBINDER, P. A., Phys. d. Met. und Metallkunde 8 (1959) 288. (П. А. Ребиндер, В. И. Лихтман и Л. А. Кочанова, ДАН СССР **111** 1278 (1956); Л. А. Кочанова, В. И. Лихтман и П. А. Ребиндер, ФММ **8**, 288 (1959)).

[2] LICHTMAN, B. I., KOTSCHANOWA, L. A., und BRJUCHANOWA, L. S., Ber. d. Akad. d. Wiss. d. UdSSR **120** (1957) 757; BRJUCHANOWA, L. S., KOTSCHANOWA, L. A., und LICHTMAN, W. I., FTT **1** (1959) 1172. (В. И. Лихтман, Л. А. Кочанова и Л. С. Брюханова, ДАН СССР **120**, 757 (1957); Л. С. Брюханова, Л. А. Кочанова и В. И. Лихтман, ФТТ **1**, 1172 (1959)).

[3] LICHTMAN, W. I., und STSCHUKIN, E. D., Fortschr. d. Phys. **66** (1958) 213. (В. И. Лихтман и Е. Д. Щукин, УФН **66**, 213 (1958)).

[4] STSCHUKIN, E. D., und REHBINDER, P. A., Koll. Journ. **20** (1958) 645 (vgl. Anh. 1). (Е. Д. Щукин и П. А. Ребиндер, Колл. ж. **20**, 645 (1958)).

[5] PERZOW, N. W., GORJUNOW, J. W., KOTSCHANOWA, L. A., und LICHTMAN, W. I., Ber. d. Akad. d. UdSSR **128** (1959) 1003; PERZOW, N. W., GORJUNOW, J. W., KOTSCHANOWA, L. A., und LICHTMAN, W. I., Journ. phys. Chemie **2** (1959) 77. (Н. В. Перцов, Ю. В. Горюнов, Л. А. Кочанова и В. И. Лихтман, ДАН СССР **128**, 1003 (1959); Н. В. Перцов, Ю. В. Горюнов, Л. А. Кочанова и В. И. Лихтман, ИФЖ **2**, 77 (1959)).

[6] LICHTMAN, W. I., REHBINDER, P. A., und KARPENKO, G. W., vorliegende Monographie.

[7] REHBINDER, P. A., Vortrag auf dem turnusmäßigen Kolloquium über feste Phasen wechselnder Zusammensetzung in Gemeinschaft mit dem Moskauer Kolloid-Kolloquium. Moskau 1956. (П. А. Ребиндер, Докл. на постоянном коллоквиуме по твердым фазам переменного состава совм. с московск. коллоидным коллоквиумом, М., 1956).

[8] ROSCHANSKI, W. N., PERZOW, N. W., STSCHUKIN, E. D., und REHBINDER, P. A., Ber. d. Akad. Wiss. d. UdSSR **116** (1957) 769. (В. Н. Рожанзкий, Н. В. Перцов, Е. Д. Щукин и П. А. Ребиндер, ДАН СССР **116**, 769 (1957)).

[9] REHBINDER, P. A., Mitt. d. Akad. d. Wiss. Ser. Chemie **11** (1957) 1284. (П. А. Ребиндер, Изв. АН СССР, ОХН, **11**, 1284 (1957)).

[10] STSCHUKIN, E. D., und LICHTMAN, W. I., Ber. d. Akad. d. Wiss. d. UdSSR **124** (1959) 307. (Е. Д. Щукин и В. И. Лихтман, ДАН СССР **124**, 307 (1959)).

[11] MOTT, N. F., Proc. Roy. Soc. **A 220** (1953) 1.

[12] STROH, A. N., Proc. Roy. Soc. **A 223** (1954) 404; Advanc. in Phys. **6** (1957) 418.

[13] STSCHUKIN, E. D., Ber. d. Akad. d. Wiss. d. UdSSR **118** (1958) 1105. (Е. Д. Щукин, ДАН СССР **118**, 1105 (1958)).

[14] ROSCHANSKI, W. N., Fortschr. d. Phys. (russ.) **65** (1958) 387. (В. Н. Рожанский, УФН **65**, 387 (1958)).

[15] ROSCHANSKI, W. N., Ber. d. Akad. d. Wiss. d. UdSSR **123** (1958) 648. (В. Н. Рожанский, ДАН СССР **123**, 648 (1958)).

[16] FUJITA, F. E., J. Phys. Soc. Japan **11** (1956) 1201.

[17] Biggs, W. D., Iron and Steel **31** (1958) 57.
[18] Petch, N. J., Phil. Mag. **3** (1958) 1089, 1128.
[19] Gilman, J. J., und Jonston, W. G., Dislocations and mechanical Properties of Crystals (Intern. Konf. Lake Placed). New York 1957, S. 116.
[20] Stroh, A. N., Phil. Mag. **3** (1958) 597, 625.
[21] Kotschanowa, L. A., Stschukin, E. D., Lichtman, W. I., und Rehbinder, P. A., Ber. d. Akad. d. Wiss. d. UdSSR **133** (1960) 71. (Л. А. Кочанова, Е. Д. Щукин, В. И. Лихтман и П. А. Ребиндер, ДАН СССР **133**, 71 (1960)).
[22] Griffith, A. A., Phil. Trans. Roy. Soc. **A 221** (1920) 163.
[23] Gorjunow, J. W., Perzow, N. W., und Rehbinder, P. A., Ber. d. Akad. d. Wiss. d. UdSSR **127** (1959) 784. (Ю. В. Горюнов, Н. В. Перцов и П. А. Ребиндер, ДАН СССР **127**, 784 (1959)).
[24] Kotschanowa, L. A., Andrejewa, I. A., Stschukin, E. D., und Lichtman, W. I., Journ. phys. Chemie **2** (1959) 45. (Л. А. Кочанова, И. А. Андреева, Е. Д. Щукин и В. И. Лихтман, ИФЖ **2**, 45 (1959)).
[25] Dawidenkow, N. N., und Bojokina, I. A., FTT **1** (1959) 1319. (Н. Н. Давиденков и И. А. Божокина, ФТТ **1**, 1319 (1959)).
[26] Stschukin, E. D., Kotschanowa, L. A., und Lichtman, W. I., Ber. d. Akad. d. Wiss. d. UdSSR **133** (1960) 1064. (Е. Д. Щукин, Л. А. Кочанова и В. И. Лихтман, ДАН СССР **133**, 1064 (1960)).
[27] Deruyttere, A., und Greenough, G. B., J. Inst. Metals **84** (1956) 337.
[28] Lichtman, W. I., und Stschukin, E. D., Fortschr. d. Chemie **29** (1960) 1260. (В. И. Лихтман и Е. Д. Щукин, Успехи химии **29**, 1260 (1960)).
[29] Stschukin, E. D., Perzow, N. W., und Gorjunow, J. W., Kristallographie **4** (1959) 887. (Е. Д. Щукин, Н. В. Перцов и Ю. В. Горюнов, Кристаллография **4**, 887 (1959)).
[30] Seeger, A., Hb. d. Physik 7/2. Springer-Verlag, Berlin/Göttingen/Heidelberg 1958.
[31] Kotschanowa, L. A., Andrejewa, I. A., Stschukin, E. D., und Lichtman, W. I., Internes Kolloquium zu Fragen der Hitzeverfestigung. Vortragsband, Kiew 1959, S. 48. (Л. А. Кочанова, И. А. Андреева, Е. Д. Щукин и В. И. Лихтман, Межинститутский семинар по жаропрочности. Тезисы докладов, стр. 48, Киев 1959).

ANHANG IV

Die Wirkung von Schmiermitteln bei der Druckbearbeitung von Metallen[1])

Durch eigene Untersuchungen wurde gezeigt [1, 2], daß die Wirksamkeit flüssiger Schmierstoffe bei der Druckbearbeitung von Metallen von den mechanischen Eigenschaften der bei der Verformung von Metallen sich bildenden dünnen plastisch verformten Schichten abhängig ist. Diese sehr dünnen Schichten zeigen einen großen Einfluß auf die Größe einer nachfolgenden Verformung durch Schubbeanspruchung, die in den weiter tiefer liegenden Schichten der Oberfläche des Metalles als Prozeß einer plastischen Volumenverformung abläuft.

In der vorliegenden Arbeit wird die Wirkung von Schmierstoffen beim Ziehen von Drähten und feinen Metallstreifen untersucht. Beim Ziehprozeß sind sowohl der durch Formveränderung des Metalles bedingte Widerstand zu überwinden als auch die Reibungskräfte, die an der Kontaktoberfläche Metall-Maschine beim Ziehen auftreten. Bei hohen Drücken äußert sich die Reibung darin, daß die Oberflächenschicht des bearbeiteten Metalles eine plastische Schubverformung erleidet, die den gegebenen Druckwert bedeutend übertrifft. Für diese zusätzliche Verformung der Oberflächenschicht (zur Überwindung der „Reibungskräfte" bei Anwesenheit eines beträchtlichen Oberflächenschubs) ist mitunter sehr viel mehr Kraft aufzuwenden als für die Volumenverformung des Metalles bei gegebenem Druck. Folglich muß man den Ziehprozeß betrachten als Verformung des Metalles, entsprechend dem angelegten Druck, und als zusätzliche Schubverformung der Oberflächenschicht des bearbeiteten Metalles, verbunden mit einem Verschleiß des Metalles durch die Maschine. Der erste Prozeß ist im engeren Sinne der Ziehprozeß und der beim Ziehen erwünschte Vorgang; der zweite Prozeß hingegen gestattet nur in ungenügendem Maße, die Fähigkeit des Metalles zur Verformung auszunutzen, und erfordert bedeutende zusätzliche Kräfte; er ist deshalb ein unerwünschter Prozeß [1].

Die Gesetzmäßigkeiten der äußeren Reibung werden durch die bekannte zweigliedrige Gleichung von Derjagin [3] gut beschrieben:

$$F = f\,(N + s\,p_0)\,. \qquad (1)$$

Hierin ist F die Reibungskraft, f der Reibungskoeffizient, s die effektive Berührungsfläche zweier Oberflächen und p_0 die Größe der spezifischen Verkettung bzw. der spezifischen Haftung. Das erste Glied charakterisiert die Reibungskraft, die auf die Wirkung der Normalkraft zurückzuführen ist, und das zweite Glied die

[1]) S. J. Weiler, W. I. Lichtman, Journ. f. techn. Phys. (russ.) **29** (1958) 2025.

Haftkraft, die durch molekulare Rauhigkeit hervorgerufen wird. Bei der Druckbearbeitung von Metallen wird die wirkende Kraft nicht nur für die äußere Reibung verausgabt sondern auch für die Volumenverformung des Metalles. Die Kraft, die für die Volumenverformung (ohne Reibung) aufgewendet werden muß, kann leicht nach SACHS [4] berechnet werden, und zwar für den einfachsten Fall nach der Formel (Abb. 137)

$$F_2 = p_m s' \sin\alpha = p_m \Delta s. \tag{2}$$

Hierbei ist p_m eine mittlere Spannung, die beim Ziehen am Metall angreift. Weiterhin ist $\Delta s = s_0 - s$ die Verringerung des Drahtquerschnittes oder Streifenquerschnittes beim Ziehprozeß und α der Konuswinkel an der Einschnürstelle.

Die Richtigkeit dieser Gleichung läßt sich experimentell nur dann nachprüfen, wenn es gelingt, die zusätzliche Verformung der Oberflächenschicht, d. h. die Reibung beim Ziehprozeß, auszuschließen.

Bei unseren Versuchen wurde diese Bedingung dadurch realisiert, daß Metallstreifen (mit einer Dicke von $a = 2$ cm und einer Breite von $b = 20$ mm) durch zylindrische sich frei drehende Walzen gezogen wurden.

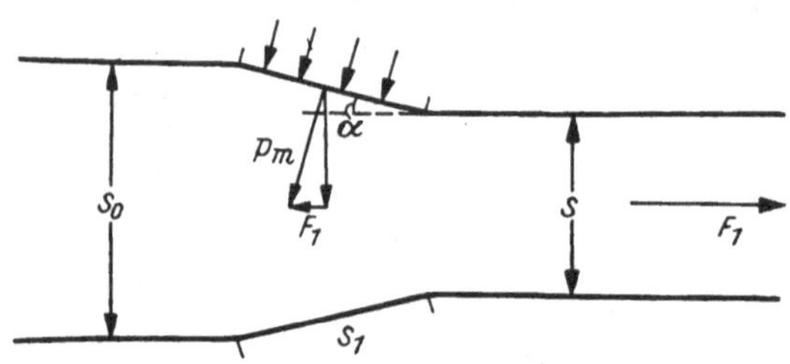

Abb. 137. Die Verformung beim Ziehprozeß (schematisch)

In Abb. 138 ist die Apparatur als Metall des Ziehprozesses mit Hilfe angedrückter und sich frei drehender Walzen schematisch dargestellt. Das Gerät ist im wesentlichen eine Metallklemme (1), an deren Seiten zwei runde zylindrische Matrizen (2) befestigt sind. Die 1 bis 3 mm dicke Probe (3) wird durch die Walzen gezogen, und die Kraft des Ziehens wird über die sich frei drehenden und angezogenen Walzen gemessen. Mit Hilfe eines Zusatzgerätes kann man auch die in der Normalrichtung wirkenden Druckkräfte messen.

Durch die Verwendung der entsprechenden Walzenform (durch Anbringen vieler kreisförmiger kleiner Rillen) kann man den Ziehprozeß und die hiermit verbundene Einprägung der runden Profilform bei frei rotierenden und nicht rotierenden Walzen ausführen. In Abb. 139 ist die Veränderung der Kräfte beim Ziehen eines Aluminiumstreifens durch frei rotierende Walzen angegeben. Auf der Abszisse ist der Grad der Druckverformung (Stauchung) ε in % aufgetragen und auf der Ordinate die Zugkraft F_2 in kg. Als Schmiermittel wurden Oktan, Oktylalkohol, Ölsäure und Paraffin verwendet.

Es ergab sich, daß diese Kräfte streng proportional der Druckverformung sind. Die unter diesen Bedingungen für den Zugprozeß erforderlichen Kräfte hängen

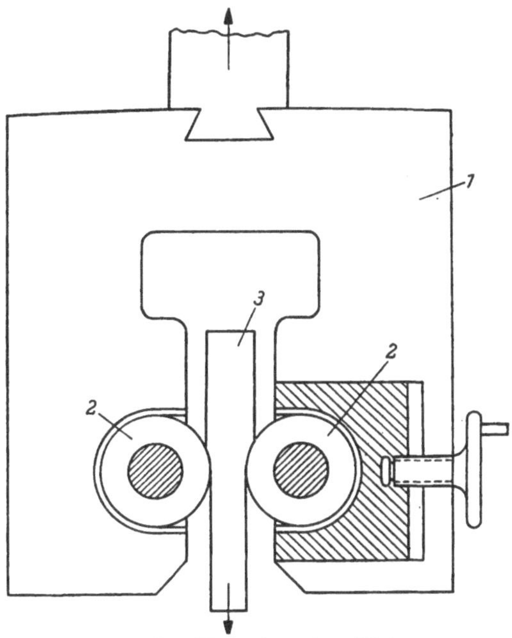

Abb. 138. Schema der Apparatur, *1* — Haltering; *2* — Walzen; *3* — Probe (Metallstreifen)

praktisch nicht von dem verwendeten Schmiermittel ab. Diese Versuche zeigen, daß im gegebenen Fall die zusätzliche Schubverformung eines Metalles in der Oberflächenschicht verschwindend klein ist, und die Zugkraft fast vollkommen zur Volumenverformung des Metalles durch Druck aufgewendet wird.

Die Unabhängigkeit der Zugkraft von der Anwesenheit eines Schmiermittels in frei rotierenden Walzen wurde von uns auch bei der Untersuchung anderer Metalle gefunden (Abb. 140). Hieraus folgt, daß die Kraft, die für die Verformung beim Ziehen in frei rotierenden Walzen aufgebracht wird, nur von den mechanischen Eigenschaften eines Metalles (p_m) und von der Abnahme des Querschnittes des Streifens (Δs) abhängt.

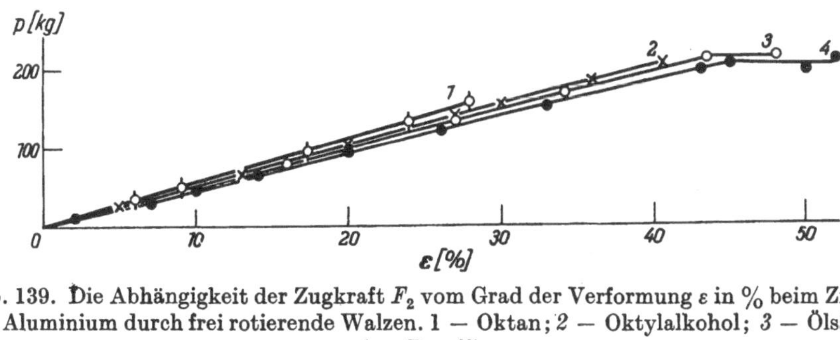

Abb. 139. Die Abhängigkeit der Zugkraft F_2 vom Grad der Verformung ε in % beim Ziehen von Aluminium durch frei rotierende Walzen. 1 — Oktan; *2* — Oktylalkohol; *3* — Ölsäure; *4* — Paraffin

Wie unsere Versuche ergaben, kann der Widerstand eines Metalles gegen Druckverformung als Maß für die Härte des Materials verwendet werden, und zwar die BRINELL-Härte (H_B).

In Tab. 35 sind die erhaltenen Werte angegeben. Man ersieht daraus, daß der Unterschied zwischen den gemessenen und errechneten Werten der Kraft F_2, die die Volumenverformung des Metalles bewirkt, 10% nicht übersteigt.

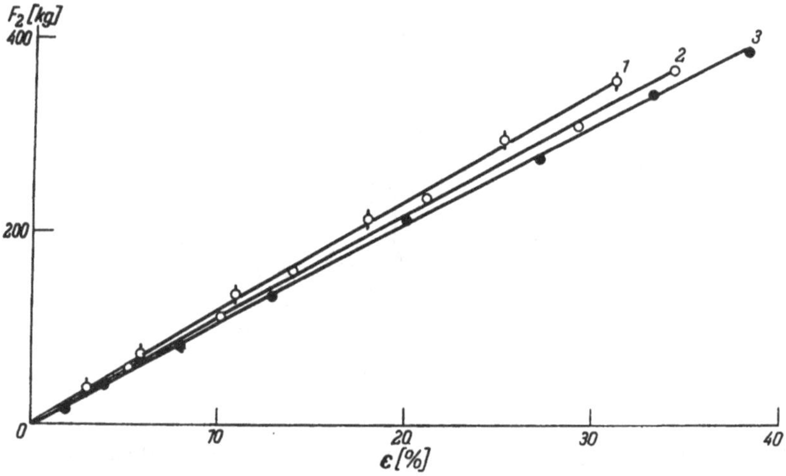

Abb. 140. Die Abhängigkeit F_2 von ε beim Ziehen von Kupferstreifen. *1* — Oktan; *2* — Ölsäure; *3* — 3- bis 5%ige wäßrige Lösung von Natriumoleat

Tabelle 35

Metall	Verformungsgrad ε, %	Querschnittsabnahme des Metallstreifens Δs in mm²	Zugkraft F_2, kg experimentell gefundene Werte	Zugkraft nach der Formel $F = H_B \Delta s$, kg berechnet
Kupfer $H_B = 35$	3,0	1,2	43	42
	4,5	1,8	62	63
	7,0	2,8	94	98
	9,0	3,6	121	126
Aluminium $H_B = 13$	4,0	1,6	20	21
	10,0	4,0	48	52
	16,0	6,4	80	83
	25,0	10,0	120	130
	35,0	14,0	172	180

Werden Proben einer Druckverformung in frei rotierenden Walzen ausgesetzt und diese gepreßten Proben einer zweiten Druckverformung unterworfen, und zwar ebenfalls in frei rotierenden Walzen, so zeigt sich, daß entsprechend der Erhöhung der Härte H_B auch p_m anwächst (Abb. 141).

Messungen der BRINELL-Härte bei Anwesenheit verschiedener Schmiermittel zeigten, daß diese Stoffe nur einen geringen Einfluß auf die BRINELL-Härte ausüben, genau wie auf p_m.

Die Kraft, die zur zusätzlichen Schubverformung der Oberflächenschicht notwendig ist, kann man folgendermaßen beschreiben (5):

$$F_1 = \tau_1 s_k , \tag{3}$$

wobei τ_1 die maximale Schubspannung bzw. der Widerstand an der Berührungsstelle ist. s_k ist die „Konturfläche" des Kontaktes, d. h. die Berührungsfläche zwischen dem Metall und der Maschine. Auf diese Weise kann die zum Ziehen erforderliche Kraft durch folgenden zweigliedrigen Ausdruck dargestellt werden:

$$F = F_1 + F_2 = \tau_1 s_k + p_m \Delta s . \tag{4}$$

Dieser Ausdruck unterscheidet sich in seiner physikalischen Bedeutung und in der Anwendung wesentlich von der von Bowden gegebenen Formel (5):

$$F = A s + p' A' , \tag{5}$$

in der A die Projektion der Berührungsfläche ist, s die Spannung an der Berührungsstelle, p' die Fließgrenze und A' der Querschnitt des Reibungsweges.

Die Bowdensche Formel eignet sich besonders zur Untersuchung der Gesetzmäßigkeiten der äußeren Reibung und liefert einen eigenen Wert für die Reibungskraft, während die Gleichung (4) sich auf die plastische Volumenverformung bei der Druckbearbeitung von Metallen bezieht und die Reibungskraft nur im 1. Glied der Gleichung auftritt.

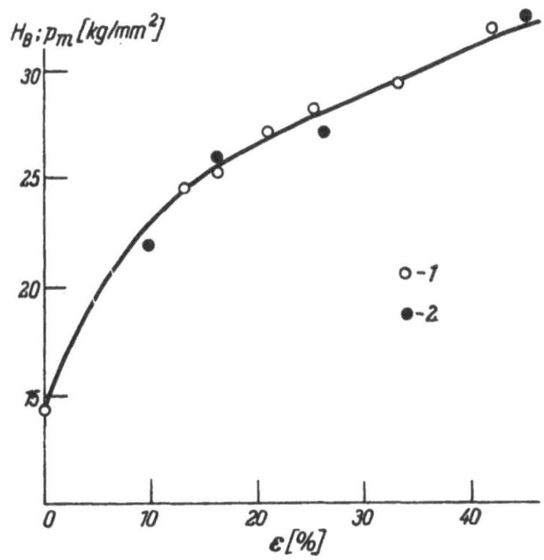

Abb. 141. Veränderung der Härte H_B und p_m in Abhängigkeit vom Verformungsgrad ε. Der Ziehprozeß wurde in einer 5%igen Lösung von Natriumoleat vorgenommen (Aluminium, Dicke 3 mm). *1* — H_B; *2* — p_m

Epifanow [6] untersuchte den Reibungsprozeß bei der Verschiebung eines halbkugelförmigen Gleitstückes nach der Bowdenschen Methode [5] und zeigte, daß bei der Reibung reiner Metalloberflächen (ohne Schmiermittel) die Kontaktoberfläche der Reibung durch die wahre Oberfläche der Berührungsstelle bestimmt wird und manchmal die Kontaktfläche Gleitstück–Metall bedeutend übertrifft. Jedoch wird bei Metallen der Ziehprozeß immer in grenzflächenaktiven Schmiermitteln durchgeführt, und die Zone der Berührungsstelle wird in einer sehr dünnen Oberflächen- (plastisch-verformten) Schicht des bearbeiteten Metalles lokalisiert. In diesem Fall wird die Kontaktfläche Metall–Werkzeug durch die Größe der wahren Berührungsfläche bestimmt. Deshalb ist die Maximalspannung an der Berührungsstelle kein mechanisches Charakteristikum für das bearbeitete Metall, sondern nur für die sehr dünne plastisch verformte Schicht, die durch die Adsorption des Mediums und der hierdurch bedingten Erniedrigung der Festigkeit des Metalles entsteht [7]. Bei unseren Versuchen wird die Kraft für die

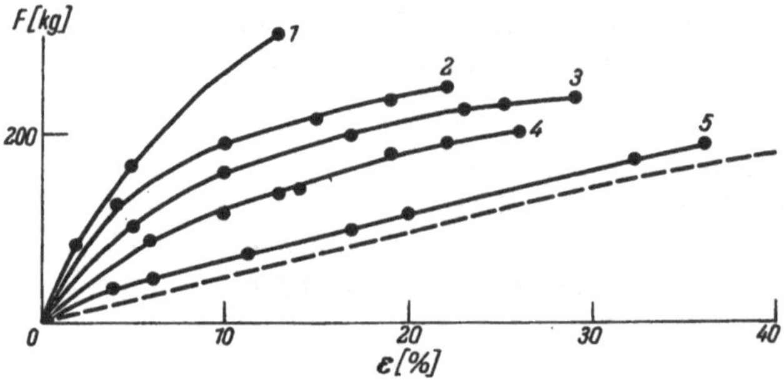

Abb. 142. Die Abhängigkeit der Zugkräfte F (unbewegliche Walzen) vom Verformungsgrad ε (Aluminium); *1* — Oktan; *2* — Methylalkohol, *3* — Oktylalkohol; *4* — Oleylalkohol; *5* — Paraffin. Gestrichelte Linie — die mittlere Veränderung der Kräfte bei frei rotierenden Walzen

zusätzliche Deformation aus dem Unterschied der Zugkräfte in stationären (festen) und frei rotierenden Walzen bestimmt:

$$\tau_1 s_k = F - p_m \Delta s .$$

In den Abb. 142 und 143 sind Diagramme $F = f(\varepsilon)$ für das Ziehen von Al und Cu in verschiedenen Schmiermitteln dargestellt (F = Zugkraft, ε — Verformungsgrad).

Die Unterschiede auf der Ordinate entsprechen den Kräften, die für die zusätzliche Schubverformung der Oberflächenschicht erforderlich sind („Reibungskräfte" $F_1 = \tau_1 s_k$).

Die Kraft F_1 hängt ab von den physikalisch-chemischen Eigenschaften der Schmiermittel, von den mechanischen Eigenschaften der plastisch verformten Schichten bzw. den festen Schmiermitteln, die unmittelbar auf dem Metall anliegen, aber auch von den mechanischen Eigenschaften der Oxidhäutchen und vom Reinheitsgrad der Oberfläche.

Um die Richtigkeit der Formel (4) beim Ziehprozeß nachzuprüfen, wurden folgende Versuche durchgeführt. Auf die Oberfläche von Kupfer- und Messing-

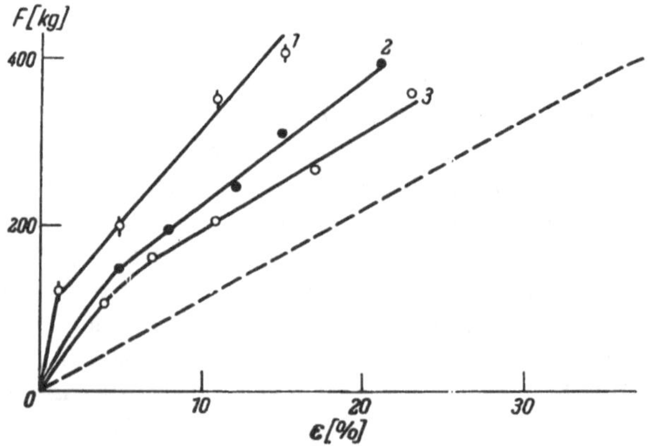

Abb. 143. Die Abhängigkeit F von ε für Kupferstreifen. *1* — Oktan; *2* — Ölsäure; *3* — 5%ige Lösung von Natriumoleat. Gestrichelte Linie bezeichnet dasselbe wie auf Abb. 142

proben (Metallstreifen) wurde eine dünne Schicht Zinn von der Dicke 3 bis 5 μ elektrolytisch aufgetragen. Die Proben wurden dann durch unbewegliche Walzen gezogen. Es zeigte sich, daß τ_1 beim Ziehen von mit einer sehr dünnen Zinnschicht bedeckten Streifen praktisch gleich dem von reinem Zinn ist ($\tau_1 \sim 3{,}0$ kg/mm²) (2). Diese Ergebnisse stehen in Übereinstimmung mit den früher bei der Untersuchung der Gesetzmäßigkeiten der äußeren Reibung erhaltenen Werten [5, 6].

Weitere Untersuchungen zeigten, daß das nach unseren Messungen errechnete τ_1 nicht von den mechanischen Eigenschaften des Grundmetalles, von dessen Vorbehandlungen und von seinem Verformungsgrad abhängig ist [2].

In Tab. 36 sind die erhaltenen Daten zusammengestellt; sie zeigen, daß τ_1 tatsächlich vom Verformungsgrad unabhängig ist. Von besonderem Interesse ist die Untersuchung der Abhängigkeit des Verhältnisses von τ_1 (in Gegenwart eines Schmiermittelfilms) zu τ_2 (τ_2 ist der Widerstand der Berührungsstelle bei reinem Metall gleichen Materials) von der Natur des Schmiermittels, vom Verformungsgrad und von der Temperatur.

Nach der Formel (3) lassen sich die beim Ziehen eines Drahtes auftretenden Kräfte berechnen. Ist z. B. der Wert H_B für ein Metall bekannt und sind weiterhin s_k, Δs und τ_1 durch Ziehversuche mit Metallstreifen bestimmt worden, so kann man daraus die Kraft F berechnen (Tab. 37).

Tabelle 36

Metall	Verformungsgrad ε in %	Zugkraft		$F_1 = F - F_2$ kg	$\tau_1 = \frac{F - F_2}{s_k}$ kg/mm²
		nicht rotierende Walzen F_2, kg	frei rotierende Walzen, F_2, kg		
Kupfer	3,0	195	43	142	3,5
	11,5	415	140	275	3,4
Messing	8,6	325	130	195	3,3
	11,0	400	170	230	3,0

Tabelle 37

Die Zugkraft nach Formel (3) *und Versuchsergebnisse*

(Die Kupferproben wurden von $D_1 = 9$ mm auf $D_2 = 8$ mm ausgezogen; $H_B = 35$)

Schmiermittel	Δs [mm²]	s_k [mm²]	$\tau_1 s_k$ [kg]	$p_m \Delta s$ [kg]	Zugkraft F [kg]	
					nach Formel (3) berechnet	experimentell bestimmt
Ölsäure	13,2	107	1,7 · 107	35 · 13,2	644	585, 630 650, 690
					Mittelwert: 639	
5%ige Lösung von Natriumoleat	13,2	107	1,4 · 107	35 · 13,2	532	590, 540 515, 520
					Mittelwert 541	

Bei Verwendung flüssiger Schmiermittel ist das wichtigste Charakteristikum nicht die Zähigkeit, sondern die Fähigkeit, das Metall in einer sehr dünnen Oberflächenschicht zu plastifizieren.

In einer früheren Arbeit wurde gezeigt [2], daß flüssige Alkohole vom Methyl- bis zum Decylalkohol und Säuren von der Propion- bis zur Pelargonsäure bei 18° die Zugkraft auf 23% herabsetzen. Bei 60° ändern die Alkohole ihre Wirksamkeit nicht, die Säuren hingegen erhöhen diese. Ursache dafür ist der Übergang von der physikalischen Adsorption der Säuren zur aktivierten Adsorption. Die Volumenzähigkeit wird im gleichen Temperaturintervall um den Faktor 2 bis 4 erniedrigt. Weiterhin wurden Ziehversuche mit Stahldraht der Qualität 0 ausgeführt, der in wäßrigen Lösungen von Sacharose (inaktives Medium) und in Lösungen von Natriumoleat (aktives Medium) sowie in der Mischung dieser Lösungen

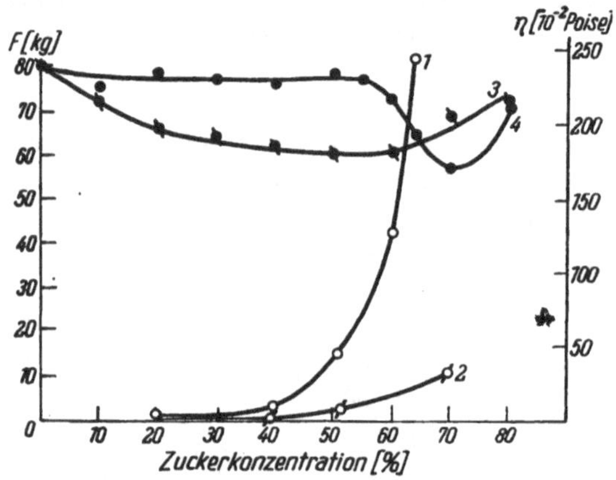

Abb. 144. Die Abhängigkeit der Zugkraft von der Zuckerkonzentration in Wasser und von der Zähigkeit (centipoise) für Stahldraht der Qualität 0 bei 20 und 80°. *1* — Zähigkeit bei 20°; *2* — Zähigkeit bei 80°; *3* — Zugkraft bei 20°; *4* — Zugkraft bei 80° (Beschriftung der Abszisse: Zuckerkonzentration)

vom Durchmesser $D_1 = 1{,}97$ auf $D_2 = 1{,}8$ mm ausgezogen wurde. Die Proben wurden vor dem Ziehen mit Benzol entfettet.

Wie aus Abb. 144 ersichtlich ist, wird bei 20° mit Erhöhung der Zuckerkonzentration die Zugkraft von 80 auf 60 kp, d. h. um etwa 25% herabgesetzt. Die kleinste Kraft wird bei einer Konzentration von 40 bis 60% Sacharose beobachtet. In diesem Konzentrationsgebiet erfährt die Zähigkeit eine starke Erhöhung von 10 auf 120 cp. Bei 80° tritt der Schmierungseffekt nur im Konzentrationsbereich von 60 bis 70% auf. Bei sehr hohen Konzentrationen bildet sich an der Metalloberfläche eine spröde feinkristalline Zuckerhaut, die zu einer Erhöhung der Zugkraft führt. Eine 1%ige Natriumoleatlösung verringert bei 20° die Kraft auf 36 kg und eine 0,3%ige bei 80° auf 27 kg. Die Viskosität verringert sich dabei von 1,3 auf 0,4 cp.

Zahlreiche Beispiele zeigen, daß geringe Zusätze von grenzflächenaktiven Substanzen (0,2 bis 0,3%) zu Wasser oder Öl deren Wirksamkeit stark erhöhen, obgleich diese vollständig ohne Einfluß auf deren Volumenzähigkeit sind. Bei gleichzeitiger Einwirkung von Sacharose und Natriumoleat in unterschiedlichem Mischungsverhältnis, z. B. einer 1%igen Lösung von Natriumoleat mit geringem Zuckerzusatz beobachtet man allein die Wirkung des Natriumoleats. Mit Erhöhung der Zuckerkonzentration wird die Aktivität des Natriumoleats jedoch unterdrückt, da die Zähigkeit der Lösung ansteigt und dadurch die Diffusion der grenzflächenaktiven Molekeln an die Oberfläche des bearbeiteten Metalles erschwert wird. Bei 80° tritt die Oberflächenaktivität in einem breiteren Konzentrationsbereich stärker hervor, da die Diffusion infolge der Erniedrigung der Zähigkeit (Abb. 146) beschleunigt wird. Hieraus folgt, daß die Wirksamkeit von Schmier-

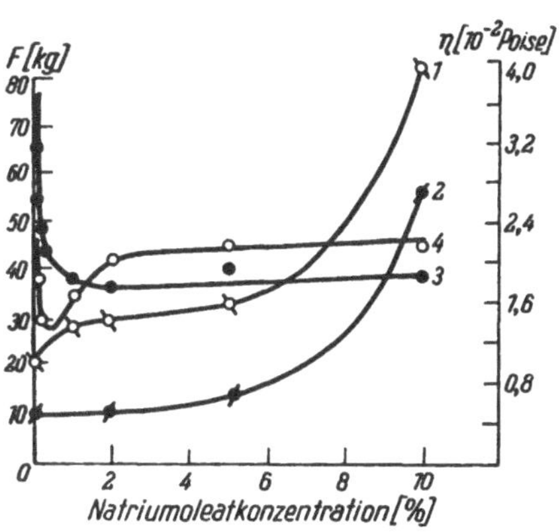

Abb. 145. Abhängigkeit der Zugkraft von der Natriumoleatkonzentration in % und von der Zähigkeit (centipoise) bei 20 und 80°. *1* — Zähigkeit bei 20°; *2* — Zähigkeit bei 80°; *3* — Zugkraft bei 20°; *4* — Zugkraft bei 80° (Beschriftung der Abszisse: Natrium-oleat-konzentration in %)

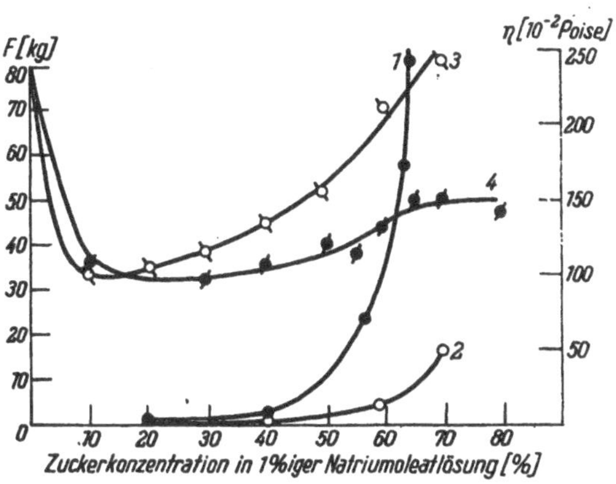

Abb. 146. Abhängigkeit der Zugkraft von der Zuckerkonzentration in 1%iger Lösung von Natriumoleat bei 20 und 80°. *1* — Zähigkeit bei 20°; *2* — Zähigkeit bei 80°; *3* — Zugkraft bei 20°; *4* — Zugkraft bei 80°; (Beschriftung der Abszisse: Zuckerkonzentration in 1%iger Lösung von Natriumoleat in %)

mitteln sich nicht additiv aus der Zähigkeit und gleichzeitigen Wirkung der Grenzflächenaktivität zusammensetzt.

Gewöhnlich führt man die Wirkung von Schmiermitteln bei der Druckbearbeitung von Metallen auf ihre Fähigkeit zurück, die äußere (Grenz-)Reibung zwischen dem bearbeiteten Metall und der Maschine herabzusetzen. Von uns wurde gezeigt, daß die aktiven flüssigen Medien bei der Druckbearbeitung von Metallen im wesentlichen nicht auf die äußere Reibung einwirken, sondern auf den Widerstand des Metalles durch Verformung einer dünnen Oberflächenschicht. Dieser Widerstand resultiert aus der Größe der Tangentialspannungen, die in der Oberflächenschicht des verformten Metalles entstehen.

Bekanntlich setzen dünne plastische Oberflächenschichten (hergestellt durch Verkupferung oder Phosphatierung) die Tangentialkraft bedeutend herab und erleichtern die Druckbearbeitung eines Metalles. Es ist nicht möglich, diesen Effekt durch eine Verminderung der äußeren Reibung zu erklären, sondern er hängt mit der in der dünnen Deckschicht des weicheren Metalles erfolgenden Schubverformung zusammen. Untersuchungen der Mikrostruktur der Oberflächenschicht bestätigen diese Annahme. Zum Unterschied von plastischen Deckschichten verschlechtern festere Deckschichten (hergestellt durch Nitrierung, Zementierung und Verchromung) den Prozeß der Bearbeitung, da hierdurch die Tangentialspannung vergrößert wird.

Es wurde beobachtet, daß inaktive flüssige Medien (Oktan, Paraffinöl) mit Erhöhung des Verformungsgrades beim Ziehen von Metallstreifen τ_1 vergrößern, was wahrscheinlich durch das Herausdrücken des Schmiermittelfilmes und die

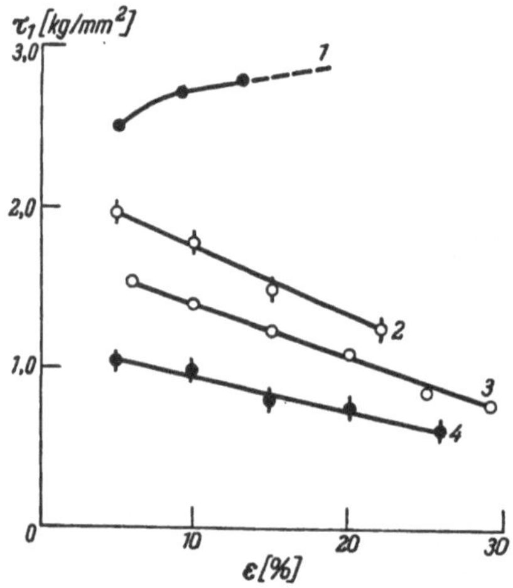

Abb. 147. Die Veränderung von τ_1 in Abhängigkeit von ε (Aluminium). *1* — Oktan; *2* — Methylalkohol; *3* — Oktylalkohol; *4* — Oleylalkohol

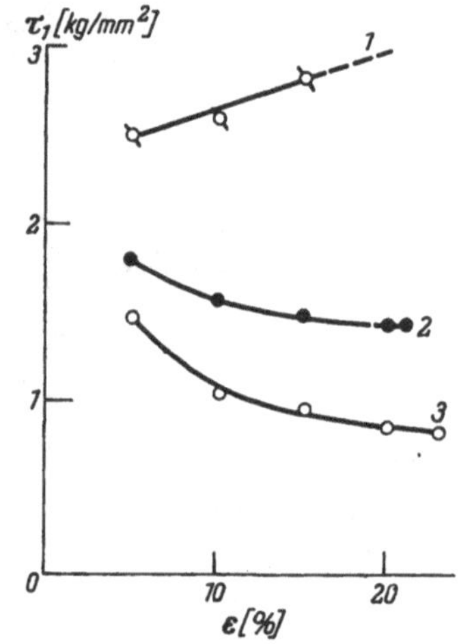

Abb. 148. Die Veränderung von τ_1 in Abhängigkeit von ε (Kupfer). *1*—Oktan; *2*—Ölsäure; *3*—5%ige Lösung von Natriumoleat

damit verbundene Verstärkung der Adhäsionskräfte zwischen den Metalloberflächen zu erklären ist. Wird ein dünner Metallstab oder eine Stange sofort nach der Drehbearbeitung (bei vorangegangener sorgfältiger Entfettung des Drehstahls und des Metalles) gezogen, so nimmt τ_1 praktisch den Wert Θ an, wobei Θ der Widerstand der Berührungsstelle des bearbeiteten Metalles ist. Offensichtlich wird in diesem Fall die ganze Tangentialkraft vollständig für die Schubdeformation an der Berührungsstelle des Metalles verbraucht. Es zeigte sich, daß grenzflächenaktive Schmiermittel mit Erhöhung des Verformungsgrades τ_1 herabsetzen. In Abb. 147 ist die Veränderung von τ_1 in Abhängigkeit vom Verformungsgrad ε beim Ziehen eines Aluminiumstreifens in aktiven und inaktiven flüssigen Schmiermitteln angegeben. Diese Ergebnisse zeigen anschaulich, daß die Wirkung grenzflächenaktiver flüssiger Schmiermittel auf das durch Adsorption bedingt plastische Verhalten der sehr dünnen Oberflächenschicht des bearbeiteten Metalles zurückzuführen ist und daß dieser Effekt mit Erhöhung des Verformungsgrades zunimmt. Ähnliche Ergebnisse wurden auch beim Ziehen von Kupferstreifen erhalten (Abb. 148).

Inaktive feste Schmierstoffe (Paraffin) geben auf weichen Metallen eine sehr große Erniedrigung von τ_1, da die Berührungsstelle sich auf den dünnen Belag außerhalb des Metalles konzentriert. Beim Ziehen härterer Metalle (Stahl), d. h. bei großen Kräften (Normalspannungen), werden jedoch die äußeren Schmiermittelschichten zerdrückt, und unter diesen Bedingungen erweisen sich grenzflächenaktive flüssige Schmiermittel als wirksamer. Um die Dicke der plastifizierten Schicht beim Ziehprozeß einschätzen zu können, wurden Modellversuche mit plastischen Deckschichten durchgeführt. In Abb. 149 ist die Veränderung der

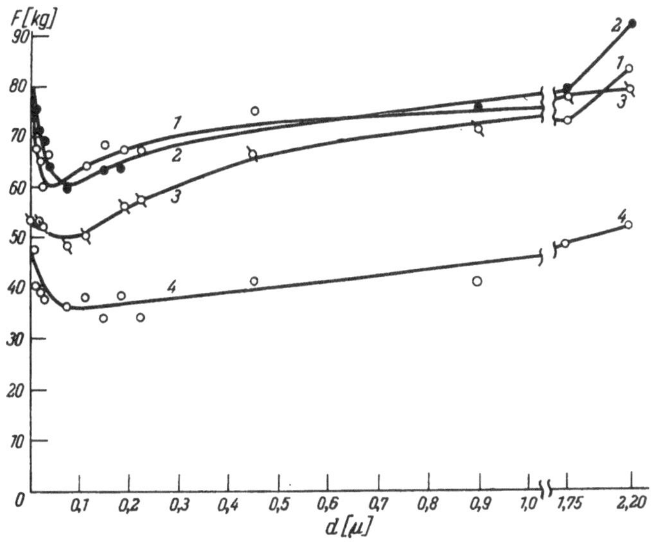

Abb. 149. Abhängigkeit der Zugkraft von der Dicke einer Kupferdeckschicht *d*.
1 – in Luft; *2* – Oktan; *3* – Oktylalkohol; *4* – 5%ige Lösung von Natriumoleat

zum Ziehen von Stahldrähten der Qualität 0, die vorher auf elektrolytischem Wege verkupfert wurden, erforderlichen Kräfte in Abhängigkeit von der Dicke der Deckschicht *d* dargestellt. Bei dem in verschiedenen Schmiermitteln durchgeführten Ziehprozeß wurde der Drahtdurchmesser von 1,97 auf 1,82 mm herabgesetzt. In allen Fällen wurde die geringste Kraft bei einer Schichtdicke von 0,05 bis 0,1 μ benötigt. Man darf annehmen, daß die Dicke der plastisch verformten Oberflächenschicht eines unbedeckten und unbearbeiteten Metalles in Gegenwart eines optimal wirkenden grenzflächenaktiven Schmiermittels etwa von gleicher Größenordnung ist. Es ist verständlich, daß die Mikrohärte einer solchen dünnen Schicht mit gewöhnlichen Methoden nicht bestimmt werden kann.

Bei der Untersuchung der plastischen Verformung ist es notwendig, den Einfluß von Oxidschichten zu berücksichtigen. Die Bedeutung dieser Schichten bei den

Reibungserscheinungen hatte schon viel früher TSCHERTAWSKIE [8] in seinen Arbeiten herausgestellt. Die mechanischen Eigenschaften der Oxidschichten kann man ebenfalls durch die entsprechenden Werte τ_1 charakterisieren. Die Untersuchungen zeigten, daß Oxidschichten auf Zinn und Blei die Werte von τ_1 herabsetzen (Tab. 38). So wurden Zinnproben nach einer Drehbearbeitung von einem Durchmesser von 8,3 auf 8 cm ausgezogen. Vor dem Drehen wurden Drehstahl und Probe sorgfältig mit Benzol entfettet ($H_B = 4$ kg/mm², $s_k = 32$ mm², $\Delta s = 3{,}8$ mm²).

Tabelle 38

Einfluß von Oxidschichten auf den Widerstand τ_1 an der Berührungsstelle beim Ziehen von Zinn

Verhalten in Luft	Zugkraft F [kg]	τ_1 [kg/mm]	Verhalten an Luft	Zugkraft F [kg]	τ_1 [kg/mm²]
10 s	123	3,3	dasselbe, jedoch mit Schmiermitteln, Oktan	62	1,44
2 min	106	2,9	5%ige wäßrige Lösung von Natriumoleat	58	1,34
12 Std.	73	1,8	Ölsäure	46	0,99
24 Std.	66	1,6	Oxydiertes Paraffin	34	0,52

Aus diesen Angaben ist zu ersehen, daß τ_1 innerhalb 24 Stunden um mehr als das zweifache abnimmt. Schmiermittel erniedrigen zusätzlich die Werte von τ_1.

Die durch Adsorption bedingte plastische Verformung der Oberflächenschichten bei Anwesenheit aktiver Schmiermittel und die damit verbundene Lokalisation der plastischen Verformung auf dünne Oberflächenschichten wurde durch den Mechanismus der Wirkung von Schmiermitteln bei der Druckbearbeitung von Metallen aufgeklärt.

Literatur

[1] WEILER, S. J., LICHTMAN, W. I., und REHBINDER, P. A., Ber. d. Akad. d. Wiss. d. UdSSR **110** (1956) Nr. 6, 985. (С. Я. Вейлер, В. И. Лихтман и П. А. Ребиндер, ДАН СССР **110**, 6, 985 (1956)).

[2] WEILER, S. J., und LICHTMAN, W. I., Ber. d. Akad. d. Wiss. d. UdSSR **114** (1957). (С. Я. Вейлер и В. И. Лихтман, ДАН СССР **114**, № 6 (1957)).

[3] DERJAGUIN, B. W., Ber. d. Akad. d. Wiss. d. UdSSR **93** (1934); DERJAGUIN, B. W., Journ. techn. Phys. **23** (1943). (Б. В. Дерягин, ДАН СССР **93**, № 3 (1934); Б. В. Дерягин, ЖТФ **23**, вып. 9 (1943)).

[4] SACHS, G., Praktische Metallkunde. S. 131–132, ONTI-NKTP 1938. (Г. Закс, Практическое металловедение. Стр. 131—132, ОНТИ—НКТП, 1938).

[5] BOWDEN, F. P., und TABOR, D., The friction a lubrication of solids. Oxford 1950; Engineer **171** (1951) Nr. 4451, 587–589; „Reibung und Grenzschmierung". Unter Red. von I. W. KRAGELSKO, Moskau 1953. (Сб. „Трение и граничная смазка". Под ред. И. В. Крагельского, М., 1953).

[6] EPIFANOW, G. I., Ber. d. Akad. d. Wiss. d. UdSSR **114** (1957). (Г. И. Епифанов, ДАН СССР **114**, № 4 (1957)).

[7] LICHTMANN, W. I., REHBINDER, P. A., und KARPENKO, G. W., vorliegende Monographie.

[8] TSCHERTAWSKIE, A. K., Reibung und Schmierung bei der Druckbearbeitung von Metallen. Metallverlag, 1949. (А. К. Чертавских, Трение и смазка при обработке Металлов давлением. Металлургиздат, 1949.

ANHANG V

Zur Vibrationsverdichtung in der Pulvermetallurgie[1])

Wie oben ausgeführt wurde, finden die Methoden der Pulvermetallurgie eine breite Anwendung in der Industrie. Mit ihrer Hilfe gelingt es, die Eigenschaften schon bekannter Materialien, die auf gewöhnlichem metallurgischen Wege erhalten werden, stark zu verbessern und sogar neue Materialien zu schaffen, die durch keine anderen Methoden erhalten werden können. Die Anwendung der üblichen Technologie, bei der sehr hohe Preßdrücke erforderlich sind, schränkt jedoch die Möglichkeiten der Pulvermetallurgie stark ein, besonders bei Verwendung hoch disperser Pulver. Dabei entstehende starke innere Spannungen, die sich in der Nähe der Berührungsstellen, an denen eine molekulare Verknüpfung der kleinen Teilchen eintritt, konzentrieren, führen oft schon bei Druckabnahme zur Bildung von Abschiebungen. Besonders gefährlich werden diese inneren Spannungen beim Sinterprozeß, da die Erniedrigung der Fließgrenze des Metalles mit Temperaturzunahme zum Entstehen plastischer Verformungen an den Berührungsstellen führt. Dabei wird eine große Zahl von erhalten gebliebenen Kontaktstellen zusätzlich zerstört, die sonst der elastischen Ausdehnung nach Beseitigung des Preßdruckes standhalten würden.

Eine gewisse positive Wirkung zeigt in diesem Sinne die Anwesenheit geringer Mengen grenzflächenaktiver Schmiermittel im Beschickungsgut, die die Relaxation der elastischen Spannungen begünstigen [1]. Jedoch können die grenzflächenaktiven Stoffe das Reißen des Preßgutes beim Anlegen hoher Preßdrücke nicht vollständig verhüten.

Wie von Michailow [2] gezeigt wurde, führt selbst bei kleinen Preßdrücken die Einwirkung von Vibrationen bei der Herstellung dichter und disperser Baumaterialien, z. B. von feinpulvrigem Beton, zu einer äußerst hohen Packungsdichte der kleinen Teilchen. Wird der Preßvorgang durch eine Vibrationsvermischung der Komponenten des Pulvers begleitet, erhält man eine bei weitem höhere Packungsdichte, da durch die Vibration alle anfänglich gebildeten Bindungen zwischen den kleinen Teilchen wieder zerstört und die kleinsten Teilchen durch den Mischvorgang in Poren zwischen den großen Teilchen eingelagert werden.

In der vorliegenden Arbeit sind einige Ergebnisse über die Anwendung der Vibrationsverdichtung beim Pressen verschiedener Pulver beschrieben, die in der Pul-

[1]) W. I. Lichtman, N. S. Gorunow, I. G. Schatalowa, P. A. Rehbinder, Ber. d. Akad. d. Wiss. d. UdSSR, Band 134, Nr. 5, 1150 (1960).

vermetallurgie verwendet werden. Zur Erzeugung der Vibration wurde der mechanische Vibrator I—116 mit einer Schwingungsfrequenz von 14000 Schwingungen pro Minute und einer Amplitude von 0,03 mm verwandt. Dieses Gerät erwies sich wesentlich vorteilhafter als ein Vibrator, der 3000 Schwingungen pro Minute bei einer Amplitude von 0,5 mm ausführte. Der Vergleich dieser beiden Schwingungsgebiete zeigt, daß sowohl beim Pressen von reinen Metallpulvern als auch von Mischungen mit nichtmetallischen Teilchen eine hohe Vibrationsfrequenz bei kleiner Amplitude zu einer dichteren Packung der Teilchen, d. h. zu einer geringeren Porosität führt.

Der Vibrator I—116 ist über eine biegsame Welle mit einer Stange verbunden, die unter der Preßform auf Federn angeordnet ist. Der Druck auf die obere Fläche der Probe wird mittels einer Spindel über die oberen Federn auf die Probe über-

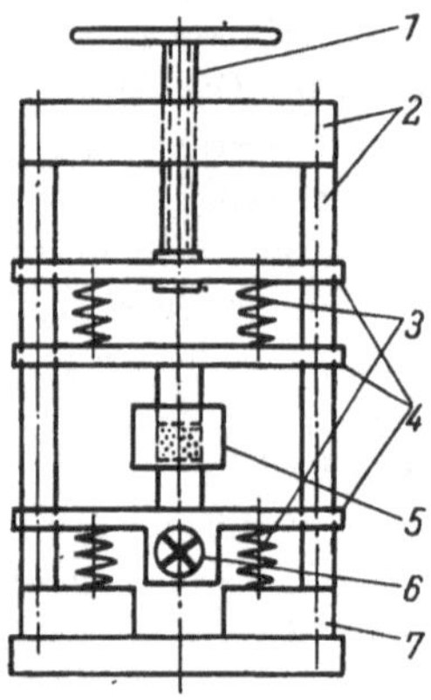

Abb. 150. Schema des Vibropressors. *1* — Spindel; *2* — Gestell; *3* — elastische Federn; *4* — bewegliche Halterungen der elastischen Federn; *5* — Preßform; *6* — Vibrator; *7* — Boden der Presse

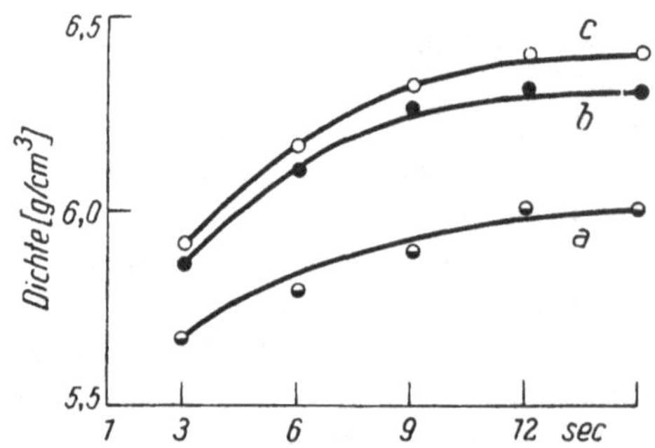

Abb. 151. Die Dichte des Materials in Abhängigkeit von der Zeit der Vibrationsverdichtung für die Mischung T30K4: 96% $(TiW)C_2$ und 4% Co. *a* — 6,0 kg/cm², *b* — 9,1 kg/cm², *c* — 12,1 kg/cm²

tragen. Der Druck auf die Probe wird durch die rücktreibende Kraft der Federn bestimmt, die durch die Spindel zusammengepreßt werden. Das Schema des „Vibropressors" ist in Abb. 150 dargestellt.

Die Zeit, die während des Vibrations-Preß-Prozesses verfließt, hat einen wesentlichen Einfluß auf die Dichte des Preßgutes. In Abb.151 ist die zeitliche Abhängigkeit der Dichte des Preßgutes für Pulvermischungen dargestellt, die zur Herstellung fester Legierungen angewendet werden. Man sieht, daß nach 10 Sekunden eine maximale Dichte erreicht wird. Sowohl für verschiedene Metallpulver als auch für Mischungen metallischer und nichtmetallischer Pulver liegt die optimale Vibrationsdauer zwischen 4 bis 10 Sekunden. Sowohl bei kleineren als auch bei größeren Zeiten der Vibrationsbeanspruchung ist die Dichte des Preßgutes geringer als im Fall der Optimalzeit von 4 bis 10 Sekunden.

Der Dispersionsgrad des zu verdichtenden Pulvers und besonders die Teilchengrößenverteilung haben ebenfalls große Bedeutung. Erwartungsgemäß werden gröbere Pulver besser gepreßt als feinere, d. h., bei sonst gleichen Bedingungen ist die Dichte des Preßgutes aus relativ groben Teilchen (mittlere Größe 20 μ) höher, als aus sehr kleinen (mittlere Größe 2 μ). Besonders gute Resultate werden beim Vibrationspressen von polydispersem Pulver erhalten, das sowohl große als auch kleine Teilchen in breitem Größenintervall enthält.

Von uns wurde auch die Abhängigkeit der Dichte des Preßgutes vom Druck bei der Vibrationsverdichtung untersucht. Die hierbei gewonnenen Ergebnisse wurden mit Resultaten verglichen, die bei Anwendung der bisher üblichen statischen und hydrostatischen Verdichtungsmethode erhalten werden. In Abb. 152

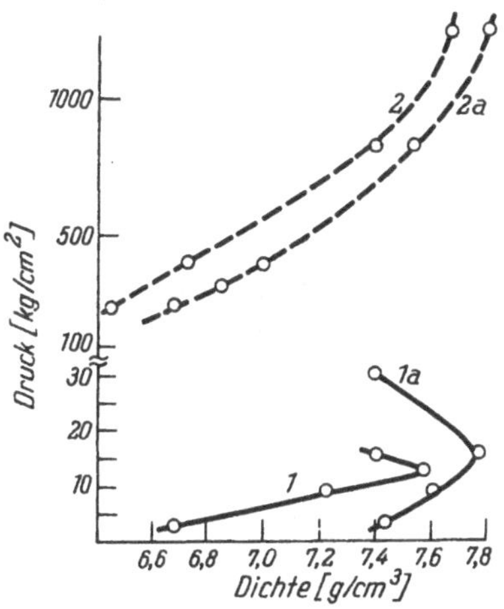

Abb. 152. Dichte des Materials in Abhängigkeit vom Druck und der Methode der Verdichtung. *1* — Vibrationspreßgut WK6 (26% WC und 6% Co); *2* — statisches Preßgut WK6 (dieselbe Zusammensetzung); *1a* — Vibrationspreßgut WK20 (80% WC und 20% Co); *2a* — statisches Preßgut WK20 (dieselbe Zusammensetzung)

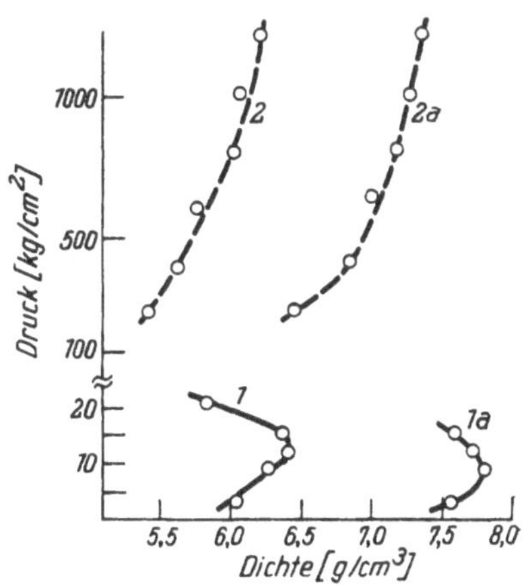

Abb. 153. Dichte des Materials in Abhängigkeit vom Druck und der Methode der Verfestigung. *1* — Vibrationspreßgut T30K4 (95% $(TiW)C_2$ und 6% Co); *2* — statisches Preßgut T30K4 (dieselbe Zusammensetzung); *1a* — Vibrationspreßgut T15K6 (50% (TiW)C2 und 44% WC und 6% CO); *2a* — statisches Preßgut T15K6 (dieselbe Zusammensetzung)

und 153 sind diese Daten für Pulvergemische von Titan- und Wolframkarbid mit Kobalt angegeben, die zur Herstellung fester Legierungen der Qualitäten WK6, WK20, T15K6 und T30K4 verwendet werden. Für die Gemische WK6 und WK20, die entsprechend 6 und 20 Gewichtsprozente Kobalt (der Rest ist Wolframkarbid) enthalten, gestattet die Anwendung von Vibrationen, den Preßdruck um das 100fache zu erniedrigen. Für die Mischung T15K6, die Titan- und Wolframkarbid mit 15% Titan und 6% Kobalt enthält, beträgt die maximale Dichte beim Vibrationsprozeß 7,8 g/cm³ bei einem Druck von $p = 9$ kg/cm², beim statischen Pressen erreicht man eine solche erst bei einem Druck von etwa 1500 kg/cm². Für das Gemisch T30K4, das dasselbe Karbid mit 30 Gewichtsprozenten Titan und 4 Gewichtsprozenten Kobalt enthält, wurde die maximale Dichte von

6,4 g/cm³ mit dem Vibrationsverfahren bei einem Druck von $P = 12$ kg/cm² erhalten, bei der statischen Methode muß man für die gleiche Dichte etwa 1500 kg/cm² aufwenden. In den genannten Fällen gelingt es durch Vibrationen, den Preßdruck über das 100fache zu erniedrigen.

Die Anwendung von verhältnismäßig niedrigfrequentigen Vibrationen beim Pressen der verschiedenen Materialien sowohl von weichen und plastischen als auch von harten und spröden Körpern bietet somit die Möglichkeit, den Preßdruck um 2 Größenordnungen herabzusetzen, die Gleichmäßigkeit der Mischung der Ausgangskomponenten bedeutend zu verbessern und ein Preßgut mit einer im ganzen Volumen gleichmäßigen Dichte selbst bei großen Abmessungen der Proben zu erhalten. Dadurch wird die Gefahr, daß Abschiebungen auftreten, geringer, und zwar nicht nur von Rissen, die durch die uneinheitliche Mischung und Dichte hervorgerufen werden, sondern auch von Rissen, die auf Grund der elastischen Nachwirkung entstehen und besonders häufig bei der Erhitzung während des Sinterns auftreten.

Die Methode des Vibrationspressens und der gleichzeitig erfolgenden Vibrationsmischung lassen sich erfolgreich besonders in den Fällen anwenden, in denen die spezifischen Gewichte der Komponenten des Preßpulvers stark voneinander abweichen (z. B. Graphit und Eisen), oder wenn das Beschickungsgut in seiner Zusammensetzung hauptsächlich harte und spröde Pulver enthält (die Karbide schwerschmelzender Metalle).

Literatur

[1] Lichtman, W. L., Fortschr. d. Chem. **22** (1953) 7. (В. И. Лихтман, Усп. химии **22**, 7 (1953)).

[2] Michailow, N. W., und Rehbinder, P. A., Sowjetische Architektur **12** (1960) 95. (Н. В. Михайлов и П. А. Ребиндер, Советская архитектура **12**, 95 (1960)).

SACHVERZEICHNIS

FSC
www.fsc.org
MIX
Papier | Fördert gute Waldnutzung
FSC® C083411

Zeitfracht Medien GmbH
Ferdinand-Jühlke-Straße 7
99095 Erfurt, Deutschland
produktsicherheit@kolibri360.de